普通高等教育"十三五"规划教材

水利水电工程测量

（第二版）

主编　陈彩苹　刘普海

中国水利水电出版社
www.waterpub.com.cn
·北京·

内 容 提 要

本教材在2005年版高等学校精品规划教材《水利水电工程测量》的基础上进行了重新修订。测量误差基本知识单列为第五章，并增加了非等精度观测平差内容；平面控制测量与高程控制测量两章合并为第六章控制测量；其他章节不变。对传统的、已不常用的方法做了简要介绍或删减；详细介绍了CASS软件在数字化制图及工程中的应用；全球定位系统中增加了CORS基站及其应用内容。每章后附有复习思考题，书后附有主要仪器技术参数和参考文献。

本教材可作为高等学校水利水电工程专业、农业水利工程专业、水土保持工程专业、水文地质专业、水资源管理专业及港口与航道等专业的本、专科教学用书，也适用于上述专业的成人教育和相关的工程技术人员使用。

图书在版编目（CIP）数据

水利水电工程测量 / 陈彩苹，刘普海主编. -- 2版
. -- 北京 : 中国水利水电出版社, 2016.6(2020.8重印)
普通高等教育"十三五"规划教材
ISBN 978-7-5170-4524-3

Ⅰ. ①水… Ⅱ. ①陈… ②刘… Ⅲ. ①水利水电工程
－工程测量－高等学校－教材 Ⅳ. ①TV221

中国版本图书馆CIP数据核字(2016)第188114号

书　　名	普通高等教育"十三五"规划教材 **水利水电工程测量**（第二版） SHUILI SHUIDIAN GONGCHENG CELIANG
作　　者	主编　陈彩苹　刘普海
出版发行	中国水利水电出版社 （北京市海淀区玉渊潭南路1号D座　100038） 网址：www. waterpub. com. cn E-mail：sales@waterpub. com. cn 电话：（010）68367658（营销中心）
经　　售	北京科水图书销售中心（零售） 电话：（010）88383994、63202643、68545874 全国各地新华书店和相关出版物销售网点
排　　版	中国水利水电出版社微机排版中心
印　　刷	北京瑞斯通印务发展有限公司
规　　格	184mm×260mm　16开本　17.5印张　414千字
版　　次	2005年7月第1版第1次印刷 2016年6月第2版　2020年8月第2次印刷
印　　数	3001—5000册
定　　价	**45.00**元

普通高等教育“十三五”规划教材

《水利水电工程测量》(第二版)
编　写　人　员

主　　编： 陈彩苹　刘普海

副 主 编： 张梅花　鄢继选　余宏远

编写人员：（按姓氏笔画排序）

王佳婷（河西学院）

刘普海（甘肃农业大学）

余宏远（河西学院）

张梅花（甘肃农业大学）

陈彩苹（甘肃农业大学）

黄　珍（甘肃农业大学）

黄彩霞（甘肃农业大学）

鄢继选（甘肃农业大学）

魏宏源（河西学院）

高等学校精品规划教材

《水利水电工程测量》(第一版)
编　写　人　员

主　　编：刘普海　梁　勇　张建生

编写人员：(按姓氏笔画排序)

王　京（石河子大学）
孔明明（扬州大学）
刘丽霞（甘肃农业大学）
刘普海（甘肃农业大学）
李晓玲（甘肃农业大学）
张建生（甘肃农业大学）
张婷婷（沈阳农业大学）
帕尔哈提（新疆农业大学）
姜　放（长春工学院）
梁　勇（山东农业大学）

第二版前言

由刘普海教授担任第一主编的高等学校精品规划教材《水利水电工程测量》，于2005年7月由中国水利水电出版社出版，并正式发行，至今历时十年，期间多次印刷，使用单位普遍反映良好，体现了原版教材的优越性、前瞻性及适用性。

随着测绘理论、测绘设备和测绘技术的不断更新与发展，高校的测绘教学不仅要紧跟发展的形势，还要有创新的理念，基于这样的原则，此次第二版教材以最大程度地满足高等学校相关专业测量学教学的需求，在加强基础理论、基本知识和基本技能编写的同时，在新理论、新方法、新动向上着眼立足，同时删除了过时的、陈旧的知识，并对原版教材的缺点和错误做了进一步的完善和修改，目的在于使教材能在培养为相应专业服务的测绘人才方面发挥更好的作用。

编写分工为刘普海：内容提要；陈彩苹：第二版前言；张梅花：第一章、第二章和第三章；张梅花和黄彩霞：第四章；黄珍：第五章；鄢继选：第六章；余宏远：第七章；陈彩苹：第八章；余宏远：第九章；鄢继选和黄彩霞：第十章和第十一章；余宏远：第十二章；魏宏源：第十三章和第十四章；王佳婷：第十五章和第十六章。本书由黄彩霞组织统稿、参加统稿的人员有黄珍、陈彩苹，最后由陈彩苹对全书进行修改以及定稿。

刘普海教授在制订修订方案及确定编写内容过程中，提出了许多宝贵意见，在统稿、审稿中与第一主编陈彩苹副教授一起做了大量的工作，使《水利水电工程测量》（第二版）教材顺利定稿。

非常感谢《水利水电工程测量》第一版教材的各位编委，是你们十年前的辛勤劳动，为我们重新修订该版教材打下了坚实的基础。我们的水平和能力有限，本教材若有错误或不当之处，敬请读者批评指正，以便第三版时再进一步完善和提高。

编　者

2016年3月

第一版前言

本书是《高等学校精品规划教材》之一。本教材在编写中充分体现严谨性、成熟性和前瞻性，不仅介绍常规的测量理论、仪器和方法，还介绍了现代测绘科技的新理论、新仪器、新方法、新动向。

本教材内容翔实，结构严谨，层次分明，文字简明扼要，插图美观齐全。总体力求重点突出，定义准确，概念明晰，既便于基本理论、基本知识、基本技能的学习与掌握，又充分考虑到不同院校教学条件和教学时数的差异，具有很强的通用性。

第一章由刘普海编写；第二章、第三章由刘普海（甘肃农业大学）、李晓玲（甘肃农业大学）、刘丽霞（甘肃农业大学）合编；梁勇（山东农业大学）编写了第四章、第十一章；张建生（甘肃农业大学）编写了第五章、第六章和第七章；第八章由刘丽霞、刘普海、李晓玲合编；帕尔哈提（新疆农业大学）编写了第九章；张婷婷（沈阳农业大学）编写了第十章；孔明明（扬州大学）编写了第十二章、第十四章；姜放（长春工学院）编写了第十三章；王京（石河子大学）编写了第十五章；第十六章由王京、张建生、李晓玲合编。本书由刘普海组织统稿，参加统稿的人员有梁勇、张建生、李晓玲、刘丽霞，最后由刘普海、张建生修改定稿。

甘肃农业大学成自勇教授任主审、甘肃省基础地理信息中心白建荣高级工程师审阅了本书全部书稿，编者在此表示衷心的感谢。

在编写和统稿过程中，参阅了国内外同类测量学教材和文献，吸收采用了其中有益的思想和内容，在此本教材全体编写人员对这些文献的作者表示诚挚的谢意。甘肃农业大学王引弟老师在文字录入、文字校对及插图制作等方面做了大量工作，编者在此表示感谢。

由于编者的水平有限，本教材如有错误之处，敬请读者批评指正。

编　者

2010年5月

第一版前言

目　　录

第一章　绪　　论

第一节　水利水电工程测量的任务

测量学是研究地球形状和大小以及确定地面点位置的科学。

一、传统测量学的分支学科

根据研究的范围和对象不同，传统的测量学已经形成以下几个分支学科：

普通测量学——研究地球表面较小区域内测绘工作的基本理论、技术、方法和应用的学科。是测量学的基础，主要研究图根控制网的建立，地形图测绘及一般工程施工测量，因此，普通测量学的核心内容是地形图的测绘和应用。

大地测量学——研究在广大区域建立国家大地控制网，测定地球形状、大小和地球重力场的理论、技术与方法的学科。由于空间科学技术的发展，常规的大地测量已发展到人造卫星大地测量，测量对象也由地球表面扩展到空间星球，由静态发展到动态。

摄影测量学——利用摄影或遥感的手段获取物体的影像和辐射能的各种图像，经过对图像的处理、量测、判释和研究，以确定物体的形状、大小和位置，并判断其性质的学科。

工程测量学——研究工程建设在勘测、设计、施工和管理阶段所进行测量工作的理论、方法和技术的学科。工程测量学的应用领域非常广阔。

地图制图学——利用测量获得的资料，研究地图及其制作的理论、工艺和应用的学科。其任务是编制与生产不同比例尺的地图。

二、水利水电工程测量的内容和任务

水利水电工程测量是为水利水电工程建设提供服务的专业性测量，属于普通测量学和工程测量学的范畴。主要有三方面的任务：

测绘——使用常规或现代测量仪器和工具，测绘水利水电工程建设项目区域的地形图，供规划设计使用。

测设——将图上已规划设计的工程建筑物或构筑物的位置准确地测设到实地上，为工程施工提供依据，也称为施工放样。

变形观测——在工程施工过程中及工程建成运行管理中，对其进行技术性监测和稳定性监测，以确保工程安全。

本课程涉及的普通测量学内容，是非测绘专业学生的共修内容，水利水电工程测量部分是本专业学生的必修内容。由于测绘科学具有超前服务性、现时服务性及事后服务性的特点，决定了从事水利水电工程类工作的专业人员，在工程勘测、规划设计、施工组织和工程管理中，应具有坚实的测绘知识和熟练的测绘技能，以便更好地为本专业服务。

需要说明的是，在测量实施中，测绘手段可以采用常规的测绘方法，也可以利用现代测绘技术与成果，这就需根据所在单位现有的技术条件、工程的大小与性质、场地的自然条件及施工的难易程度等因素确定。如库区淹没线的确定可以根据传统的纸质地形图上的等高线勾绘，也可利用地理信息系统（GIS）提供的分析功能确定；水位动态监测可以用传统的航空摄影方法，也可用遥感的方法。简言之，即要考虑技术和实践上的可行性，又要考虑经济上的合理性。

三、现代测绘科学技术的发展及其在水利工程中的应用

随着国民经济的发展和科学技术的进步，尤其是计算机科学与信息科学的迅猛发展，电子计算机、微电子技术、激光技术、遥感技术和空间技术的发展和应用，为测量学提供了新的手段和方法，推动着测量学理论和测绘技术不断发展与更新。测量仪器的小型化、自动化和智能化，促使测量工作正朝着数据的自动获取、自动记录和自动处理的方向发展。

先进电子经纬仪、电子水准仪、电子全站仪在测量中已经得到了广泛的应用，为测量工作的现代化创造了良好的条件；全球定位系统（GPS）的应用与发展，为测量提供了高速度、高精度、高效率的定位技术；电子全站仪与电子计算机、数据绘图仪组成的数字化测图系统迅猛发展，已成为数字化时代不可缺少的GIS的重要组成部分。

“3S”技术是RS、GIS和GPS技术的统称，是目前对地观测系统中空间信息获取、管理、分析和应用中的核心支撑技术。它广泛应用于各种空间资源和环境问题的决策支持。目前正发展为一门较为成熟的技术在国土资源统计、水资源管理、灾害评估、自然环境监测以及城建规划等领域得到迅速应用。

水利信息化建设涉及海量的数据，而其中约70%与空间地理位置有关。组织和存储这些数据是普通的关系型数据库系统难以办到的，而GIS不仅可以存储、管理各类海量水利信息，还能提供可视化查询、网络发布与决策辅助支持等功能。目前，网络GIS、组件式GIS、三维四维GIS、VR-GIS等技术的发展使GIS为水利行业服务的领域越来越广泛和实用。此外，这些与空间位置有关的海量水利信息的存在也为GPS技术的应用提供了广阔的需求。随着3S技术与网络计算机等高新技术以及水利行业本身传统技术的更紧密结合，必将进一步促进水利信息化的快速发展，从而更大地改善我国水利建设的管理水平和工作效率。

20世纪90年代后，RS技术发展更加快速并日趋成熟，已成为水利信息采集的重要手段，广泛应用于水旱灾害监测与评估、水资源动态监测与评价、生态环境监测、土壤侵蚀监测与评价以及水利工程建设与管理等水利业务，并取得显著的社会经济效益。随着遥感信息获取技术的不断快速发展，各类不同时空分辨率的遥感影像的获取越来越容易，应用将会越来越广泛，遥感信息必将成为现代水利的日常信息源。

目前，水利信息化建设一刻也离不开“3S”技术的支持。RS技术已经成为水利信息采集的一个重要手段，GIS技术已经成为水利信息存储、管理和分析的强有力工具和平台，而GPS技术也成为获取定位信息的必不可少的手段。我们知道，包括水情、雨情、汛旱、灾情、水量、水质、水环境、水工程等信息在内的各种水利信息的获取需要一个庞大的信息监测网络的支持，RS技术相对于传统信息获取手段具有宏观、快速、动态、经济等特点而被越来越广泛应用。

第二节 地球的形状和大小

测量工作是在地球表面上进行的，其表面是一个高低不平、极其复杂的自然面，陆地最高的珠穆朗玛峰高达8844.43m，海底最低的马里亚纳海沟深达11022m，但这样的高低起伏相对于半径为6371km的地球而言是可以忽略不计的。由于海洋约占地球表面的71%，陆地仅占29%，因此，地球的形状可以认为是被海水包围的球体。可以假想将静止的海水面延伸到大地内部，形成一个封闭曲面，这个静止的海水面称为水准面。海水有潮汐变化，所以水准面有无数多个，其中通过平均海水面的一个水准面称为大地水准面，它所包围的形体称为大地体，如图1-1所示，它非常接近一个两极扁平、赤道隆起的椭球。大地水准面的特性是处处与铅垂线正交，然而，由于地球内部物质分布不均匀，引起重力方向发生变化，使大地水准面成为一个不规则的复杂曲面，且不能用数学公式来表达，因此，大地水准面还不能作为测量成果的基准面。为了便于测量、计算和绘图，选用一个椭圆绕它的短轴旋转而成的椭球体来表示地球形体，称为参考椭球体，如图1-2所示。

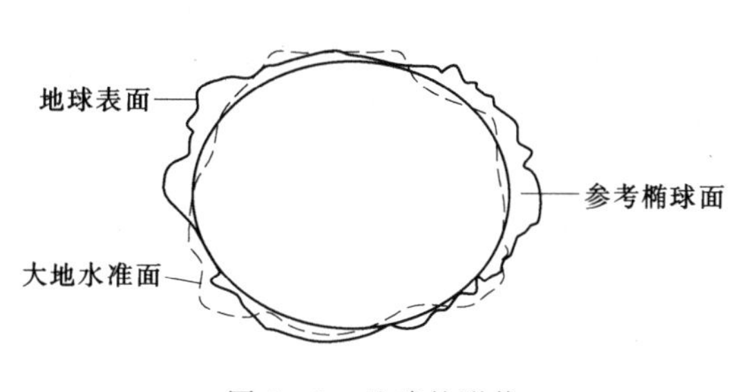

图1-1 地球的形状

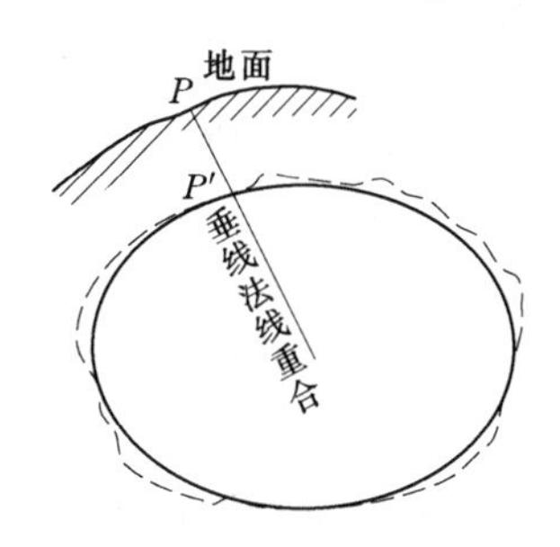

图1-2 参考椭球定位

椭球体形状、大小与大地体非常接近，通常用这个椭球面作为测量与制图的基准面，并在这个椭球面上建立大地坐标系。

决定地球椭球体形状大小的参数为椭圆的长半径 a 和短半径 b，扁率 α。随着空间科学的进步，可以越来越精确地测定这些参数。目前使用的最新参数为

$$a=6378137\ (\mathrm{m})$$

$$b=6356752\ (\mathrm{m})$$

$$\alpha=\frac{a-b}{a}=\frac{1}{298.257}$$

由于参考椭球体的扁率很小，当测区面积不大时，可以把地球视为圆球体，其半径

$$R=(2a+b)/3\approx 6371(\mathrm{km}) \tag{1-1}$$

地球的形状确定后，还应进一步确定大地水准面与旋转椭球面的相对关系，才能把观测结果化算到椭球面上。如图1-2所示，在一个国家的适当地点，选择一点 P，设想把椭球与大地体相切，切点 P' 点位于 P 点的铅垂线方向上，这时椭球面上 P' 的法线与大地水准面的铅垂线相重合，使椭球的短轴与地轴保持平行，且椭球面与这个国家范围内的大地水准面差距尽量的小，于是椭球与大地水准面的相对位置便固定下来，这就是参考椭球

的定位工作，根据定位的结果确定大地原点的起算数据，并由此建立了国家大地坐标系。

第三节 地面点位的确定与表示

测量工作的基本任务就是测定地面点的位置，而地面点的位置是用三维坐标来表示的。用以确定地面点位的坐标系有以下几种：

一、测量坐标系

（一）地理坐标系

地理坐标系属球面坐标系，依据采用的投影面不同，又分为天文地理坐标系和大地地理坐标系。

1. 天文地理坐标系

天文地理坐标系又称天文坐标，用天文经度 λ 和天文纬度 φ 表示地面点投影在大地水准面上的位置，如图 1-3 所示。

确定球面坐标（λ，φ）所依据的基准线为铅垂线，基准面为大地水准面。PP_1 为地球的自转轴，P 为北极，P_1 为南极。地面上任一点 A 的铅垂线与地轴 PP_1 所组成的平面称为该点的子午面。子午面与球面的交线称为子午线，也称经线。A 点的经度 λ 是 A 点的子午面与首子午面所组成的二面角。它自首子午面向东量度，称为东经，向西量度，称为西经。其值各为 0°～180°。垂直于地轴的平面与球面的交线称为纬线；垂直于地轴并通过地球中心 O 的平面为赤道面；赤道面与球面的交线为赤道。A 点的纬度 φ 是过 A 点的铅垂线与赤道平面之间的交角，其计算方法从赤道面向北量度，称为北纬，向南量度，称为南纬。其值为 0°～90°。

天文地理坐标可以在地面上用天文测量的方法测定。

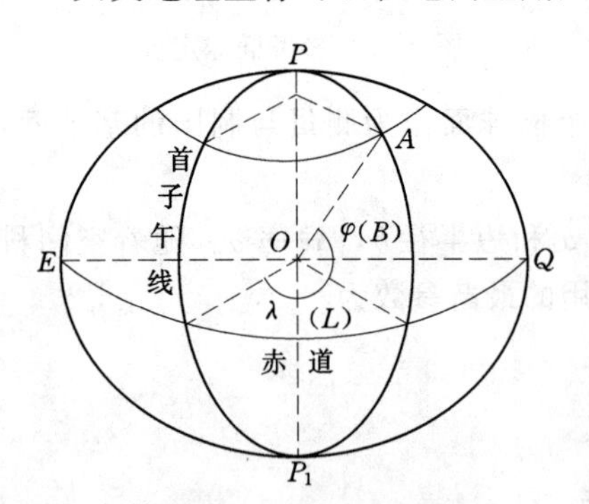

图 1-3 地理坐标系

2. 大地地理坐标系

大地地理坐标系表示地面点投影在地球参考椭球面上的位置，用大地经度 L 和大地纬度 B 表示（图 1-3），其坐标原点并不与地球质心相重合。这种原点位于地球质心附近的坐标系，又称参心大地坐标系。确定球面坐标（L，B）所依据的基准线为椭球面的法线，基准面为旋转椭球面，A 点的大地经度是 A 点的大地子午面与子午面所夹的二面角，A 点的大地纬度 B 是过 A 点的椭球面法线与赤道面的交角。大地经纬度是根据一个起始的大地点（称为大地原点，该点的大地经纬度与天文经纬度相一致）的大地坐标系，按大地测量所得的数据推算而得。

我国以位于陕西省泾阳县永乐镇的大地原点为大地坐标的起算点，由此建立的坐标系称为“1980 年国家大地坐标系”。

（二）地心坐标系

地心坐标系属空间三维直角坐标系，用于卫星大地测量。由于人造地球卫星围绕地球运动，地心坐标系的原点与地球质心重合，如图1-4所示。Z轴指向北极且与地球自转轴相重合，X、Y轴在地球赤道平面内，首子午面与赤道面的交线为X轴，Y轴垂直于XOZ平面。地面点A的空间位置用三维直角坐标X_A、Y_A、Z_A来表示。WGS-84世界大地坐标系是地心坐标系的一种，应用于GPS卫星位置测量，并可将该坐标系换算为大地坐标系或其他坐标系。

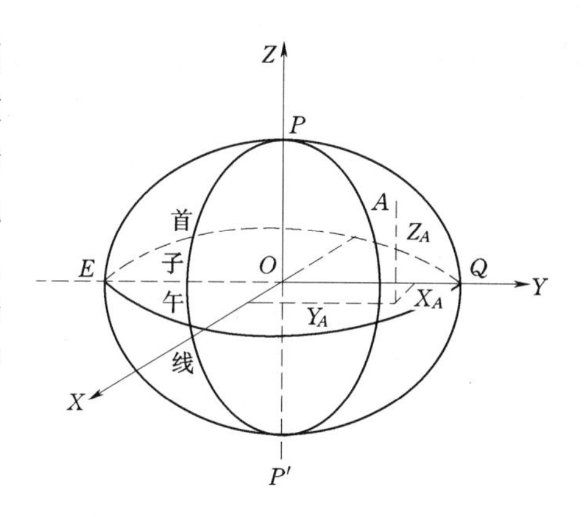

图1-4 地心坐标系

（三）平面直角坐标系

1. 高斯平面直角坐标系

（1）投影变形的概念。大地坐标只能用来表示地面点在椭球体上的位置，不能直接用来测图。在规划、设计和施工中均使用平面图纸反映地面形态，而且在平面上进行数据运算比在球面上要方便得多。由于椭球体面是一闭合曲面，要将曲面展开为平面必然产生长度、面积和角度变形。为了解决这一矛盾，必须研究地图投影的问题。

考察椭球面上一个微小的图形（微分圆）在投影过程中表象的变化可知，投影后将出现图1-5所示的几种情况。

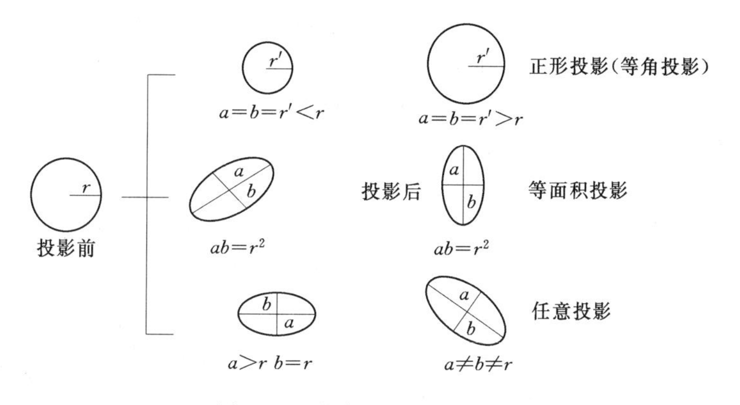

图1-5 微分圆投影变形情况

如图1-5所示的变形性质，可将地图投影分为正形投影、等面积投影和任意投影。正形投影和等面积投影是两种常用的地图投影方式。

正形投影有两个基本条件：一是保角性；二是长度比的固定性。所谓保角性，是指角度投影后大小不变，这就保证了微分图形投影后的相似性。长度比是投影平面上无穷小线段ds与椭球上相应的无穷小线段dS之比，以m表示，$m=\mathrm{d}s/\mathrm{d}S$，长度比是一个变量，在一般情况下，它不仅随点位的不同而变化，也随方向角不同而不同（即使在同一点上）。正形投影在无穷小范围内保持椭球面与平面上的相应图形相似，其长度比m仅随点位而变化，与方向无关，即正形投影的长度虽然产生变形，但在同一点的各个方向上的微分线段，投影后长度比为一常数，即所谓的长度比的固定性。

（2）高斯投影的概念。高斯-克吕格投影简称“高斯投影”，是正形投影的一种。除了满足正形投影的两个基本条件外，高斯投影还必须满足本身的特定条件，即中央子午线投影后为一直线，且长度不变。设想有一个椭圆柱面横套在地球椭球的外面，并与某一子午线相切，椭圆柱的中心轴通过椭球中心，与椭圆柱面相切的子午线称为中央子午线或轴子午线。然后将椭球面上中央子午线附近有限范围的点线按正形投影条件向椭圆柱面上投影，之后将椭圆柱面通过极点的母线切开，展为平面，于是不可展曲面上的图形就转换成可展曲面（椭圆柱面）上的图形。

高斯投影的规律是：

1）投影后中央子午线成为一直线，且长度不变，其余子午线投影后均为曲线，对称地凹向中央子午线。

2）投影后的赤道为一直线，且与中央子午线正交，平行的纬圈投影后为曲线，以赤道为对称轴凸向赤道。

3）经纬线投影后仍保持相互正交的关系，即投影后无角度变形。

（3）高斯投影分带。高斯投影中，除中央子午线投影后为直线，且长度不变外，其它长度均产生变形，且离中央子午线越远，变形越大。

当长度变形大到一定限度后，就会影响测图、施工的精度，为此必须对长度变形加以控制。控制的方法就是将投影区域限制在靠近中央子午线两侧的有限范围内，这种确定投影带宽度的工作，叫做投影分带。

投影带宽度是以相邻两子午面间的经度差 l 来划分的，有 6°带和 3°带两种。六度带是自英国格林尼治子午面起，自西向东每隔 6°将椭球划分为 60 个度带，编号为 1～60，各带的中央子午线的经度 L_0 依次为 3°、9°、15°、…。我国疆域内有 11 个六度带，自西向东编号为 13～23，各带的中央子午线的经度自 75°开始，到 135°。三度带是自 15°开始以经差 3°划分的，编号为 1～120，各带的中央子午线的经度 L_0 依次为 3°、6°、9°、…、360°。在我国范围内，3°带的编号自西向东为 25～45，共 21 个。不难看出，三度带的中央子午线经度一半与 6°带中央子午线经度相同，另一半是 6°带分带子午线的经度，如图 1－6 所示。

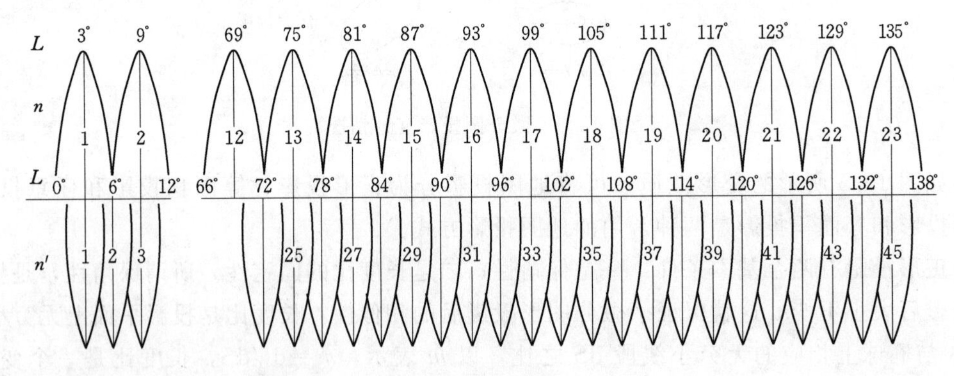

图 1－6　分带投影

带号与中央子午线的关系为（以东半球为例）：

$$\left.\begin{aligned} L_0^6 &= 6n-3 \\ L_0^3 &= 3k \end{aligned}\right\} \qquad (1-2)$$

式中　L_0^6、L_0^3——6°带和 3°带的中央子午线经度；

n、k——6°带和3°带的带号。

式（1-2）可用来求得带号及某中央子午线的经度。

例如，北京所在六度投影带的中央子午线 $L_0^6=117°$，由式（1-2）第一式，应有 $n=(L_0^6+3)/6=(117°+3°)/6°=20$

可知北京位于6°带第20带。

根据我国测图精度的要求，用6°分带投影后，其边缘部分的变形能满足1：25000或更小比例尺的精度，而1：10000以上的大比例尺测图，必须用3°分带法。

（4）高斯平面直角坐标系的建立。在椭圆柱内，使椭球绕短轴旋转，依次使各投影带的中央子午线与椭圆柱内表面相切，分别进行正形投影，然后沿径向将横椭圆柱剪开，展开平面，则每个投影带就形成一个高斯平面直角坐标系。如图1-7所示，中央子午线与赤道为正交的两条直线，其交点 O 为坐标原点，中央子午线为纵坐标轴，以 x 表示，赤道为横坐标轴，以 y 表示。这样，对六度带而言，形成60个高斯平面直角坐标系，对三度带来说，形成120个高斯平面直角坐标系。

地面点在高斯平面直角坐标系的坐标，用点到两个坐标轴的垂直距离量度，其中，点到横坐标轴的距离 x 为点的纵坐标，到纵坐标轴的距离 y 为点的横坐标。点的纵横坐标有正负之别，位于赤道以北的点，x 值均为正，在赤道以南时，x 值为负；在一个投影带内，位于中央子午线以东的点，y 值为正，在中央子午线以西时，y 值为负。

点的坐标的实际值称为坐标自然值。为了区别点位于哪一个投影带，在 y 值前冠以带号；而且为了使用坐标的方便，避免 y 值出现负值，将纵坐标轴向西移动500km（图1-8），也就是说，在 y 坐标的自然值上统统加上一个常数500km。经过以上两项处理后，点的坐标值称为坐标通用值。例如 A 点位于六度带第19带，其平面坐标的自然值为

$$\begin{cases} x'_A=359628.367 \\ y'_A=-169274.586 \end{cases}$$

其平面坐标通用值应为

$$x_A=359\ 628.367\ (\text{m})$$

$$y_A=(\text{带号})y'_A+500\times10^3=19330725.414(\text{m})$$

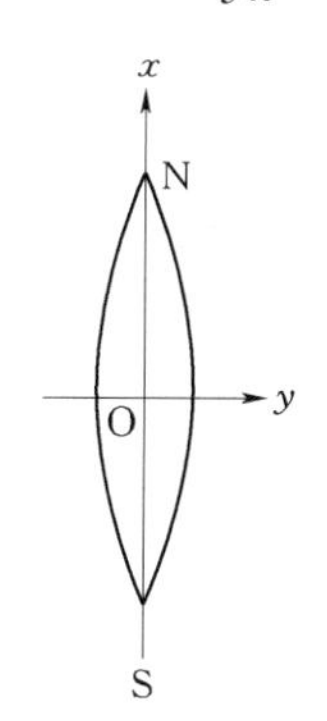

图1-7　高斯—克吕格平面直角坐标系

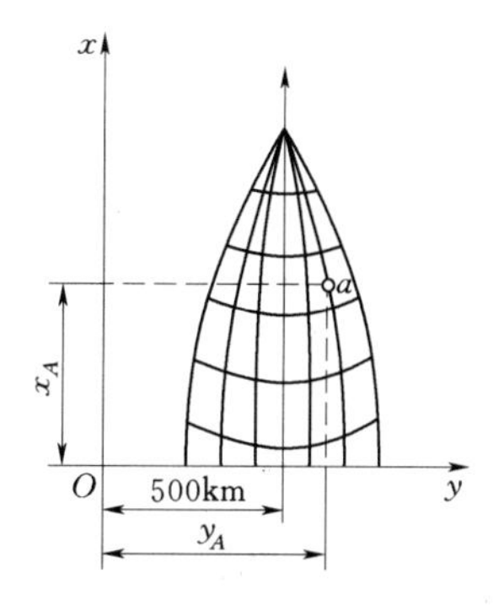

图1-8　x 轴平移后的高斯平面直角坐标系

测绘部门提供的坐标成果均为通用值。

测量学上的高斯平面直角坐标系与数学上的笛卡尔平面直角坐标系的不同点可归

纳为：

1）坐标轴不同。高斯坐标系的纵坐标为 x，正方向指向北，横坐标轴为 y，正方向指向东，而笛卡尔坐标系的坐标轴 x 为横坐标，y 为纵坐标；

2）坐标象限不同。高斯坐标系以北东区（NE）为第一象限，顺时针划分为四个象限，代号为Ⅰ、Ⅱ、Ⅲ、Ⅳ。笛卡尔坐标也是以北东区（NE）为第一象限，但逆时针划分为四个象限；

3）表示直线方向的方位角 α 起算基准不同。高斯坐标系以纵轴 x 的北端起算，顺时针计值。笛卡尔坐标系以横轴 x 东端起算，逆时针计值（图 1-9）。

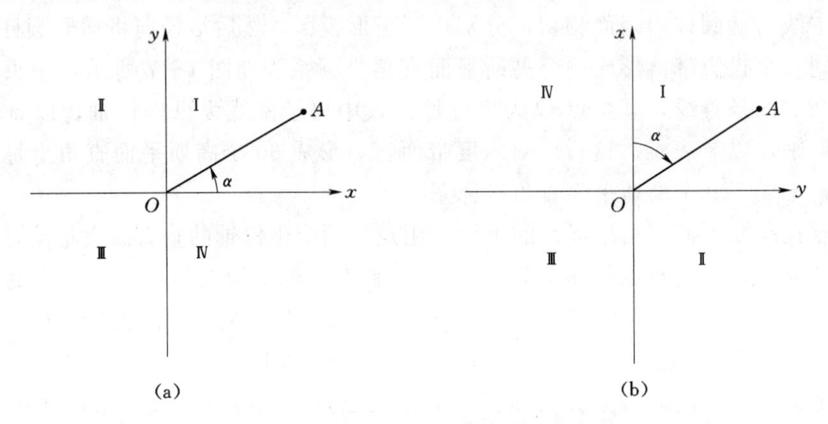

图 1-9　笛卡尔坐标系与测量坐标系对比

(a) 笛卡尔坐标系；(b) 测量坐标系

2. 自由平面直角坐标系

当测区半径较小时，可直接将地面点沿各自的铅垂线方向投影到水平面上，用平面直角坐标 x、y 表示点的平面位置。该测区可以与国家点连测，也可以假定起始点坐标。

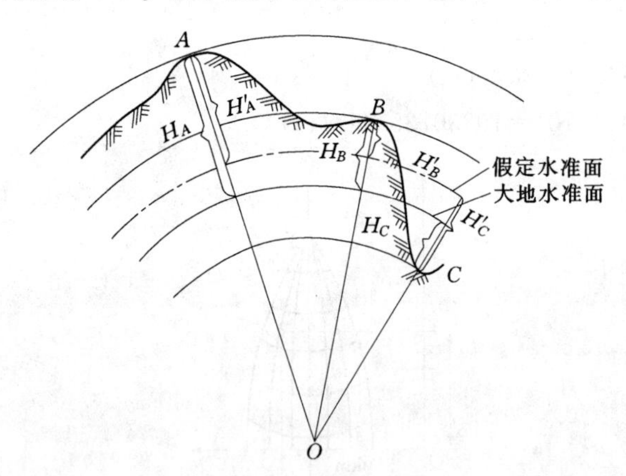

图 1-10　高程示意图

二、测量高程系

地面点到大地水准面的铅垂距离定义为该点的绝对高程，简称为高程或标高、海拔，记为 H，如图 1-10 所示，A 点的高程为 H_A。当基准面是一般水准面时，该点的高程叫相对高程或假定高程。可见，建立高程系的核心问题是如何确定高程基准面。

（一）1956 年黄海高程系和 1985 年国家高程基准

1949 年前，我国采用的高程基准面十分混乱。新中国成立后，国家测绘局统一了高程基准面，以设在山东省青岛市的国家验潮站 1950 年到 1956 年的验潮资料，推算的黄海平均海水面作为我国高程起算面，并以其高程为零推求出青岛国家水准原点的高程为 72.289m。这个高程系统称为“1956 年黄海平均海水面高程系统”，简称“1956 年黄海高程系”。全国各地高程控制点的高程均依此引测而得，所有测绘成果，如地形图、控制点高程等都注有该高程系字样。

20 世纪 80 年代初，国家又根据 1953—1979 年青岛验潮站观测资料，推算出新的黄海平均海水面零位置，并以此为起算面，测得青岛国家水准原点的高程为 72.2604m，称为“1985 年国家高程基准”。

（二）假定高程

全国各地的地面点的高程，都是在统一高程系统下建立的，即以青岛国家水准原点的黄海高程为起算数据，在全国布设各种精度等级的高程网，主要以水准测量方法求得各点高程。在局部地区，也可建立假定高程系统，所求点的高程均为相对高程，如图 1-10 中的 H'_A、H'_B 及 H'_C。

三、水平面代替水准面的限度

在普通测量学中，由于测区范围较小，往往用水平面代替水准面，那么，在多大的范围内才能够允许用水平面代替曲面，而不考虑地球曲率对测量结果的影响。

（一）地球曲率对距离的影响

在图 1-11 中，设 AB 为水准面一段弧长 D，所对应的圆心角为 θ，地球半径为 R，自 A 点作切线 AB，设长为 l。若将切于 A 点的水平面代替水准面的圆弧，则在距离上将产生误差 ΔD

$$\Delta D = l - D = R(\mathrm{tg}\theta - \theta)$$

将 $\mathrm{tg}\theta = \theta + \frac{1}{3}\theta^3 + \cdots$ 代入，得

$$\Delta D = \frac{D^3}{3R^2} \tag{1-3}$$

上式两端同除以 D，得相对误差为

$$\frac{\Delta D}{D} = \frac{D^2}{3R^2} \tag{1-4}$$

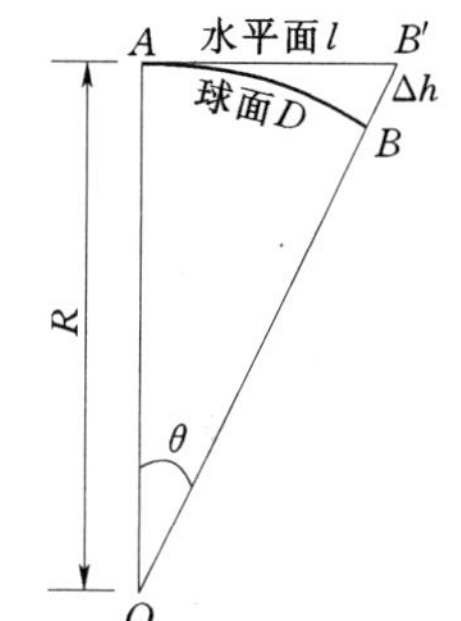

图 1-11 地球曲率的影响

取 R=6 371km，ΔD 值见表 1-1。由该表可知，当 D=10km 时，$\Delta D/D$=1∶120 万，小于目前精密的距离测量误差 1∶100 万，因此，可以认为，在半径为 10km 的区域，地球曲率对水平距离的影响可以忽略不计，即可把该部分球面当作水平面看待。在精度要求较低的测量工作中，其半径可扩大到 25km。

（二）地球曲率对高差的影响

由图 1-11 可知，A、B 两点在同一水准面上，高程相等，若以水平面代替水准面，则 B 点移到 B' 点，高差误差为 Δh，可知

$$(R + \Delta h)^2 = R^2 + l^2$$

$$\Delta h = \frac{l^2}{2R + \Delta h}$$

若 D 代替 l，同时略去分母中的 Δh，则

$$\Delta h = \frac{D^2}{2R} \tag{1-5}$$

表 1-1　　地球曲率对水平距离和高程的影响

距　离	100m	1km	10km	25km
距离误差 ΔD	0.000008	0.008	8.2	128.3
距离相对误差 $\Delta D/D$	1/1250000 万	1/12500 万	1/120 万	1/19.5 万
高程误差 Δh/mm	0.8	78.5	7850.0	49050.0

不同 D 值的 Δh 仍列于表 1-1 中，当 $D=1\text{km}$ 时，Δh 也有 7.8cm 的误差。可见地球曲率对高差的影响之大，因此，即使在短距离内也必须考虑其影响。

第四节　测量工作概述

一、测量的基本问题

普通测量学的任务之一就是将地球表面的地形测绘成图。而地形是错综复杂的，在测量时可将其分为地物和地貌两大类，地物就是地表上人工的或天然的固定性物体，如居民地、道路、水系、独立地物等。地貌是指地球表面各种起伏的形态，如高山峻岭、丘陵盆地等。

地面上的地物和地貌是千差万别的，可以根据点、线、面的几何关系，视地物的轮廓线由直线和曲线组成的，曲线又可视为许多短直线段所组成，如图 1-12 所示是一栋房子的平面图形，它是由表示房屋轮廓的一些折线所组成。测量时只要确定出房屋的四个转折点 1、2、3、4 在图上的位置，把相邻点连接起来，房屋在图上的位置就确定了。

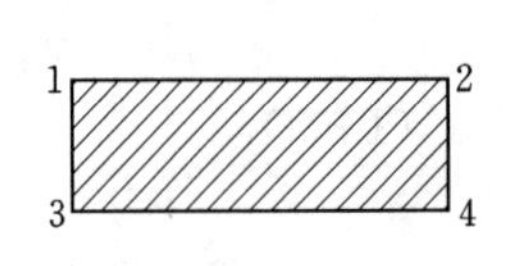

图 1-12　地物特征点

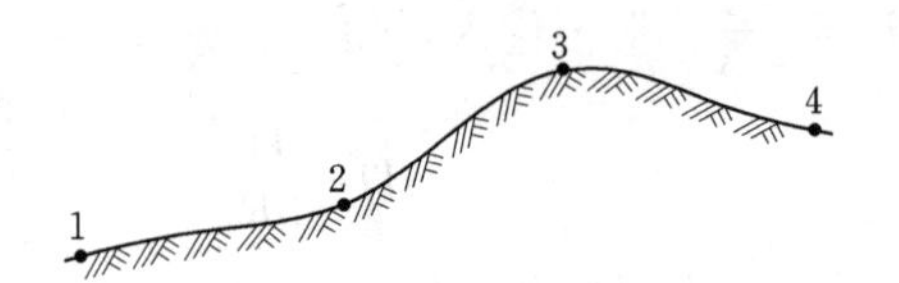

图 1-13　地貌特征点

如图 1-13 所示为一山坡地形，其地形变化可在地形线上用坡度变换点 1、2、3、4 各点所组成的线段表示。因为相邻点内的坡度认为是一定的，因此，只要把 1、2、3、4 各点的高程和平面位置确定后，地形变化的情况也就基本反映出来了。

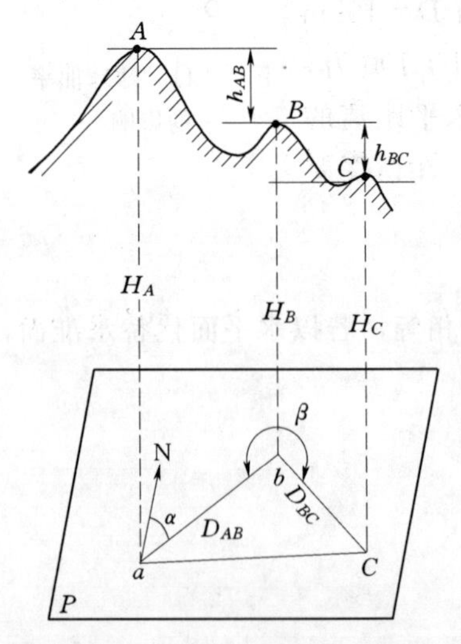

图 1-14　地面点位的确定

上述两例中的点 1、2、3、4，分别称为地物特征点和地貌特征点。

综上所述，不难看出：地物和地貌的形状总是由自身的特征点构成的，只要在实地测绘出这些特征点的位置，它们的形状和大小就能在图上得到正确反映。因此，测量的基本问题就是测定地面点的平面位置和高程。

二、测量的基本工作

为了确定地面点的位置，如图 1-14 所示，设 A、B 为地面上的两点，投影到水平面上的位置分别为 a、b。若 A 点的位置已知，要确定 B 点的位置，除测量出 A、B 的

水平距离 D_{AB} 之外，还需知道 A、B 的方向。图上 a、b 的方向可用过 a 点的指北方向与 ab 的水平夹角 α 表示，α 角称为方位角。有了 D_{AB} 和 α，B 点在图上的位置 b 就可确定。如果还需确定 c 点在图上的位置，需测量 BC 的水平距离 D_{BC} 与 B 点上相邻两边的水平角 β。因此为了确定地面点的平面位置，必须测定水平距离和水平角。

在图中还可以看出，A、B、C 三点不是等高的，要完全确定它们在三维空间内的位置，还需要测量高差 h_{AB} 和 h_{BC}，根据已知点 A 的高程，推算 H_B、H_C。

由此可见，距离、角度和高程是确定地面点位置的三个基本几何要素；距离测量、角度测量与高程测量是测量的基本工作；测量、计算及绘图是测量工作的基本技能。

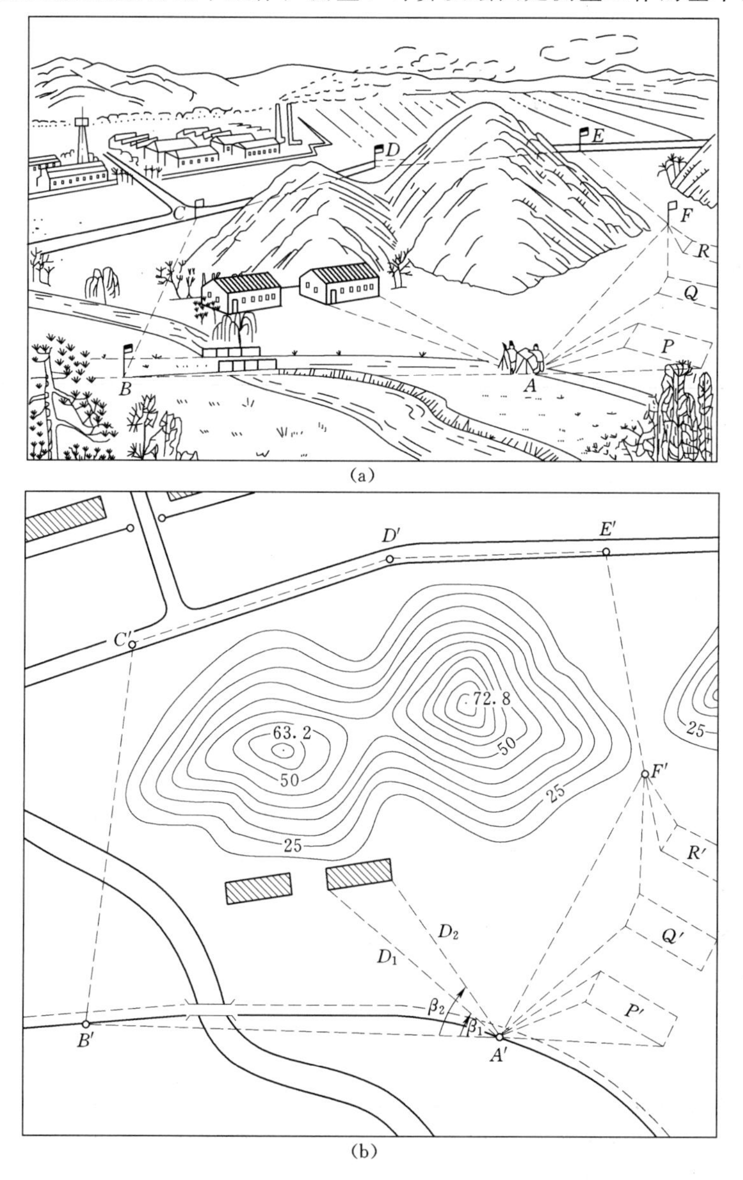

图 1－15　控制测量与碎部测量

（a）实地图；（b）实测图

三、测量的基本原则

为了防止误差积累，确保测量精度，首先在整个测区内选择一些密度较小，分布合理且具有控制意义的点，如图 1-15（a）中的 A、B、C、D、E、F 点，构成一个几何图形，然后用测量仪器，测定出距离、两方向水平角和高差，通过解析计算，最终求得这些点的 X、Y 及 H 值，此项工作称为控制测量。

当精确求出这些控制点的平面位置和高程后，将各点展绘到图上。以这些控制点为测站测绘周围的地形，直至测完整个测区，该部分工作称为碎部测量。

总之，在测量的布局上，是“由整体到局部”，在测量次序上，是“先控制后碎部”，在测量精度上，是“从高级到低级”，这就是测量工作应遵循的基本原则。同时要注意做到步步有检核。

测量工作有外业与内业之分。在野外利用测量仪器和工具，在测区内进行实地勘查、选点、测定地面点间的距离，测量角度和高程，称为外业；在室内将外业测量的数据进行处理、计算和绘图，称为内业。

四、几种常见的图

图有多种形式，一般按其投影性质和表示的内容，将图分为平面图、地形图、地图、影像地图和断面图等。

（一）平面图

将地球表面的地物正射投影到水平面上，按一定比例缩小绘制的图形称为平面图。其特点是平面图形与实际地物的位置成相似关系。平面图一般只表示地物，不表示地貌。

（二）地形图

按一定的比例尺，表示地物、地貌平面位置和高程的正射投影图。是普通地图的一种。地貌一般用等高线表示，能反映地面的实际高度、起伏特征，具有一定的立体感。地物用图式符号加注记表示。具有存储和传输地物、地貌的类别、数量、形态等信息的空间分布、联系和变化的功能。地形图是经过实地测绘或根据遥感图像并配合有关调查资料编制而成，是编制其它地图的基础。

（三）地图

按一定的法则，将地球表面的自然和社会现象缩小，经过制图综合，用地图符号展现在平面上，以反映地表现象的地理分布、相互联系、相互制约关系的图称为地图。它具有严格的数学基础、统一的符号系统和文字注记。按表示内容，分为普通地图、专题地图；按比例尺，分为大、中、小比例尺地图；按表示方法、制作材料、使用情况分，有挂图、立体地图、桌图、影像地图、地球仪等。广义的地图包括剖面图、三维空间图（如地理模型、地球仪等）和其他星球图。随着计算机技术和数字化技术的发展，还包括数字地图、电子地图等。

（四）影像地图

地形图是通过对地形作正射投影获取的，航测像片则是由投影线交于一点的中心投影所获取的影像。由于地面的起伏和航空摄影时不能把投影轴线处于绝对垂直位置，致使初始航摄像片，存在地面起伏引起的投影误差和像片倾斜造成的像点位移。所以，各点的比例尺不一致，把初始的像片经过倾斜纠正和投影差纠正，像片各点比例尺就均一了。把这种经过纠正的像片拼接起来，再绘上图廓线和千米网格制成的图就成为像片平面图。

像片平面图在平面位置上可以像地形图一样使用，但像片上没有注记和等高线，阅读和量算不太方便。因此，在像片平面图上加绘了等高线、注记和某些地物、地貌符号，得到一种新的地形图，称为影像地图。其特点是：信息丰富，成图速度快，现势性强，便于读图和分析，既有航摄像片的内容，又有地形图的特点，因此得到日益广泛的应用。

（五）断面图

断面就是铅垂面切入地面的截面。过地面上某一方向的铅垂面与地表面的交线称为该方向的断面线，为了了解地面某一方向起伏情况，就要绘出该方向的断面线，这种图形称为断面图。断面图分为纵断面图和横断面图，常用在线路工程中，如渠、路、管线等。

复习思考题

1. 何谓水准面、大地水准面？水准面有何特性？

2. 天文地理坐标系与大地地理坐标系有什么区别？

3. 高斯平面直角坐标系与数学上的笛卡尔坐标系有何不同？

4. 测量的基本问题、测量的基本工作、测量的基本原则各是什么？

5. A 点的坐标通用值为 $x_A=112240$m，$y_A=19343800$m，则 A 点的平面坐标自然值是多少？

6. 在进行高程测量、距离测量时，用水平面代替水准面的限度是什么？

7. 某地的地理坐标为（105°17′12″E，39°42′18″N），试计算它所在的6°带和3°带的带号及中央子午线经度。

第二章 水 准 测 量

测定地面点高程位置的工作称为高程测量。由于使用的仪器、施测的方法及达到的精度不同，高程测量可有多种。其中水准测量是高程测量中精度最高的一种方法，被广泛地应用于高程控制测量和水利水电工程测量中。

第一节 水准测量原理

水准测量是利用能提供一条水平视线的仪器，配合水准尺测定出地面两点间的高差，由已知一点高程，推算另外一点高程的一种方法。

如图 2-1 所示，已知 A 点的高程为 H_A，要测定 B 点的高程 H_B，在 A、B 两点间安置一架能够提供水平视线的仪器，并在 A、B 两点上分别竖立水准尺，利用水平视线读出 A 点尺上的读数 a 及 B 点尺上的读数 b，由图可知 A、B 两点间高差为

$$h_{AB}=a-b \tag{2-1}$$

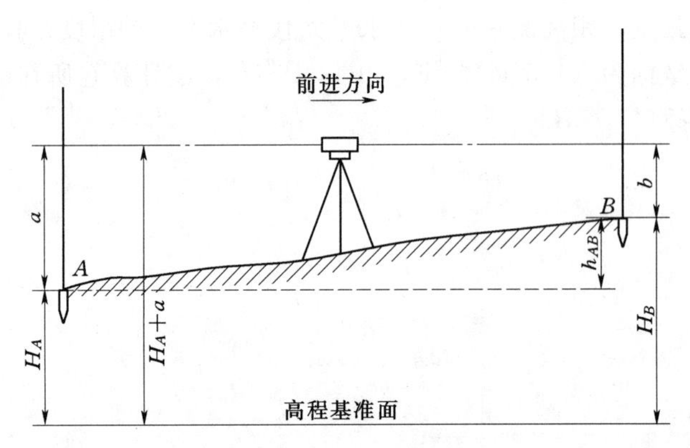

图 2-1 水准测量原理

测量是由已知点向未知点方向进行观测，设 A 点为已知点，则 A 点为后视点，a 为后视读数；B 点即为前视点，b 为前视读数；h_{AB} 为未知点 B 对于已知点 A 的高差，或称由 A 点到 B 点的高差，它总是等于后视读数减去前视读数。当高差为正时，表明 B 点高于 A 点，反之则 B 点低于 A 点。计算高程的方法有两种：

一是由高差计算高程，即

$$H_B=H_A+h_{AB} \tag{2-2}$$

二是由仪器的视线高程计算未知点高程。由图 2-1 可知，A 点的高程加后视读数就是仪器的视线高程，用 H_i 表示，即

$$H_i=H_A+a \tag{2-3}$$

由此可求出 B 点的高程为

$$H_B = H_i - b \tag{2-4}$$

这种计算方法也称视线高法，在工程测量中应用较为广泛。

第二节　水准测量仪器和工具的构造及使用

水准仪是能够为水准测量提供一条水平视线的仪器。

一、DS_3 型水准仪的构造

我国对水准仪按其精度从高到低分为 DS_{05}、DS_1、DS_3 和 DS_{10} 四个等级。“D”表示大地测量，“S”表示水准仪，05、1、3、10 分别表示其精度。各等级水准仪的技术参数见本书附录 1，本节主要介绍 DS_3 型水准仪（图 2－2）。

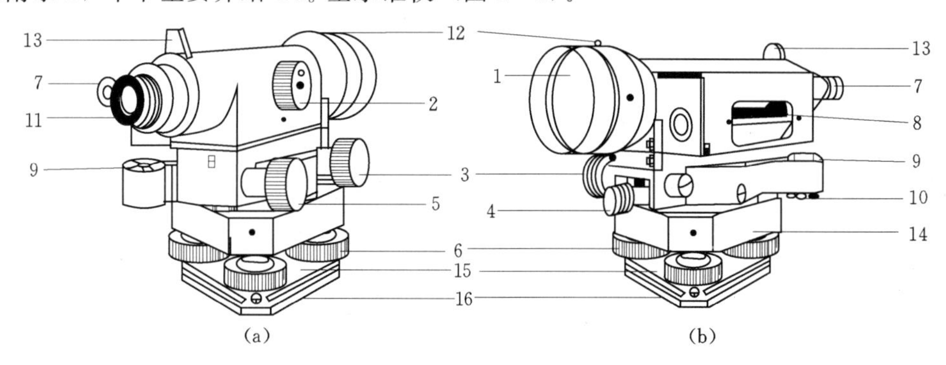

图 2－2　DS_3 型水准仪

（a）外形图；（b）构造图

1—物镜；2—物镜调焦螺旋；3—水平微动螺旋；4—制动螺旋；5—微倾螺旋；6—脚螺旋；7—管水准气泡观察窗；8—管水准器；9—圆水准器；10—圆水准器校正螺丝；11—目镜；12—准星；13—照门；14—基座；15—三角压板；16—底板

DS_3 型水准仪由望远镜、水准器及基座三个主要部分组成。仪器通过基座与三脚架连接，支承在三脚架上。基座上的三个脚螺旋与目镜左下方的圆水准器，用以粗略整平仪器。望远镜旁装有一个管水准器，转动望远镜微倾螺旋，可使望远镜做微小的俯仰运动，管水准器也随之俯仰，使管水准器的气泡居中，此时望远镜视线严格水平。水准仪在水平方向的转动，是由水平制动螺旋和微动螺旋控制的。下面对望远镜和水准器做较为详细的介绍。

（一）望远镜

望远镜由物镜、对光透镜、十字丝分划板和目镜等部分组成。如图 2－3 所示，根据几何光学原理可知，目标经过物镜及对光透镜的作用，在十字丝分划板附近成一倒立实像，由于目标离望远镜的远近不同，转动对光螺旋使对光透镜在镜筒内前后移动，可使其实像恰好落在十字丝平面上，再通过目镜将倒立的实像和十字丝同时放大，这时倒立的实像成为倒立而放大的虚像。其放大的虚像与用眼睛直接看到目标大小的比值，即为望远镜的放大率 V。国产 DS_3 型水准仪望远镜的放大率一般约为 30 倍。

十字丝是用以瞄准目标和读数的，其形式一般如图 2－4 所示。其中十字丝的交点与物镜光心的连线，称为望远镜的视准轴（CC），它是用以瞄准和读数的视线。因此，望远镜的作用一是提供一条瞄准目标的视线，二是将远处的目标放大，提高瞄准和读数的精

度。而与十字线横丝等距平行的两条短丝称为视距丝，可用其测定距离。

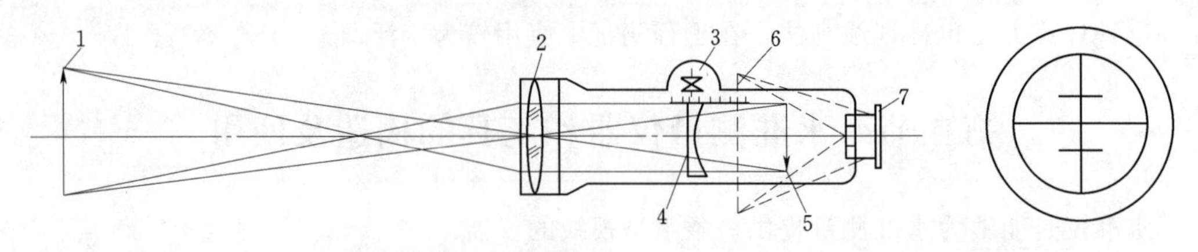

图 2-3　望远镜的构造

1—目标；2—物镜；3—对光螺旋；4—对光凹透镜；5—倒立实像；6—放大虚像；7—目镜

图 2-4　十字丝

上述望远镜是利用对光凹透镜的移动来对光的，称为内对光式望远镜；另有一种老式的望远镜是借助物镜对光时，使镜筒伸长或缩短成像，称为外对光式望远镜。外对光式望远镜密封性较差，灰尘湿气易进入镜筒内，而内对光式望远镜恰好克服了这些缺点，所以目前测量仪器大多采用内对光式望远镜。

（二）水准器

水准器是用以整平仪器的装置，分为管水准器和圆水准器两种。

1. 管水准器

管水准器亦称水准管，是用一个内表面磨成圆弧的玻璃管制成（图 2-5），一般规定以圆弧 2mm 长度所对圆心角 τ（$\tau=\frac{2\text{mm}}{R}\rho''$，$R$ 为曲率半径，ρ 为 1 弧度的秒数，$\rho''=206265$）表示水准管的分划值。分划值越小，灵敏度越高，DS_3 型水准仪的水准管分划值一般为 $\tau=20''/2\text{mm}$。水准管内盛有酒精和乙醚的混合液，仅留一个气泡。管内圆弧中点处的水平切线，称为水准管轴，用 LL 表示。当气泡两端与圆弧中点对称时，称为气泡居中，即表示水准管轴处于水平位置。从图 2-2（b）可知，水准仪上的水准管是与望远镜平行连接在一起的，当水准管气泡居中，视线也就水平了。因此水准管和望远镜是水准仪的主要部件，水准管轴与视准轴互相平行是水准仪构造中的主要条件。

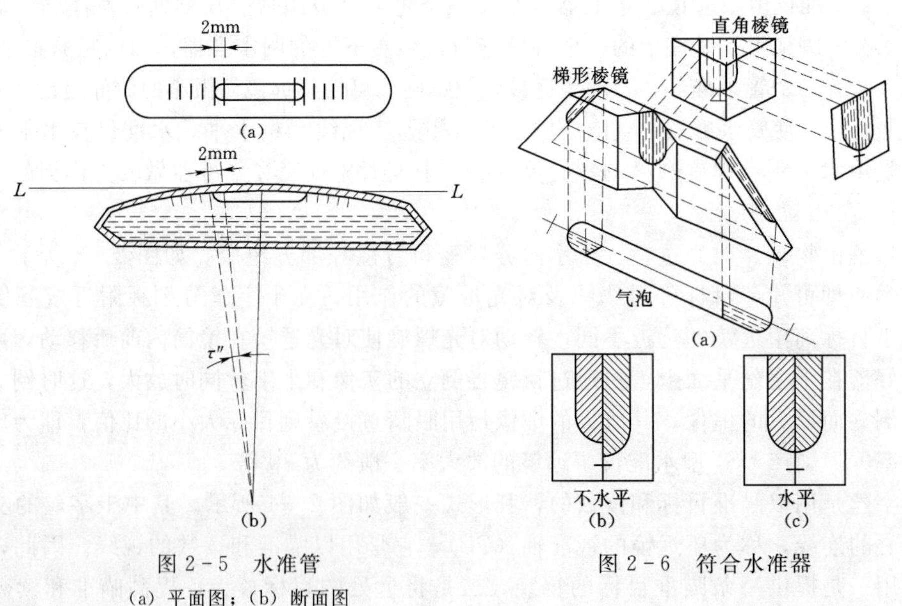

图 2-5　水准管

(a) 平面图；(b) 断面图

图 2-6　符合水准器

为了提高水准管气泡居中的精度，目前生产的水准仪，一般在水准管上方设置一组棱镜，利用棱镜的折光作用，使气泡两端的像反映在直角棱镜上，如图 2－6（a）所示。从望远镜旁的气泡观察窗中可看到气泡两端的影像，当两半个气泡的像错开，表明气泡未居中，如图 2－6（b）所示。当两半个气泡像吻合，则表示气泡居中，如图 2－6（c）所示。这种具有棱镜装置的水准管称为符合水准器，它可以提高精平精度 1 倍以上。

2. 圆水准器

圆水准器如图 2－7 所示，它是用一个玻璃圆盒制成，装在金属外壳内。玻璃的内表面磨成球面，中央刻有一小圆圈，圆圈中点与球心的连线叫做圆水准器轴（$L'L'$）。当气泡位于小圆圈中央时，圆水准管轴处于铅垂位置。普通水准仪的圆水准器分划值一般为 $8'$/2mm。圆水准器安装在托板上，其轴线与仪器的竖轴互相平行，所以当圆水准器气泡居中时，表示仪器的竖轴已基本处于铅垂位置。由于圆水准器的精度较低，它主要用于水准仪的粗略整平。

综上所述，水准仪在设计构造时必须满足 $L'L' /\!/ VV$、十字丝横丝 $\perp VV$ 和 $LL /\!/ CC$（主要条件），才能保证提供一条水平视线。

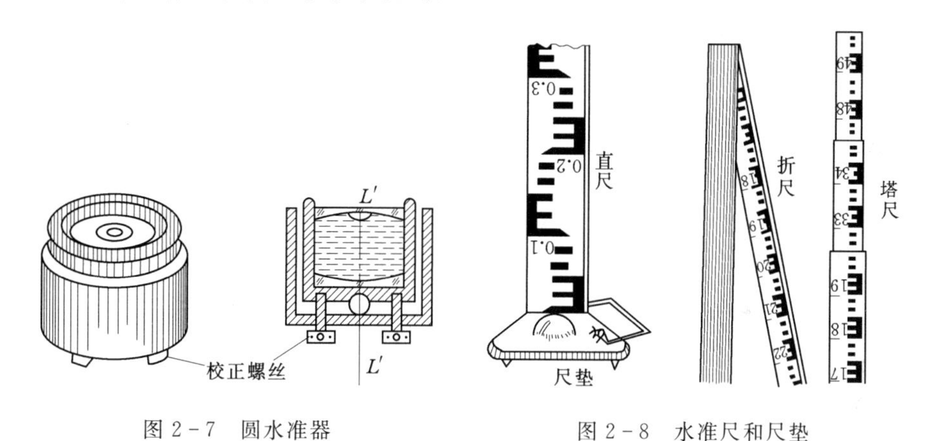

图 2－7　圆水准器

图 2－8　水准尺和尺垫

二、水准尺和尺垫

水准尺是水准测量中的重要工具，多用干燥而良好的木材制成，也有铟钢制成的铟钢尺。尺的形式有直尺、折尺和塔尺（图 2－8）。水准测量一般使用直尺，只有精度要求不高时才使用折尺或塔尺。目前常用的水准尺以 3m 的直尺较为多见，一面为黑白分划，另一面为红白分划，俗称黑红两面水准尺。1cm 分划，10cm 注记，黑面底端以零起算，而红面底端分别以 4.687m 和 4.787m 起算，这种红面起点不同注记的两根尺子在水准测量时配对使用。

尺垫又称尺台，其形式有三角形、圆形等。测量时为了防止尺子下沉，要将尺垫放在地上踏稳，然后把水准尺竖立在尺垫的半圆球顶上（图 2－8）。

三、水准仪的安置和使用

（一）安置与粗平

选好测站，打开三脚架，将三脚架插入土中，在光滑地面使脚架不致打滑，并使架头大致水平。利用连接螺旋将水准仪与三脚架连接，然后旋转脚螺旋使圆水准器的气泡居中，其方法如图2-9（a）所示，气泡不在圆水准器的中心而在1点位置，这表明脚螺旋A侧偏高，因为气泡是随着左手拇指转动的方向而移动，此时可用双手按箭头所指的方向对向旋转脚螺旋A和B，即降低脚螺旋A，升高脚螺旋B，气泡便向脚螺旋B方向移动，移动到2点位置时为止。再旋转脚螺旋C，如图2-9（b）所示，使气泡从2点移到圆水准器的中心，这时仪器的竖轴大致竖直，亦即视线大致水平。

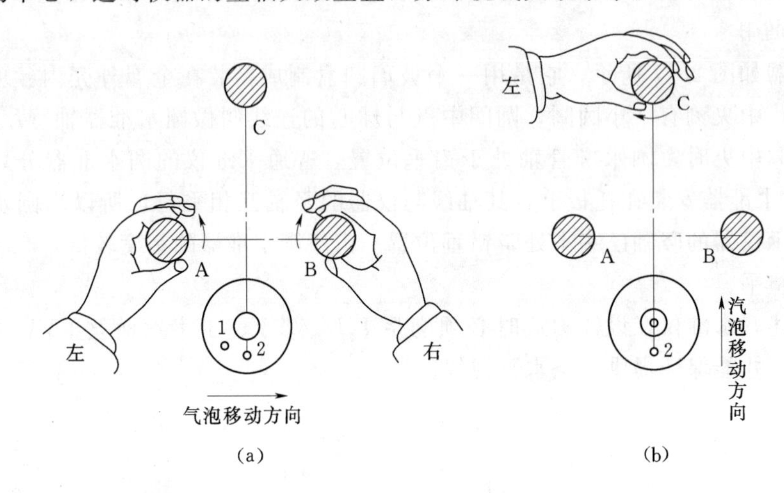

图2-9　圆水准器的整平
（a）左右整平；（b）前后整平

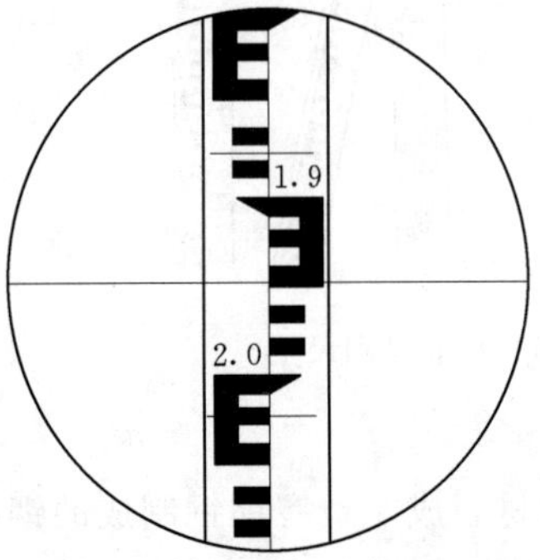

1.9
2.0

图2-10　水准尺读数

（二）瞄准

当仪器粗略整平后，松开望远镜的制动螺旋，利用望远镜筒上的缺口和准星概略地瞄准水准尺，拧紧制动螺旋。然后转动目镜调节螺旋，使十字丝成像清晰，再转动物镜对光螺旋，使水准尺的分划成像清晰，对光工作完成。这时如发现十字丝纵丝偏离水准尺，则可利用微动螺旋使十字丝纵丝对准水准尺（图2-10）。

（三）消除视差

在读数前，如果眼睛在目镜端上下晃动，则十字丝交点在水准尺上的读数也随之变动，这种现象称为十字丝视差。产生十字丝视差的原因是由于目镜调焦不仔细或物镜调镜不仔细形成的，有时两者同时存在。它对读数影响较大，必须予以消除。消除方法是转动目镜调节螺旋使十字丝成像清晰，再转动物镜对光螺旋使尺像清晰，而且要反复调节上述两螺旋，直至十字丝和水准尺成像均清晰，眼睛上下晃动时，十字丝横丝所截取的读数不变为止。

（四）精平和读数

转动微倾螺旋使水准管的气泡像吻合，如图2-6（c），其左半像的上下移动与右手拇指转动螺旋的方向一致。然后立即利用十字丝横丝读取尺上读数。因为水准仪的望远镜一般是倒像，所以水准尺倒写的数字从望远镜中看到的是正写的数字，同时看到尺上刻划的注记是由上向下递增的，因此，读数应由上向下读，即由小到大，在图2-10中，从望远镜中读得的数为 1.948m。

第三节 普通水准测量

一、水准点

水准点是用水准测量的方法求得其高程的地面标志点。为了将水准测量成果加以固定，必须在地面上设置水准点。水准点可根据需要，设置成永久性水准点和临时性水准点。永久性水准点可造标埋石，如图 2-11（a）所示，临时性水准点可用地表突出的岩石或建筑物基石，也可用木桩作为其标志，如图 2-11（b）所示，桩顶打一小钉且用红油漆圈点。通常以“*BM*”代表水准点，并编号注记于桩点上，如 BM_1、BM_2 等。为了便于寻找和使用，可在其周围醒目处予以标记，或在桩上固定一明显标志，这些标记和标志称“点之记”，并绘出草图。

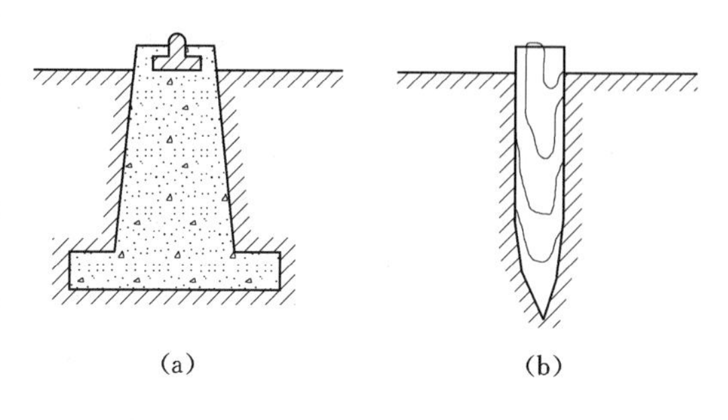

图 2-11 水准点
（a）永久性水准点；（b）临时性水准点

二、水准测量的实施

水准测量是按一定的水准路线进行的，现以图 2-12 为例来说明测定两点间高差，并已知一点高程，求算另一点高程的一般方法。

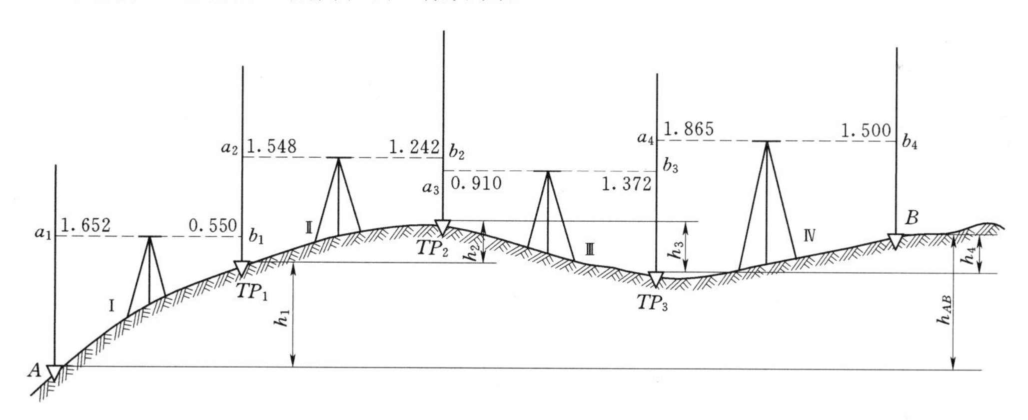

图 2-12 水准测量示意图

当两点间距离较远或高差过大时，则需要将两点之间分成若干测段，逐段安置仪器，依次测得各段高差，然后计算两点间的高差。如图 2-12 所示，在 *A*、*B* 两点间依次设三个点，安置四次仪器，即设四个测站，每一测站可读取后、前视读数，得各段高差为：

$$h_1=a_1-b_1$$

$$h_2=a_2-b_2$$

$$h_3=a_3-b_3$$

$$h_4 = a_4 - b_4$$

由图可知，两点间的高差为四个测段高差之和，即

$$h_{AB} = \sum h = \sum a - \sum b \tag{2-5}$$

在实际作业中，应按一定的记录格式随测、随记、随算。以图 2-12 为例，开始将水准仪安置在已知点 A 及第一点 TP_1 之间，测得 $a_1 = 1.652\text{m}$ 及 $b_1 = 0.550\text{m}$，分别记入表 2-1 中第一测站的后视读数及前视读数栏内，算得高差 $h_1 = +1.102\text{m}$，记入高差栏内。水准仪搬至Ⅱ站，A 点上的水准尺由持尺者向前选择第二点 TP_2，在其上立尺，后视 TP_1，前视 TP_2 尺，将测得的后、前视读数及算得高差记入第二测站的相应各栏中。然后又将仪器搬至Ⅲ、Ⅳ测站继续观测。所有观测值和计算见表 2-1，其中计算校核中算出的 $\sum h - \sum a - \sum b$ 相等，表明计算无误，如不等则计算有错。这种检核可发现计算中的错误，并及时予以纠正，但不能提高观测精度。

从观测过程与表 2-1 可知，A 点高程是通过在地面上临时选择的 TP_1、TP_2、TP_3 传到 B 点的，这些点称为转点，它起传递高程的作用，一个转点既作上一测站的前视点，又是下一测站的后视点，才能起到传递高程的作用。因此，测量过程中转点位置的任何变动，都会直接影响 B 点的高程，这就要求转点应选择在坚实的地面上，并将尺垫置稳踩实，还要注意不能有任何意外的变动。

表 2-1　　水准测量记录

仪器型号 DS_3-2　　观测者×××　　记录者×××　　天气　晴　　2005 年 2 月 20 日

测站	测点	后视读数 /m	前视读数 /m	高差/m +	高差/m −	高程 /m	备　注
1	A	1.652		1.102		1556.482	已知
	TP_1		0.550				
2	TP_1	1.548		0.306			
	TP_2		1.242				
3	TP_2	0.910			0.462		
	TP_3		1.372				
4	TP_3	1.865		0.365		1557.793	$H_B = H_A + h_{AB} = 1557.793$
	B		1.500				
计算校核	$\sum a = 5.975$　$\sum b = 4.664$　$\sum h = +1.311$ $\sum a - \sum b = 5.975 - 4.664 = +1.311$						

三、水准测量的校核方法和精度要求

在水准测量中，测得的高差总是不可避免地存在误差。为了使测量成果不存在错误及符合精度要求，必须采取相应的措施进行校核。

（一）测站校核

1. 改变仪器高法（适用于单面水准尺）

即在每个测站上，测出两点间高差后，重新安置（升高或降低仪器 10cm 以上）再测一次，两次测得高差的差值应在允许范围内。对于城市和工程测量中的水准测量，两次高

差不符值的绝对值最大不超过 5mm，否则应重测。

2. 两台仪器同时观测

此法同样适用于单面尺，两台仪器所测相同两点间的高差不符值也不得超过 5mm。

3. 双面尺法

采用红、黑两面尺观测，由于同一根尺两面注记相差一个常数，这样在一个测站上对每个测点既读取黑面读数，又读取红面读数，据此校核红、黑面读数之差。由红、黑面测得高差之差也应在 5mm 内。采用双面尺法不必改变仪器高，也不必用两台仪器同时观测，从而节约了时间，提高了工效。

测站校核可以校核本测站的测量成果是否符合要求，但整个路线测量成果是否符合要求，甚至有错，则不能判定。例如，假设迁站后，转点位置发生移动，这时测站成果虽符合要求，但整个路线测量成果都存在差错，因此，还需要进行路线校核。

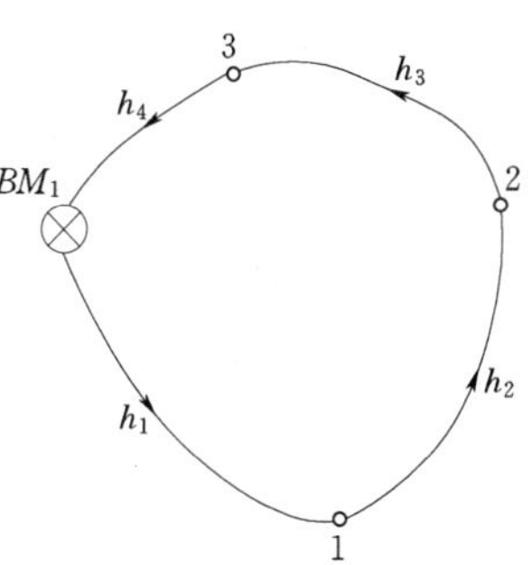

图 2-13 闭合水准路线

（二）路线校核

水准测量的路线有多种形式，单一水准路线便于施测和平差计算，故常可以布设成下列三种形式。

1. 闭合水准路线

从一已知的水准点开始，沿一条闭合的路线进行水准测量，最后又回到该起点，称为闭合水准路线。如图 2-13 所示，设水准点 BM_1 的高程为已知，由该点开始依次测定相邻两点间高差 h_1、h_2、h_3、h_4 与 BM_1 点组成闭合水准路线。这时高差总和在理论上应等于零，即：$\sum h_{理}=0$。但由于测量含有误差，往往 $\sum h_{测}\neq 0$ 而存在高差闭合差 f_h，即

$$f_h=\sum h_{测} \tag{2-6}$$

高差闭合差 f_h 的大小反映了测量成果的质量，闭合差的允许值 $f_{h允}$ 视水准测量的等级不同而异，等外水准测量最大允许闭合差为

$$\left.\begin{aligned}&\text{平原丘陵区}\quad f_{h允}=\pm 40\sqrt{\sum L}\,(\text{mm})\\&\text{山区}\quad f_{h允}=\pm 10\sqrt{\sum n}\,(\text{mm})\end{aligned}\right\} \tag{2-7}$$

式中 $\sum L$——水准路线总长度，km；

$\sum n$——水准路线测站总数。

若 $|f_h|>|f_{h允}|$，说明测量成果不符合要求，应当返工重测。

2. 附合水准路线

由一已知的水准点开始，又附合到另一个已知水准点的水准路线，称为附合水准路线。如图 2-14 所示，设 BM_1 点的高程 $H_{始}$、BM_2 点的高程 $H_{终}$ 均为已知，现从 BM_1 点开始，依次测出 h_1、h_2、h_3 和 h_4 的高差值，最后附合到 BM_2 点上，组成附合水准路线。这时测得的高差总和 $\sum h_{测}$ 应等于两水准点的已知高差（$H_{终}-H_{始}$）。实际上，两者往往不相等，其差值 f_h 即为高差闭合差

$$f_h = \sum h_{测} - (H_{终} - H_{始}) \tag{2-8}$$

高差闭合差的允许值与式（2-7）相同。

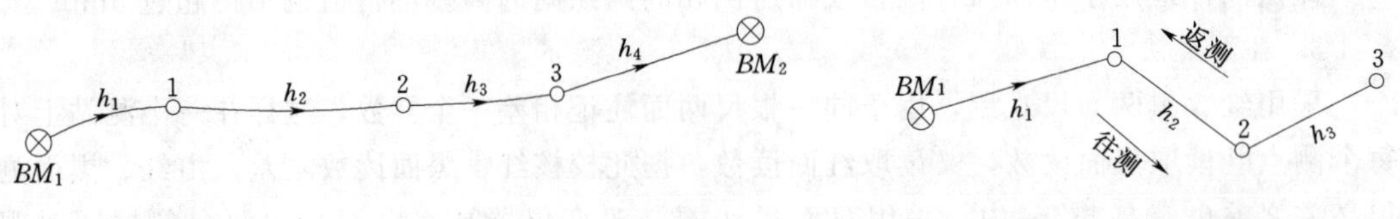

图 2-14　附合水准路线

图 2-15　支水准路线

3. 支水准路线

如图 2-15 所示，从已知水准点 BM_1 开始，既不附合到另一水准点，也不闭合到原水准点的水准路线，称为支水准路线。但为了校核，除测出 h_1、h_2 和 h_3 外，还应从 3 点经 2、1 点返测回到 BM_1。这时往测和返测的高差的绝对值应相等，符号相反，实际上形成了一闭合水准路线。如往返测得高差的代数和不等于零，即为闭合差

$$f_h = \sum h_{往} + \sum h_{返} \tag{2-9}$$

高差闭合差的允许值仍按式（2-7）计算，但路线长度或测站数以单程计。

第四节　水准测量成果的内业平差计算

经路线校核计算，若高差闭合差在允许范围内，说明测量成果符合要求，这时应将闭合差进行合理分配，使调整后的高差闭合差为零，并据此推算各未知点的高程。

一、闭合水准路线高差闭合差的计算与平差改正

（一）闭合水准路线高差闭合差的计算

图 2-13 中的观测结果，其平差计算见表 2-2。

$$f_h = \sum h_{测} = +0.030\text{m} = +30\text{mm}$$

$$f_{h允} = \pm 40\sqrt{\sum L} = \pm 80\text{mm}$$

$$f_h < f_{h允}$$

符合精度要求，可进行平差改正。

（二）平差改正

一般而言，某两点间线路长或测站数多，所测高差误差就较大，因此，根据这个原则，将闭合差反号，按与路线长度或测站数成正比的原则分配到各段所测高差观测值中，可按正式计算改正值：

$$\left.\begin{aligned} V_{hi} &= \frac{-f_h}{\sum L} \cdot L_i \\ \text{或}\quad V_{hi} &= \frac{-f_h}{\sum n} \cdot n_i \end{aligned}\right\} \tag{2-10}$$

表 2-2　　闭合水准路线高差闭合差平差表

计算者 ×　×　×　　　　日期 2005 年 3 月 1 日

点号	距离/km	实测高差/m	改正值/mm	改正后高差/m	高程/m	备　注
BM_1					1528.400	已知高程
	1.15	+1.990	−9	+1.981		
1					1530.381	$f_h=+30$mm
	0.70	−1.729	−5	−1.734		
2					1528.647	$f_{h允}=\pm 40\sqrt{4}$mm $=\pm 80$mm
	1.05	−1.896	−8	−1.904		
3					1526.743	$f_h<f_{h允}$
	1.10	+1.665	−8	+1.657		可平差改正
BM_1					1528.400	已知高程
Σ	4.0	+30	−30	0		

式中　V_{hi}——某高差观测值的改正值；

L_i——第 i 段长度；

n_i——某高差的测站数。

表 2-2 是闭合水准路线的高差平差算例。注意检核，以免计算出错。使 $\sum v=-f_h$ 和 $\sum h_{正}=0=\sum h_{理}$。之后，进行高程计算，高程推算必须使推算出 BM_1 的高程与已知高程相等。

$$V_{hi}=\frac{-30}{4.0}\cdot L_i,\ \sum v=-f_h=-30\ (\text{mm}),\ \sum h_{正}=0=\sum h_{理}$$

$$1526.743+1.657=1528.400=H_{BM_1}$$

二、附合水准路线高差闭合差的计算与平差改正

如图 2-14 中，已知水准点 BM_1 的高程 $H_{始}=139.833$m，BM_2 点的高程 $H_{终}=148.646$m。测站数和测得的高差列于表 2-3 中，其计算方法如下。

（一）高差闭合差的计算

$$f_h=\sum h_{测}-(H_{终}-H_{始})=8.847-(148.646-139.833)=+34(\text{mm})$$

$$f_{h允}=\pm 10\sqrt{\sum n}(\text{mm})=\pm 10\sqrt{60}(\text{mm})=\pm 77(\text{mm})$$

$f_h<f_{h允}$，说明观测成果符合要求，可进行平差改正。

（二）平差改正

按（2-10）式计算各个高差的改正值。本例是按测站平差改正。详见表 2-3。

表 2-3　　附合水准路线高差闭合差平差表

计算者 ×××　　　　日期 2005 年 3 月 2 日

点号	测站数	高差/m		改正后高差/m	高程/m	备　注
		观测值	改正值			
BM_1					139.833	
	24	+8.364	−0.014	+8.350		
1					148.183	
	8	−1.433	−0.004	−1.437		
2					146.746	已知高程
	12	−2.745	−0.007	−2.752		$H_{终}-H_{始}=+8.813=\sum h_{正}$
3					143.994	
	16	+4.661	−0.009	+4.652		已知高程
BM_2					148.646	
Σ	60	+8.847	−0.034	+8.813		

应当指出，在坡度变化较大的地区，由于每公里安置测站数很不一致，闭合差的调整一般按测站数成正比分配；而在地势比较平坦的地区，每公里测站数相差不大，则可按路线长度成正比分配。

三、支水准路线高差闭合差的调整

支水准路线闭合差 f_h 满足精度要求，其改正的方法是：取往测和返测高差绝对值的平均值作为两点间的高差值，其符号与往测同；然后根据起点高程以各段平均高差推算各测点的高程。这样，高差闭合差得以改正，往返高差代数和为零，满足闭合水准路线 $\sum h_{理}=0$ 的要求。

第五节　自动安平水准仪与电子水准仪

一、自动安平水准仪

用普通水准仪进行水准测量，必须使水准管气泡严格居中才能读数，这种手动操作费时较多，为了提高工效，研制生产了一种称为自动安平水准仪的仪器。使用这种仪器只要将圆水准器气泡居中，就可直接利用十字丝进行读数，从而加快了测量速度。图 2－16（a）是我国 DSZ_3 型自动安平水准仪的外形，图 2－16（b）是它的构造图。现以这种仪器为例介绍其构造原理和使用方法。

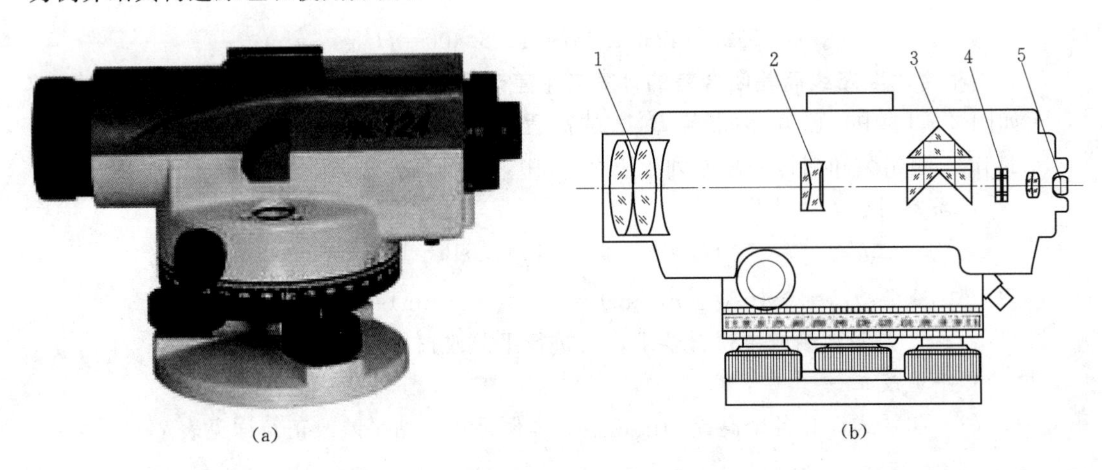

图 2－16　自动安平水准仪

（a）外形图；（b）构造图

1—物镜；2—物镜调焦螺旋；3—补偿器；4—十字丝分化板；5—目镜

（一）自动安平水准仪的补偿原理

如图 2－17 所示，当视线水平时，水平光线恰好与十字丝交点所在位置 K' 重合，读数正确无误，如视线倾斜一个 α 角，十字丝交点移动一段距离 d 到达 K 处，这时按十字丝交点 K 读数，显然有偏差。如果在望远镜内的适当位置装置一个“补偿器”，使进入望远镜的水平光线经过补偿器后偏转一个 β 角，恰好通过十字丝交点 K，这样按十字丝交点 K 读出的数仍然是正确的。由此可知，补偿器的作用，是使水平光线发生偏转，而偏转角的大小正好能够补偿视线倾斜所引起的读数偏差。因为 α 和 β 角都很小，从图 2－17 可知：

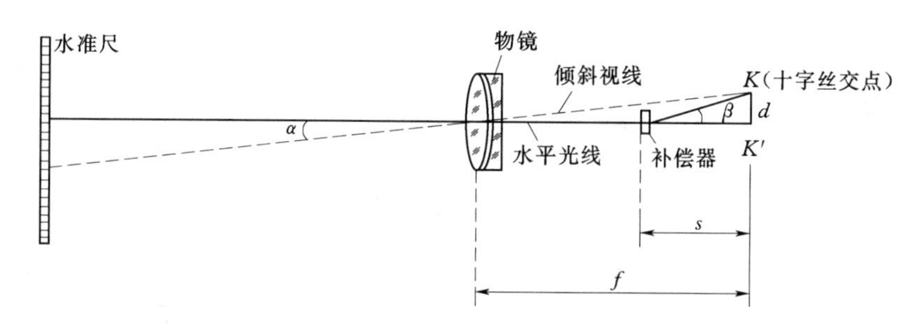

图 2-17　自动安平水准仪原理

$$f\alpha = s\beta \tag{2-11}$$

即

$$\frac{\beta}{\alpha} = \frac{f}{s} = V \tag{2-12}$$

式中　f——物镜和对光透镜的组合焦距；

s——补偿器至十字丝分划板的距离；

α——视线的倾斜角；

β——水平视线通过补偿器后的偏转角；

V——补偿器的放大系数，为一常数，并且大于 1。

在设计时，只要满足式（2-12）的关系，即可达到补偿的目的。

（二）自动安平水准仪的使用

使用自动安平水准仪进行水准测量，只要把仪器安置好，令圆水准器气泡居中，即可用望远镜瞄准水准尺读数。为了检查补偿器是否起作用，有的仪器装置一个掀钮，按下掀钮可把补偿器轻轻触动，待补偿器稳定后，观察读数是否有变化，如无变化，说明补偿器正常。如仪器没有掀钮装置，可稍微转动一下脚螺旋，如尺上读数没有变化，说明补偿器起作用，仪器正常，否则应进行检查修理。

二、电子水准仪

电子水准仪也称数字水准仪，1990 年威特公司研制出了世界上第一台 NA2000 数字水准仪，使水准测量自动化得以实现。目前，我国从国外引进了不同型号和不同精度的数字水准仪，常见的有 NA2000、NA2002、NA3003。现以 NA2000 为例，简要介绍其结构、自动读数原理、特点和精度。

（一）仪器的结构和自动读数原理

如图 2-18 所示，数字水准仪 NA2000 具有与传统水准仪相同的光学和机械结构，实际上就是采用 WildNA24 自动安平水准仪的光学机械部分。与数字水准仪配套的水准标尺一面具有用于电子读数的条码尺，另一面有用于目视观测的常规 E 型分划线。标尺总长 4.05m，由三节 1.35m 长的短尺插接而成。

NA2000 水准仪利用电子工程学原理，进行自动观测和记录。作业员只要粗略整平仪器，将望远镜对准标尺并调焦，然后按下相关的按键，探测器就将采集到的标尺编码光讯号转换成电信号（测量信号），与仪器内部存储的标尺编码信号（参数信号）相比较，若两信号相同，即处于最佳相关位置，则水准读数和视距就可以确定，并在屏幕上显示。为了缩短比较时间，仪器内部有调焦镜移动量传感器采集调焦的移动量，由此可算出概略视

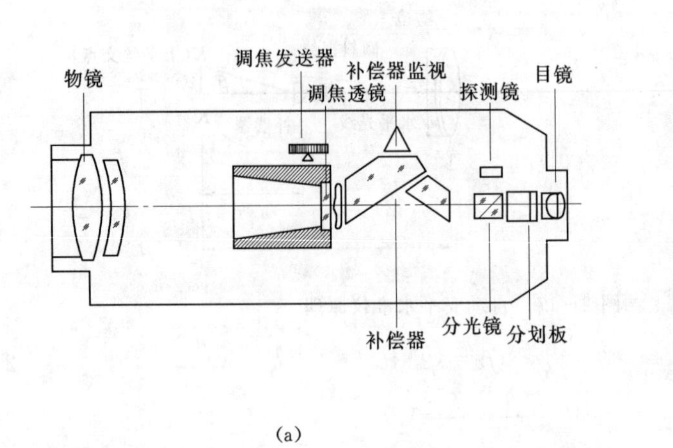

(a)

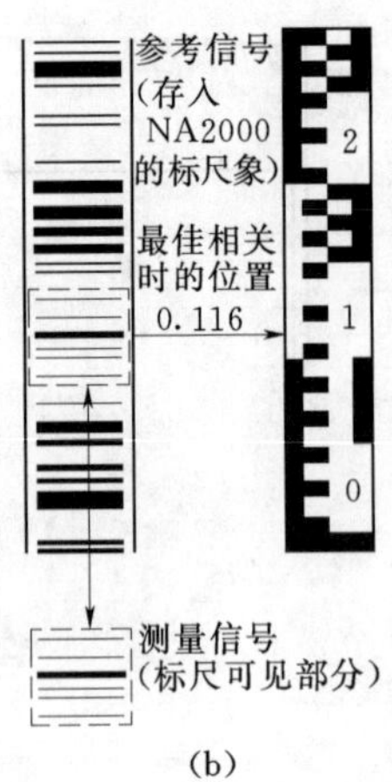

(b)

图 2-18　NA2000 结构及读数原理

(a) 结构图；(b) 读数与视距原理图

距，再对采集到的标尺编码电信号的“宽窄”进行缩放，使其接近仪器内部存储的信号的“宽窄”，这是粗相关或粗优化过程。然后进行二维相关，称精优化，由此在短时间内确定结果。这种比较、确定、显示过程只需几秒钟就可完成。图 2-18 (a) 为 NA2000 型电子水准仪的结构图，图 2-18 (b) 为标尺读数与视距原理图。

(二) 仪器的特点和精度

该仪器如同自动安平水准仪，操作使用简单，易于掌握。其最大的优点是具有许多软件可供采用，通过阅读使用手册和实际操作，充分应用仪器的内在功能设施，实现自动化观测，提高测量工效。

附录 2 列举了常见的 NA2000、NA2002、NA3003 电子水准仪的技术参数，可供购置使用时参考。这里需要指出的是数字水准仪如同其他测量仪器一样，在实施观测时，也会受到仪器本身条件的影响，如 i 角有大小；尺码刻划和接缝的误差；外界光照条件和温度的影响等，这些综合不利因素的影响可通过检校仪器，选择适宜的观测时间加以减弱。

第六节　水准测量误差及精度分析

一、误差来源及减弱方法

水准测量误差主要由仪器误差、观测误差和外界条件的影响而产生。现对主要误差进行分析论证，以求在测量过程中避免和减弱此类误差的影响。

(一) 仪器误差

1. 仪器校正不完善的误差

无论是新购或已使用过的水准仪，在使用前都要经过严格检验校正，使其满足使用要求。尽管仪器经过校正，但还会存在一些残余误差，其中主要是水准管轴不平行于视准轴的误差。观测时，只要将仪器安置于距前、后视尺等距离处，就可消除这项误差。

2. 对光误差

由于仪器制造加工不够完善，当转动对光螺旋调焦时，对光透镜产生非直线移动而改变视线位置，产生对光误差，即调焦误差。这项误差，仪器安置于距前、后视尺等距离处，后视完毕转向前视，不必重新对光，就可得到消除。

3. 水准尺误差

包括刻划不均匀、尺长变化、尺面弯曲和尺底零点不准确等误差。观测前应对水准尺进行检验；尺子的零点误差，使测站数为偶数时即可消除。

（二）观测误差

1. 整平误差

利用符合水准器整平仪器的误差约为$\pm 0.075\tau''$，若仪器至水准尺的距离为D，则在读数上引起的误差为

$$m_{平} = \frac{0.075\tau}{\rho''}D \tag{2-13}$$

式中　$\rho''=206265$。

由上式可知，整平误差与水准管分划值及视线长度成正比。若以DS_3型水准仪（$\tau''=20''/2mm$）进行水准测量，视线长$D=100m$时，$m_{平}=0.73mm$。因此在观测时必须切实使符合气泡居中，视线不能太长，后视完毕转向前视，要注意气泡居中才能读数。此外在晴天观测，必须打伞保护仪器，特别要注意保护水准管。

2. 照准误差

人眼的分辨力，在视角小于$1'$时，就不能分辨尺上的两点，若用放大倍率为V的望远镜照准水准尺，则照准精度为$60''/V$，由此照准距水准仪D处水准尺的照准误差为

$$m_{照} = \frac{60''}{V\rho''}D \tag{2-14}$$

当$V=30$，$D=100m$时，$m_{照}=+0.97mm$。

3. 估读误差

是在区格式厘米分划的水准尺上估读毫米产生的误差。它与十字丝的粗细、望远镜放大倍率和视线长度有关，在一般水准测量中，当视线长度为100m时，估读误差约为$\pm 1.5mm$。

4. 水准尺竖立不直的误差

如图2-19所示，若水准尺未竖直立于地面而倾斜时，其读数b'或b''都比尺子竖直时的读数b要大，而且视线越高，误差越大。故作业时应切实将尺子竖直，并且尺上读数不能太大。

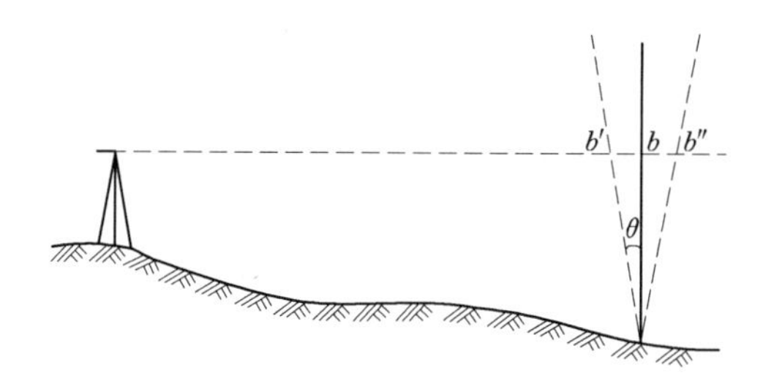

图2-19　水准尺不竖直的误差

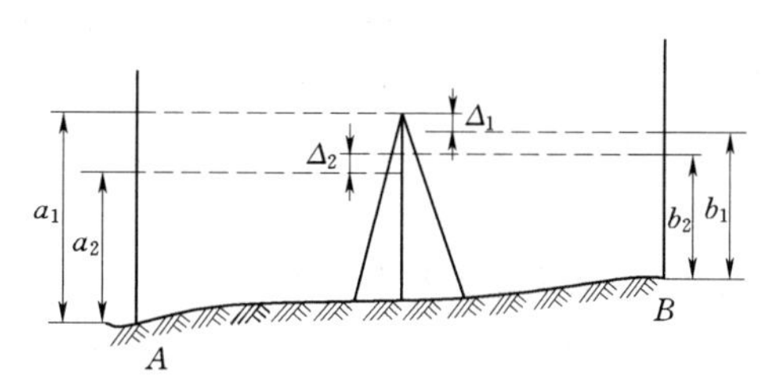

图2-20　仪器下沉的误差

（三）外界条件的影响

1. 仪器升降的误差

由于土壤的弹性及仪器的自重，在观测过程中可能引起仪器上升或下沉，从而产生误差。如图 2-20 所示，若后视完毕转向前视时，仪器下沉了 Δ_1，使前视读数 b_1 小了 Δ_1，即测得高差 $h_1=a_1-b_1$，大了 Δ_1。设在一测站上进行两次测量，第二次先前视再后视，若从前视转向后视过程中仪器又下沉了 Δ_2，则第二次测得的高差 $h_2=a_2-b_2$，小了 Δ_2。如果仪器随时间均匀下沉，即 $\Delta_2\approx\Delta_1$，取两次所测高差的平均值，这项误差就可得到有效的削弱。因此，在测站不良地区，用黑、红面尺观测时，可按后黑、前黑、前红、后红的观测顺序予以减弱仪器升降误差的影响。

2. 尺垫升降的误差

与仪器升降情况相类似。如转站时尺垫下沉，使所测高差增大，如上升则使高差减小。故对一条水准路线采用往返观测取平均值，这项误差可以得到削弱。

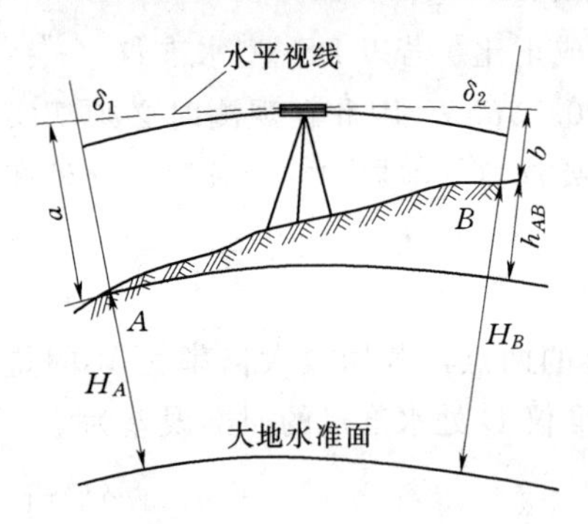

图 2-21　地球曲率影响

3. 地球曲率影响

在绪论中已经证明，地球曲率对高程的影响是不能忽略的。如图 2-21 所示，由于水准仪提供的是水平视线，因此后视和前视读数 a 和 b 中分别含有地球曲率误差 δ_1 和 δ_2、由 A、B 两点的高差应为 $h_{AB}=(a-\delta_1)-(b-\delta_2)$，但只要将仪器安置于距 A 点和 B 点等距离处，这时 $\delta_1=\delta_2$，$h_{AB}=a-b$，就可消除地球曲率的影响。

4. 大气折光的影响

地面上空气存在密度梯度，光线通过不同密度的媒质时，将会发生折射，而且总是由疏媒质折向密媒质，因而水准仪的视线往往不是一条理想的水平线。若在平坦地面，地面覆盖物基本相同，而且前后视距离相等，这时前后视读数的折光差方向相同，大小基本相等，折光差的影响即可大部分得到抵消或削弱。当在山地连续上坡或下坡时，前后视视线离地面高度相差较大，折光差的影响将增大，而且带有一定的系统性，这时应尽量缩短视线长度，提高视线高度，以减小大气折光的影响。

5. 风力的影响

在水准测量作业中，风力对气泡居中和立尺竖直都会产生较大影响。因此，要选择合适的时间进行观测。

以上对水准测量中各种误差进行了逐项分析，但由于误差产生的随机性，其综合影响将会相互抵消一部分。在一般情况下观测误差是主要误差，在一定的条件下，观测者要掌握误差产生的规律，采取相应的措施，尽可能消除或减弱各种误差的影响，以提高测量精度。

二、水准测量的精度分析

（一）在水准尺上读一个数的中误差

影响水准尺上读数的因素很多，其中产生较大影响的有：整平误差、照准误差及估读误差。

等外水准测量若用 DS_3 水准仪施测，其望远镜的放大倍率不应小于 30 倍，符合水准器水准管分划值为 $20''/2mm$，视距不超过 100m 时，即

整平误差 $$m_{平}=\pm\frac{0.075\tau''}{\rho''}\cdot D=\pm0.7\ (mm)$$

照准误差 $$m_{照}=\frac{60''}{v\rho''}\cdot D=\frac{60''}{30\times206265}\times100\times10000=\pm1.0\ (mm)$$

估读误差 $$m_{估}=\pm1.5\ (mm)$$

综合上述影响，读一个数的中误差 $m_{读}$ 为

$$m_{读}=\pm\sqrt{m_{平}^2+m_{照}^2+m_{估}^2}=\pm\sqrt{0.7^2+1.0^2+1.5^2}=1.9(mm)$$

（二）一个测站高差的中误差

一个测站上测得的高差等于后视读数减前视读数，根据第一章中等精度和差函数的公式，一个测站的高差中误差为 $m_{站}=\pm m_{读}\sqrt{2}$，以 $m_{读}=\pm1.9$（mm）代入，得

$$m_{站}=\pm2.7(mm);取\pm3.0(mm)$$

（三）水准路线的高差中误差及允许误差

设在两点间进行水准测量，共测了 n 个测站，求得高差为

$$h=h_1+h_2+\cdots\cdots+h_n$$

每一测站测得的高差，其中误差为 $m_{站}$，又根据等精度和差函数的公式，h 的中误差为

$$m_h=\pm m_{站}\sqrt{n}$$

以 $m_{站}=\pm3$（mm）代入，得 $m_h=\pm3\sqrt{n}$（mm）

对于平坦地区，一般 1km 水准路线不超过 15 站，如用公里数 L 代替测站数 n，则 $m_h=\pm3\sqrt{15L}=\pm12\sqrt{L}$

以三倍中误差作为限差，并考虑其他因素的影响，规范规定等外水准测量高差闭合差的允许值为

$$f_{h允}=\pm\sqrt{n}(mm)或\ f_{h允}=\pm40\sqrt{L}(mm)$$

复习思考题

1. 试简述水准测量的基本原理。
2. 何为视差？产生视差的原因是什么？怎样消除？
3. 转点有什么特点？其作用是什么？
4. 怎样进行计算校核、测站校核和路线校核？
5. 为什么要把水准仪安装在前、后尺大概等距处观测？
6. 自动安平水准仪为什么能在微倾的情况下获得水平视线的读数？
7. 水准测量的误差来源有哪些？如何减弱？

第三章 角 度 测 量

角度测量是测量工作的基本内容（三大要素）之一，它包括水平角测量和竖直角测量。

第一节 角度测量原理

一、水平角测量原理

地面上两相交直线之间的夹角在水平面上的投影，称为水平角。如图 3-1 所示，在地面上有 A、O、B 三点。其高程不同，倾斜线 OA 和 OB 所夹的 $\angle AOB$ 是倾斜面上的角。如果通过倾斜线 OA、OB 分别作竖直面，与水平面相交，其交线 Oa 与 Ob 所构成的 $\angle aOb$，就是水平角，以 β 表示，其角值范围在 0°～360°内。

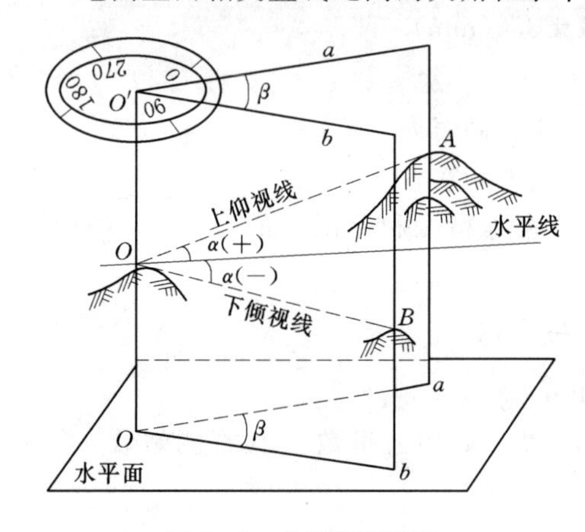

图 3-1 角度测量原理

若在角顶 O 点的铅垂线上，水平地放置一带有顺时针刻划的圆盘，使圆盘中心在此铅垂线内，通过 OA 和 OB 的两竖直面在圆盘上截取读数为 a 和 b，则水平角

$$\beta=b-a \tag{3-1}$$

二、竖直角测量原理

竖直角是在同一竖直面内倾斜视线与水平线间的夹角，以 α 来表示，其角值范围在 0°～90°间，倾斜视线在水平视线上方的为仰角，取正号，在水平视线下方的为俯角，取负号（图 3-1）。水平角是瞄准两个方向在水平度盘上的两读数之差，同理，测量竖直角则是在同一竖直面内倾斜视线与水平线在竖直度盘上两读数之差。

由上可知，测量水平角和竖直角的仪器必须具有两个带刻划的圆盘，一圆盘的中心必须能处于角顶点的铅垂线上，且能水平放置，望远镜不仅能在水平方向带动一读数指标转动，在水平圆盘上指示读数，而且可以在竖直面内转动，瞄准不同高度的目标，读取竖盘上的不同方向读数。经纬仪就是基于上述原理设计制造的。

第二节 DJ_6 级光学经纬仪

我国对经纬仪按精度从高到低分为 DJ_{07}、DJ_1、DJ_2、DJ_6 和 DJ_{15} 五个等级，各等级的技术参数参阅本书附录 3。“D”表示大地测量，“J”代表经纬仪，07、1、2、6、15 代表测量精度，在城市和工程测量中，一般多使用 DJ_6 和 DJ_2 级光学经纬仪。

一、DJ_6级光学经纬仪的构造

DJ_6级光学经纬仪由照准部、水平度盘和基座三大部分组成，图3-2是其外形图，图3-3是将仪器拆卸成三大部分的示意图。现将这三大部分的构造及其作用说明如下。

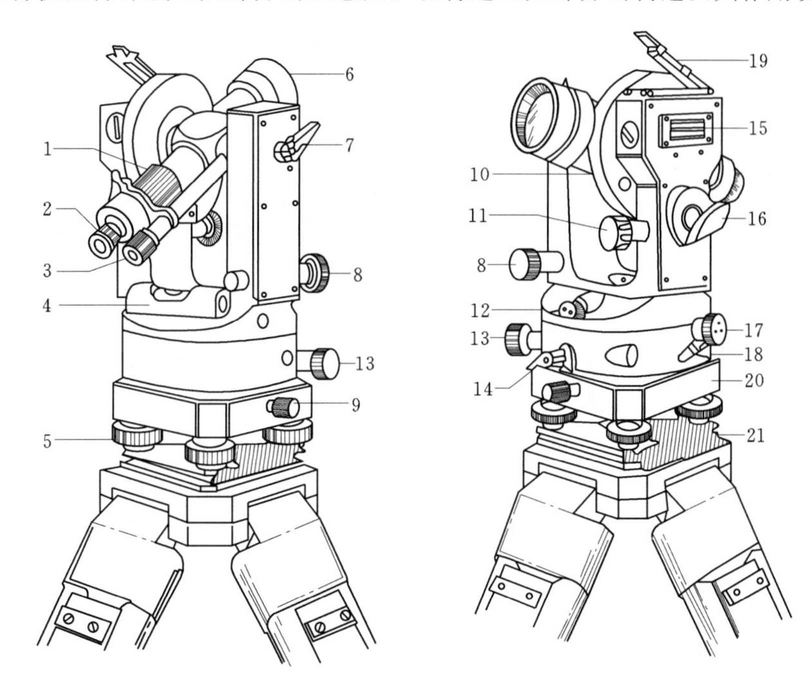

图3-2　DJ_6级光学经纬仪外形图

1—对光螺旋；2—目镜；3—读数显微镜；4—照准部水准管；5—脚螺旋；6—望远镜物镜；7—望远镜制动螺旋；8—望远镜微动螺旋；9—中心锁紧螺旋；10—竖直度盘；11—竖直指标水准管微动螺旋；12—光学对点器目镜；13—水平微动螺旋；14—水平制动螺旋；15—竖盘指标水准管；16—反光镜；17—度盘变换手轮；18—保险手柄；19—竖盘指标水准管反光镜；20—基座；21—托板

（一）照准部

如图3-3所示，照准部由望远镜、横轴、竖直度盘、读数显微镜、照准部水准管和竖轴等部分组成。

1. 望远镜

用来照准目标，它固定在横轴上，绕横轴而俯仰，可利用望远镜制动螺旋和微动螺旋控制其俯仰运动。

2. 横轴

是望远镜俯仰转动的旋转轴，由左右两支架所支承。

3. 竖直度盘

用光学玻璃制成的，用来测量竖直角。

4. 读数显微镜

用来读取水平度盘竖直度盘的读数。

5. 照准部水准管

用来置平仪器，使水平度盘处于水平位置。

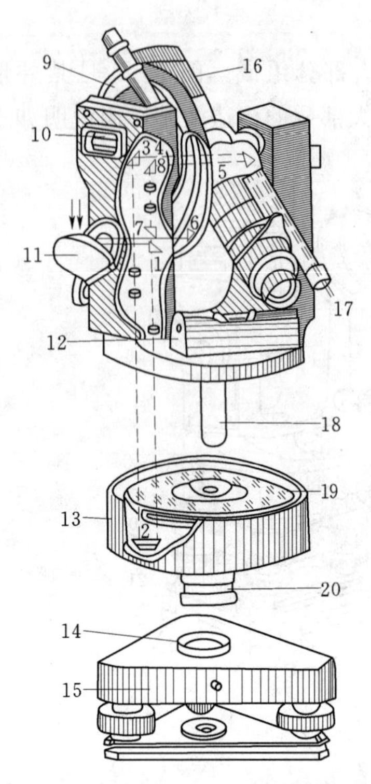

图 3-3　DJ_6 光学经纬仪部件及光路图

1、2、3、5、6、7、8—光学读数系统棱镜；4—分微尺指标镜；9—竖直度盘；10—竖盘指标水准管；11—反光镜；12—照准部水准管；13—度盘变换手轮；14—轴套；15—基座；16—望远镜；17—读数显微镜；18—内轴；19—水平度盘；20—外轴

6. 竖轴

竖轴插入水平度盘的轴套中，可使照准部在水平方向转动。

（二）水平度盘部分

1. 水平度盘

它是用光学玻璃制成的圆盘，如图 3-3 中部件 19 所示。在度盘上按顺时针方向刻有 0°～360°的分划，用来测量水平角。在度盘的外壳附有照准部制动螺旋和微动螺旋，用来控制照准部与水平度盘的相对转动。当拧紧制动螺旋，照准部与水平度盘连接，这时如转动微动螺旋，则照准部相对于水平度盘作微小的转动；若松开制动螺旋，则照准部绕水平度盘而旋转。

2. 水平度盘转动的控制装置

测角时水平度盘是不动的，这样照准部转至不同位置，可以在水平度盘上读取不同的方向值。但有时需要设定水平度盘在某一位置，就要转动水平度盘。控制水平度盘转动的装置有两种：

一是位置变动手轮，它又有两种形式。如图 3-2 中部件 17 是其中之一。使用时拨下保险手柄，将手轮推压进去并转动，水平度盘亦随之转动，待转至需要位置后，将手松开，手轮退出，再拨上保险手柄，手轮就压不进。图 3-7 中部件 12 所示的水平度盘变换手轮是另一种形式。使用时拨开护盖，转动手轮，待水平度盘至需要位置后，停止转动，再盖上护盖。具有以上装置的经纬仪，称为方向经纬仪。

二是复测装置。如图 3-5 中的部件 6，当扳手拨下时，度盘与照准部扣在一起同时转动，度盘读数不变；若将扳手拨上，则两者分离，照准部转动时水平度盘不动，读数随之改变。具有复测装置的经纬仪，称为复测经纬仪。

（三）基座

基座是用来支承整个仪器的底座，用中心螺旋与三脚架相连接。基座上备有三个脚螺旋，转动脚螺旋，可使照准部水准管气泡居中，从而使水平度盘处于水平位置，亦即仪器的竖轴处于铅垂状态。

二、读数装置与读数方法

DJ_6 级光学经纬仪的读数装置可分为分微尺测微器和单平行玻璃测微器两种，其中以前者居多。

（一）分微尺测微器及其读数方法

国产 DJ_6 级光学经纬仪，其读数装置大多属于此类。图 3-3 表示其光路系统，外来光线由反光镜的反射，穿过毛玻璃经过棱镜 1，转折 90°后通过水平度盘，此后光线又通过棱镜 2 和 3 的几次折射到达刻有分微尺的聚光镜 4，再经棱镜 5 又一次转折，就可在读数显微镜里看到水平度盘的分划线和分微尺的成像。

竖直度盘的读数成像与水平度盘相似。外来光线经过棱镜 6 的折射，透过竖直度盘，再由棱镜 7 和 8 的转折，到达分微尺的聚光镜 4，最后经过棱镜 5 的折射，同样可在读数显微镜内看到竖直度盘的分划线和分微尺的成像。

如图 3-4 所示的上半部是从读数显微镜中看到的水平度盘的像，用“水平”或“H”注记，此时只看到 196°和 197°两根刻划线，并看到刻有 60 个分划的分微尺。读数时，读取度盘刻划线在分微尺内的度盘读数，不足 1°的读数在分微尺上读取，即从 0′开始由小到大读至该度盘的刻划线，并估读到 1′/10。图中读得水平度盘读数从 214°54′42″；下半部是竖直度盘的成像，读数为 79°05′30″。

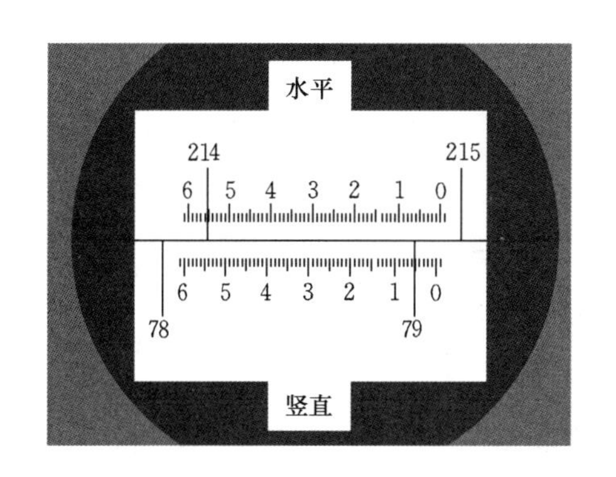

图 3-4　分微尺读数

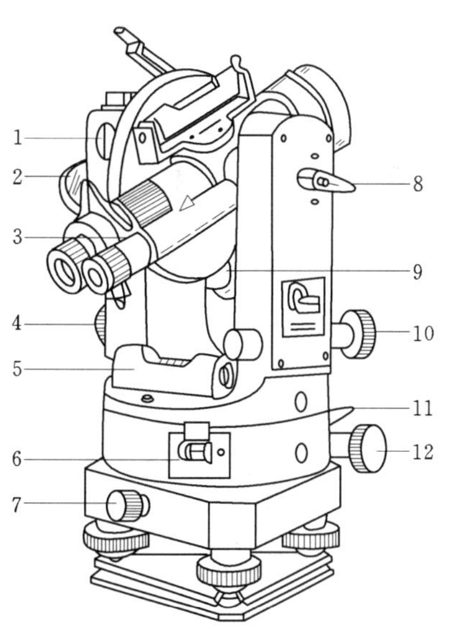

图 3-5　DJ_6-1 型光学经纬仪外形图

1—竖盘指标水准管；2—反光镜；3—读数显微镜；4—测微轮；5—照准部水准管；6—复测装置；7—中心锁紧螺旋；8—望远镜制动螺旋；9—竖盘指标水准管微动螺旋；10—望远镜微动螺旋；11—水平制动螺旋；12—水平微动螺旋

（二）单平行玻璃测微器及其读数方法

如图 3-5 所示是北京光学仪器厂生产的该类仪器的外形图，如图 3-6 所示是从读数显微镜中看到的水平度盘、竖直度盘及测微器的像。该仪器水平度盘刻划从 0°～360°共 720 格，每格 30′，测微器刻划 0′～30′共 90 格，每格 20″，可估读到 1/4 格（即 5″）。在图 3-6 中，最上的小框为测微器，中间与下面的两框分别为竖直度盘和水平度盘。读数时，转动测微手轮，光路中的平行玻璃随之移动，度盘和测微器的影像也跟着移动，直至度盘分划线精确的平分双指标线，按双指标线所夹的度盘分划线读取读数，不足 30′的读数从测微器中读出。如图 3-6（a）所示，水平度盘的读数为 222°30′＋07′20″＝222°37′20″，而图 3-6（b）中的竖直度盘读数为 87°00′＋19′30″＝87°19′30″。需要说明的是，这种读数过程，当双指标线卡度盘上的某一刻划线时，度盘上的读数不是增大即为减小，此时，测微器上单指标所指示的读数做反向同量运动，测量结果不变。

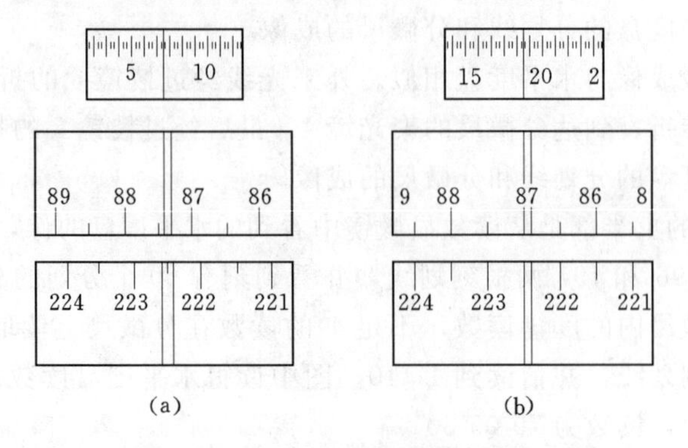

图 3-6　单平行玻璃测微器读数

(a) 水平度盘读数；(b) 竖直度盘读数

第三节　DJ_2 级光学经纬仪

如图 3-7 所示是我国苏州第一光学仪器厂生产的 DJ_2 级光学经纬仪，其构造 DJ_6 级基本相同，但读数装置和读数方法有所不同。

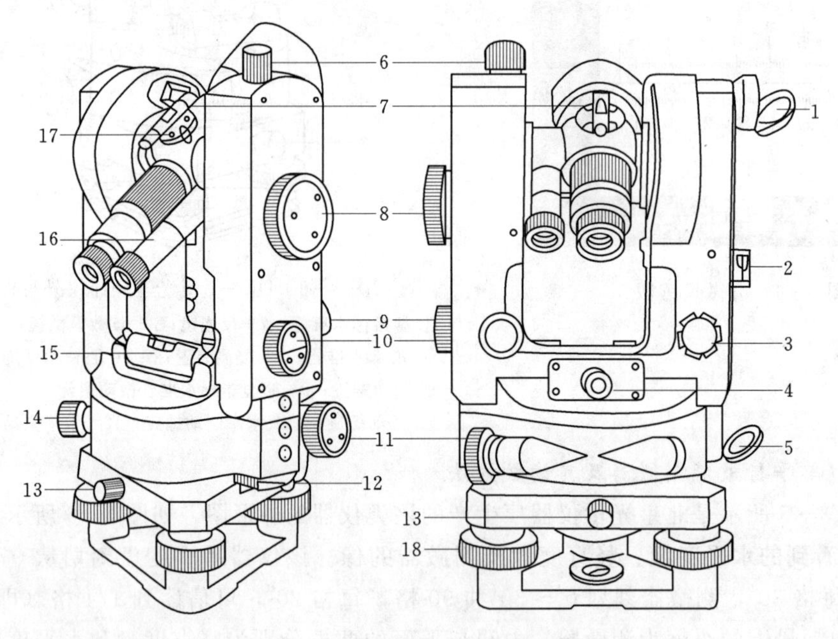

图 3-7　DJ_2 级光学经纬仪外形图

1—竖盘反光镜；2—竖盘指标水准管观察镜；3—竖盘指标水准管微动螺旋；4—光学对点器目镜；5—水平度盘反光镜；6—望远镜制动螺旋；7—光学瞄准器；8—测微手轮；9—望远镜微动螺旋；10—换像手轮；11—水平微动螺旋；12—水平度盘变换手轮；13—中心锁紧螺旋；14—水平制动螺旋；15—照准部水准管；16—读数显微镜；17—望远镜反光扳手轮；18—脚螺旋

一、读数装置

DJ_2 级光学经纬仪在读数显微镜中水平度盘和竖直度盘的像不能同时显现，为此，要用换像手轮（图 3－7 中的部件 10）和各自的反光镜（图 3－7 中的部件 1、部件 5）进行像的转换。

打开水平度盘反光镜，转动换像手轮，使轮面的指标线（白色）成水平时，读数显微镜内观察到水平度盘的像。打开竖盘反光镜，转动换像手轮，当指标线在竖直位置时，读数显微镜内看到竖直度盘的像。

读数装置采用对径符合数字读数设备。它是将度盘上相对 180°的分划线，经过一系列棱镜和透镜的反射和折射，显现在读数显微镜内，并用对径符合和光学测微器，直接读取对径相差 180°位置两个读数的平均值，以消除度盘偏心所产生的误差，提高测量角精度。如图 3－8（a）所示，读数窗中右上窗显示度盘的度值及 10′的整倍数值，左边小窗为测微尺，用以读取 10′以下的分、秒值，共分 600 格，每格 1″，估读 0.1″。左边的注字分为值，右边注字为 10″的倍数值，右下窗为对径分划线的像。

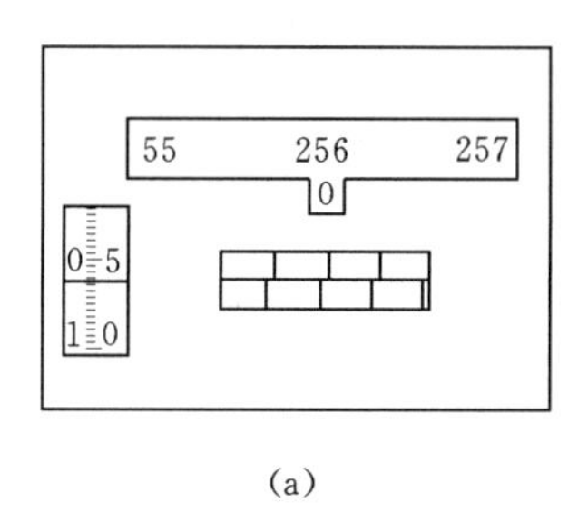

(a)

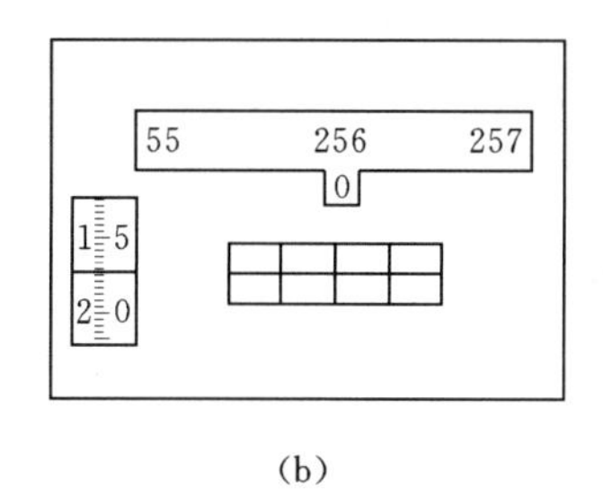

(b)

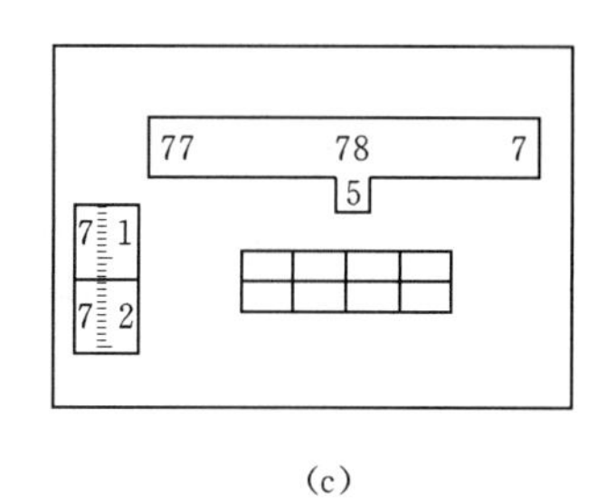

(c)

图 3－8　DJ_2 级光学经纬仪的读数

（a）读数窗；（b）水平度盘读数；（c）竖直度盘读数

二、读数方法

读数前首先运用换像手轮和相应的反光镜，使读数显微镜中显示需要读数的度盘像，如图 3－8（a）所示为水平度盘的像。读数时，转动测微手轮使右下窗中的对径分划线重合，如图 3－8（b）、图 3－8（c）所示，而后读取上窗中的度值和窗内小框中 10′的倍数值，再读取测微尺上小于 10′的分值和秒值，两者相加而得整个读数。例如，图 3－8（c）水平度盘读数为 256°00′＋01′54″＝256°01′54″；图 3－8（c）所示竖直度盘读数为 78°50′＋07′15.4″＝78°57′15.4″。

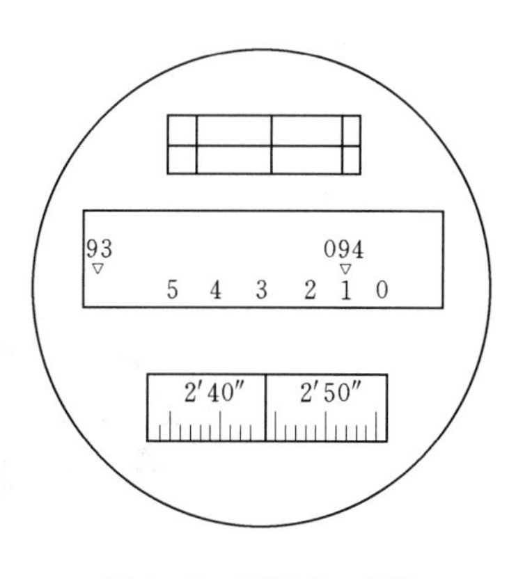

图 3－9　Wild T_2 光学经纬仪的读数

图 3－9 为另一种对径符合数字读数，上窗对径分划线已经重合，可以开始读数，在中窗内读取度值及 10′的倍数值（度值下▽尖所指的数），读数为 94°10′，再在下窗中读得 2′44″，整个读数为94°12′44″。

第四节 电子经纬仪

电子经纬仪是国外在20世纪80年代生产的一种用光电测角代替光学测角的新型经纬仪。以它为主体，可测定水平角、竖直角、水平距和高差。目前，在生产中普遍使用的集电子经纬仪、光电测距仪和微电脑于一体的“电子全站仪”，已代替了单体式的电子全站仪。故本节主要介绍其测角系统和测角原理。

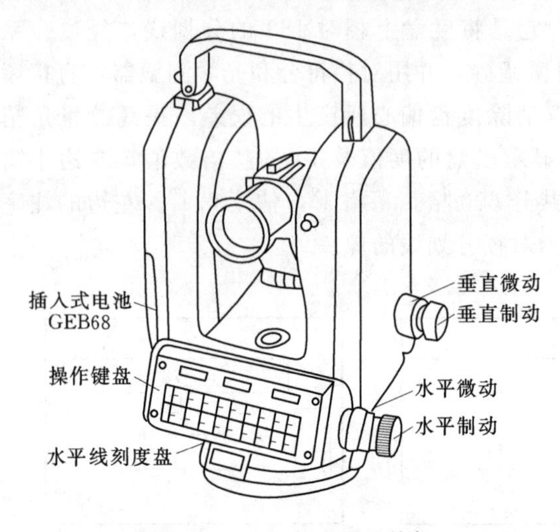

图3-10 T2000电子经纬仪

电子经纬仪具有光学经纬仪类似的结构特征，测角的方法步骤与光学经纬仪基本相似，最主要的不同点在于读数系统——光电测角。电子经纬仪采用的光电测角方法有三类：编码度盘测角、光栅度盘测角及近年来又出现的动态测角系统。

动态测角系统是一种较好的测角系统，现将T2000电子经纬仪的动态测角系统的测角原理简介如下。

图3-10为T2000电子经纬仪的外形，图3-11为其测角原理示意图。测角时度盘由马达带动的额定转速不断旋转，而后由光栏扫描产生电信号取得角值。度盘刻有1024个分划，每个分划间隔为φ_0，内含有一条黑色反射线和一个白色空隙，相当于不透光与透光区。盘上装有两个指示光栏，L_S为固定光栏，安置在度盘的外缘，相当于光学经纬仪度盘的零位，L_R为可动光栏，随照准部转动，安置在度盘的内缘。φ表示望远镜照准某方向后L_S和L_R之间角度，计取通过两指示光栏间的分划信息，即可求得角值。

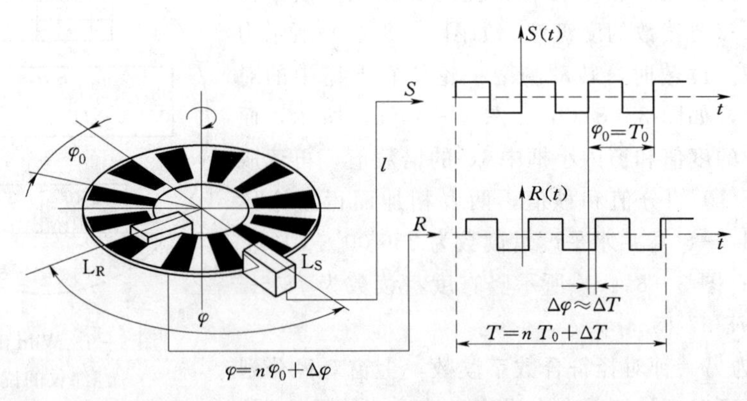

图3-11 动态测角原理

由图3-11可知$\varphi=n\varphi_0+\Delta\varphi$，即$\varphi$角等于$n$个整分划间隔$\varphi_0$和不足整分划间隔$\Delta\varphi$之和。它是通过测定光电扫描的脉冲信息$nT_0+\Delta T=T$，分别由粗测和精测同时获得。

粗测：测定通过 L_S 和 L_R 给出的脉冲计数（nT_0）求得 φ_0 的个数 n。在度盘径向的外、内缘上设有两个标记 a 和 b，度盘旋转时，从标记 a 通过 L_S 时，计数器开始计取整分划间隔 φ_0 的个数，当 b 标记通过 L_R 时计数器停止计数，此时计数器所得到数值即为 n。

精测：即测量 $\Delta\varphi$。由通过光栅 L_S 和 L_R 产生的两个脉冲信号 S 和 R 的相位差 ΔT 求得。精测开始后，当某一分划通过 L_S 时精测计数开始，计取通过的计数脉冲个数，一个脉冲代表一定的角值（例如 2″），而另一分划继而通过 L_R 时停止计数，通过计数器中所计的数值即可求得 $\Delta\varphi$。度盘一周有 1024 个分划间隔，每一间隔计数一次，则度盘转一周可测得 1024 个 $\Delta\varphi$，然后取平均值，可求得最后的 $\Delta\varphi$ 值。粗测、精测数据由微处理器进行衔接处理后即得角值。

动态测角是通过操作键盘上的指令，由中央处理器传给角处理器，于是相应的度盘开始转动，达到规定转速就开始进行粗测和精测并做出处理，若满足所有要求，粗测、精测结果就会被合并成完整的观测结果，并送到中央处理器，由液晶显示器显示或按要求贮存于数据终端。

为了消除度盘偏心的影响，T2000 度盘对径位置的两端，各安置一个光栅，所以度盘上实际配置两个固定光栅和两个可动光栅，同时从度盘整个圆周上每个间隔获得观测值取平均值。全圆划分如此多的间隔，以便消除度盘刻划误差和度盘偏心差，从而提高了测角精度，水平角和竖直角都可达到一测回的方向中误差在±0.5″之内。

第五节 水平角测量

一、经纬仪的安置

测量水平角时，要将经纬仪安置于测站上，因此，经纬仪的安置有对中和整平两项工作，现分述如下：

（一）对中

对中的目的是使度盘中心与测站点在同一铅垂线上。其方法是首先将三脚架安置在测站上，使架头大致水平，高度适中，然后将经纬仪安放到三脚架上，用中心螺旋连接并拧紧，此后挂上垂球。垂球若偏离测站点较大，可平移三脚架使垂球对准测站点，如果垂球偏离测站较小，可略松中心螺旋。对中误差一般应小于 2mm。在对中时应注意：架头应大致水平，以免导致整平发生困难，架腿应牢固插入土中，否则，仪器会处于不稳定状态，在观测过程中，对中和整平都会随时发生变化。

当经纬仪有光学对点器时，可先用垂球大致对中、整平仪器后，取下垂球，略松中心螺旋，双手扶住基座使其在架头移动，同时在光学对点器的目镜中观察，直至看到测站点的点位落在对点器的圆圈中央。由于对中与整平互相影响，故应再整平仪器，再观察，直至对中、整平同时满足要求为止，最后将中心螺旋拧紧。

（二）整平

整平的目的是使水平度盘处于水平位置，仪器的竖轴处于铅垂位置。其方法是首先松开照准部的制动螺旋，使照准部水准管与一对脚螺旋的连线平行如图 3-12（a）所示，两手同时向内或向外旋转该对脚螺旋，令水准管气泡居中（气泡移动的方向与左手大拇指的转动方向一致）。然后将照准部旋转 90°，使水准管与前一位置相垂直，旋转第三个脚螺旋如图 3-12（b）所示，使气泡居中。这样反复几次，直至水准管的气泡在任何位置都能居中为止，气泡若有偏离中心的情况出现，一般不应大于半格。

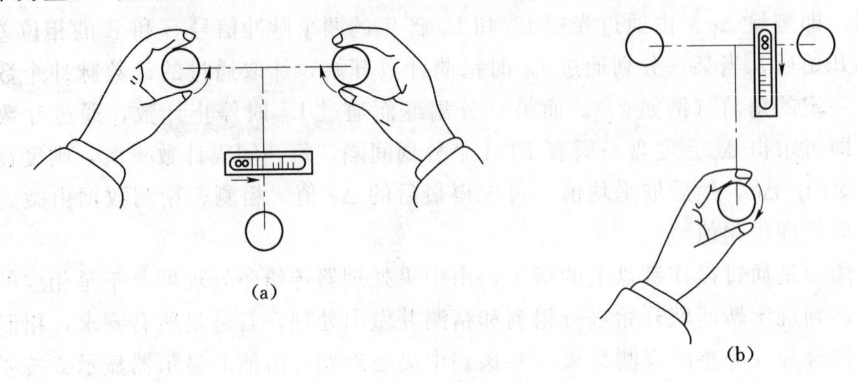

图 3-12　经纬仪整平方法

（a）左右整平；（b）前后整平

二、水平角测量

测量水平角的方法有多种，可根据所使用仪器和要求的精度而定。常用的有测回法和方向观测法。现以 DJ_6 级光学经纬仪为例，叙述其测量的基本方法。

（一）测回法

测回法用于两个方向的单角测量，图 3-13 是表示水平度盘和观测目标的水平投影。

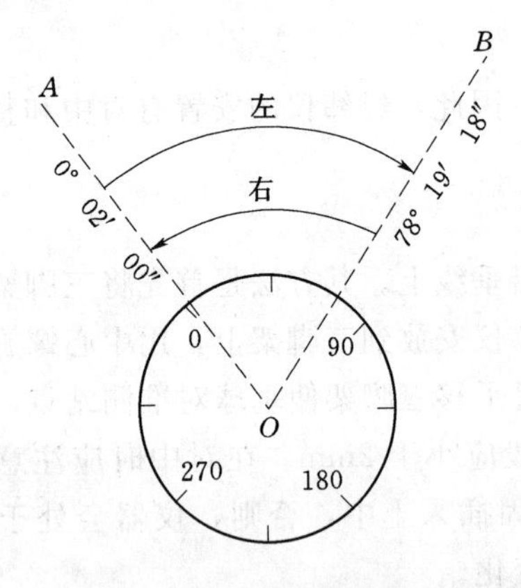

图 3-13　测回法测量水平角

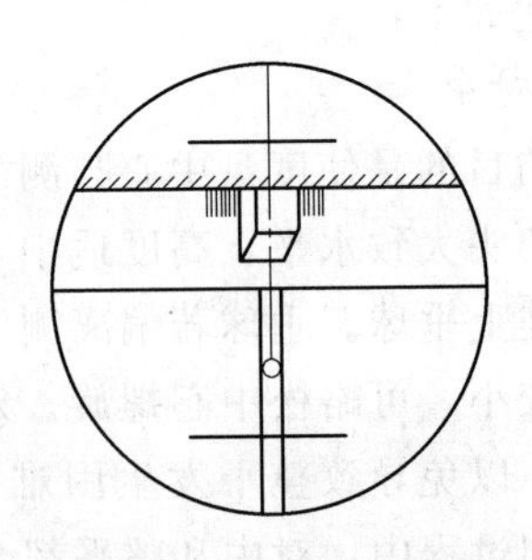

图 3-14　经纬仪瞄准目标

用测回法测量水平角 AOB 的操作步骤如下。

（1）将经纬仪安置在测站点 O 上，进行对中和整平。

（2）令望远镜在盘左位置（竖盘在望远镜的左侧，也称正镜），旋转照准部，瞄准左方起始目标 A。瞄准时应用竖丝的双丝夹住目标，或单丝平分目标，并尽可能瞄准目标的基部，如图 3-14 所示。

（3）拨动度盘变换手轮，令水平度盘读数略大于 0°（如 0°02′00″）盖好护盖，之后应察看瞄准的目标有无变动，如有变动，重新瞄准，此时，将实际读数记入表 3－1 中。本例未出现手轮护盖带动度盘和目标偏移现象。

（4）松开制动螺旋，顺时针旋转照准部，瞄准右方目标 B，其水平方向读数为 78°19′18″，记入手簿相应栏内，则盘左 $\beta=b-a=78°17'18''$，为“上半测回”的角值。

（5）倒转望远镜成盘右位置（竖盘在望远镜的右侧，也称倒镜，正倒镜瞄准地面同一目标，其水平方向读数相差 180°），先瞄准右方目标 B，读取读数 258°19′30″，按逆时针方向再瞄准左方目标 A（抵消度盘带动误差的影响），读取读数 180°02′06″，则盘右 $\beta=b-a=78°17'24''$即为“下半测回”的角值。两个半测回角值之差不大于 36″，取平均值 $\beta_1=78°17'21''$作为一个测回的观测值。若两个半测回角值之差超过 36″，应找出原因并重测。

为了提高观测精度，往往要对该角观测若干测回，各测回间观测角值之差称为测回差，一般应小于 24″。若在允许范围内，则取各测回的平均值作为观测结果，如在表 3－1 中，两测回角值之差为 12″，在允许范围内，最后结果为 78°17′15″。

表 3－1　　　　水平角观测记录（测回法）

仪器型号DJ$_6$－8号　　观测者×××　　记录者×××　　天气晴间少云　　2005年3月16日

测站（测回）	目标	竖盘位置	水平度盘读数	半测回角值	一测回角值	各测回平均角值	备注
O（1）	A	左	0°02′00″	78°17′18″	78°17′21″	78°17′15″	
	B		78°19′18″				
	A	右	180°02′06″	78°17′24″			
	B		258°19′30″				
O（2）	A	左	90°03′36″	78°17′12″	78°17′09″		
	B		168°20′48″				
	A	右	270°04′00″	78°17′06″			
	B		348°21′06″				

此外，为了削弱度盘刻划误差的影响，各测回的起始读数应加以变换，变换值按 $180°/n$ 计算（n 为计划观测的测回数）。例如，计划观测 3 个测回，则 180°/3＝60°，即 3 个测回的起始读数分为 0°、60°、120°左右。同时，当一个测回完成后，在进行下一测回前，检查对中整平是否满足要求，如果不满足时，需要重新对中整平。但在观测过程中不能随意改变对中整平，否则，应从起始点开始重新观测。

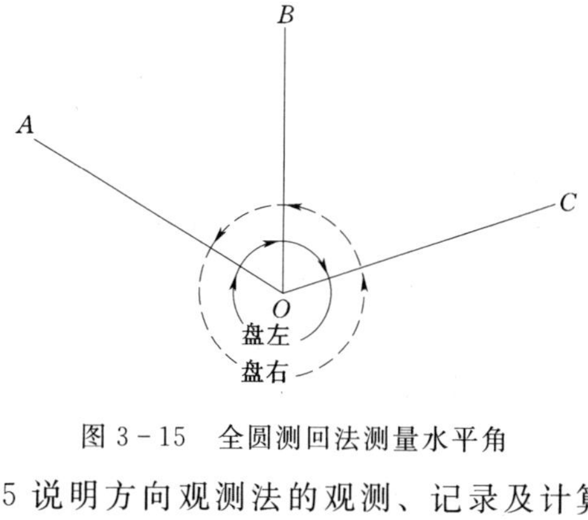

（二）方向观测法

在一个测站上观测的方向多于两个时，则采用方向观测法较为方便准确。本例以图 3－15 说明方向观测法的观测、记录及计算步骤。

图 3－15　全圆测回法测量水平角

1. 上半测回观测

将经纬仪安置在测站点 O 上，令度盘读数略大于 0°，以盘左位置瞄准起始方向 A 点后，按顺时针方向依次瞄准 B、C 点，最后又瞄准 A 点，称为归零。每次观测读数分别记入表 3-2 第 3 栏内，即完成上半个测回。在半测回中两次瞄准起始方向 A 的读数差，称为归零误差，一般不得大于 18″，如超过应重测。

2. 下半测回观测

倒转望远镜，以盘右位置瞄准 A 点，按反时针方向依次瞄准 C、B 点，最后又瞄准 A 点，将各点的读数分别记入表 3-2 第 4 栏内（记录顺序自下而上），即测完下半测回。

上、下两个半测回称为一个测回。为了提高精度，通常要测若干测回，为了削弱水平度盘刻划误差的影响，仍按 $180°/n$ 变换度盘。

3. 2C 的计算

C 为照准误差，2C 等于同一目标的盘左读数减去盘右读数±180°之差，计算结果记入第 5 栏内，其变动范围一般在 60″内，若超限，可检查重点方向，直到符合要求为止。

表 3-2　　水平角观测启示（方向观测法）

仪器型号 DJ_6-8 号　　观测者×××　　记录者×××　　天气晴间少云　　2005 年 3 月 18 日

测站	目标	水平度盘读数		2C＝左－（右±180°）	盘左、盘右平均值 $\frac{左+(右±180°)}{2}$	归零方向值	各测回归零方向平均值	水平角值
		盘左	盘右					
1	2	3	4	5	6	7	8	9
					(0°02′10″)			
O (1)	A	0°02′06″	180°02′18″	－12″	0°02′12″	0°00′00″	0°00′00″	60°46′20″
	B	60°48′30″	240°48′30″	0″	60°48′30″	60°46′20″	60°46′20″	70°31′56″
	C	131°20′24″	311°20′30″	－6″	131°20′27″	131°18′17″	131°18′16″	228°41′44″
	A	0°02′12″	180°02′06″	＋6″	0°02′09″	0°00′00″	0°00′00″	
					(0°02′10″)			
					(90°03′08″)			
O (2)	A	90°03′00″	270°03′06″	－6″	90°03′03″	0°00′00″		
	B	150°49′30″	330°49′24″	＋6″	150°49′27″	60°46′19″		
	C	221°21′30″	41°21′18″	＋12″	221°21′24″	131°18′16″		
	A	90°03′12″	270°03′12″	0″	90°03′12″	0°00′00″		
					(90°03′08″)			

4. 计算盘左、盘右观测值的平均值

将同一方向盘左、盘右读数取平均值（盘右读数应±180°），记在第 6 栏内。

5. 计算归零方向值

即以 0°00′00″为起始方向的方向值，计算其余各个目标的方向值。由于起始方向有两个数值，取其平均值作为起始点的方向值，表 3-2 中第 6 栏括号内数值即为 A 方向的平均值 0°02′10″。A 方向归零方向值要归零，即减去 A 方向平均值，B 及 C 的归零方向值等于其盘左、盘右平均值减去 A 方向的平均值，记入第 7 栏。

6. 计算各测回归零方向平均值和水平角值

由于观测含有误差，各测回同一方向的归零方向值一般不相等，其差值不得超过 24″，如符合要求取其平均值即得各测回归零方向平均值。本例共有两个测回，故取两测回同一方向的归零方向值的均值记入表 3-2 中第 8 栏。用后一方向的方向平均值减去前一方向的方向平均值得水平角值（表 3-2 第 9 栏）。

若一个测站上观测的方向不多于三个，在要求精度一般时，可不做归零校核，即照准部依次瞄准各方向后，不再回归到起始方向，这种观测方法亦称方向观测法

第六节　竖直角测量

一、竖直度盘和读数系统

如图 3-16 所示是 DJ_6 级光学经纬仪的竖盘构造示意图。竖直度盘固定在望远镜横轴的一端，随望远镜在竖直面内一起作俯仰运动，竖盘的中心与横轴中心相交共点。竖盘指标水准管和光具组连为一体，它固定在竖盘指标水准管微动架上，竖盘水准管微动螺旋可使竖盘指标水准管做微小的俯仰运动，使水准管气泡居中，水准管轴水平，光具组的光轴即处于铅垂位置，作为固定的指标线，用以指示竖盘读数。

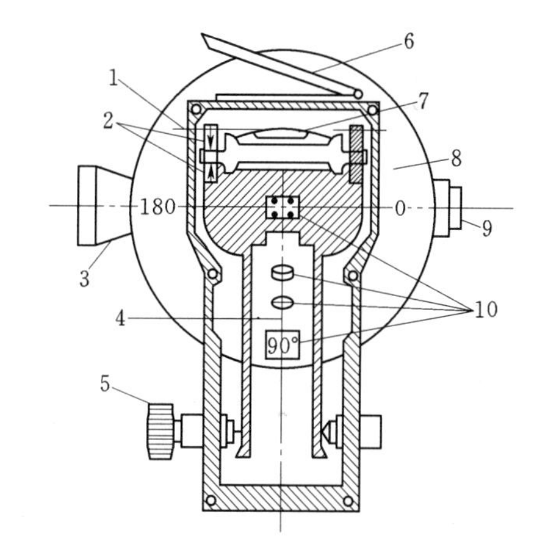

图 3-16　DJ_6 光学经纬仪的竖盘与读数系统

1—竖盘指标水准管轴；2—竖盘指标水准管校正螺丝；3—望远镜；4—光具组光轴；5—竖盘指标水准管微动螺旋；6—竖盘指标水准管反光镜；7—竖盘指标水准管；8—竖盘；9—目镜；10—光具组的透镜棱镜

当望远镜视线水平、竖盘指标水准管气泡居中时，指标线所指的读数应为 90°或 90°的倍数，如图 3-16 为 90°，此读数是视线水平时的读数，称为始读数，在已知始读数时，即可求得竖直角，但一定要在竖盘水准管气泡居中时才能读数。

目前国内外已生产了一种竖盘指标自动补偿装置的经纬仪，它没有竖盘指标水准管，而安置一个自动补偿装置。当仪器稍有微量倾斜时，它自动调整光路，使读数相当于水准管气泡居中时的读数。其原理与自动安平水准仪相似。故使用这种仪器观测竖直角，只要将照准部水准管整平，瞄准目标即可读取读数，从而提高了测量功效。

二、竖直角的计算

竖直角的角值是倾斜视线的读数与始读数之互差值，但如何判定并计算观测结果是仰角还是俯角。现以 DJ_6 级光学经纬仪的竖盘注记形式为例，说明计算竖直角的一般法则。

图 3-17 的上半部分是 DJ_6 经纬仪在盘左时的三种情况，如果指标与水准管的位置正确，当视准轴水平，指标水准管气泡居中时，指标所指的始读数 $L_{始}=90°$。当视准轴上仰测得仰角时，读数比始读数小；当视准轴下俯测得俯角时，读数比始读数大。据此，盘左

时的竖直角计算公式应为

$$\alpha_{左} = L_{始} - L_{读} \tag{3-2}$$

图 3-17 的下半部分，是盘右的三种情况，始读数 $R_{始} = 270°$，与盘左时相反，仰角时，读数比始读数大，俯角时读数比始读数小。因此，盘右时竖直角的计算公式为

$$\alpha_{右} = R_{读} - R_{始} \tag{3-3}$$

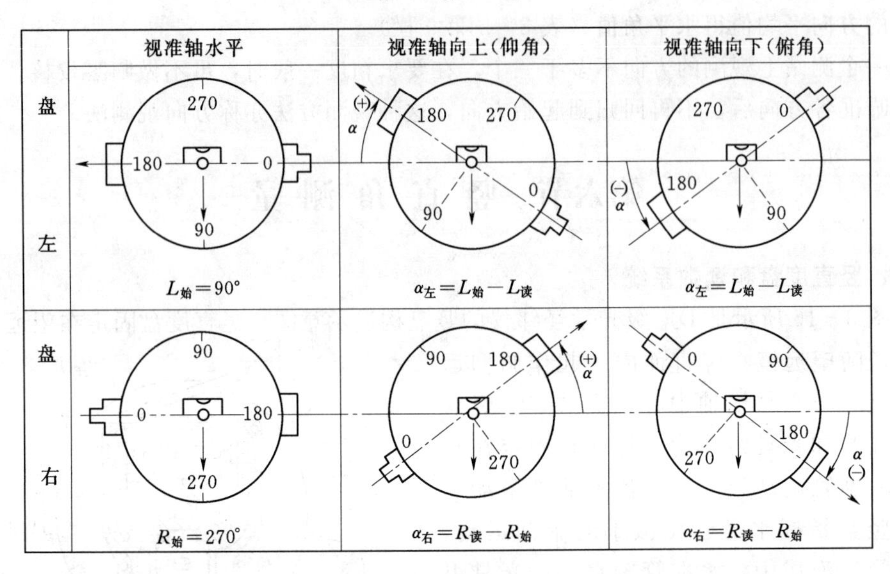

图 3-17 DJ_6 光学经纬仪竖直角的计算方法

综上所述，可得计算竖直角的法则如下：

(1) 当物镜上仰时，如读数逐渐增加，则

$$\alpha = 读数 - 始读数$$

(2) 当物镜上仰时，如读数逐渐减小，则

$$\alpha = 始读数 - 读数$$

上述法则，不论始读数为 90°、270°还是 0°、180°，竖盘注记是顺时针还是反时针都适用。

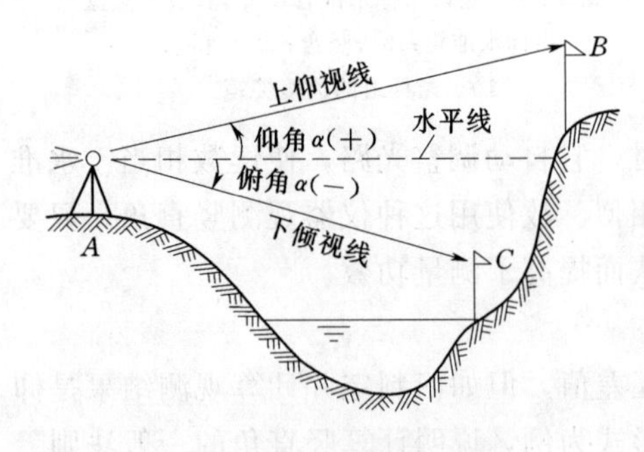

图 3-18 竖直角观测

三、竖直角观测

(一) 安置仪器

如图 3-18 所示，将经纬仪安置于测站 A，然后对中、整平。观测竖直角前，使望远镜物镜大致水平可知 $L_{始}$，后将物镜逐渐向上仰起，观察读数的增减，据此确定该台仪器的竖直角计算公式，然后按下述步骤观测。

(二) 盘左观测

用盘左位置瞄准目标 B，以十字丝横丝切于目标某一高度处。转动竖盘指标水准管微动螺旋，使指标水准管气泡居中，读取竖盘读数 L (80°31′12″)，记入表 3-3，算得竖直角为 +9°28′48″。

（三）盘右观测

倒转望远镜，用盘右位置再次瞄准目标 B，令竖盘指标水准管气泡居中，读取竖盘读数 R（$279°28'36''$），算得竖直角为$+9°28'36''$。

（四）计算最后结果

取盘左、盘右的平均值（$+9°28'42''$），作为观测 B 点一测回的竖直角。中丝法取两个测回角值的均值为最后结果，测回差小于 $25''$。

同样，依次观测 C 点，记录计算见表 3-3。

表 3-3　竖直角观测记录

仪器型号 DJ_6-8号　观测者×××　记录者×××　天气阴　2005年3月20日　i=1.42m

测站	目标	竖盘位置	竖盘读数	半测回竖直角	一测回竖直角	备注
A	B	盘左	$80°31'12''$	$+9°28'48''$	$+9°28'42''$	瞄准目标高度为 2.000m
		盘右	$279°28'36''$	$+9°28'36''$		
A	C	盘左	$95°40'12''$	$-5°40'12''$	$-5°40'12''$	瞄准目标高度为 1.500m
		盘右	$264°19'48''$	$-5°40'12''$		

第七节　角度观测误差及精度分析

角度测量误差产生的原因有仪器误差和各作业环节中产生的各类误差，为了获得符合要求的成果，必须分析这些误差的来源，采取相应措施消除或减弱它们的影响。

一、水平角测量误差

（一）仪器误差

经纬仪的主要几何轴线有：视准轴 CC、横轴 HH、水准管轴 LL 和竖轴 VV，它们之间应满足特定的关系，观测前同样要检验校正。因此，仪器误差的来源可分为两方面。一是仪器制造加工不完善的误差，如度盘刻划的误差及度盘偏心差等。前者可采用度盘不同位置进行观测加以削弱；后者采用盘左盘右取平均值予以消除。其次是仪器校正不完善的误差，其视准轴不垂直于横轴及横轴不垂直于竖轴的误差，可采用盘左盘右取平均值予以消除。但照准部水准管不垂直于竖轴的误差，用盘左盘右观测取平均值不能消除其影响。因此，水准管气泡居中时，水准管轴虽水平，竖轴却与铅垂线间有一夹角 θ（图 3-19），用盘左盘右观测，水平度盘的倾角 θ 没有变动，俯仰望远镜产生的倾斜面也未变，而且瞄准目标的俯仰角越大，误差影响也越大，因此被观测目标的高差较大时，更应注意整平。

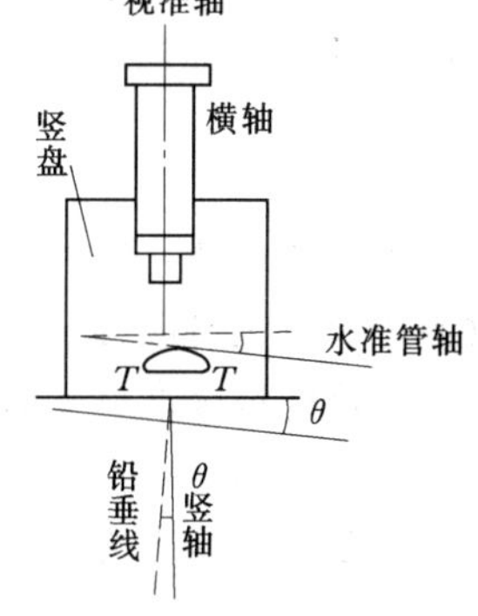

图 3-19　竖轴倾斜误差

（二）观测误差

1. 对中误差

如图 3-20 所示，观测时若仪器对中不精确，使度盘中心与测站中心 O 不重合而偏至

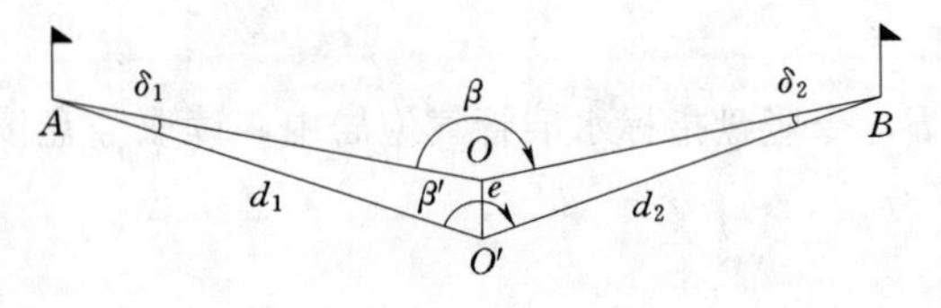

图 3-20 对中误差

O'，OO'的距离 e 称为测站偏心距，此时测得的角值 β'与正确角值 β 是由于对中不仔细所产生的误差。由图可知 $\Delta\beta=\beta-\beta'=\delta_1+\delta_2$。因偏心距 e 是一小值，故 δ_1 和 δ_2 应为一小角，于是把 e 近似地看作一段小圆弧，故

$$\Delta\beta=\delta_1+\delta_2=e\rho''\left(\frac{1}{d_1}+\frac{1}{d_2}\right) \tag{3-4}$$

式中 d_1、d_2——水平角两边的边长；

e——测站偏心距；

$\rho''=206265''$。

由上式可知，对中误差与偏心距 e 成正比，与边长 d_1 和 d_2 成反比。例如，$e=3\text{mm}$、$d_1=d_2=100\text{m}$，则 $\Delta\beta=12''.4$；如果 $d_1=d_2=50\text{m}$，则 $\Delta\beta=24''.8$。故当边长较短时，要特别注意对中，使 e 值越小越好，以减少对中误差的影响

2. 整平误差

观测时仪器未严格整平，竖轴将处于倾斜位置，这种误差与上面分析的水准管轴不垂直于竖轴的误差性质相同。由于这种误差不能采用适当的观测方法加以消除，当观测目标的竖直角越大，其误差影响也越大，故观测目标的高差较大时，应特别注意仪器的整平。当每测回观测完毕，应重新整平仪器再进行下一个测回的观测。当有太阳时，必须打伞，避免阳光照射水准管，影响仪器的整平。

3. 目标偏心误差

如图 3-21 所示，若供瞄准的目标歪斜即产生偏心，观测时不是瞄准 A 点而是瞄准 A'点，偏心距 $AA'=e_1$，这时测得的角值 β'与正确角值 β 之差 δ_1，即为目标偏心所产生的误差，则

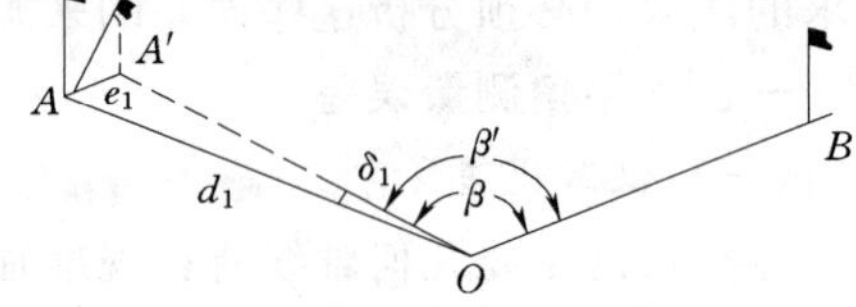

图 3-21 目标偏心

$$\delta_1=\beta-\beta'=\frac{e_1}{d_1}\rho'' \tag{3-5}$$

由上式可知，这种误差与对中误差的性质相同，即与偏心距成正比，与边长成反比，故当边长较短时应特别注意减小目标的偏心，若观测目标有一定高度，应使目标尽量竖直，尽可能地瞄准目标的基部，以减小目标偏心的影响。

4. 照准误差

人眼的分辨力为 60″，用放大率为 V 的望远镜观测，则照准目标的误差为

$$m_v=\pm\frac{60''}{V}$$

如 $V=30$，则照准误差 $m_v=\pm 2''$。且要求观测时应注意消除视差，否则照准误差将更大。

5. 读数误差

在光学经纬仪按测微器读数，一般可估读至分微尺最小格值的 1/10，若最小格值为 1′，则读数误差可认为是±6″。但读数时应注意消除读数显微镜的视差。

（三）外界条件的影响

外界条件的影响是多方面的。如大气中存在温度梯度，视线通过大气中不同的密度层，传播的方向将不是一条直线而是一条曲线，故观测时对于长边应特别注意选择阴天观测较为有利。此外视线离障碍物应在1m以外，否则旁折光会迅速增大。

其次，在晴天由于受到地面辐射热的影响，瞄准目标的像会产生跳动；大气温度的变化导致仪器轴系关系的改变；土质松软或风力的影响，使仪器的稳定性变差。因此，在这些不利的观测条件下，视线应离地面在1m以上；观测时必须打伞保护仪器，仪器从箱子里拿出来后，应放置半小时以上，令仪器适应外界温度再开始观测；安置仪器时应将脚架踩实置稳等等。设法避免或减小外界条件的影响，才能保证应有的观测精度。

二、竖直角测量误差

（一）仪器误差

仪器误差 主要有度盘偏心差及竖盘指标差。在目前仪器制造工艺中，度盘刻划误差是较小的，一般不大于0.2″可不计，竖盘指标差可采用盘左盘右观测取平均值加以消除。度盘偏心差可采用对向观测取平均值加以消减，即由A点为测站观测B点，又以B点为测站观测A点。

（二）观测误差

观测误差主要有照准误差、读数误差和竖盘指标水准管整平误差。其中前两项误差与水平角测量误差相同，而指标水准管的整平误差，除观测时认真整平外，还应注意打伞保护仪器，切忌仪器局部受热。

（三）外界条件的影响

外界条件影响与水平角测量时基本相同，但其中大气折光的影响在水平角测量中产生的是旁折光，在竖直角测量中产生的是垂直折光。在一般情况下，垂直折光远大于旁折光，故在布点时应尽可能避免长边，视线应尽可能离地面高一点（应大于1m），并避免从水面通过，尽可能选择有利时间进行观测，并采用对向观测方法以削弱其影响。

三、水平角观测的精度分析

用DJ_6型经纬仪观测水平角，一个方向一个测回的中误差为±6″。设望远镜在盘左（或盘右）位置观测该方向的中误差为$m_{主}$，按等精度算术平均值的公式，则有$6''=\frac{m_{方}}{\sqrt{2}}$，即

$$m_{方}=\pm\sqrt{2}\times6''=\pm8.''5$$

（一）半测回所得角值的中误差

半测回的角值等于两方向之差，故半测回角值的中误差为

$$m_{\beta半}=\pm m_{方}\sqrt{2}=\pm8.''5\sqrt{2}=\pm12''$$

（二）上、下两个半测回的限差

上、下两个半测回的限差是以两个半测回角值之差来衡量。两个半测回角值之差$\Delta\beta$的中误差为

$$m_{\Delta\beta}=\pm m_{\beta半}\sqrt{2}=\pm12\sqrt{2}=\pm17''$$

取两倍中误差为允许误差，则

$$f_{\Delta\beta允}=2\times17''=34''(规范规定为36'')$$

(三) 测角中误差

因为一个水平角是取上、下两个半测回的平均值，故测角中误差为

$$m_{\beta}=\pm\frac{m_{\beta半}}{\sqrt{2}}=\pm\frac{12''}{\sqrt{2}}=\pm8.''5$$

(四) 测回差的限差

两个测回角值之差为测回差，它的中误差为

$$m_{\beta测回差}=\pm m_{\beta}\sqrt{2}=\pm8.''5\sqrt{2}=\pm12''$$

取两倍中误差作为允许误差，则测回差的限差为

$$f_{\beta测回差}=2\times12''=24''$$

复习思考题

1. 经纬仪是依据什么原理测量水平角和竖直角的?

2. 经纬仪上有哪些制动螺旋和微动螺旋? 各起什么作用? 如何正确使用?

3. 无论测量短边夹角，还是长边夹角，要特别注意对中，为什么?

4. DJ_6 级经纬仪测角时采用盘左、盘右位置观测取其平均值，此法可消除哪些误差的影响?

5. 在地势起伏较大地区测量水平角时，为什么要特别注意仪器的安平?

6. 在进行竖直角观测时，为什么要进行对向观测?

7. 用测回法观测，观测数据列于表3-4，请完成记录计算（计算取至秒）。

表3-4　　水平角观测记录

测站	目标	竖盘位置	水平读盘读数	半测回角值	一测回平均角值
一测回 O	A	盘左	0°01′06″		
	B		189°43′00″		
	B	盘右	180°00′54″		
	A		9°43′12″		

第四章　距　离　测　量

水平距离是确定地面点空间相对位置的基本要素之一。距离测量就是测量地面上两点之间的水平距离。距离测量的方法很多，本章重点介绍钢尺量距、视距测量和光电测距仪测距原理。

第一节　钢　尺　量　距

一、量距工具

丈量距离的尺子通常有钢尺和皮尺。钢尺量距的精度较高，皮尺量距的精度较低，如图 4－1 所示。钢尺也称钢卷尺，一般绕在金属架上，或卷放在圆形金属壳内，尺的宽度约 10～15mm，厚度约 0.4mm，长度有 20m、30m、50m 等数种。钢尺最小刻划一般为 1mm，在整分米和整米处的刻划有注记。按其零点的位置不同，钢尺分端点尺（图 4－2）和刻线尺（图 4－3）两种。端点尺其前端的端点即为零点，刻线尺其零点位于前端端点向内约 10cm 处。较精密的钢尺，检定时有规定的温度和拉力。如在尺端刻有“30m”“20℃”“10kg”字样，这是标明检定该钢尺长度时，当温度为 20℃，拉力为 10kg 时，其长度为 30m。

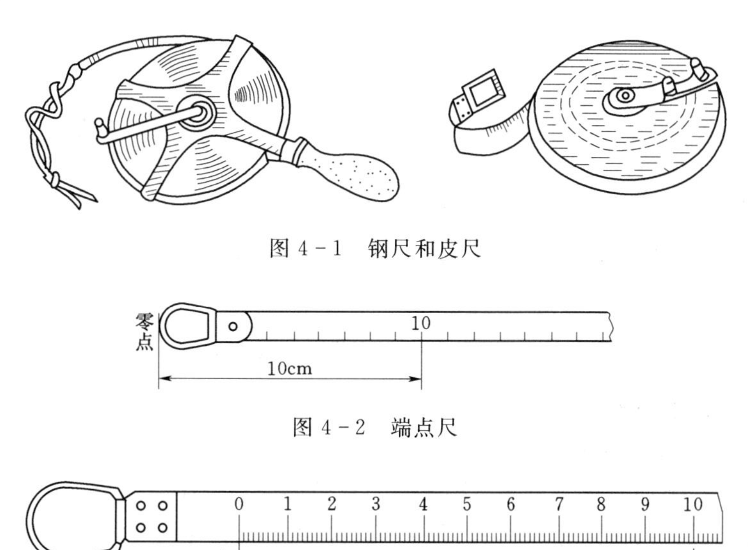

图 4－1　钢尺和皮尺

图 4－2　端点尺

图 4－3　刻线尺

除钢尺外，丈量距离还需要标杆、测钎和垂球等工具。较精密的距离丈量还要用拉力计和温度计。

二、直线定线

在距离测量时，当两点间距离较长，或地面起伏不便用整尺段丈量，为了测量方便和保证每一尺段都能沿待测直线方向进行，需要在该直线方向上标定出若干个中间点，这项工作称为直线定线。一般测距时用标杆目估法定线，精密测距时用经纬仪定线。

（一）标杆目估法定

设需要在 A、B 两点间的直线上定出 1、2、…中间点，如图 4-4 所示。先在端点 A、B 上竖立标杆，测量员甲站在 A 点标杆 1～2m 处，由 A 标杆边缘瞄向 B 标杆，同时指挥持中间标杆的测量员乙向左或向右移动标杆，直到 A、2、B 三个标杆在一条直线上为止，然后用测钎标出 2 点，同法标定其余各点。

图 4-4　标杆目估定线法

（二）经纬仪定线法

如图 4-5 所示，定线时测量员在 A 点安置经纬仪，用望远镜十字丝的竖丝瞄准 B 点测钎，固定照准部。另一测量员持测钎由 B 走向 A，按照观测员的指挥，将测钎垂直插入由十字丝交点所指引的方向线上得 1、2、…中间点。

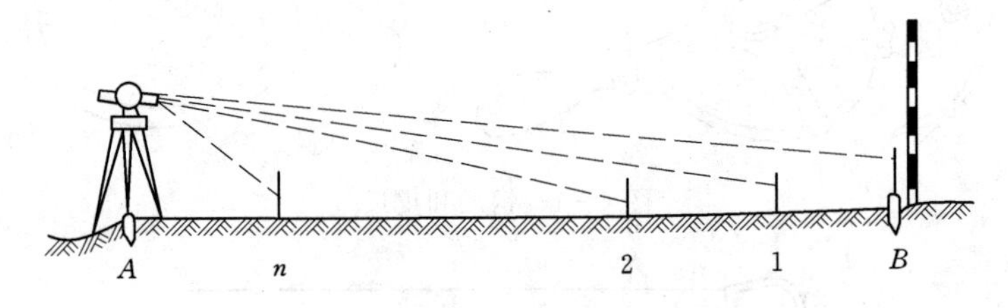

图 4-5　经纬仪定线法

三、钢尺量距的一般方法

（一）平坦地面的距离丈量

平坦地面可沿地面直线丈量水平距离。丈量开始时后尺手持钢尺零点一端，前尺手持钢尺末端，按定线方向沿地面拉紧拉平钢尺。这时后尺手将钢尺零点对准插在起点的测钎，口中喊声“好”；前尺手将钢尺边缘靠在定线中间点上，将测钎对准钢尺的某个整数注记处竖直地插在地面上或在地面上做出标志，口中喊声“走”；同时记录员将读数记入记录表中。后尺手就拔起插在起点上的测钎继续前进，丈量第二尺端。如此一尺段一尺段丈量。当丈量到一条线段的最后一尺段时，后尺手将钢尺的零点对在前尺手最后插下的测钎上，前尺手根据插在终点上的测钎在钢尺上读数。这条线段的总长等于各尺段距离的总和。为了防止丈量过程中发生错误和提高距离丈量精度，通常采用往返丈量。距离丈量精度一般采用相对误差衡量。

【例 4－1】 已知量得 $D_{AB}=144.36\text{m}$，$D_{BA}=144.32\text{m}$，则该段距离丈量的相对误差为

$$K=\frac{|144.36-144.32|}{(144.36+144.32)/2}\approx\frac{1}{3600}$$

距离测量精度取决于工程要求，一般要求相对误差不应大于 1/2000。当往返距离丈量的精度满足要求后，可以取往返丈量的平均值作为最后的结果，本例的测量结果即为：

$$D=\frac{144.36+144.32}{2}=144.34(\text{m})$$

在计算相对误差时，往、返观测值差数取其绝对值，相对误差表示成分子为 1 的分数形式，且分母舍整。相对误差的分母越大，说明量距的精度越高。距离丈量的记录、计算见表 4－1。

表 4－1　　距离丈量记录计算表

线段	往测		返测		往返差/m	相对精度	往返平均/m
	分段长/m	总长/m	分段长/m	总长/m			
AB	120	144.360	120	144.320	0.040	$\frac{1}{3600}$	144.340
	24.360		24.320				
BC	120	138.886	120	138.904	－0.018	$\frac{1}{7700}$	138.895
	18.886		18.904				

（二）倾斜地面的距离丈量

若地面坡度变化时，可分段拉平钢尺丈量。为操作方便，可沿标定的方向由高处向低处丈量。如图 4－6 所示，后尺手将钢尺零端贴在地面，零点对准量测点；前尺手将钢尺抬平（目估水平），将垂球线对在尺面上的某个整数注记处，并在垂球尖所对的地面点插上测钎。丈量到终点时，使垂球尖对准终点的标志，读垂球线所对尺面上的读数。由于返测时由低向高处测较为困难，故可从高处向低处再丈量一次，满足要求的精度后，取两次丈量结果的平均值作为最后结果。

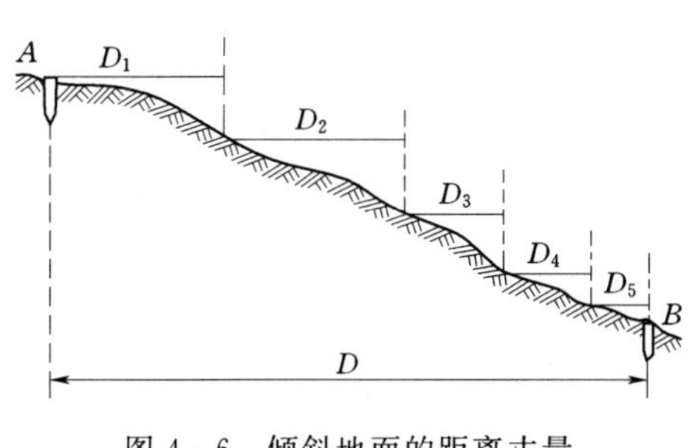

图 4－6　倾斜地面的距离丈量

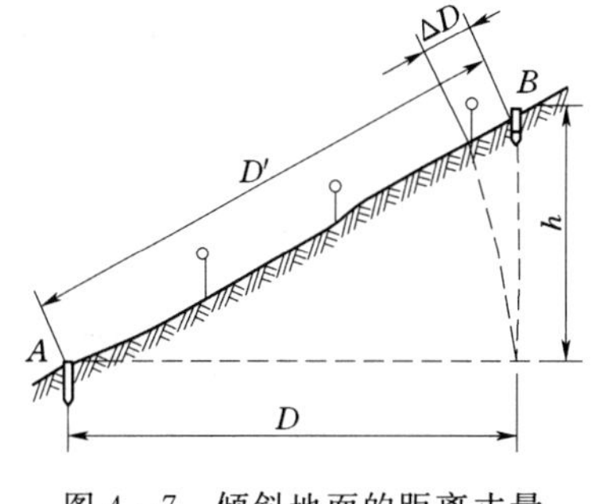

图 4－7　倾斜地面的距离丈量

对于图 4-7 所示的均匀倾斜地面也可沿地面丈量斜距，然后测出起点到终点的高差，再将斜距化成水平距离。设 AB 两点之间的斜距为 D'，高差为 h，则 AB 两点之间的水平距离为 $D=\sqrt{D'^2-h^2}$。

（三）精密量距

当量距精度要求在 1/10000，以上时，要用精密量距法。精密量距前要先清理场地，将经纬仪安置在测线端点 A，瞄准 B 点，先用钢尺进行概量。在视线上依次定出比钢尺一整尺略短的尺段，并打上木桩，木桩要高出地面 2～3cm，桩上钉一白铁皮。若不打桩则安置三脚架，三脚架上安放带有基座的粥杆头。利用经纬仪进行定线，在白铁皮上划一条线，使其与 AB 方向重合，并在其垂直方向上划一线，形成十字，作为丈量标志。量距是用经过检定的钢尺或铟瓦尺，丈量组由 5 人组成，两人拉尺，两人读数，一人指挥并读温度和做记录。丈量时后司尺员要用弹簧秤控制施加给钢尺的拉力。这个力应是钢尺检定时施加的标准力（30m，钢尺，一般施加 100N）。前、后司尺员应同时在钢尺上读数，估读到 0.5mm。每尺段要移动钢尺前后位置三次。三次测得距离之差不应超过 2～3mm。同时记录现场温度，估读到 0.5℃。用水准仪测尺段木桩间高差。往返高差不应超过 ±10mm。

第二节　视　距　测　量

视距测量是利用测量仪器上望远镜的视距装置，按几何光学原理同时测定两点间水平距离和高差的一种方法。这种方法具有操作方便、速度快、不受一般地面起伏限制等优点，但精度较低，主要用于地形测量的碎部测量和精度要求不高的其他测量工作中。

一、视距测量原理

（一）视准轴水平时距离与高差的测量原理

在图 4-8 中，系用一种外对光望远镜测定 P_1、P_2 两点间的水平距离 D 和高差 h。在 P_1 点安置经纬仪，在 P_2 点竖立视距尺，当视线水平时视准轴垂直于视距尺。图中 f 为物镜焦距，P 为视距丝间距，c 为物镜至仪器中心的距离，n 为 A、B 两读数差，称为尺间

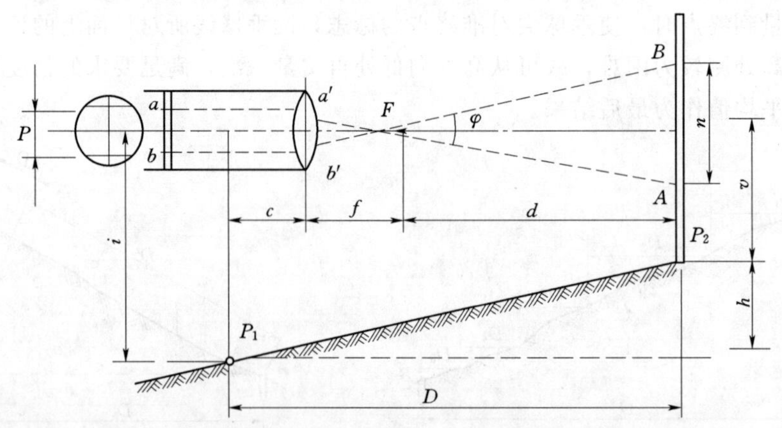

图 4-8　视准轴水平时的距离与高差的测量原理

隔。由图中相似三角形 $a'b'F$ 与 ABF 可得

$$\frac{d}{n}=\frac{f}{p}$$

$$d=\frac{f}{p}\cdot n$$

因此，仪器到标尺的水平距离为

$$D=d+f+c=\frac{f}{p}\cdot n+(f+c) \tag{4-1}$$

令 $f/p=k$，称 k 为乘常数，在仪器设计时一般使 $k=100$。

式（4-1）中 $f+c$ 称为外对光望远镜的加常数。目前国内外生产的仪器均为内对光望远镜，$(f+c)$ 值趋近于零，因此内对光望远镜计算水平距离的公式为

$$D=kn=100n \tag{4-2}$$

由图 4-9 可以看出 P_1、P_2 两点间高差计算公式为

$$h=i-v \tag{4-3}$$

式中 i——仪器高；

v——视准轴水平时的中丝读数。

（二）视准轴倾斜时的距离和高差测量原理

上述公式（4-2）、公式（4-3）仅适用于视准轴水平，即视准轴垂直于视距尺的情况。在地形起伏较大的地区进行视距测量时，必须使视线倾斜才能读取尺面上的间隔，如图 4-9 所示。对此，设想将标尺以中丝 C 这一点为中心转动 α 角，使标尺仍与视线相垂直。这时上、下丝在尺面上截取尺间隔为 n'，即 A' 与 B' 两读数之差，则倾斜距离为 D' 有

$$D'=kn'$$

将其化为水平距离则为

$$D=D'\cos\alpha=kn'\cos\alpha \tag{4-4}$$

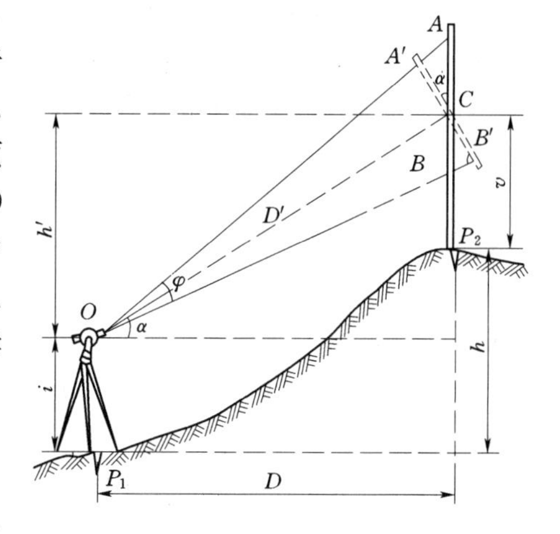

图 4-9 视准轴倾斜时的距离和高差测量原理

由于转动标尺使其垂直于视线是不现实的，实际上标尺还是直立的，读取的尺间隔仍为 $n=A-B$。因此需要找出 n 与 n' 间的关系，以 n 代替式（4-4）中的 n'，才能算得水平距离 D。

在图 4-9 中，由$\triangle AA'C$ 和$\triangle BB'C$，可以看出：

$$\angle AA'C=90°+\frac{\varphi}{2}$$

$$\angle BB'C=90°-\frac{\varphi}{2}$$

$$\angle ACA'=\angle BCB'=\alpha$$

由于 φ 角很小（约为 34′23″），故可将$\angle AA'C$ 和$\angle BB'C$ 近似地看为直角，则有

$$n'/2=(n/2)\cos\alpha$$

$$n'=n\cos\alpha \tag{4-5}$$

将式（4-5）代入式（4-4），得到视线倾斜时计算水平距离的公式为

$$D=kn\cos^2\alpha \tag{4-6}$$

求得两点间的水平距离 D 后，可根据所测竖直角 α 和中丝读数 v，以及仪器高 i，计算出 P_1、P_2 两点间高差 h

$$h=D\tan\alpha+i-v \tag{4-7}$$

将式（4-6）代入式（4-7）经简化亦可用下式计算 h。

$$h=\frac{1}{2}kn\sin2\alpha+i-v=h'+i-v \tag{4-8}$$

上式中 h' 称为初算高差。

二、视距测量的观测和计算

在图 4-9 中，欲测定 P_1、P_2 两点间水平距离 D 和高差 h，其观测方法和步骤如下：

（1）在测站点 P_1 安置仪器，并使竖盘指标水准管气泡居中。量取仪器高 i，在测点 P_2 处立直标尺。

（2）利用盘左（或盘右）将望远镜照准 P_2 处标尺，读取上、下丝读数，计算出尺间隔 n。熟悉的测量员可以直接读出视距长度 kn（$100n$）。

（3）读取中丝读数和竖盘读数，计算竖直角。

应该指出上述作法适用于地形起伏较大的地区。如在平坦地区，为简化计算，在上述第二步中，读尺间隔时可使竖盘读数处于 90°（或 270°）附近。第三步读中丝读数时，使竖盘读数为 90°（或 270°）。这样就使竖直角很小，所读视距即为水平距离，计算高差时，可直接应用式（4-8）即 $h=i-v$。

【例 4-2】 已知视距 $kn=100\text{m}$，竖盘读数为 $105°29'$，仪器高 $i=1.45\text{m}$，中丝读数 $v=1.56\text{m}$，求两点间水平距离 D 和高差 h（注：竖盘为顺时针注记）。

解：由式（4-6）、式（4-7）计算两点间的水平距离 D 和高差 h 得

$$D=kn\cos^2\alpha=100\times\cos(90°-105°29')=92.87(\text{m})$$

$$h=D\tan+i-v=92.87\times\tan(90°-105°29')+1.45-1.56=-25.84(\text{m})$$

第三节　光　电　测　距

钢尺量距是一项十分繁重的野外工作，尤其是在复杂的地形条件下甚至无法进行。视距法测距，虽然操作简便，可以克服某些地形条件的限制，但测程较短，精度较低。为了改善作业条件，扩大测程，提高测距精度和作业效率，随着光电技术的发展，人们又发明了光电测距仪，用它来测定距离。光电测距仪的基本原理是通过测定光波在测线两点之间往返传播的时间 t，来确定两点之间的距离 D，按下列公式进行计算

$$D=\frac{1}{2}ct \tag{4-9}$$

式中　c——光波在大气中的传播速度。

光波在测线中所经历的时间，既可以直接测定，也可间接测定。由式（4－9）可知，测定距离的精度，主要取决于测定时间 t 的精度。如果要保证测量距离 D 的精度达到±1cm，时间的测定精度必须达到 6.7×10^{-11}s，这样高的测时精度，在目前的技术条件下是很难达到的。因此对于高精度的测距来说，不能直接测定时间，而是采用间接的测时方法。目前在测量工作中广泛使用的相位式测距仪，就是把距离和时间的关系转化为距离和相位的关系，利用测定光波在测线上的相位移，间接测定时间，从而确定所测的距离。

一、相位式光电测距仪的测距原理

如图 4－10 所示为简化后的相位式光电测距仪的测距原理图。光源发射出的光波通过调制器后，成为光强随高频信号变化的调制光，射向测线另一端的反射镜；反射镜将光线反射回来，然后由相位计将发射信号（又称参考信号）与接收信号（又称测距信号）进行相位比较，并由显示器显示出调制光在被测距离上往返传播所引起的相位移 ϕ。如果将调制波的往程和返程摊平，则有如图 4－11 所示的波形。

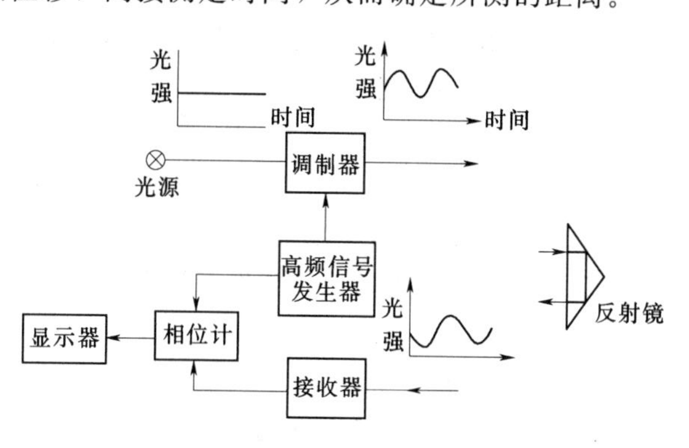

图 4－10　相位式光电测距仪测距原理

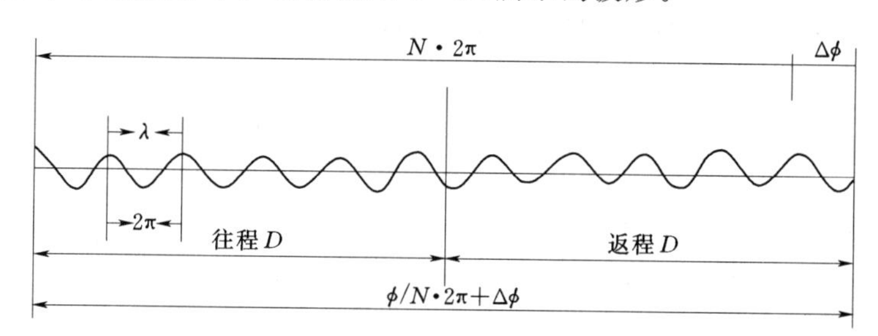

图 4－11　简化后的相位式光电测距仪的测距原理图

设测距仪发射的调制光频率为 f，波长为 λ，光波往返所经历的时间为 t，光强变化一个周期的相位移为 2π，则有

$$\phi=2\pi ft$$

$$t=\frac{\phi}{2\pi f} \tag{4-10}$$

$$D=\frac{1}{2}ct=\frac{c}{2}\cdot\frac{\phi}{2\pi f}=\frac{c}{2f}\cdot\frac{\phi}{2\pi} \tag{4-11}$$

由图 4－11 可知，ϕ 是 N 个整周期的相位变化和不足一个整周期的相位移 $\Delta\phi$ 之和，即

$$\phi=N\cdot 2\pi+\Delta\phi$$

将 ϕ 代入式（4－11），得

$$D=\frac{c}{2f}\left(N+\frac{\Delta\phi}{2\pi}\right)=\frac{\lambda}{2}(N+\Delta N) \tag{4-12}$$

式中　$\Delta N=\frac{\Delta\phi}{2\pi}$。

式（4-12）中的 $\lambda/2$ 可以视为“光测尺”的尺长，由该式可以看出要确定距离 D，就要确定整尺段 N 和不足一整尺段的 ΔN。而在相位式测距仪中，相位计只能分辨出 0～2π 之间的相位值，即只能测定出不足一个整周期的相位移 $\Delta\phi$，而无法确定出整周期 N 值，因此也就不能确定出距离 D 值。但当测尺的长度大于所测距离 D 时，此时 $N=0$，则被测距离 D 就可以确定了。也就是说，如果调制光的波长增长，就可以扩大测距仪的测程。从这个角度看，选择波长长的调制光有益于扩大测距仪的测程。但是由于仪器的测相系统存在测相误差，目前测相精度只能达到 1/1000，可见它对测距精度的影响将随尺长的增大而增大，因此选择波长长的调制光无益于测距精度。为了解决扩大测程与提高精度的矛盾，在测距仪上采用一组测尺配合测距，以短测尺（又称精测尺）保证精度，用长测尺（又称粗测尺）保证测程。在实际的测距仪上，粗、精两把测尺配合使用，其读数和计算距离的工作，已由仪器内部的逻辑电路自动完成，测量结果在显示屏上直接显示出来。

二、红外测距仪的应用和发展概况

几十年来，国内外生产的红外测距仪的型号很多，各种测距仪由于其结构不同，操作使用也各不相同。一般情况下，都是将测距仪与经纬仪通过接合器连接在一起，同时转动，用测距仪测距，经纬仪测角。从 20 世纪 90 年代开始，全站仪的大量生产和使用，逐步取代了测距仪＋经纬仪或其他结构形式的测距仪。本章对测距仪的使用不再叙述。

第四节　直　线　定　向

确定一条直线与标准方向间的角度关系，称为直线定向。要确定地面点的平面位置和点与点间的相对关系，除了测量两点间的距离外，还要测量直线的方向。

一、标准方向的种类

测量工作采用的标准方向有真子午线、磁子午线和坐标纵轴三种方向。

（一）真子午线方向

通过地面上某点指向地球南北极的方向线，称为该点的真子午线方向。可用天文测量的方法测定。

（二）磁子午线方向

磁针水平静止时所指的磁南北方向线，即为该点的磁子午线方向。用罗盘仪可以测定。

（三）坐标纵轴方向

坐标纵轴方向就是直角坐标系中的纵坐标轴的方向。如果采用高斯平面直角坐标，则以中央子午线作为坐标纵轴。

二、直线方向的表示方法

直线方向的表示有方位角和象限角两种，由于计算、绘图技术的发展，后者很少采用，故重点介绍方位角。

由标准方向的北端，顺时针方向量至某直线的水平夹角，称为该直线的方位角。角值在 0°～360°间。如图 4-12 所示，若以真子午线作为标准方向，测量所得的方位角为真方位角，用 $\alpha_{真}$ 表示；若以磁子午线作为标准方向，则量得的方位角叫做磁方位角，用 $\alpha_{磁}$

表示；若以纵坐标轴的方向为标准方向，所确定的方位角为坐标方位角，以 α 表示。

三、正、反方位角的关系

由于地面上各点的子午线方向都是指向地球南北极，除赤道上各点的子午线互相平行外，地面上其他各点的子午线都不平行，这给计算工作带来不便。而在一个坐标系中，纵坐标轴方向线总是平行的。在一个高斯投影带中，中央子午线为纵坐标轴，在其各处的纵坐标轴方向都与中央子午线平行，因此，在普通测量工作中，以纵坐标轴方向作为标准方向，可使地面上各点的标准方向都互相平行。所以，应用坐标方位角表示直线的方向，使计算绘图更为方便。

任一直线都有正、反两个方向。由直线起点量测的方位角叫正方位角，由直线终点量测的方位角叫反方位角。由于同一直线上各点的标准方向都与 X 轴平行，因此同一条直线上各点的坐标方位角相等。如图 4－13 所示，设直线 P_1 至 P_2 的坐标方位角 α_{12} 为正坐标方位角，则 P_2 至 P_1 的方位角为反坐标方位角，显然，正、反坐标方位角相差 180°，即

$$\alpha_{12}=\alpha_{21}\pm180° \tag{4-13}$$

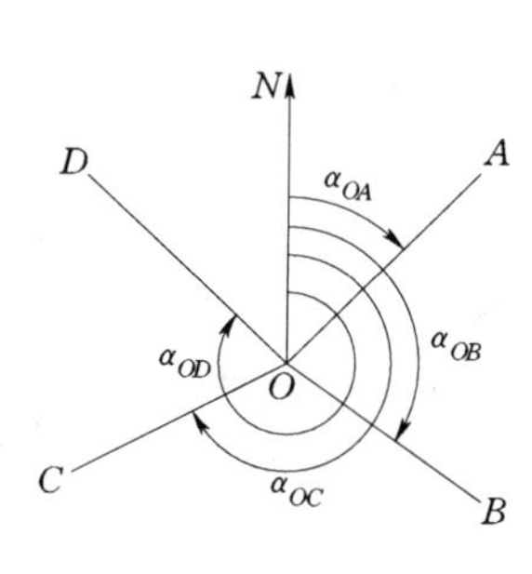

图 4－12　方位角

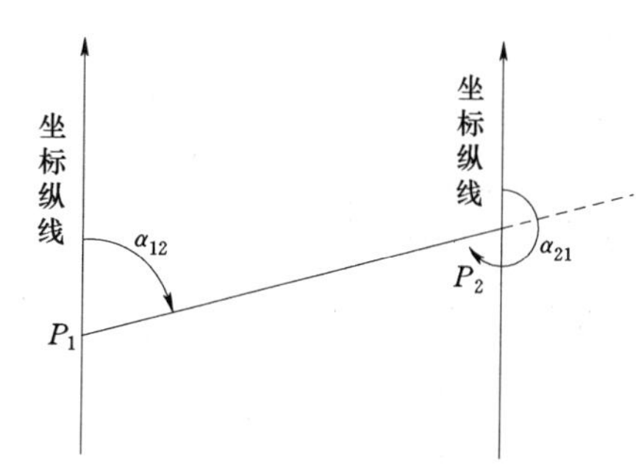

图 4－13　正、反方位角关系

四、几种方位角之间的关系

（一）真方位角与磁方位角的关系

由于地球磁南北极与地球南北极不重合，因此，过地面上某点的磁子午线与真子午线不重合，其夹角 δ 称为磁偏角，如图 4－14 所示。磁针北端偏于真子午线以东称东偏，偏于以西称西偏。直线的真方位角与磁方位角之间可相互换算。

$$\alpha_{真}=\alpha_{磁}+\delta \tag{4-14}$$

式（4－14）中的 δ 值，东偏时取正值，西偏时取负值。

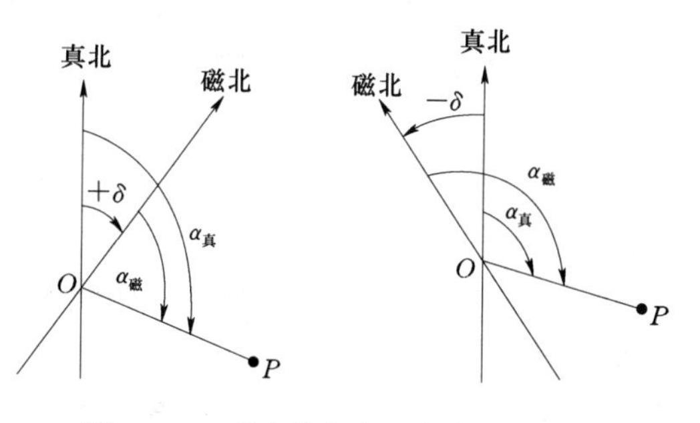

图 4－14　真方位角与磁方位角的关系

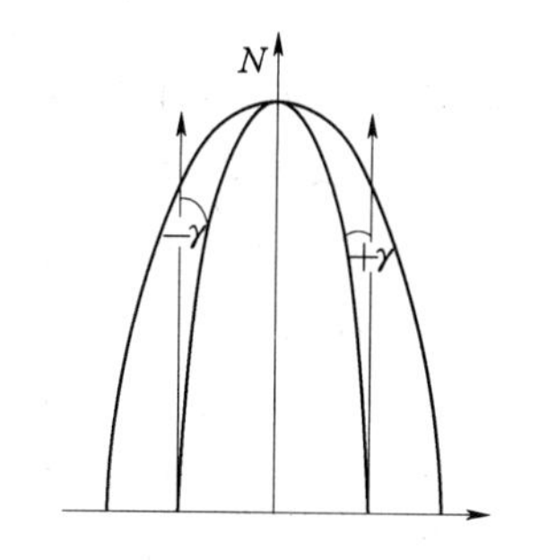

图 4－15　子午线收敛角

（二）真方位角与坐标方位角的关系

由高斯分带投影可知，除了中央子午线上的点外，投影带内其他各点的坐标轴方向与真子午线方向也不重合，其夹角 γ 称为子午线收敛角，如图 4-15 所示。

真方位角与坐标方位角之间的关系可用下式换算

$$\alpha_{真}=\alpha+\gamma \tag{4-15}$$

式（4-15）中的 γ 值，东偏时取正值，西偏时取负值。

（三）坐标方位角与磁方位角的关系

已知某点的磁偏角 δ 与子午线收敛角 γ，则坐标方位角与磁方位角之间的换算关系为

$$\alpha=\alpha_{磁}+\delta-\gamma \tag{4-16}$$

式（4-16）中的 δ、γ 值，东偏时取正值，西偏时取负值。

五、罗盘仪测定磁方位角

罗盘仪是测定地面任一直线磁方位角的仪器。构造简单，使用方便，广泛应用于各种精度要求不高的测量工作中。

（一）罗盘仪的构造

如图 4-16 所示，罗盘仪主要由罗盘、望远镜、水准器三部分组成。

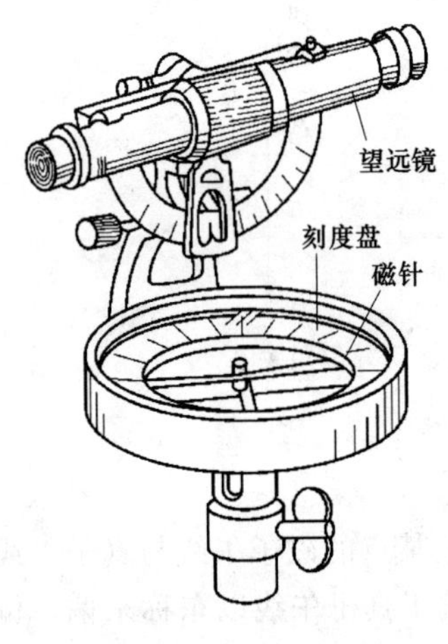

图 4-16　罗盘仪

1. 罗盘

罗盘又包括磁针和刻度盘两部分，磁针支承在刻度盘中心的顶针尖端上，可灵活转动，当它静止时，一端指南，一端指北。磁针的南端缠一小铜环用以平衡磁针所受引力。为了防止磁针的磨损，不用时可旋紧举针螺旋，将磁针固定。刻度盘有 1°和 30′两种基本分划，按逆时针从 0°注记到 360°。

2. 望远镜

罗盘仪的望远镜一般为外对光望远镜，由物镜、目镜、十字丝所组成。用支架装在刻度盘的圆盒上，可随着圆盒在水平面内转动，也可在竖直方向转动。望远镜的视准轴与度盘上 0°和 180°直径方向重合。支架上装有竖直度盘，供测量竖直角时使用。

3. 水准器

在罗盘盒内装有两个互相垂直的管状水准器或圆水准器，用以整平仪器。此外，还有水平制动螺旋，望远镜的竖直制动和微动螺旋，以及球窝装置和连接装置。

（二）罗盘仪测定磁方位角

用罗盘仪测定磁方位角的步骤如下：

（1）罗盘仪安置在待测直线的一端点上，对中、整平、松开磁针。

（2）用望远镜瞄准直线另一端点的目标，待磁针静止后，读出磁针北端的读数，即为该直线的磁方位角。还可以读取南端读数用以校核。

为了防止错误和提高观测精度，通常在测定直线的正方位角后，还要测定直线的反方位角。正反方位角应相关 180°，如误差在限差 0.5°以内，可按式（4-17）取二者平均数

作为最后结果。即

$$\alpha=\frac{1}{2}[\alpha_{正}+(\alpha_{反}\pm180°)] \tag{4-17}$$

在用罗盘仪测定磁方位角时，应远离高压线和铁制品，以减弱局部引力影响磁针的指向。读数时视线应与磁针的指向一致，不应斜视，以免读数不准。搬站或用完后，应将举针螺旋拧紧，以免顶针磨损。

复习思考题

1. 丈量 AB 线段，往测的结果为245.456m，返测的结果为245.448m，计算 AB 的长度并评定其精度。

2. 视距测量中，已知仪器常数 $K=100$，仪器高 $i=1.45$m，尺间隔 $n=1.006$m，中丝读数为 $v=1.56$m，竖盘为顺时针注记，读数为77°42′，测站点高程 $H_{站}=151.63$m，试计算两点间的水平距离 D 和被观测点的高程 H。

3. 试述相位式测距仪测距的基本原理。

4. 用罗盘仪测得某直线的磁方位角为2°30′，该地的磁偏角为−3°，试图示并求该直线的真方位角。

第五章　测量误差基本知识

第一节　测量误差概述

测量工作中，较多的工作内容是观测距离、角度和高差。长期测量实践证明，无论采用的仪器多么精密，观测方法多么严谨，若对某一观测量进行多次观测时就会发现，各观测值之间总存在着差异，如对三角形三个内角进行观测，三角形的内角和即三个观测值之和通常都不等于 180；对某段路程进行长度观测，多次观测值总是不相等，这些现象表明测量工作中总是不可避免地存在误差。

何为误差？所谓误差，是指某个观测对象的观测值与其真值（或最或然值）的差。

观测值与真值的差称为真误差，即

$$\Delta_i = l_i - X \quad (i=1,2,\cdots,n) \tag{5-1}$$

式中　Δ_i——真误差；

l_i——观测值；

X——真值。

例如，观测一平面三角形的三个内角，其三个内角之和的真值是 180°，但由于误差的存在，其三个内角观测值之和往往不等于 180°，而是和 180°有个差值，此差值即为真误差。

通常情况下，某个观测值的真值无法精确求得，一般情况下采用观测值的算数平均值来代替真值，观测值的算术平均值又称为“最或然”值，是接近于真值的最可靠值，观测值与最或然值之差，称为似真误差。

$$v_i = l_i - x \tag{5-2}$$

式中　v_i——似真误差；

l_i——观测值；

x——观测值的最或然值。

一、测量误差来源

所有的测量工作都是观测者使用测量仪器和工具在一定的外界条件下进行的。由此可知，观测结果总会受到仪器误差、人的感官能力限制和外界环境（如温度、湿度、风力、大气折光等）的影响，观测者、测量仪器、外界环境这三方面的客观条件统称观测条件。

因此测量误差来源主要有以下三个方面：

1. 观测者

由于观测者的视觉、听觉等感官的鉴别能力有一定的局限，所以在仪器的使用中会产生误差，如在使用经纬仪测角测距时的对中误差、整平误差、照准误差、读数误差等。

2. 测量仪器

测量工作中使用的各种测量仪器，其零部件的加工精密度不可能达到百分之百的准确，仪器经检验与校正后仍会存在残余微小误差，如水准仪的 i 角，这些都会影响到观测结果的准确性。

3. 外界环境

测量工作都是在一定的外界环境条件下进行的，如能见度、温度、湿度、风力、大气折光等因素，这些因素的差异和变化都会直接或间接对观测产生影响，必然给观测结果带来误差。

通常把观测者的技术条件（包括使用的方法）、仪器误差及外界环境这三个因素综合起来，称为观测条件。观测条件相同的各次观测称为等精度观测。相反，观测条件之中，只要有一个观测条件不相同的各次观测称为不等精度观测。

二、测量误差的分类

按照误差对观测结果影响性质的不同，可将测量误差分为系统误差和偶然误差两大类。

1. 系统误差

在相同的观测条件下，对某一观测量进行的一系列观测，若误差在大小和正负符号上均固定不变，或按一定规律变化，则这种误差称为系统误差。例如，某 30m 的钢卷尺使用中被拉长了 5mm，则用此卷尺量取 300m 的距离，则实际上多量取了 50mm。量距越长则误差积累越大，故系统误差具有累积性。

系统误差具有累积性，对观测结果的影响很大，但它们的符号和大小有一定的规律。因此，系统误差可以采用适当的措施消除或减弱其影响。通常可采用以下三种方法：

（1）精确检校：观测前对仪器进行精确检校，例如水准测量前，对水准仪进行精确检验和校正，以确保水准仪的几何轴线间关系的正确性。

（2）抵消法：采用适当的观测方法，例如水准测量时将水准仪安置在两点等距的地方可以消除仪器 i 角、地球曲率和大气折光带来的影响；水平角测量中，采用正倒镜观测法来消除经纬仪视准轴的误差和横轴的误差等。

（3）改正法：研究系统误差的大小和规律，然后对观测值加以改正。例如钢尺量距中，应用尺长改正、温度改正及倾斜改正等三项改正公式，可以有效地消除或减弱尺长误差、温度误差以及地面倾斜的影响。

2. 偶然误差

在相同的观测条件下，对某一观测量进行一系列的观测，若误差出现的大小和符号都没有规律，表现出一定的偶然性，这种误差称为偶然误差，也称随机误差。例如，在水准测量时水准尺读数的估读误差，用经纬仪测角时的瞄准误差等等都属于偶然误差。对于单个偶然误差而言没有什么规律性，但从统计学的角度来看，大量的偶然误差在整体上却表现出一定的统计规律。

【例 5－1】 在相同的观测条件下，对一个三角形三个内角重复观测了 100 次，由于偶然误差的不可避免性，使得每次观测三角形内角之和不等于真值 180°。用下式计算真误差，然后把这 100 个真误差按其绝对值的大小排列，列于表 5－1。

$$\Delta_i = a_i + b_i + c_i - 180° \quad (i=1,2,\cdots,100)$$

表 5-1　　三角形内角和真误差分布情况

误差大小区间	正Δ的个数	负Δ的个数	总和
0.0″～0.5″	21	20	41
0.5″～1.0″	14	15	29
1.0″～1.5″	7	8	15
1.5″～2.0″	5	4	9
2.0″～2.5″	2	2	4
2.5″～3.0″	1	1	2
3.0″以上	0	0	0
总计	50	50	100

从表 5-1 看出，误差的分布是有一定的规律性，可以总结偶然误差有以下四个统计特性：

（1）有界性：在一定的观测条件下，偶然误差的绝对值不会超过一定的界限，本例最大误差为 3.0″。

（2）集中性：绝对值小的误差比绝对值大的误差出现的概率大，本例 0.5″以下的误差有 41 个。

（3）对称性：绝对值相等的正负误差出现的机会相等，本例正负误差各为 50 个。

（4）抵偿性：当观测次数无限增多时，偶然误差的算术平均值趋向于零，即

$$\lim_{n\to\infty}\frac{[\Delta_1+\Delta_2+\cdots+\Delta_n]}{n}=\lim_{n\to\infty}\frac{[\Delta]}{n}=0 \tag{5-3}$$

式中　[ ] ——总和；

　　n——观测次数；

　[Δ] ——真误差总和，$[\Delta]=\Delta_1+\Delta_2+\cdots+\Delta_n$。

由以上统计规律可知，当对某一观测量有足够多的观测次数时，其正负误差可以互相抵消。因此，可以采用多次观测，计算其算术平均值，来减少偶然误差对观测结果的影响。

偶然误差不可避免地存在，而且不能用简单的计算法或改正法加以消除，只能通过改进观测方法，并且科学合理地处理观测数据，以减少观测误差的影响。偶然误差是测量误差理论的主要研究对象，根据偶然误差的特性对观测值进行数学处理，求出最接近于未知量真值的值，称为最或然值。另外，根据观测偶然误差大小，来评定观测结果的质量，即评定精度。

三、粗差与多余观测

由于测量人员的粗心大意，在观测、记录或计算时瞄错、读错、记错、算错，这些误差不同于系统误差或偶然误差，称之为粗差。粗差是超限值的观测误差，此类误差也称错误，数据处理时只能剔除或返工重测。

为了得到某观测对象的数据对其进行的最少次数的观测称为必要观测，如在观测某段

道路的长度时只拉一次钢尺就可以得到结果，则这一次观测就是必要观测；为了防止错误的发生和提高观测成果的质量，实际测量工作中都要进行多次观测，多次观测中多于必要观测的观测，称为多余观测。对某一未知量进行一次观测为必要观测，$n-1$ 次观测即为多余观测。多余观测对提高测量的精度是有益的。

例如，一段距离往返观测，如果往测为必要的观测，则返测称多余观测；一个三角形观测三个角度，观测其中两个角为必要观测，观测第三个角称为多余观测。

有了多余观测，观测值与观测值或观测值与理论值比较必产生差值（不符值、闭合差），因此可以根据差值大小评定测量的精度（精确程度），当差值超过某一数值，就可认为观测值有错误，称为误差超限。差值不超限，这些误差认为是偶然误差，进行某种数学处理称为平差，最后求得观测值的最或然值，即求得未知量的最后结果。

四、观测值的精度与数字精度

观测值接近真值的程度，称为准确度。愈接近真值，其准确度愈高。系统误差对观测值的准确度影响极大，因此，在观测前，应认真检校仪器，观测时采用适当的观测法，观测后对观测的结果加以计算改正，从而消除误差或将误差减弱至最低可以接受的程度。

所谓精度包含准确度和精密度。一组观测值之间相互符合的程度（或其离散程度），称为精密度。一组观测值的偶然误差大小反映出观测值的准确度。准确度与精密度两者均高的观测值才称得上高精度的观测值。

例如，AB 两点距离用高精度光电测距仪测量结果为 100m，因误差极小，可认为 100m 为 AB 距离的真值。现用钢尺丈量其长度，结果如下：

A 组：100.015m，100.012m，100.011m，100.014m

B 组：100.010m，99.992m，100.007m，99.995m

C 组：100.005m，100.003m，100.002m，99.998m

A 组的平均值为 100.013m，与真值相差 0.013m，与真值不是十分接近，但是四个数据内部符合很好，最大校差 0.004m。这说明精度高，但准确度并不高。B 组平均值为 100.001m，与真值十分接近，说明准确度高，但四个数据最大校差达 0.018m，说明精密度并不好。C 组平均值为 100.002m，与真值相差为 0.002m，四个数最大校差为 0.007m。因此从这三组数据来说 C 组精度最高，因为准确度与精密度均高。

数字的精度取决于小数点后的位数，相同单位的两个数，小数点后位数越多，表示精度越高。因此，小数点后位数不可随意取舍。例如，17.62m 与 17.621m，后者准确到 mm，前者只准确到 cm。从这里可知：17.62m 与 17.620m，这两个数并不相等，17.620m 准确至毫米，毫米位为 0。因此，对一个数字既不能随意添加 0，也不能随意消去 0。

第二节　评定观测值精度的标准

为了衡量测量结果精度的高低，必须制订统一的衡量精度的标准。中国和世界上大多数国家常用以下几种精度指标来衡量观测值的精度。

一、中误差

在一定的观测条件下，观测值 l 与其真值 X 之差称为真误差 Δ，即

$$\Delta = l_i - X \quad (i=1,2,\cdots,n) \tag{5-4}$$

这些独立误差平方和的平均值的极限称为中误差的平方，即

$$m^2 = \lim_{n\to\infty}\frac{[\Delta\Delta]}{n} \tag{5-5}$$

式中　n——Δ 的个数。

公式（5-5）是理论上的数值，实际测量中观测次数不可能无限多，因此在实际应用中取以下公式

$$m = \pm\sqrt{\frac{[\Delta\Delta]}{n}} \tag{5-6}$$

公式（5-6）说明，中误差代表一组同精度观测误差的几何平均值，中误差愈小表示该组观测值中绝对值小的误差愈多。另外，该公式能明显反映出大误差△对成果精度的影响。

例如，有甲、乙两组观测值，其真误差分别为

甲组：$+3''$、$-3''$、$-4''$、$+2''$、$-1''$

乙组：$-6''$、0、0、$+6''$、$+1''$

两组观测值的中误差分别为

$$m_{甲} = \pm\sqrt{\frac{9+9+16+4+1}{5}} = \pm 2.8''$$

$$m_{乙} = \pm\sqrt{\frac{36+0+0+36+1}{5}} = \pm 3.8''$$

显然，乙组观测精度低。

二、容许误差

容许误差又称极限误差。根据偶然误差的第一特性及实践证明，偶然误差的绝对值不会超过一定的限度。在大量等精度观测的一组误差中，绝对值大于 2 倍中误差的偶然误差，其出现的可能性约为 5%；大于 3 倍中误差的偶然误差，其出现的可能性仅有 0.3%，且认为是不大可能出现的。在实际测量工作中观测的次数有限，绝对值大于 2 倍或 3 倍的中误差的误差出现的概率很小，故一般取 2 倍或 3 倍中误差作为偶然误差的极限误差，即容许误差。

$$\Delta_{容} = 2m \text{ 或 } \Delta_{容} = 3m \tag{5-7}$$

在水利水电工程测量中，常采用 $\Delta_{容} = 2m$ 作为容许误差。

如果观测值超过了上述限值，则可认为该观测值不可靠或出现了错误，应舍去不用。

三、相对误差

在某些测量工作中，有时用中误差还不能完全反映测量精度，如测量某两段距离，一段长 500m，另一段长 1000m，它们的中误差均为±0.2m，但因量距误差与长度有关，则不能认为两者的精度一样。为此用观测值的中误差与观测值相比，并将其分子化为 1，即用 $1/N$ 形式表示，称为相对中误差。

相对误差是误差的绝对值与观测值之比，在测量上通常将其化为分子为 1 的分子式来表示，即

$$K_{中}=\frac{|m|}{D}=\frac{1}{D/|m|} \tag{5-8}$$

本例前者 $K_{中}=\frac{0.2}{500}=\frac{1}{2500}$，后者为 $K_{中}=\frac{0.2}{1000}=\frac{1}{5000}$，两者比较$\frac{1}{2500}>\frac{1}{5000}$，可见后者的测量精度高于前者；相对误差也可用某段距离往返丈量的结果差值与其往返结果的平均值之比，即 $K_{中}=\frac{|D_{往}-D_{返}|}{1/2(D_{往}+D_{返})}$，化成分子为 1 的分数表示其精度。相对误差常用在距离与坐标误差的计算中。

第三节　误差传播定律

以上介绍的是在相同观测条件下，以真误差来评定观测值的精度问题。但在实际工作中，某些未知量往往不是直接观测到的，而是由观测值通过一定的函数关系间接推导计算求得的，例如高差 $h_{AB}=a-b$，长方形面积 $S=ab$ 及 $\Delta x_i=D_i\cos\alpha_i$；$\Delta y_i=D_i\sin\alpha_i$ 是通过距离和方位角来计算的等等。因此，观测值的误差必然给其函数带来误差。

研究观测值函数的中误差与观测值中误差之间关系的定律称为误差传播定律。

一、倍数函数中误差

设倍数函数为

$$y=kx \tag{5-9}$$

式中 k 为常数（常数无误差），x 为直接测量值，已知其中误差为 m，y 为 x 的倍数函数，求 y 的中误差 m_y。

设 x 有真误差 Δ_x，则函数 y 产生真误差 Δ_y，由式（5-9）可知它们之间的关系为

$$\Delta_y=k\Delta_x \tag{5-10}$$

设对 x 观测了 n 次，按式（5-10）可写出 n 个真误差的关系式

$$\Delta_{y1}=k\Delta_{x1}$$
$$\Delta_{y2}=k\Delta_{x2}$$
$$\cdots$$
$$\Delta_{yn}=k\Delta_{xn}$$

将 n 个等式两端平方取和再除以 n，则得

$$\frac{\Delta_{y1}^2+\Delta_{y2}^2+\cdots+\Delta_{yn}^2}{n}=k^2\ \frac{\Delta_{x1}^2+\Delta_{x2}^2+\cdots+\Delta_{xn}^2}{n}$$

或

$$\frac{[\Delta_y^2]}{n}=k^2\ \frac{[\Delta_x^2]}{n}$$

根据中误差定义式（5-6），上式中$\frac{[\Delta_y^2]}{n}=m_y^2$，$\frac{[\Delta_x^2]}{n}=m_x^2$，带入前式则得

$$m_y^2=k^2\ m_x^2$$
$$m_y=k\ m_x \tag{5-11}$$

即倍数函数中误差等于倍数与观测值中误差的乘积。

【例 5-2】 在 1∶500 地形图上量得某两点间的距离 $d=234.5$mm，其中误差 $m_d=\pm0.2$mm，求该两点的地面水平距离 D 的值及其中误差 m_D。

解： $$D=500d=500\times0.2345=117.25\ (\text{m})$$

$$m_D=\pm500m_d=\pm500\times0.0002=\pm0.10\ (\text{m})$$

二、和、差函数中误差

设和差函数为 $$y=x_1\pm x_2 \tag{5-12}$$

式中 x_1、x_2 是直接观测值，已知其各自中误差分别为 m_1、m_2，y 是 x_1、x_2 的和、差函数，求 y 的中误差 m_y。

设 x_1、x_2 有真误差 Δ_1、Δ_2，函数 y 产生的真误差为 Δ_y，则它们的真误差关系符合

$$\Delta y=\Delta_1\pm\Delta_2$$

设对 x_1、x_2 各观测了 n 次，按公式（5-12）可写出 n 个真误差的关系式，如下

$$\Delta yi=\Delta_{1i}\pm\Delta_{2i}\quad (i=1,\ 2,\ \cdots,\ n)$$

将等式两端平方得 $\Delta yi^2=\Delta_{1i}^2+\Delta_{2i}^2\pm2\Delta_{1i}\Delta_{2i}\quad (i=1,\ 2,\ \cdots,\ n)$

将以上 n 个等式两端分别取和再除以 n，得

$$\frac{[\Delta_y^2]}{n}=\frac{[\Delta_1^2]}{n}+\frac{[\Delta_2^2]}{n}\pm2\frac{[\Delta_1\Delta_2]}{n}$$

由于 Δ_1、Δ_2 都是偶然误差，它们的正负误差出现机会相等，所以它们的乘积的正负误差出现机会也相等，具有偶然误差的性质。根据偶然误差的第四个特性，

上式中 $$\lim_{x\to\infty}\frac{[\Delta_1\Delta_2]}{n}=0$$

所以 $$\frac{[\Delta_y^2]}{n}=\frac{[\Delta_1^2]}{n}+\frac{[\Delta_2^2]}{n}$$

根据中误差定义，$\frac{[\Delta_y^2]}{n}=m_y^2$，$\frac{[\Delta_1^2]}{n}=m_1^2$，$\frac{[\Delta_2^2]}{n}=m_2^2$，带入上式，得到

$$m_y^2=m_1^2+m_2^2$$

$$m_y=\pm\sqrt{m_1^2+m_2^2} \tag{5-13}$$

当和差函数为 $$y=x_1\pm x_2\pm\cdots\pm x_n$$

设 x_1、x_2、…、x_n 各自中误差分别为 m_1、m_2、…、m_n 时，则

$$m_y^2=m_1^2+m_2^2+\cdots+m_n^2$$

$$m_y=\pm\sqrt{m_1^2+m_2^2+\cdots+m_n^2} \tag{5-14}$$

由此可看出和差函数的中误差的平方等于个观测值中误差的平方和。

当 x_1、x_2、…、x_n 为等精度观测值时，则各观测值的中误差相等，即

$$m_1=m_2=\cdots=m_n=m$$

则（5-14）可写为 $$m_y=\pm m\sqrt{n} \tag{5-15}$$

【例 5-3】 已知当水准仪距标尺 75m 时，一次读数中误差为 $m_{读}=\pm2\text{mm}$（包括照准误差、估读误差等），若以两倍中误差为容许误差，试求普通水准测量观测 n 站所得高差闭合差的容许误差。

解： 水准测量每一站需要读取后视读数 a 和前视读数 b，高差的计算公式为：$h_i=a_i-b_i$，因为是等精度观测，每次读数的中误差是相等的，由公式（5-15）可得每一站高差中误差：

$$m_{站}=\pm m_{读}\sqrt{n}=\pm m_{读}\sqrt{2}=\pm 2\sqrt{2}=\pm 2.8(\text{mm})$$

水准路线观测 n 站所得总高差 $h=h_1+h_2+\cdots+h_n$，根据式（5－15）可得总高差 h 的总误差，

$$m_{总}=\pm m_{站}\sqrt{n}=\pm 2.8\sqrt{n}(\text{mm})$$

若以两倍中误差为容许误差，则高差闭合差的容许误差为 $\Delta_{容}=2\times(\pm 2.8\sqrt{n})=\pm 5.6\sqrt{n}(\text{mm})$，其中 n 为测站数。

【例 5－4】 在水准测量中，采用两次仪器高法进行测站校核，已知读数误差 $m_{读}=\pm 2\text{mm}$（包括照准误差、估读误差等），试推求等外水准测量两次仪器高法测量高差较差的容许值应为多少？

解： 水准测量求两点高差公式：$h=a-b$

高差 h 的中误差为 $m_h=\pm m_{读}\sqrt{2}$

采用两次仪器高法进行观测，两次观测求高差之差的中误差为 m_Δ 为

$$m_\Delta=\pm m_{读}\sqrt{2}\cdot\sqrt{2}=\pm 4(\text{mm})$$

若以两倍中误差为容许误差，两次仪器高法测量高差较差的容许值

$$\Delta_{容}=2\times m_\Delta=2\cdot\pm 4=\pm 8(\text{mm})$$

三、线性函数中误差

设线性函数为 $$y=k_1x_1+k_2x_2+\cdots+k_nx_n$$

设 x_1、x_2、…、x_n 为独立测量值，中误差分别为 m_1、m_2、…、m_n，求函数 y 的中误差 m_y。

按推求式（5－11）与式（5－14）的相同方法得

$$m_y^2=K_1^2m_1^2+K_2^2m_2^2+\cdots+K_n^2m_n^2$$

$$m_y=\pm\sqrt{K_1^2m_1^2+K_2^2m_2^2+\cdots+K_n^2m_n^2} \tag{5-16}$$

即线性函数中误差，等于各常数与相应观测值中误差乘积的平方和，再开方。

【例 5－5】 对某量等精度观测 n 次，观测值 l_1，l_2，…，l_n，设已知各观测值的中误差 $m_1=m_2=\cdots=m_n=m$，求等精度观测值算术平均值 x 及中误差 m_x。

解： 等精度观测值算术平均值 x

$$x=\frac{l_1+l_2+\cdots+l_n}{n}=\frac{[l]}{n}$$

或 $$x=\frac{1}{n}l_1+\frac{1}{n}l_2+\cdots+\frac{1}{n}l_n$$

已知各观测值的中误差都相等，根据式（5－16）求算术平均值 x 的中误差 m_x

$$m_x^2=\frac{1}{n^2}m_1^2+\frac{1}{n^2}m_2^2+\cdots+\frac{1}{n^2}m_n^2=\frac{n}{n^2}m^2=\frac{1}{n}m^2$$

$$m_x=\pm\sqrt{\frac{1}{n}}m=\pm\frac{m}{\sqrt{n}} \tag{5-17}$$

式（5－17）表明，算术平均值的中误差比观测值中误差缩小了 $\sqrt{n}$ 倍，即算术平均值的精度比观测值精度提高 $\sqrt{n}$ 倍。测量工作中进行多余观测，取多次观测值的平均值作为

最后的结果，就是这个道理。但是，当 n 增加到一定程度后（例如 $n=6$），m_x 值的减小的速度变得十分缓慢，所以为了达到提高观测成果精度的目的，不能单靠无限制地增加观测次数，应综合采用提高仪器精度等级，选用合理的观测方法及适当增加观测次数等措施，才是正确的途径。

四、一般函数中误差和误差传播定律

设一般函数为 $$y=f(x_1, x_2, \cdots, x_n)$$

已知为独立观测值 x_1、x_2、…、x_n，其中误差分别为 m_1、m_2、…、m_n，求函数 y 的中误差 m_y。

对于多个变量（变量个数大于1时）的函数，由数学分析可知，变量的误差与函数的误差之间的关系，可近似的用函数的全微分表示，取微分时，必须进行全微分，故

$$dy=\frac{\partial f}{\partial x_1}dx_1+\frac{\partial f}{\partial x_2}dx_2+\cdots+\frac{\partial f}{\partial x_n}dx_n \tag{5-18}$$

由于测量中真误差值都很小，故可用真误差代替上式中的微分量，即

$$\Delta y=\frac{\partial f}{\partial x_1}\Delta x_1+\frac{\partial f}{\partial x_2}\Delta x_2+\cdots+\frac{\partial f}{\partial x_n}\Delta x_n \tag{5-19}$$

上式中的$\frac{\partial f}{\partial x_1}$是函数对各变量 x_i 取的偏导数。对它进行进一步分析，并根据偶然误差的抵偿特性和中误差定义，可得出公式

$$m_y^2=\left(\frac{\partial f}{\partial x_1}\right)^2 m_{x_1}^2+\left(\frac{\partial f}{\partial x_2}\right)^2 m_{x_2}^2+\cdots+\left(\frac{\partial f}{\partial x_n}\right)^2 m_{x_n}^2$$

即 $$m=\pm\sqrt{\left(\frac{\partial f}{\partial x_1}\right)^2 m_{x_1}^2+\left(\frac{\partial f}{\partial x_2}\right)^2 m_{x_2}^2+\cdots+\left(\frac{\partial f}{\partial x_n}\right)^2 m_{x_n}^2} \tag{5-20}$$

式中字母分别是函数 y 对观测值求得偏导数。故一般函数的中误差等于该函数对每个观测值取偏导数与相应观测值中误差乘积的平方和，再开方。

式（5-20）就是按观测值中误差计算观测值函数中误差的公式，即为误差传播定律。表5-2是误差传播定律的几个主要公式。

表5-2　误差传播定律主要公式

函数类型	函数表达式	函数的中误差
一般函数	$y=f(x_1, x_2\cdots, x_n)$	$m_y=\pm\sqrt{\left(\frac{\partial f}{\partial x_1}\right)^2 m_1^2+\left(\frac{\partial f}{\partial x_2}\right)m_2^2+\cdots+\left(\frac{\partial f}{\partial x_n}\right)^2 m_n^2}$
和差函数	$y=x_1\pm x_2\pm\cdots\pm x_n$	$m_y=\pm\sqrt{m_1^2+m_2^2+\cdots+m_n^2}$
倍数函数	$y=kx$	$m_y=km_x$
线性函数	$y=k_1x_1+k_2x_2+\cdots+k_nx_n$	$m_y=\pm\sqrt{k_1^2m_1^2+k_2^2m_2^2+\cdots+k_n^2m_n^2}$

五、误差传播定律应用总结

应用误差传播定律解决实际问题是十分重要的问题，应用误差传播定律求观测值函数中误差一般可归纳为三个步骤：

（1）按问题性质先列出函数式。

$$y=f(x_1, x_2, \cdots, x_n)$$

（2）对函数式进行全微分，得出函数真误差与观测值真误差之间的关系式。

$$\Delta y=\left(\frac{\partial f}{\partial x_1}\right)\Delta x_1+\left(\frac{\partial f}{\partial x_2}\right)\Delta x_2+\cdots+\left(\frac{\partial f}{\partial x_n}\right)\Delta x_n$$

（3）然后代入误差传播定律公式，计算函数的中误差。

$$m_y^2=\left(\frac{\partial x}{\partial x_1}\right)^2 m_{x_1}^2+\left(\frac{\partial f}{\partial x_2}\right)^2 m_{x_2}^2+\cdots+\left(\frac{\partial f}{\partial x_n}\right)^2 m_{x_n}^2$$

【例 5-6】 有一长方形施工场地，独立地观测其长边 $a=(30.000\pm0.004)$ m，短边 $b=(20.000\pm0.003)$ m，求该长方形施工场地的面积及其面积中误差 m_S。

解： 长方形面积 $S=ab=30.000\times20.000=600.000$（$m^2$）。

面积公式 $S=ab$，求偏导数 $\frac{\partial S}{\partial a}=b$；$\frac{\partial S}{\partial b}=a$

代入公式（5-20）得

$$m_S^2=b^2m_a^2+a^2m_b^2=20^2\times0.004^2+30^2\times0.003^2=0.0145$$

故 $$m_S=\pm0.12\ (m^2)$$

最后结果为 $$S=(600.000\pm0.12)\ (m^2)$$

第四节　等精度观测值的平差

何谓平差？对一系列观测值采用适当而合理的方法，消除或减弱其误差，求得未知量的最可靠值，并评定测量结果的精度。通常我们把求得的未知量的最可靠的值，称为最或然值，它十分接近于未知量的真值。

一、求未知量的最或然值

设对某真值为 x 未知量进行了 n 次等精度直接观测，观测值为 l_1、l_2、…、l_n，相应的真误差为 Δ_1、Δ_2、…、Δ_n，则

$$\begin{gathered}\Delta_1=l_1-X\\ \Delta_2=l_2-X\\ \vdots\\ \Delta_n=l_n-X\end{gathered}$$

将上式取和再除以观测次数 n 便得

$$\frac{[\Delta]}{n}=\frac{[l]}{n}-X=x-X$$

式中 x 为算术平均值，显然 $x=X+\frac{[\Delta]}{n}$

根据偶然误差第四个特征，当 $n\rightarrow\infty$ 时，$\frac{[\Delta]}{n}\rightarrow0$，因此

$$x=X+\frac{[\Delta]}{n}\approx X \qquad (5-21)$$

即当观测次数 n 无限多时，算术平均值 x 就趋向于未知量的真值 X。然而在实际工作中，观测次数不可能无限多，因此算术平均值也就不可能等于真值。但可以认为，当观测

次数有限时，根据已有的观测数据求得的算术平均值是最接近真值的近似值，称为“最或是”值或“最或然”值，一般以它作为未知量的观测的最后结果。

二、等精度观测值的评定精度

1. 观测值的似真误差

根据中误差定义式（5-6）计算观测值中误差得 m，需要知道观测值的真误差，但是真误差往往不知道。因此，在实际工作中多采用观测值的似真误差或改正数来计算观测值的中误差。用 v_i（$i=1, 2, , n$）表示观测值的似真误差，或称观测值的最或然误差，而改正数则与误差符号相反。

$$v_1=l_1-x$$
$$v_2=l_2-x$$
$$\vdots$$
$$v_n=l_n-x$$

等式两端分别取和 $$[v]=[l]-nx$$

因为 $x=\frac{[l]}{n}$，所以 $[v]=0$ (5-22)

即观测值的似真误差代数和等于零。式（5-22）可作为计算中的校核，当 $[v]=0$ 时，说明算术平均值及似真误差计算无误。

2. 用似真误差计算等精度观测值的中误差

由前可知，在已知真误差 Δ 的情况下，同精度观测值中误差为式（5-6）。但是，未知量的真值往往无法知道，因此真误差 Δ 也无法求得，为此，又推导出用改正数 v_i 计算观测值中误差的实用公式为

$$m=\pm\sqrt{\frac{[vv]}{n-1}} \tag{5-23}$$

式中，n——观测值个数。

式（5-23）推导如下：

$$\Delta_i=l_i-X$$
$$v_i=l_i-x$$

以上两个等式相减得：

$$\Delta_i-v_i=x-X$$

令 $\delta=x-X$，代入上式并移项后得

$$\Delta_i=v_i+\delta$$

以上 n 个等式两端分别同时平方得

$$\Delta_i\Delta_i=v_iv_i+2v_i\delta+\delta^2$$

上式有 n 个取和得

$$[\Delta\Delta]=[vv]+2\delta[v]+n\delta^2$$

因为 $$[v]=0$$

所以 $$[\Delta\Delta]=[vv]+n\delta^2$$

等式两端分别除以 n 得

$$\frac{[\Delta\Delta]}{n}=\frac{[vv]}{n}+\delta^2$$

式中 $\delta=x-X=\frac{[l]}{n}-X=\frac{[l-X]}{n}=\frac{[\Delta]}{n}$

上式平方得 $\delta^2=\frac{[\Delta]^2}{n^2}=\frac{1}{n^2}(\Delta_1^2+\Delta_2^2+\cdots+\Delta_n^2+2\Delta_1\Delta_2+2\Delta_1\Delta_3+\cdots)$

$$=\frac{[\Delta\Delta]}{n^2}+\frac{2}{n^2}(\Delta_1\Delta_2+\Delta_1\Delta_3+\cdots)$$

由于 Δ_1，Δ_2，…，Δ_n 为偶然误差，故非自乘的两个偶然误差之积 $\Delta_1\Delta_2$，$\Delta_1\Delta_3$，…仍然具有偶然误差性质，根据偶然误差的第四个特性，当 $n\to\infty$ 时，上式等号右端的第二项趋于零。因此得

$$\delta^2\approx\frac{[\Delta\Delta]}{n^2}$$

上式代入式（5－26）得

$$\frac{[\Delta\Delta]}{n}=\frac{[vv]}{n}+\frac{[\Delta\Delta]}{n^2}$$

顾及中误差公式（5－6），上式可写为

$$m^2=\frac{[vv]}{n}+\frac{m^2}{n}$$

$$nm^2=[vv]+m^2$$

$$m=\pm\sqrt{\frac{[vv]}{n-1}}$$

3. 算术平均值中误差

已知未知量的算术平均值公式为

$$x=\frac{[l]}{n}=\frac{1}{n}l_1+\frac{1}{n}l_2+\cdots+\frac{1}{n}l_n$$

按误差传播定律可得

$$m_x=\pm\frac{m}{\sqrt{n}} \tag{5-24}$$

式（5－24）即为算术平均值中误差 m_x 的计算公式。

【例 5－7】 用某台经纬仪对某水平角进行了 4 次观测，观测值列于表 5－3 中，计算测角中误差和该角的算术平均值及其中误差。

表 5－3　　观测值及相关计算表

观测次序	观测值 L_i	V_i	V_iV_i	备　注
1	63°24′00″	+3″	9	$m=\pm\sqrt{\frac{[VV]}{n-1}}=\pm\sqrt{\frac{180}{4-1}}=\pm7''.7$ $m_x=\pm\frac{m}{\sqrt{n}}=\pm\frac{7''.7}{\sqrt{4}}=\pm3''.85$
2	63°23′54′	+9	81	
3	63°24′12″	−9	81	
4	63°24′06″	−3	9	
平均值 x=63°24′03″		$[V_i]$=0(校核计算)	$[V_iV_i]$=180	观测结果:63°24′03″±3″.85

以上算例同样适用其他未知量的观测结果计算，不再举例说明。需要明确的是观测值的中误差是一组观测值中各观测值均具有的精度，而后者单指算术平均值具有的精度。从计算公式表达的意义分析，当对某一未知量进行 n 次观测时，其最后结果精度的$\sqrt{n}$倍等同于观测值的精度，因此，选择适当的观测次数是提高观测结果精度的有效方法，一般以2～6 次观测为宜。

第五节　不等精度观测值的平差

一、权的概念

在数学上，为了区别某些指标在总量中所具有的重要程度，分别给予不同的比例系数，这就是权。如：期末总评是对学生平时成绩、期中考试成绩、期末考试成绩的综合评价，但是这三个成绩所占期末总评成绩的比重不一样。若平时成绩占 10％，期中考成绩占 30％，期末考成绩占 60％，那么期末总评＝平时成绩×0.1＋期中考试成绩×0.3＋期末考试成绩×0.6。这里的 10％、30％和 60％就是各成绩的权。

权重是用来评价某一指标在整体评价中的相对重要程度，是一个相对的概念。如期末考试成绩的权重要大于平时成绩和期中考试成绩的权重，对期末总评的成绩影响比较大，权重是要从若干评价指标中分出各项指标的轻重来，一组评价指标体系相对应的权重组成了权重体系。

在不等精度观测中，因各观测的条件不同，所以各观测值具有不同的可靠程度。在求未知量的可靠值时，就不能像等精度观测那样简单地求算术平均值，应较客观地考虑观测值对最后的结果产生的影响。

各不等精度观测值的不同可靠程度，可用一个数值来表示，该数值称为权，用 p 表示。观测值的精度高，可靠性也强，则权也大。例如，对某一未知量进行两组不等精度观测，但每组内观测值是等精度的。设第一组观测了 4 次，观测值为 l_1、l_2、l_3、l_4，第二组观测了 2 次，观测值为 l'_1、l'_2。这些观测值的可靠程度都相同，则每组分别取算术平均值作为最后观测值。即

$$x_1=\frac{l_1+l_2+l_3+l_4}{4};x_2=\frac{l'_1+l'_2}{2}$$

两组观测合并，相当于等精度观测 6 次，故两组观测值的最后结果为

$$x=\frac{l_1+l_2+l_3+l_4+l'_1+l'_2}{6}$$

但对 x_1、x_2 来说，彼此是不等精度观测。如果用 x_1、x_2 来计算，则上式计算实际是

$$x=\frac{4x_1+2x_2}{4+2}$$

从不等精度观点来看，观测值 x_1 是 4 次观测值的平均值，x_2 是 2 次观测值的平均值，x_1 和 x_2 的可靠性是不一样的，用 4、2 表示 x_1 和 x_2 相应的权，也可用 2、1 表示 x_1 和 x_2 相应的权，分别代入上面公式，计算 x 结果是相同的。因此“权”可看作是一组比例数字，用比例数值大小来表示观测值的可靠程度。

二、权与中误差的关系

观测结果的中误差越小，其结果越可靠，权就越大。不等精度观测值的权与该组观测值的中误差有关。设对某量进行一组不等精度观测，设各观测值为 l_1，l_2，…，l_n，其相应的中误差为 m_1，m_2，…，m_n，各观测值的权为 p_1，p_2，…，p_n，则权的定义公式为

$$p_i=\frac{\mu^2}{m_i^2}\quad(i=1,2,\cdots,n)\tag{5-25}$$

式中　μ——任意常数，从式中看出权与中误差的平方成反比。

例如，不等精度观测值 l_1，l_2，l_3，其相应的中误差为 $m_1=\pm2''$，$m_2=\pm4''$，$m_3=\pm6''$，按式（5－25）计算各观测值的权为

当 $\mu=m_1$ 时：$p_1=1$，$p_2=\frac{1}{4}$，$p_3=\frac{1}{9}$

当 $\mu=m_2$ 时：$p_1=1$，$p_2=1$，$p_3=\frac{4}{9}$

当 $\mu=m_3$ 时：$p_1=1$，$p_2=\frac{9}{4}$，$p_3=1$

由此可见，权是一组比例数字，μ 值确定后，各观测值的权就确定。μ 值不同，各观测值的权数值也不同，但权之间的比例关系不变。

等于 1 的权称为单位权，而权等于 1 的观测值称为单位权观测值，单位观测值的中误差称为单位权中误差，上例中 $\mu=m_1$ 时，$p_1=1$，即 l_1 为单位权观测值，l_1 的中误差 m_1 称为单位权中误差。

在实际工作中，通常是在观测值中误差求得之前，需先确定各观测值的权。这是可按获得各观测值的实际情况，根据式（5－25）原理，确定各观测值的权。例如水准测量中，水准路线愈长，测站数愈多，观测结果的可靠程度愈差，精度愈低。因此，通常取水准路线长度 L_i 或测站 n_i 的倒数为观测值 l_i 的权，即

$$p_i=\frac{c}{L_i}\ 或\ p_i=\frac{c}{n_i}$$

式中　c——任何大于零的常数。

【例 5－8】 设对某一水平角进行 n 次等精度的观测，求算术平均值的权。

解： 设一测回角度观测值的中误差为 m。由算数平均值中误差的公式 $m_x=\pm\frac{m}{\sqrt{n}}$，并设 $\mu=m$，代入式（5－25），得

一测回观测值的权：

$$p=\frac{\mu^2}{m^2}=1$$

n 测回观测算术平均值的权：

$$p=\frac{\mu^2}{m_x^2}=\frac{m^2}{\left(\frac{m}{\sqrt{n}}\right)^2}=n$$

由上例可知，取一测回观测值的权为 1，则 n 测回算术平均值的权为 n。可见角度观测值的权与其测回数成正比。

三、不等精度观测值的最或然值——加权平均值

在不等精度观测中，各观测值具有不同的观测精度，最后的结果（即最或然值）用简

单地算术平均值公式计算显然不合理，因精度较高的观测值，在最或然值中应占有较大的比例。设对某一量进行 n 次不等精度观测，观测值分别为 l_1，l_2，…，l_n，各观测值的权为 p_1，p_2，…，p_n，顾及各观测值在精度上的差异，测量上应取加权平均值作为该观测值的最或然值，即

$$x=\frac{p_1l_1+p_2l_2+\cdots+p_nl_n}{p_1+p_2+\cdots+p_n}=\frac{[pl]}{[p]} \tag{5-26}$$

或

$$x=x_0+\frac{p_1\delta_1+p_2\delta_2+\cdots+p_n\delta_n}{p_1+p_2+\cdots+p_n}=x_0+\frac{[p\delta]}{[p]} \tag{5-27}$$

式中 x_0 是 x 的近似值，$\delta_i=l_i-x_0$，$i=1$，2，…，n。

不等精度观测的似真误差为 $v_i=l_i-x_i$，代入下式：

$$[pv]=[p(l_i-x)]=[pl]-[p]x$$

将公式（5-26）变形后代人上式得到

$$[pv]=0 \tag{5-28}$$

因此，式（5-28）可作为计算的检校。但应说明：计算过程如果取位不够，$[pv]$ 将不会严格等于0，但接近于0，它不影响最终精度的计算。

四、不等精度观测值的精度评定

1．单位权中误差

从式（5-25）可写出单位权中误差与观测值中误差的关系式如下：

$$\mu^2=p_1m_1^2=p_2m_2^2=\cdots=p_nm_n^2$$

$$n\mu^2=[pm^2]$$

$$\mu=\pm\sqrt{\frac{[pm^2]}{n}} \tag{5-29}$$

当 n 足够大时，中误差 m_i 可由真误差 Δ_i 代替，故

$$\mu=\pm\sqrt{\frac{[p\Delta\Delta]}{n}} \tag{5-30}$$

当真误差 Δ_i 未知时，可先求各观测值的似真误差 $v_i(v_i=l_i-x)$，再根据 v_i 计算单位权中误差 μ 为

$$\mu=\pm\sqrt{\frac{[pvv]}{n-1}} \tag{5-31}$$

2．观测值中误差

由式（5-25）知各观测值的权 p_i 为

$$p_i=\frac{\mu^2}{m_i^2},i=1、2、\cdots、n$$

即

$$m_i^2=\frac{\mu^2}{p_i}$$

观测值中误差 m_i 为

$$m_i=\pm\mu\sqrt{\frac{1}{p_i}} \tag{5-32}$$

3. 加权平均值的中误差

从式（5－26）可知不等精度观测的平均值为

$$x=\frac{p_1l_1+p_2l_2+\cdots+p_nl_n}{p_1+p_2+\cdots+p_n}$$

设已知观测值的中误差为 m_1，m_2，…，m_n，根据式（5－16），加权平均值的中误差为

$$\begin{aligned}m_x^2&=\frac{p_1^2}{[p]^2}m_1^2+\frac{p_2^2}{[p]^2}m_2^2+\cdots+\frac{p_n^2}{[p]^2}m_n^2\\&=\frac{1}{[p]^2}(p_1^2m_1^2+p_2^2m_2^2+\cdots+p_n^2m_n^2)\end{aligned}$$

根据权定义式（5－25），即 $p_im_i^2=\mu^2$，代入上式得

$$\begin{aligned}m_x^2&=\frac{1}{[p]^2}(p_1\mu^2+p_2\mu^2+\cdots+p_n\mu^2)\\&=\frac{1}{[p]^2}(p_1+p_2+\cdots+p_n)\mu^2\\&=\frac{1}{[p]^2}[p]\mu^2=\frac{\mu^2}{[p]}\end{aligned}$$

因此加权平均值中误差 m_x 为

$$m_x=\frac{\mu}{\sqrt{[p]}}\tag{5-33}$$

复习思考题

1. 系统误差的定义及其特点是什么？在实际工作中通常采用哪几种措施消除或减弱系统误差对观测成果的影响。

2. 偶然误差及其特性是什么？

3. 何为观测值的精度？精密度与准确度这两个概念区别有哪些？何为数字精度？在测量数据计算中应注意数字的哪些问题？

4. 衡量观测值精度的标准是什么？

5. 设有一个平面九边形，每个角的观测中误差 $m=\pm10''$，求该平面九边形的内角和的中误差及其内角和闭合差的容许值。

6. 用某经纬仪观测水平角，已知一测回测角中误差 $m_\beta=\pm14''$，欲使测角中误差 $m'_\beta\leqslant\pm8''$，问需要观测几个测回？

7. 在比例尺为 1∶2000 的平面图上，量得一圆半径 $R=31.3$mm，其中误差为±0.3mm，求实际圆面积 S 及其中误差 m_s。

8. 水准测量中，设每个站高差中误差为±5mm，若 1km 设 16 个测站，求 1km 高差中误差是多少？若水准路线长为 4km，求其高差中误差是多少？

9. 对某直线丈量 6 次，观测结果是 246.535m、246.548m、246.520m、246.529m、246.550m、246.537m，试计算其算术平均值、算术平均值的中误差及其相对误差。

10. 用同一架仪器观测某角，第一次观测 4 个测回得角值 $\beta_1=54°12'33''$，$m_1=\pm6''$。第二次观测了 6 个测回得角值 $\beta_2=54°11'46''$，$m_2=\pm4''$。求该角度 β 及中误差 m。

11. 等精度观测五边形各内角两测回，已知一测回测角中误差 $m_\beta = \pm 40''$，试求：

(1) 五边形角度闭合差的中误差 m_f。

(2) 欲使角度闭合差的中误差不超过$\pm 50''$，求各角应观测几个测回。

(3) 调整后各角度的中误差。

第六章 控 制 测 量

第一节 控 制 测 量 概 述

在绪论中已讲过，测量工作的基本原则是“从整体到局部”“先控制后碎部”，其涵义就是在测区内，先建立测量控制网，用来控制全局，然后根据控制网测定控制点周围的地形或进行建筑施工放样测量。这样不仅可以保证整个测区有一个统一的、均匀的测量精度，而且可以增加作业面，从而加快测量速度。

所谓控制网，就是在测区内选择一些有控制意义的控制点构成几何图形。依控制网的功能可分为平面控制网和高程控制网。按控制网控制的范围，可分为国家控制网、城市控制网、小区域控制网和图根控制网。测定控制点平面坐标的工作，称为平面控制测量；测定控制点高程的工作，称为高程控制测量。本章介绍控制测量的基本概念和几种常用的控制测量的方法。

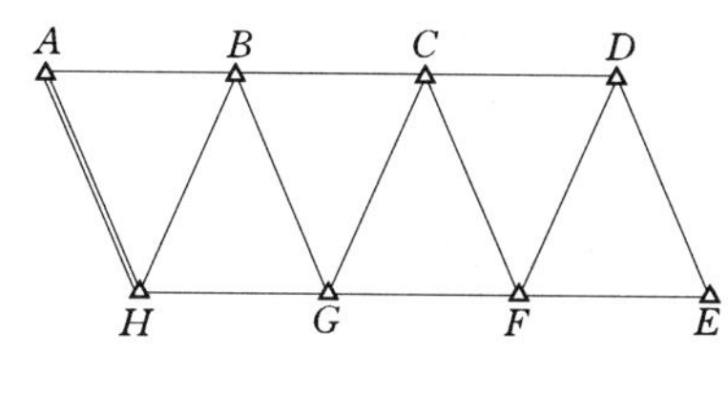

图 6-1 三角网

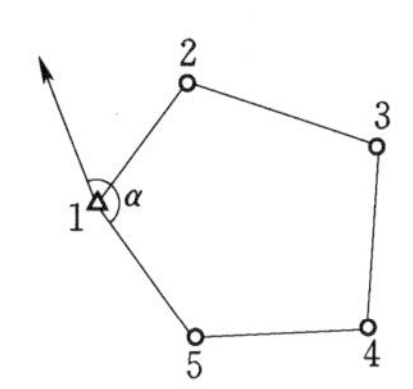

图 6-2 导线网

一、平面控制测量

建立平面控制网的经典方法有三角测量和导线测量。如图 6-1 所示，*A*、*B*、*C*、*D*、*E*、*F*、*G*、*H* 组成互相邻接的三角形，观测所有三角形的内角，并至少测量其中一条边长作为起算边，通过计算就可以获得它们之间的相互位置。这种三角形的顶点称为三角点，构成的网称为三角网，进行这种控制测量称为三角测量。又如图 6-2 所示控制点 1、2、3、4、5 用折线连接起来，测量各边的长度和各转折角，通过计算同样可以获得它们之间的相对位置。这种控制点称为导线点，进行这种控制测量称为导线测量。

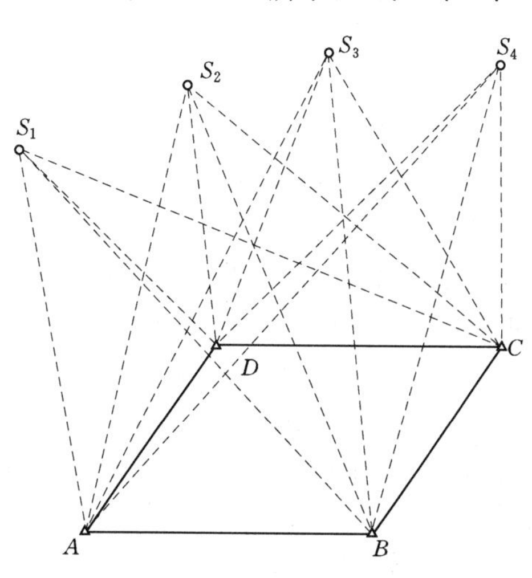

图 6-3 GNSS 网

平面控制网除了经典的三角测量和导线测量外，还有卫星大地测量，即 GNSS 卫星定位。如图 6-3 所示，在 *A*、*B*、*C*、*D* 控制点上，同时接收 GNSS 卫星 S1、S2、S3、S4 发射的无线电信号，从而确定地面点位，称为 GNSS 控制测量。

（一）国家基本平面控制网

国家控制网是在全国范围内按统一的方案建立的控制网，它是用精密的仪器和精密的方法测定，按最小二乘法原理科学地进行测量数据处理，合理地分配测量误差，进而求得观测值的最或是值，最后求得控制点的平面坐标和高程。国家控制网依其精度可分为一、二、三、四等四个级别，而且是由高级到低级逐级加以控制。就平面控制而言，先在全国范围内，沿经纬线方向布设一等锁，作为平面控制骨干。在一等锁内再布设二等全面网，作为全面控制的基础。为了测图和其他工程建设的需要，再在二等网的基础上加密三、四等控制网。建立国家平面控制网，主要是用三角测量和精密导线测量。如图 6-4 和图 6-5 所示为我国华东地区一等三角网示意图和内陆地区平面控制网。

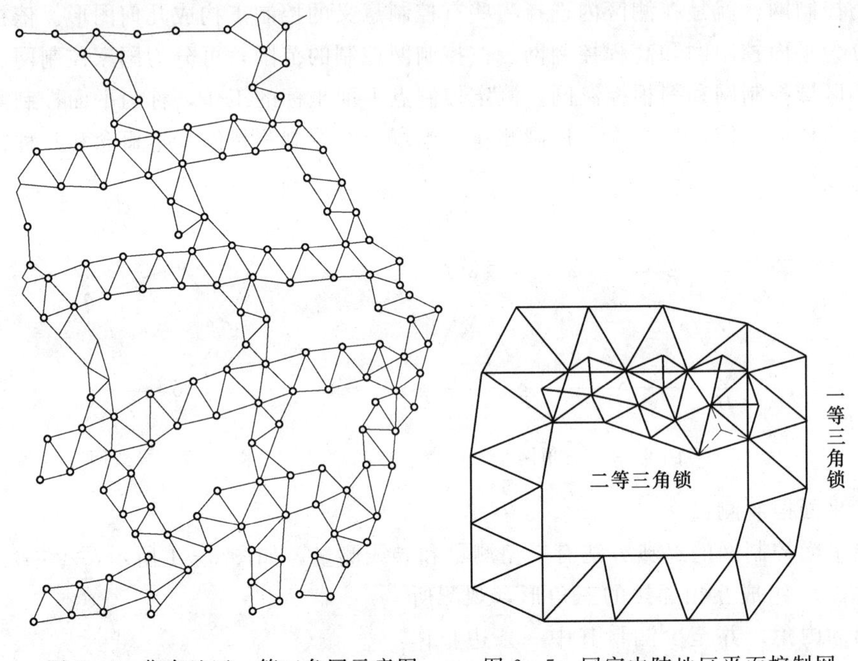

图 6-4　华东地区一等三角网示意图　　图 6-5　国家内陆地区平面控制网

（二）城市平面控制网

城市控制网是在国家控制网的基础上建立起来的，目的在于为城市规划、市政建设、工业民用建筑设计和施工放样服务。城市控制网建立的方法与国家控制网相同，只是控制网的精度有所不同。为了满足不同目的的要求，城市控制网也要分级建立。

（三）小地区平面控制网

所谓小地区控制网，是指在面积小于 $15km^2$ 范围内建立的控制网。它的建立原则上应与国家或城市控制网相连，形成统一的坐标系和高程系。但当连接有困难时，为了建设的需要，也可以建立独立控制网。

（四）图根平面控制网

直接以测图为目的建立的控制网，称图根控制网。其控制点称图根点。图根控制网也应尽可能与上述各种控制网连接，形成统一系统。个别地区连接有困难时，也可建立独立图根控制网。由于图根控制专为测图而设，所以图根点的密度和精度要满足测图要求。表6-1是对平坦地区图根点密度的规定。对山区或特殊困难地区，图根点的密度，可适当增大。

表6-1　　　　图根控制点密度

测图比例尺	1∶500	1∶1000	1∶2000	1∶5000
图根点个数/ km^2	150	50	15	5
每幅图图根点个数	9～10	12	15	20

二、高程控制测量

高程控制测量主要用水准测量方法确定控制点的高程。小区域高程控制测量可根据不同情况采用三、四等水准测量和电磁波测距三角高程测量。

测量地面的高程也要遵循“由整体到局部”的原则，即先建立高程控制网，再根据高程控制点测定地面的高程。为了便于开展科学研究、测绘地形图与进行工程建设中的测量工作，我国已在全国范围内建立了一个统一的高程控制网，它与平面控制网一样分成一、二、三、四等四个等级，低一等级的控制网在高一级控制网的基础上建立。由于这些高程控制点的高程是用水准测量方法测定的，所以高程控制网一般称为水准网，高程控制点称为水准点。

一、二等水准网是国家高程控制的基础。一、二等水准路线一般沿铁路、公路或河流布设成闭合或附合的形式（图6-6），用精密水准测量的方法测定其高程。

三、四等水准路线加密于一、二等水准网内，作为地形测量和工程测量的高程控制，可以布设成闭合或附合的形式（图6-6）。

沿水准路线按一定距离埋设固定标石作为水准点。埋设的水准点应根据水准测量的等级、保存时间的长短和地区的自然条件，采用不同的形式与埋设深度。

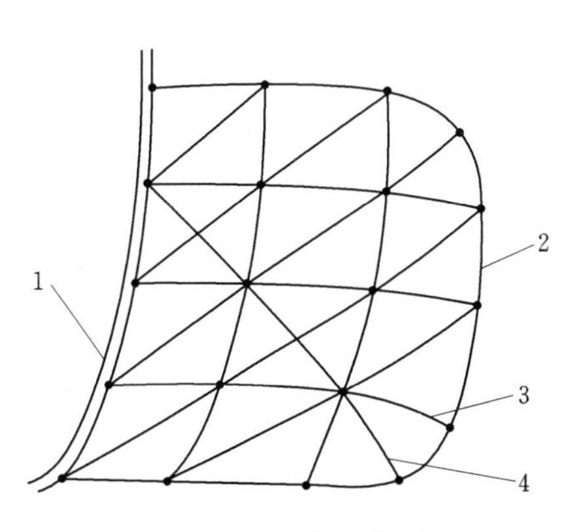

图6-6　国家高程控制网

1—一等水准路线；2—二等水准路线；
3—三等水准路线；4—四等水准路线

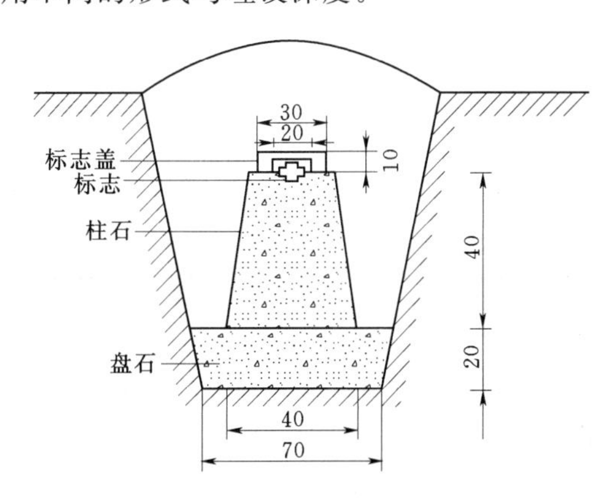

图6-7　水准标志埋石图

根据保存时间的长短，水准点分为永久性和临时性两种。一般采用石桩或水泥桩埋入地下标定点位（图6-7），桩顶嵌入半圆球形金属标志，桩面上应表明等级和编号（如

$\mathrm{BM}_{\mathrm{III}-1}$，$\mathrm{BM}_{\mathrm{III}-2}$），上加护盖保护。临时水准点可在固定建筑物（如房屋基石、闸墩、桥墩、石碑）或暴露的岩石上凿一记号作为标志，也可钉一大木桩，桩顶钉一半圆钉作为标志。

在水利水电工程的地形测图中，高程控制一般分为三级：基本高程控制（四等及四等以上的水准测量），加密高程控制（等外水准测量及三角高程测量）和测站点高程控制。本章主要介绍三、四等水准测量及三角高程测量。

第二节　导　线　测　量

一、导线测量概述

导线测量是建立平面控制网的形式之一。在测区内，选择若干个控制点，由直线连接各控制点而形成的连续折线图形，称为导线，其转折点称为导线点，连接导线点的直线称为导线边，相邻导线边之间的水平角称导线转折角。

导线布设比较灵活，只需要两相邻导线点通视，导线边便于量取即可，所以特别适宜于建筑物密集地区，如建筑区、森林区等视野不够开阔的地区布设。

表 6-2　　钢尺量距与光电测距导线的主要技术要求

等级		导线长度/km	平均边长/m	测角中误差/(″)	量距较差相对误差或测距中误差	测回数		方位角闭合差/(″)	导线全长相对闭合差
						DJ$_2$	DJ$_6$		
钢尺量边	一级	2.5	250	≤5	≤1/20000	2	4	$10\sqrt{n}$	≤1/10000
	二级	1.8	180	≤8	≤1/15000	1	3	$16\sqrt{n}$	≤1/7000
	三级	1.2	120	≤12	≤1/10000	1	2	$24\sqrt{n}$	≤1/5000
	图根	≤1.0M/1000	≤1.5最大视距	≤20	≤1/3000		1	$40\sqrt{n}$	≤1/2000
光电测距	一级	3.6	300	≤5	≤15mm	2	4	$10\sqrt{n}$	≤1/14000
	二级	2.4	200	≤8	≤15mm	1	3	$16\sqrt{n}$	≤1/10000
	三级	1.5	120	≤12	≤15mm	1	2	$24\sqrt{n}$	≤1/6000
	图根	≤1.5M/1000	—	≤20	≤15mm		1	$40\sqrt{n}$	≤1/4000

注　1. M 为测图比例尺分母。
　　2. n 为测站数。

根据测区内及其附近已知控制点情况和测区的自然地理条件，导线可以布设成以下三种形式：

（一）闭合导线

起止于同一已知点的导线，组成闭合多边形，这种导线称为闭合导线。如图 6-8 所示，导线从一已知高级控制点 B 和已知方向 AB 出发，经过导线点 1、2、3、4 后，又回到已知点 B。它本身存在着严密的几何条件，具有检核作用。

（二）附合导线

布设在两已知点间的导线，称附合导线。如图 6-9 所示，导线从一已知高级控制点

B 和已知方位角 α_{AB} 出发，经过导线点 1、2、3、4 后，最后附合到另一个已知高级控制点 C 和已知方向 α_{CD} 上。此种布设形式，同样具有检核观测成果的作用。

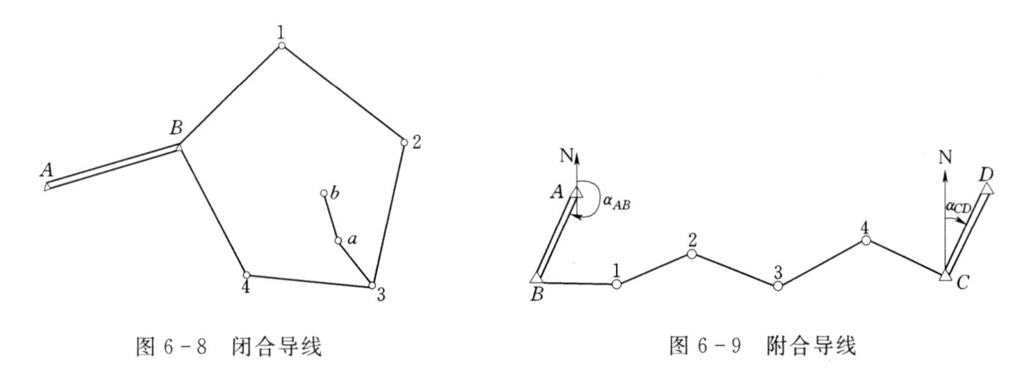

图 6-8　闭合导线　　　　图 6-9　附合导线

（三）支导线

支导线是从一个已知点和一个已知方位角出发，既不附合到另一已知点，又不回到原起始点的导线，称为支导线。如图 6-8 中的 3—a—b。支导线没有图形检核条件，发生错误不易发现。所以仅限于图根点加密时使用。布设点数 2～3 个。

二、导线测量的外业工作

导线测量外业工作包括：选点、测角和量距等。

（一）选点

选点要注意下列几点：

（1）点应选在地面坚实而视野开阔的地方，便于安置仪器，测量碎部。点位能长期保存。

（2）相邻导线点要互相通视，便于角度测量，地面比较平坦，或坡度比较均匀，便于丈量距离。

（3）导线点要均匀布设全测区，不能集中于某一局部，以便控制整个测区。

（4）同一等级的导线相临边长相差不宜过大，以免引起较大的测角误差。

导线点选定后应埋设标志，临时性导线点可用较长的木桩打入地下，永久性的导线点可用长水泥桩或石桩埋入地下，也可利用地面上固定的标志，导线点应进行编号。在桩上钉一小钉或刻上十字表示点位，在桩顶或侧面写上编号。并应画一草图，草图标明导线点位置和导线点周围地物，以便寻找。

（二）量距

导线测量的量距可采用电磁波测距仪或全站仪测量。一、二级导线可采用单向观测，2 测回。各测回较差应≤15mm，三级及图根导线 1 测回。图根导线也可用检定过的钢尺，往返丈量导线边各一次，往返丈量的相对精度在平坦地区应不低于 1/3000，起伏变化稍大的地区也不应低于 1/2000，特殊困难地区允许到 1/1000，如符合限差要求，可取往返中数为该边的实长。

（三）测角

闭合导线观测各内角，附合导线一般观测前进方向的左角。用 DJ_6 型经纬仪观测一个测回，两个半测回角值之差不超过 ±40″时，即取平均值作为最终角值。

为推算各导线边的方位角，计算导线点的坐标，在导线与高级控制点连接时，要加测连接角，若导线为独立系统，则需用罗盘仪或其他方法测定起始边方位角。

三、导线测量的内业计算

导线测量内业计算的目的就是计算出各导线点的坐标（x，y）。计算之前，应全面检查导线测量外业记录，数据是否齐全，有无记错、算错，成果是否符合精度要求，起算数据是否准确。然后绘制导线略图，把各项数据注于图上相应位置。

（一）闭合导线坐标计算

1. 角度闭合差的计算与调整

n 边形的内角和理论值应为

$$\sum\beta_{理}=(n-2)\cdot 180° \tag{6-1}$$

观测值的总和$\sum\beta_{测}$应等于理论值，但由于角度观测值不可避免地存在误差，使两者不相等，而产生的差异称为角度闭合差 f_β

$$f_\beta=\sum\beta_{测}-\sum\beta_{理}=\sum\beta_{测}-(n-2)\cdot 180° \tag{6-2}$$

各级导线角度闭合差的允许值是不同的，应查取表 6-2。图根导线的允许值为

$$f_{\beta允}=\pm 40''\sqrt{n} \tag{6-3}$$

式中　n——角的个数。

若闭合差大于允许值，说明成果不合格，应仔细检查原始记录，分析原因，有目的地返工。

若 $f_\beta \leqslant f_{\beta允}$，可将闭合差按“反符号，平均分配”的原则对角度进行改正，每个角的改正数为

$$V_\beta=-f_\beta/n \tag{6-4}$$

若角度改正数不为整秒数，可酌情调整凑整。使改正之后的内角和应为（$n-2$）180°，以做计算校核。

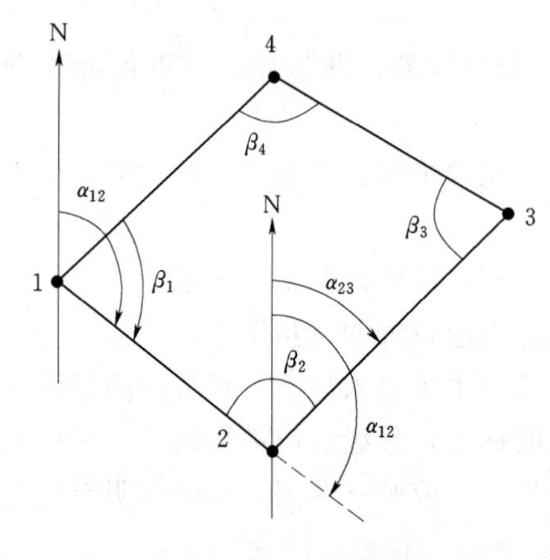

图 6-10　方位角推算

2. 导线边坐标方位角推算

根据起始边的坐标方位角及改正后角值推算其他各导线边的坐标方位角。如图 6-10 所示。

$$\alpha_{前}=\alpha_{后}+\beta_{左}\pm 180°(适于测左角) \tag{6-5}$$

即前一边的坐标方位角等于后一边的方位角加左角加或减 180°或

$$\alpha_{前}=\alpha_{后}-\beta_{右}\pm 180°(适于测右角) \tag{6-6}$$

式中　$\alpha_{前}$、$\alpha_{后}$——相邻导线边前、后边的坐标方位；

$\beta_{左}$、$\beta_{右}$——相邻导线边所夹的左、右转折角。

本例观测左角，按式（6-5）推算出导线各边的坐标方位角，列入表 6-3 的第 5 栏。在推算过程中必须注意：

（1）式（6-5）、式（6-6）等号右端前两项和或差大于 180°时减 180°，小于 180°时加 180°。

（2）如果算出的 $\alpha_{前}$ 大于 360°，则应减去 360°；$\alpha_{前}$ 小于 0°时，应加 360°。

(3) 最后推算出起始边坐标方位角，它应与原值相等，否则应重新检查计算。

3. 坐标增量的计算及其闭合差的调整

(1) 坐标增量的计算

如图 6-11 所示，设点 1 的坐标 x_1、y_1 和 1～2 边的坐标方位角 α_{12} 均为已知，边长 D_{12} 也已测得，则点 2 的坐标为：

$$\left.\begin{array}{l} x_2 = x_1 + \Delta x_{12} \\ y_2 = y_1 + \Delta y_{12} \end{array}\right\} \tag{6-7}$$

式中 Δx_{12}、Δy_{12} 称为坐标增量，也就是导线两端点的坐标值之差。

式 (6-7) 说明，欲求待定点的坐标，必须先根据两点间的边长和坐标方位角求出坐标增量。由图 6-11 中的几何关系，可写出坐标增量的通用计算公式：

$$\left.\begin{array}{l} \Delta x = D\cos\alpha \\ \Delta y = D\sin\alpha \end{array}\right\} \tag{6-8}$$

坐标增量的计算，一般采用函数型电子计算器的极坐标转换为直角坐标功能进行快速准确计算。亦可利用程序型计算器编制计算程序，更为方便。

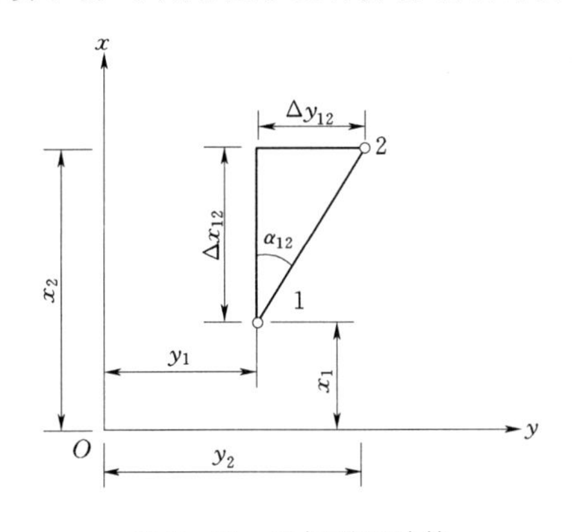

图 6-11　坐标增量计算

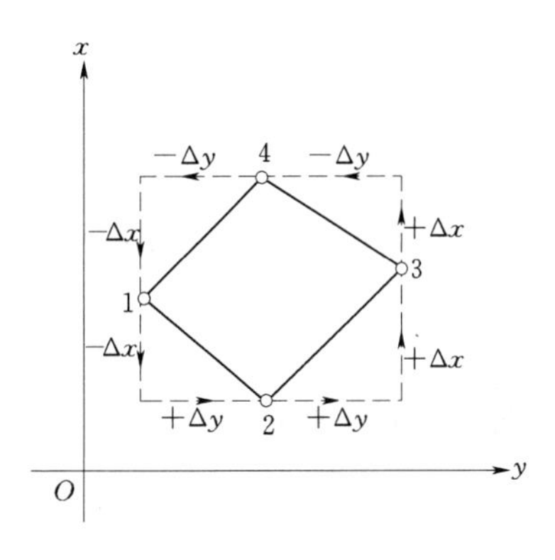

图 6-12　坐标增量闭合差计算

(2) 坐标增量闭合差的计算与调整

从图 6-12 中可以看出，闭合导线纵、横坐标增量代数和的理论值应为零，即

$$\left.\begin{array}{l} \sum \Delta x_{理} = 0 \\ \sum \Delta y_{理} = 0 \end{array}\right\} \tag{6-9}$$

实际上由于量边的误差和角度闭合差调整后的残余误差的影响，$\sum \Delta x_{理}$、$\sum \Delta y_{理}$ 常不为零，而产生纵坐标增量闭合差 f_x 与横坐标增量闭合差 f_y，即

$$\left.\begin{array}{l} f_x = \sum \Delta x_{测} \\ f_y = \sum \Delta y_{测} \end{array}\right\} \tag{6-10}$$

从图 6-13 中明显看出，由于 f_x、f_y 的存在，使导线不能闭合，1-1′的长度 f_D 称为导线全长闭合差，并用下式计算

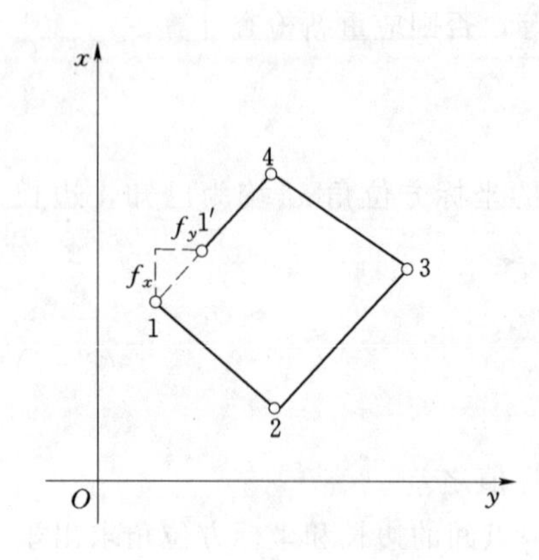

图 6-13　闭合导线增量闭合差

$$f_D=\sqrt{f_x^2+f_y^2} \quad (6-11)$$

仅从 f_D 值的大小还不能完全评定导线测量的精度，应当将 f_D 与导线全长 $\sum D$ 相比，以分子为 1 的分数来表示导线全长相对闭合差，即

$$K=\frac{f_D}{\sum D}=\frac{1}{\sum D/f_D}=\frac{1}{N} \quad (6-12)$$

采用导线全长相对闭合差 K 来衡量导线测量的精度，K 的分母越大，精度越高。不同等级的导线全长相对闭合差的容许值 $K_{容}$ 可在相应规范中查得，如图根导线 $K_{容}$ 为 1/2000。

若 K 超过 $K_{容}$，则说明成果不合格，首先应检查内业计算有无错误，然后检查外业观测成果，必要时重测。若 K 不超过 $K_{容}$，则说明符合精度要求，可以进行增量闭合差调整，即将 f_x，f_y 按照“反其符号，按边长成正比例分配”的原则配赋到各边的纵、横坐标增量中去。以 V_{xi}、V_{yi} 分别表示第 i 边的纵、横坐标增量改正数，D_i 表示第 i 条边的边长，则

$$\left.\begin{aligned}V_{xi}&=\frac{-f_x}{\sum D}D_i\\V_{yi}&=\frac{-f_y}{\sum D}D_i\end{aligned}\right\} \quad (6-13)$$

纵、横坐标增量改正数之和应满足下式：

$$\left.\begin{aligned}\sum V_x&=-f_x\\\sum V_y&=-f_y\end{aligned}\right\} \quad (6-14)$$

因此，改正后的坐标增量 $\Delta x_i'$，$\Delta y_i'$ 为：

$$\left.\begin{aligned}\Delta x_i'&=\Delta x_i+V_{xi}\\\Delta y_i'&=\Delta y_i+V_{yi}\end{aligned}\right\} \quad (6-15)$$

检核　$\Delta x_i'=0$；$\Delta y_i'=0$。

4. 计算各导线点的坐标

根据起点已知坐标及改正后的坐标增量，用下式依次推算各待定点的坐标

$$\left.\begin{aligned}x_{前}&=x_{后}+\Delta x_i'\\y_{前}&=y_{后}+\Delta y_i'\end{aligned}\right\} \quad (6-16)$$

最后还应推算出起点的坐标，其值应与已知的数值相等，以作校核。算例见表 6-3。

（二）附合导线坐标计算

附合导线的坐标计算步骤与闭合导线相同，仅由于两者形式不同，致使角度闭合差与坐标增量闭合差的计算有所区别。下面着重介绍其不同点。

1. 角度闭合差的计算

设有附合导线如图 6-14 所示，用式（6-5）根据起始边坐标方位角 α_{AB} 及观测的左角（包括连接角 β_A 和 β_C）可以算出终边 CD 的坐标方位角 α_{CD}'。

表 6-3　　　　闭合导线坐标计算表

<table>
<tr><th rowspan="2">点号</th><th rowspan="2">观测角</th><th rowspan="2">改正后角度</th><th rowspan="2">坐标方位角</th><th rowspan="2">边长
/m</th><th colspan="2">增量计算值/m</th><th colspan="2">改正后的增量/m</th><th colspan="2">坐标/m</th></tr>
<tr><th>Δx</th><th>Δy</th><th>Δx'</th><th>Δy'</th><th>X</th><th>Y</th></tr>
<tr><td>1</td><td></td><td></td><td></td><td></td><td></td><td></td><td></td><td></td><td>500.00</td><td>500.00</td></tr>
<tr><td></td><td></td><td></td><td>125°30′00″</td><td>105.22</td><td>−2
−61.10</td><td>+2
+85.66</td><td>−61.12</td><td>+85.68</td><td></td><td></td></tr>
<tr><td>2</td><td>+13
107°48′30″</td><td>107°48′43″</td><td></td><td></td><td></td><td></td><td></td><td></td><td>438.88</td><td>585.68</td></tr>
<tr><td></td><td></td><td></td><td>53°18′43″</td><td>80.18</td><td>−2
+47.90</td><td>+2
+64.30</td><td>+47.88</td><td>+64.32</td><td></td><td></td></tr>
<tr><td>3</td><td>+12
73°00′20″</td><td>73°00′32″</td><td></td><td></td><td></td><td></td><td></td><td></td><td>486.76</td><td>650.00</td></tr>
<tr><td></td><td></td><td></td><td>306°19′15″</td><td>129.34</td><td>−3
+76.61</td><td>+2
−104.21</td><td>+76.58</td><td>−104.19</td><td></td><td></td></tr>
<tr><td>4</td><td>+12
89°33′50″</td><td>89°34′02″</td><td></td><td></td><td></td><td></td><td></td><td></td><td>563.34</td><td>545.81</td></tr>
<tr><td></td><td></td><td></td><td>215°53′17″</td><td>78.16</td><td>−2
−63.32</td><td>+1
−45.82</td><td>−63.34</td><td>−45.81</td><td></td><td></td></tr>
<tr><td>1</td><td>+13
89°36′30″</td><td>89°36′43″</td><td></td><td></td><td></td><td></td><td></td><td></td><td>500.00</td><td>500.00</td></tr>
<tr><td></td><td></td><td></td><td>125°30′00″</td><td></td><td></td><td></td><td></td><td></td><td></td><td></td></tr>
<tr><td>2</td><td></td><td></td><td></td><td></td><td></td><td></td><td></td><td></td><td></td><td></td></tr>
<tr><td>Σ</td><td>359°59′10″</td><td>360°00′00″</td><td></td><td>392.90</td><td>+0.09</td><td>−0.07</td><td>0.00</td><td>0.00</td><td></td><td></td></tr>
<tr><td colspan="9">$f_\beta=\sum\beta_{测}-\sum\beta_{理}=-50''$；$f_x=\sum\Delta x_{测}=+0.09$
$f_{\beta允}=\pm40''\sqrt{4}=\pm80''$；$f_y=\sum\Delta y_{测}=-0.07$；$f_D=\sqrt{f_x^2+f_y^2}=\pm0.11$
$K=\frac{f_D}{\sum D}=\frac{0.11}{392.90}\approx\frac{1}{3500}<\frac{1}{2000}$</td><td colspan="2">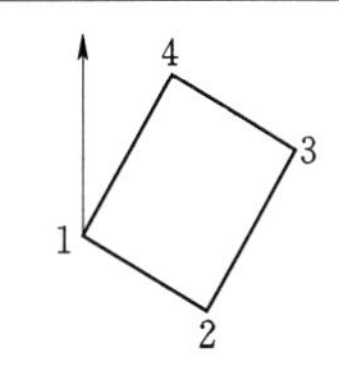</td></tr>
</table>

$$\alpha_{B1}=\alpha_{AB}-180°+\beta_B$$
$$\alpha_{12}=\alpha_{B1}-180°+\beta_1$$
$$\alpha_{23}=\alpha_{12}-180°+\beta_2$$
$$\alpha_{34}=\alpha_{23}-180°+\beta_3$$
$$\alpha_{4c}=\alpha_{34}-180°+\beta_4$$
$$\alpha'_{CD}=\alpha_{4C}-180°+\beta_c$$

$$\alpha'_{CD}=\alpha_{BA}-6\times180°+\sum\beta_{测}$$

写成一般公式为

$$\alpha'_{终}=\alpha_{始}-n\cdot180°+\sum\beta_{测} \tag{6-17}$$

角度闭合差 f_β 用下式计算：

$$f_\beta=\alpha'_{终}-\alpha_{终}=\alpha_{始}-\alpha_{终}+\sum\beta_{测}-n\cdot180° \tag{6-18}$$

附合导线角度闭合差容许值、角度调整及各边方位角推算与闭合导线相同。附和导线坐标计算见表 6-4。

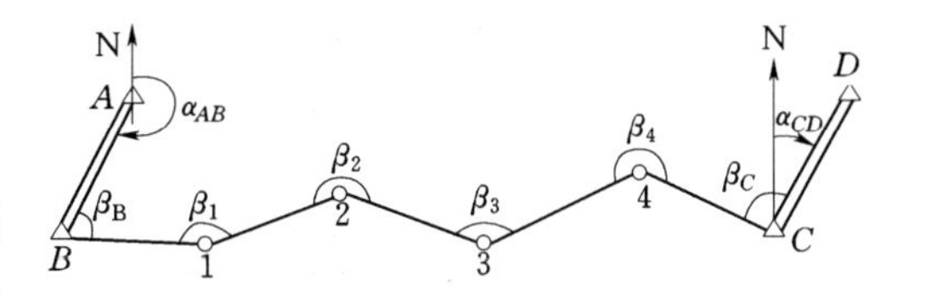

图 6-14　附合导线方位角计算

表 6-4　　附合导线坐标计算表

点号	观测角	改正后角度	坐标方位角	边长/m	增量计算值/m		改正后的增量/m		坐标/m	
					Δx	Δy	$\Delta x'$	$\Delta y'$	X	Y
A										
			237°59′30″							
B (1)	+6 99°01′00″	99°01′06″							2507.69	1215.63
			157°00′36″	225.85	+5 −207.91	−4 +88.21	−207.86	+88.17		
2	+6 167°45′36″	167°45′42″							2299.83	1303.80
			144°46′18″	139.03	+3 −113.57	−3 +80.20	−113.54	+80.17		
3	+6 123°11′24″	123°11′30″							2186.29	1383.97
			87°57′48″	172.57	+3 +6.13	−3 +172.46	+6.16	+172.43		
4	+6 189°20′36″	189°20′42″							2192.45	1556.40
			97°18′30″	100.07	+2 −12.73	−2 +99.26	−12.71	+99.24		
5	+6 179°59′18″	179°59′24″							2179.74	1655.64
			97°17′54″	102.48	+2 −13.02	−2 +101.65	−13.00	+101.63		
C (6)	+6 129°27′24″	129°27′30″							2166.74	1757.27
D	+36 888°45′18″	888°45′54″	46°45′24″	704.00	+15 −341.10	−14 +541.78	−340.95	514.64		

$f_\beta=\alpha_{实}-\alpha_{终}-n\cdot180°+\sum\beta_{测}=-36''$

$f_{\beta允}=\pm40''\sqrt{6}=\pm98''$

$f_x=\sum\Delta x_{\blacklozenge}=-0.15$

$f_y=\sum\Delta y_{\blacklozenge}=+0.14$

$f_D=\sqrt{f_x^2+f_y^2}=0.205$

$K=\frac{f_D}{\sum D}=\frac{0.205}{704}\approx\frac{1}{3434}<\frac{1}{1000}$

$\sum\Delta x_{已知}=x_{终}-x_{始}=-340.95$

$\sum\Delta y_{已知}=y_{终}-y_{始}=+541.64$

2. 坐标增量闭合差的计算

附合导线的两端均为高级点，各边坐标增量代数和的理论值应等于终、始两点的已知坐标值之差，即

$$\left.\begin{aligned}\sum\Delta x_{理}=x_{终}-x_{始}\\ \sum\Delta y_{理}=y_{终}-y_{始}\end{aligned}\right\}\quad(6-19)$$

由于导线边长测量存在误差，使得按（6-19）式计算的$\sum\Delta x_{测}$和$\sum\Delta y_{测}$，与理论值不相等，两者之差即为坐标增量闭合差，即

$$\left.\begin{aligned}f_x=\sum\Delta x_{测}-(x_{终}-x_{始})\\ f_y=\sum\Delta y_{测}-(y_{终}-y_{始})\end{aligned}\right\}\quad(6-20)$$

附合导线的导线全长闭合差、全长相对闭合差和容许相对闭合差的计算，以及增量闭合差的调整，与闭合导线相同。附合导线全过程的坐标计算，算例见表 6-4。

第三节　交　会　定　点

当已有控制点的数量不能满足测图或施工放样需要时，可采用交会法加密控制点，称

为交会定点。常用的交会法有前方交会、侧方交会和后方交会等。

一、前方交会

（一）测角交会

如图 6-15 所示，用经纬仪在已知点 A、B 上测出 α 和 β 角，计算待定点 P 的坐标，就是测角前方交会定点。计算公式推导如下。

$$\left.\begin{aligned}x_P-x_A&=D_{AP}\cos\alpha_{AP}\\y_P-y_A&=D_{AP}\sin\alpha_{AP}\end{aligned}\right\}\quad(a)$$

$$\alpha_{AP}=\alpha_{AB}-\alpha\quad(b)$$

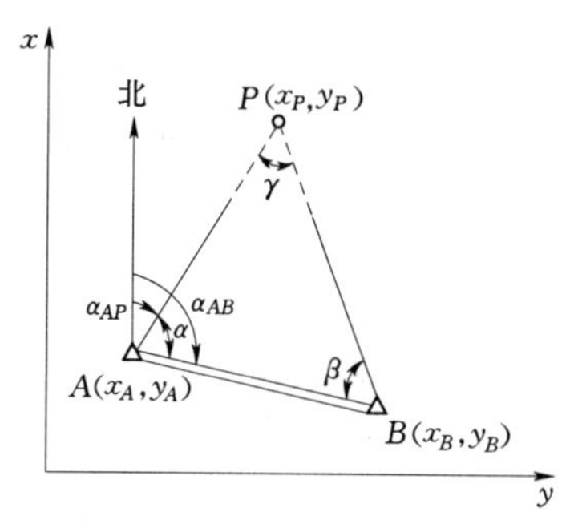

图 6-15　测角前方交会定点

式中　α_{AB} 由已知坐标反算而得。

将式（b）代入式（a），得

$$\left.\begin{aligned}x_P-x_A&=D_{AP}(\cos\alpha_{AP}\cos\alpha+\sin\alpha_{AB}\sin\alpha)\\y_P-y_A&=D_{AP}(\sin\alpha_{AB}\cos\alpha-\cos\alpha_{AB}\sin\alpha)\end{aligned}\right\}\quad(c)$$

因为 $\cos\alpha_{AB}=\dfrac{x_B-x_A}{D_{AB}}$；$\sin\alpha_{AB}=\dfrac{y_B-y_A}{D_{AB}}$

则
$$x_P-x_A=\frac{D_{AP}}{D_{AB}}\sin\alpha[(x_B-x_A)\cot\alpha+(y_B-y_A)]$$

$$y_P-y_A=\frac{D_{AP}}{D_{AB}}\sin\alpha[(y_B-y_A)\cot\alpha+(x_A-x_B)]\quad(d)$$

由△ABP 可得
$$\frac{D_{AP}}{D_{AB}}=\frac{\sin\beta}{\sin(\alpha+\beta)}$$

上式等号两边乘以 $\sin\alpha$，得

$$\frac{D_{AP}}{D_{AB}}\sin\alpha=\frac{\sin\beta\sin\alpha}{\sin\alpha\cos\beta+\cos\alpha\sin\beta}=\frac{1}{\cot\alpha+\cot\beta}\quad(e)$$

将式（e）代入式（d），经整理后得

$$\left.\begin{aligned}x_P&=\frac{x_A\cot\beta+x_B\cot\alpha+(y_B-y_A)}{\cot\alpha+\cot\beta}\\y_P&=\frac{y_A\cot\beta+y_B\cot\alpha+(x_A-x_B)}{\cot\alpha+\cot\beta}\end{aligned}\right\}\quad(6-21)$$

为了提高精度，交会角 γ（图 6-15）最好在 90°左右，一般不应小于 30°或大于 120°。同时为了校核所定点位的正确性要求由三个已知点进行交会，有两种方法：

（1）分别在已知点 A、B、C（图见表 6-5 算例）上观测角 α_1、β_2 及 α_2、β_2，由两组图形算得待定点 P 的坐标（x_{p1}，y_{p1}）及（x_{p2}，y_{p2}）。如两组坐标的较差 $f\pm\sqrt{(x_{p1}-x_{p2})^2+(y_{p1}-y_{p2})^2}\leqslant 0.2M$ 或 $0.3M$mm，则取平均值。式中 M 为比例尺的分母；前者用于 1∶5000 及 1∶10000 的测图，后者用于 1∶2000～1∶500 的测图。

（2）观测一组角度 α_1、β_1，计算坐标，而以另一方向检查，即在 B 点观测检查角 $\varepsilon_{测}=\angle PBC$（见表 6-4 中的图）。由坐标反算检查角 $\varepsilon_{算}$，与实测检查角 $\varepsilon_{测}$ 之差 $\Delta\varepsilon''$ 进行检查，$\Delta\varepsilon''\leqslant\pm\dfrac{0.15M\rho''}{s}$ 或 $\pm\dfrac{0.2M\rho''}{s}$，式中 s 为检查方向的边长（表 6-5 图中 BC 的边长）。上式前者用于 1∶5000、1∶10000 的测图，后者用于 1∶500～1∶2000 的测图。

算例见表 6－5。

如果按第二种方法进行交会，在上例中除观测 α_1 及 β_1 外，在测站 B 同时观测检查角 $\varepsilon_{测}$（即 α_2），不必再到 C 点观测 β_2。计算时，由 α_1 及 β_1 算出 x_p（1869.200m）及 y_p（2735.228m），而后由坐标反算计算检查角 $\varepsilon_{算}$ 如下：

$$\alpha_{BP}=\tan^{-1}\frac{y_P-y_B}{x_P-x_B}=\tan^{-1}\frac{2735.228-2654.051}{1896.200-1406.593}=9°57'10''$$

$$\alpha_{BC}=\tan^{-1}\frac{y_C-y_B}{x_C-x_B}=\tan^{-1}\frac{2987.304-2654.051}{1589.736-1406.593}=61°12'31''$$

$$\varepsilon_{算}=\alpha_{BC}-\alpha_{BP}=51°15'21''$$

$$\Delta\varepsilon=\varepsilon_{测}-\varepsilon_{算}=+1''$$

测图比例尺为 1∶500 时，$\Delta\varepsilon_{允}=\dfrac{0.2\times500\times206265}{380.262\times1000}=54''$；$\Delta\varepsilon<\Delta\varepsilon_{允}$，因此，$P$ 点坐标为 $x_P=1896.200\text{m}$，$y_P=2735.228\text{m}$。

表 6－5　　前方交会计算表

略图与公式	（略图：A、B、C、P，α_1、β_1、α_2、β_2） $x_{P_1}=\dfrac{x_A\cot\beta_1+x_B\cot\alpha_1+(y_B-y_A)}{\cot\alpha_1+\cot\beta_1}$　$x_{P_2}=\dfrac{x_B\cot\beta_2+x_C\cot\alpha_2+(y_C-y_b)}{\cot\alpha_2+\cot\beta_2}$ $y_{P_1}=\dfrac{y_A\cot\beta_1+y_B\cot\alpha_1+(y_A-x_B)}{\cot\alpha_1+\cot\beta_1}$　$y_{P_2}=\dfrac{y_B\cot\beta_2+y_C\cot\alpha_2+(x_B-x_c)}{\cot\alpha_2+\cot\beta_2}$ $x_P=\dfrac{1}{2}(x_{P_1}+x_{P_2})$　$y_P=\dfrac{1}{2}(y_{P_1}+y_{P_2})$							
已知数据	x_A	1659.232m	y_A	2355.537m	x_B	1406.593m	y_B	2654.051m
	x_B	1406.593m	y_B	2654.051m	x_C	1589.736m	y_C	2987.304m
观测值	α_1	69°11′04″	β_1	59°42′39″	α_2	51°15′22″	β_2	76°44′30″
计算与校核	x_{P1}	1869.200m	y_{P1}	2735.228m	x_{P2}	1869.208m	y_{P2}	2735.226m
	测图比例尺 1∶500　$f_{允}=\pm0.3\times500=\pm150\text{mm}$　$f=\sqrt{8^2+2^2}=\pm8\text{mm}<\pm150\text{mm}$ $x_P=1869.204\text{m}$　$y_P=2735.227\text{m}$							

（二）边长前方交会

随着电磁波测距仪的广泛应用，前方交会可采用边长交会。

如图 6－16（a）所示，A、B 为已知点，测量了边长 D_a、D_b，求待定点 P 的坐标。

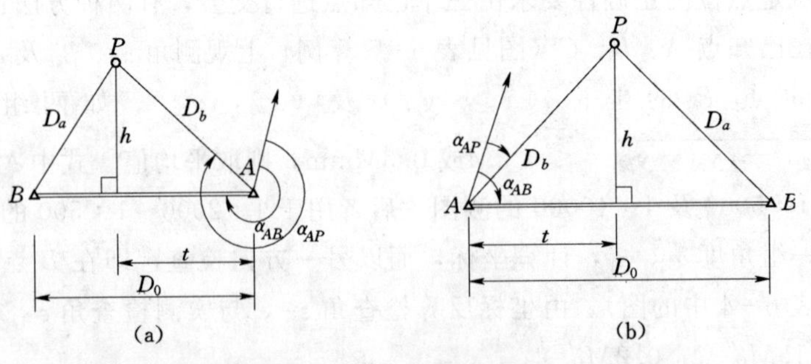

图 6－16　边长前方交会

根据已知数据由坐标反算，得

$$D_0=\sqrt{(x_B-x_A)^2+(y_B-y_A)^2}=\sqrt{\Delta x_{AB}^2+\Delta y_{AB}^2}$$

$$\cos\alpha_{AB}=\frac{\Delta x_{AB}}{D_O}\ ,\ \sin\alpha_{AB}=\frac{\Delta y_{AB}}{D_O}$$

按余弦定理，有
$$\cos A=\frac{D_0^2+D_b^2-D_a^2}{2D_0D_b}$$

由图可知
$$\left.\begin{aligned}t&=D_b\cos A=\frac{1}{2D_0}(D_0^2+D_b^2-D_a^2)\\h&=D_b\sin A=\pm\sqrt{D_b^2-t^2}\end{aligned}\right\}\tag{6-22}$$

另 $\alpha_{AP}=\alpha_{AB}+A$，则

$$\begin{aligned}\Delta x_{AP}&=D_b\cos\alpha_{AP}=D_b\cos(\alpha_{AB}+A)=D_b\cos\alpha_{AB}\cos A-D_b\sin A\sin\alpha_{AB}\\&=t\cos\alpha_{AB}-h\sin\alpha_{AB}=\frac{1}{D_0}(t\Delta x_{AB}-h\Delta y_{AB})\end{aligned}$$

同理
$$\Delta y_{AP}=\frac{1}{D_0}(t\Delta y_{AB}+h\Delta x_{AB})$$

由此得 P 点的坐标为
$$\left.\begin{aligned}x_P&=x_A+\Delta x_{AP}=x_A+\frac{1}{D_0}(t\Delta x_{AB}-h\Delta y_{AB})\\y_P&=y_A+\Delta y_{AP}=y_A+\frac{1}{D_0}(t\Delta y_{AB}+h\Delta x_{AB})\end{aligned}\right\}\tag{6-23}$$

若 ABP 按逆时针顺序排列，如图 6-16（b）所示，$\alpha_{AP}=\alpha_{AB}-A$，$h$ 应取“—”号。

为了校核 P 点坐标的正确性，也需要由三个已知点观测三条边长。算例见表 6-6。表中 $ABCP$ 按逆时针顺序排列，h 应取“-”值，即 $h_1=-\sqrt{D_a^2-t_1^2}$ 和 $h_2=-\sqrt{D_b^2-t_2^2}$。

表 6-6　　边长前方交会计算表　　单位：m

略图与公式	P, A, B, C, D_a, D_b, D_c, D_0, h_1, h $t_1=\frac{2}{D_0}(D_0^2+D_a^2-D_b^2)$　$x_{P1}=x_A+\frac{1}{D_0}(t_1\Delta x_{AB}-h_1\Delta y_{AB})$ $h_1=-\sqrt{D_a^2-t_1^2}$ $y_{P1}=y_A+\frac{1}{D_0}(t_1\Delta y_{AB}+h_1\Delta x_{AB})$ $t_2=\frac{1}{2D_0'}(D_0^2+D_b^2-D_c^2)$　$x_{P2}=x_B+\frac{1}{D_0'}(t_1\Delta x_{BC}-h_2\Delta y_{BC})$ $h_2=-\sqrt{D_b^2-t_2^2}$　$y_{P2}=y_B+\frac{1}{D_0}(t_1\Delta y_{BC}-h_1\Delta x_{BC})$							
已知数据	x_A	1035.147	y_A	2601.295	观测值	D_a	703.760	
	x_B	1501.295	y_B	3270.053		D_b	670.480	
	x_C	2103.764	y_C	3318.465		D_c	768.583	
计算	Δx_{AB}	466.148	Δy_{AB}	668.758	D_0		815.188	
	t_1	435.646	h_1	−552.712	x_{P1}	1737.692	y_{P1}	2642.630
	Δx_{BC}	602.469	Δy_{BC}	48.412	D_0'		604.411	
	t_2	185.417	h_2	−644.332	x_{P2}	1737.726	y_{P2}	2642.643
计算结果	x_P	1737.709			y_P	2642.636		
	$f=\sqrt{34^2+13^2}=36.4\text{mm}<f_{允}=0.3\times500=150\text{mm}$（测图比例尺 1：500）							

二、侧方交会

如图 6-17 所示，A、B 为已知点，P 为交会点。在 A、P 上分别测得水平角 a、c，则 $b=180°-(a+c)$ 根据余切公式即可计算出 P 点的坐标值。这种交会定点法称为侧方交会法。

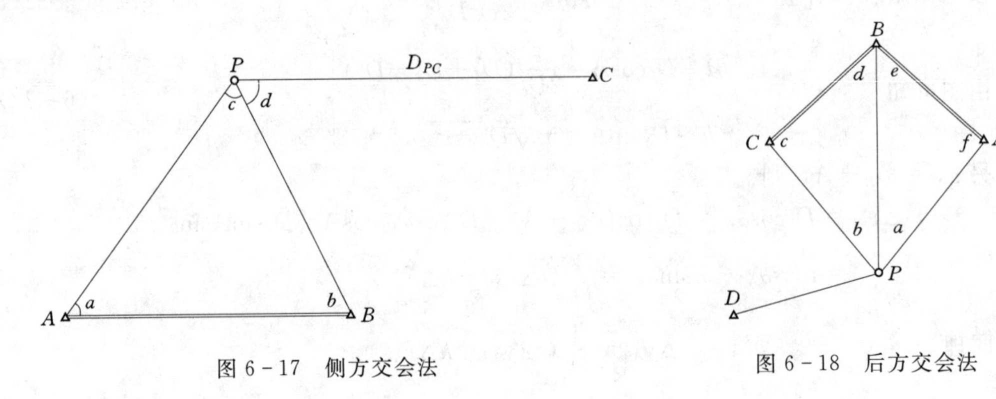

图 6-17　侧方交会法

图 6-18　后方交会法

三、后方交会

后方交会是在待定点上安置仪器，以三个已知坐标点为观测方向，测出三个方向间所夹的两个水平角 a、b，然后根据这三个已知坐标点的坐标和两个观测角值，计算出待定点的坐标。如图 6-18 所示，A、B、C 为已知坐标点，P 为待定点。

第四节　三、四等水准测量

三、四等水准测量，除用于国家高程控制网的加密外，在小区域建立首级高程控制网中还常用三、四等水准测量。

三、四等水准测量的外业工作和等外水准测量基本相同。三、四等水准点可以是单独埋设标石，也可用平面控制点标志代替，即平面控制点和高程控制点共用。三、四等水准测量应由二等水准点上引测。现将三、四等水准测量的要求和施测方法介绍如下。

一、三四等水准测量对水准尺的要求

通常是双面尺，两根标尺黑面的底数均为 0，红面的底数一根为 4.687m，另一根为 4.787m。两根标尺应成对使用。

二、主要技术要求

视线长度和读数误差等限差规定见表 6-7，高差闭合差的规定见表 6-8。

表 6-7　　视线长度和读数误差限差规定表

等级	标准视线长度/m	前后视距差/m	前后视距累计差/m	红黑面读数差/mm	红黑面高差之差/mm
三	≤75	≤3.0	≤5.0	≤2.0	≤3.0
四	≤100	≤3.0	≤10.0	≤3.0	≤5.0

表 6-8　　高差闭合差规定表

等级	每公里高差中误差 /mm	附合路线长度 /km	水准仪型号	水准尺	往返较差或环线闭合差	
					平地	山地
三	±6	≤45	DS_3	双面	$\pm 12\sqrt{L}$	$\pm 4\sqrt{n}$
四	±10	≤15	DS_3	双面	$\pm 20\sqrt{L}$	$\pm 6\sqrt{n}$

三、三四等水准测量的方法

（一）一个测站上的观测顺序

见表 6-9，后视黑面尺，读上、下丝读数（1）、（2）及中丝读数（3），括号中的数字代表观测和记录顺序；

前视黑面尺，读取下、上丝读数（4）、（5）及中丝读数（6）；

前视红面尺，读取中丝读数（7）；

后视红面尺，读取中丝读数（8）。

这种“后—前—前—后”的观测顺序，主要是为了抵消水准仪与水准尺下沉产生的误差。四等水准测量每站的观测顺序也可以为“后—后—前—前”，即“黑—红—黑—红”。表中各次中丝读数（3）、（6）、（7）、（8）是用来计算高差的，因此，在每次读取中丝读数前，都要注意使符合气泡严密重合。

校核计算：

$$\text{末站}(12)=-0.5=\sum(9)-\sum(10)=182.6-183.1=-0.5$$

$$\frac{1}{2}\left[\sum(15)+\sum(16)\pm 0.100\right]=\frac{1}{2}\left[(-1.774)+(-1.675)-(0.100)\right]$$

$$=-1.7745=\sum(18)=-1.7745$$

（二）测站的计算、检核与限差

1. 视距计算

$$\text{后视距离}(9)=[(1)-(2)]\times 100$$

$$\text{前视距离}(10)=[(4)-(5)]\times 100$$

前、后视距差(11)=(9)−(10)，三等水准测量不得超过 ± 3m；四等水准测量不得超过±5m。

前后视距累积差(12)=本站(11)+前站(12)，三等不得超过 5m，四等不得超过 10m。

表 6-9　　三（四）等水准测量观测手簿

测站编号	点号	后尺 下丝 / 上丝	前尺 下丝 / 上丝	方向及尺号	中丝水准尺读数		K+黑−红	平均高差	备注
		后视距离 / 前后视距差	前视距离 / 累积差		黑面	红面			
		(1) (2) (9) (11)	(4) (5) (10) (12)	后 前 后−前	(3) (6) (15)	(8) (7) (16)	(14) (13) (17)	(18)	

续表

测站编号	点号	后尺 下丝 / 上丝 / 后视距离 / 前后视距差	前尺 下丝 / 上丝 / 前视距离 / 累积差	方向及尺号	中丝水准尺读数 黑面	中丝水准尺读数 红面	K+黑-红	平均高差	备注
1	A ～转1	1.587 1.213 37.4 －0.2	0.755 0.379 37.6 －0.2	后02 前02 后—前	1.400 0.567 ＋0.833	6.187 5.255 ＋0.932	0 －1 ＋1	＋0.8325	
2	转1 ～转2	2.111 1.737 37.4 －0.1	2.186 1.811 37.5 －0.3	后02 前01 后—前	1.924 1.998 －0.074	6.611 6.786 －0.175	0 －1 ＋1	－0.0745	
3	转2 ～转3	1.916 1.541 37.5 －0.2	2.057 1.680 37.7 －0.5	后01 前02 后—前	1.728 1.868 －0.140	6.515 6.556 －0.041	0 －1 ＋1	－0.1405	
4	转3 ～转4	1.945 1.680 26.5 －0.2	2.121 1.854 26.7 －0.7	后02 前01 后－前	1.812 1.987 －0.175	6.499 6.773 －0.274	0 ＋1 －1	－0.1745	
5	转4 ～B	0.675 0.237 43.8 ＋0.2	2.902 2.466 43.6 －0.5	后01 前02 后－前	0.466 2.684 －2.218	5.254 7.371 －2.117	－1 0 1	－2.2175	

2. 黑、红面读数差

$$前尺(13)=(6)+K_1-(7)$$

$$后尺(14)=(3)+K_2-(8)$$

K_1、K_2 分别为前尺、后尺的红黑面常数差。三等不得超过 ±2mm，四等不得超过±3mm。

3. 高差计算

$$黑面高差(15)=(3)-(6)$$

$$红面高差(16)=(8)-(7)$$

检核计算(17)=(14)－(13)=(15)－(16)±0.100，三等不得超过3mm，四等不得超过5mm。

$$高差中数(18)=[(15)+(16)\pm 0.100]/2$$

上述各项记录、计算见表6-10。观测时若发现本测站某项限差超限，应立即重测本测站数据。只有各项限差均检查无误后，方可搬站。

（三）每页计算的总检核

在每测站检核的基础上，应进行每页计算的检核。

$$\sum(15)=\sum(3)-\sum(6)$$

$$\sum(16)=\sum(8)-\sum(7)$$

$$\sum(9)-\sum(10)=\text{本页末站}(12)-\text{前页末站}(12)$$

$2\sum(18)=\sum(15)+\sum(16)$，测站数为偶数

$2\sum(18)=\sum(15)+\sum(16)\pm0.100$，测站数为奇数。

（四）水准路线测量成果的计算、检核

三、四等附合或闭合水准路线高差闭合差的计算、调整方法与普通水准测量相同，其高差闭合差的限差见表6-8。

第五节　三角高程测量

当两点间地形起伏较大而不便于施测水准时，可应用三角高程测量的方法测定两点间的高差而求得高程。该法较水准测量精度低，常用作山区各种比例尺测图的高程控制。

一、三角高程测量的原理

三角高程测量的原理如图6-19所示，已知A点的高程H_A，欲求B点高程H_B。可将仪器安置在A点，照准B点目标，测得竖角α，量取仪器高i和目标高v。

如果用测距仪测得AB两点间的斜距D'，则高差

$$h_{AB}=D'\sin\alpha+i-v \qquad (6-24)$$

如果AB两点间的水平距离D在平面控制中已求得，则高差

$$h_{AB}=D\tan\alpha+i-v \qquad (6-25)$$

B点高程为

$$H_B=H_A+h_{AB} \qquad (6-26)$$

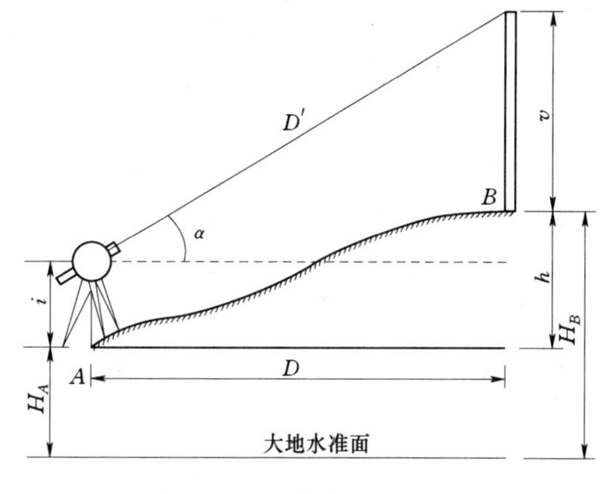

图6-19　三角高程测量原理

二、三角高程测量的观测与计算

进行三角高程测量，当$v=i$时，计算方便。当两点间距大于300m时，应考虑地球曲率和大气折光对高差的影响。为了消除这个影响，三角高程测量应进行往、返观测，即所谓的对向观测。也就是由A观测B，又由B观测A。往、返所测高差之差不大于限差时（对向观测较差$f_{h容}\leqslant\pm0.1Dm$，D以km计），取平均值作为两点间的高差，可以抵消地球曲率和大气折光差的影响。故计算时可以不进行f改正，但单向观测要加f改正值。

表6-10　三角高程测量的高差计算

起算点	A		B	
欲求点	B		C	
	往	返	往	返
水平距离D/m	581.38	581.38	488.01	488.01
竖直角α	11°38′30″	−11°24′00″	+6°52′15″	−6°34′30″

续表

起算点	A		B	
欲求点	B		C	
	往	返	往	返
仪器高 i/m	1.44	1.49	1.49	1.50
目标高 v/m	−2.50	−3.00	−3.00	−2.50
球气差改正 f/m	+0.02	+0.02	+0.02	+0.02
高差/m	+118.74	−118.72	+57.31	57.23
平均高差/m	+118.73		+57.27	

对图根控制进行三角高程测时，竖角 α 用 J_6 级经纬仪测 1～2 个测回，为了减少折光影响，目标高应大于 1m 。仪器高 i 和目标高 v 用皮尺量出，取至厘米。表 6-10 是三角高程测量观测与计算实例。

复习思考题

1. 有一附合导线，总长为 1857.63m，坐标增量总和 $\sum \Delta X = 118.630$m，$\sum \triangle Y = 1511.790$m，与附合导线相连接的的高级点坐标 $X_a = 294.930$m，$Y_a = 2984.430$m，$X_b = 413.040$m，$Y_b = 4496.386$m，试计算导线全长相对闭合差，和每 100m 边长的坐标增量改正数（X 和 Y 分别计算）。

2. 已知 $\alpha_{AB} = 89°12'01''$，$x_B = 3065.347$m，$y_B = 2135.265$m，坐标推算路线为 $B \rightarrow 1 \rightarrow 2$，测得坐标推算路线的右角分别为 $\beta_B = 32°30'12''$，$\beta_1 = 261°06'16''$，水平距离分别为 $D_{B1} = 123.704$m，$D_{12} = 98.506$m，试计算 1、2 点的平面坐标。

3. 根据已经观测到的数据，计算完成表 6-11。

表 6-11　　三（四）等水准观测手薄

测站编号	后尺 下丝 / 上丝 / 后距 / 视距差 d	前尺 下丝 / 上丝 / 前距 / $\sum d$	方向及尺号	标尺读数 黑面	标尺读数 红面	K+黑−红	平均高差	备注
1	0.863	1.316	后 1	1.072	5.759			K1=4.687 K2=4.787
	1.280	1.730	前 2	1.521	6.309			
			后一前					
2	1.018	1.381	后 2	1.169	5.957			
	1.319	1.692	前 1	1.538	6.223			
			后一前					

第七章　大比例尺地形图测绘

第一节　比例尺及其精度

测绘平面图或地形图时，不可能把地球表面的形状和物体按其真实的大小描绘在图纸上，而必须按一定的倍数缩小后，用规定的符号表示出来，这种图上长度与相应实地水平距离之比，称为图的比例尺。如图上 1cm 等于地面上 10m 的水平长度，称为 1/1000 的比例尺。

一、比例尺的种类

（一）数字比例尺

用分子为 1 的分数表示的比例尺，称为数字比例尺。设图上直线长度为 d，相应于地面上直线的水平长度为 D，则比例尺的公式为

$$\frac{d}{D}=\frac{1}{M} \tag{7-1}$$

式中分母 M 为缩小的倍数。例如，地面上两点的水平长度为 1000m，在地图上以 0.1m 的长度表示，则这张图的比例尺为 0.1/1000＝1/10000，或记为 1∶10000。

（二）直线比例尺

应用数字比例尺需要经过计算，在测量工作中很不方便，为了直接而方便地进行换算，并消除图纸伸缩对距离的影响，可用直线比例尺。以一定长度的线段和数字注记表示的比例尺，称为直线比例尺。如图 7-1 所示为 1∶1000 的直线比例尺。其制作方法是：在图纸上绘一直线，并等分为若干段，一般以 2cm（或 1cm）为一个基本单位，然后，将最左边一个基本单位再分为 10 或 20 等分，在右分点上注记 0，自 0 起向左及向右的各分点上，所有注记均按数字比例尺计算出的相应的水平距离，即制成直线比例尺。

直线比例尺的使用方法：将两脚规张开，量取图上两点间的长度，再移到直线比例尺上，靠右脚的针尖对准 0 右边适当的分划上，使左脚的针尖落在 0 左边的基本单位内。并读取左边的尾数，如图 7-1 所示，将两脚规右脚放在 0 点右面适当划线（20m）上，使左脚落在 0 点左面的基本单位 4 上，这时可读得相应的实地水平距离 D＝28m。

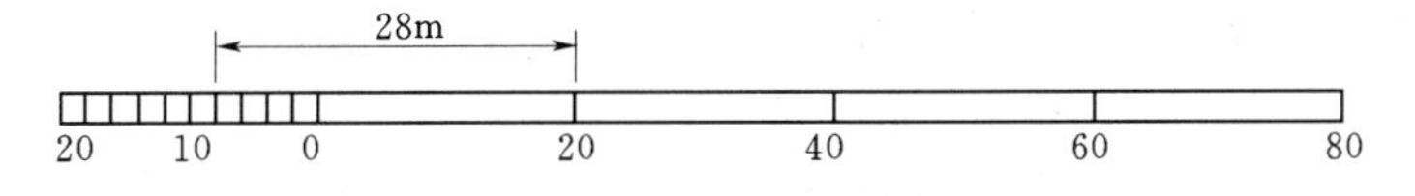

图 7-1　1∶1000 直线比例尺

二、比例尺精度

在正常情况下，人眼在图上能分辨的两点间最小距离为 0.1mm，因此，实地平距按比例尺缩绘在图纸上时，不能小于 0.1mm。相当于图上 0.1mm 的实地水平距离，称为比例尺的最大精度。它等于 0.1mm 与比例尺分母 M 的乘积。不同比例尺的比例尺精度见表 7-1。

表 7-1　　比例尺精度

比例尺	1∶500	1∶1000	1∶2000	1∶5000	1∶10000
比例尺精度/m	0.05	0.10	0.20	0.50	1.00

比例尺精度的用途体现在以下两个方面。

1. 按量距精度选用测图比例尺

设在图上需要表示出 0.5m 的地面长度，此时应选用不小于 0.1/500＝1/5000 的测图比例尺。

2. 根据比例尺确定量距精度

设测图比例尺为 1/5000，实地量距精度需到 0.1mm×5000＝0.5m，过高的精度在图上将无法表示出来。

第二节　地物地貌在地形图中的表示方法

地形图是地面上地物和地貌在平面图纸上的缩影。它用各种符号表示地物和地貌。

一、地物符号

地形图上用来表示房子、道路、河流、水井等固定物体的符号称为地物符号。一般用象形图形表示。根据地物大小及描绘方法不同，地物符号又可分为以下几种。

（一）比例符号

有些地物的轮廓较大，如房屋、运动场、湖泊等，其形状和大小可以按测图比例尺缩绘到图纸上，再配以特定的符号，这种符号称为比例符号。

（二）非比例符号

有些地物，如导线点、独立树、消火栓等，按轮廓大小，无法将其形状和大小按比例尺缩绘到图纸上，只能用规定的符号表示其中心位置，这种符号称为非比例符号。

（三）半比例符号

对于一些线状延伸的地物，如小路、通讯线及管道等，其长度按测图比例尺缩绘，这种长度按比例、而宽度不能按比例缩绘的符号，称为半比例符号。

（四）地物注记

用文字、数字或特有符号对地物加以说明，称为地物注记。诸如城镇、工厂、河流、道路的名称，桥梁的长宽及载重量，江河的流向、流速及水深，道路的去向，森林、果园的类别等，都要用文字、数字或配以特定符号加以说明。

《国家基本比例尺地形图图式　第 1 部分：1∶500　1∶1000　1∶2000 地形图图式》(GB/T 20257.1—2007) 是工程建设领域大比例尺地形图测绘和应用工作者必备的工具书。表 7-2 是为了方便读者学习而选列的一些常用符号。

二、地貌符号

地图上用来表示地面高低起伏形状的符号称为地貌符号。地貌在地形图中通常用等高线表示，因为用等高线表示地貌，不仅能表示地面的起伏形态，而且还能科学地表示出地面的坡度和地面点的高程和山脉走向。一些特殊地貌则用等高线配合特殊符号来表示，如冲沟、梯田等。

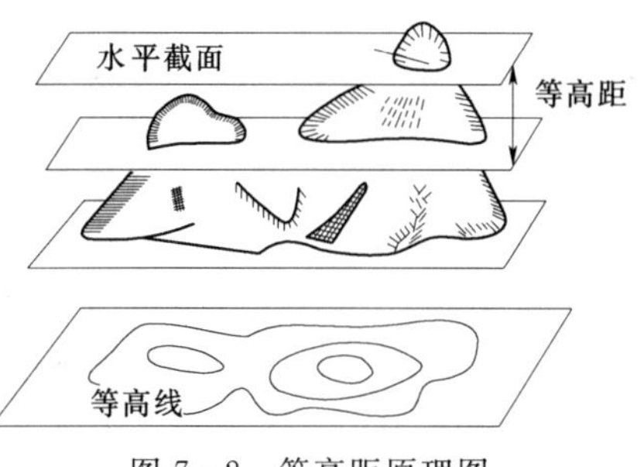

图 7-2　等高距原理图

（一）等高线表示地貌的原理

地面是起伏不平的，有高山、丘陵等高低不平、形状各异的地貌，它是怎样表示在平面图纸上呢？如图 7-2 所示，有一座山，假想从山底到山顶，按相等间隔把它一层层的水平切开后，呈现各种形状的截口线。然后再将各截口线垂直投影到平面上，并按测图比例缩绘于图纸上，就得到用等高线表示该地貌的图形。由此可见，等高线是地面上高程相等的相邻点连接而成的闭合曲线。

（二）等高距和等高线平距

等高距是相邻两等高线之间的高差，以 h 表示。即图 7-2 中所示的水平截面间的垂直距离。

表 7-2　国家基本比例尺地形图图式　第 1 部分：1∶500　1∶1000　1∶2000 地形图图式

编号	符号名称	符号式样		
		1∶500	1∶1000	1∶2000
1	测量控制点			
1.1	三角点	3.0 △ 张湾岭/156.718		
1.2	小三角点：a 指土堆上的	a　4.0 ▽ 张庄/156.71		
1.3	导线点	2.0 ⊙ Ⅰ16/84.46		
1.4	埋石图根点	2.0 ⌖ 12/275.46		
1.5	不埋石图根点	2.0 ⊡ 19/84.47		
1.6	水准点：Ⅱ指等级	2.0 ⊗ Ⅱ京石5/32.805		
1.7	卫星定位等级点	3.0 △ B14/495.263		
2	水系			
2.1	地面河流：a 指岸线；b 指高水位岸线；清江为河流名称	0.5　3.0　1.0　清　江		
2.7	沟堑：a 为已加固的；b 为未加固的；2.6 为比高	2.6　a　b		
2.9	地下渠道、暗渠	0.3　a　1.0　4.0　2.2		
2.13	涵洞	a　b		
2.14	干沟：2.5 指深度	3.0　1.5　2.5　0.3　1.5　3.0		
2.16	池塘			
2.20	海岸线、干出线：a 指海岸线；b 指干出线	a　b　0.2　1.5　0.4		
2.28	泉：51.2，泉口高程	51.2 温		
2.29	水井、机井	a　51.2/5.2　♯ 咸		
2.32	瀑布、跌水：5.0 指落差	瀑 5.0　2.0		
2.36	潮汐流向：a 为涨潮；b 为落潮	a　10.0　b		
2.37	堤：a 为堤顶宽依比例尺	a　24.5　4.0　2.0		

续表

编号	符号名称	符号式样 1∶500	符号式样 1∶1000	符号式样 1∶2000
2.38	水闸：a为能通车的；5为闸门孔数；82.4为水底高程	a 5—混凝土 82.4		
2.40	扬水站、水轮泵、抽水站	2.0 抽 1.2	a 抽	
3	居民地及设施			
3.1	单幢房屋：b指有地下室的；c指突出房屋	b 混3-2 0.5 2.0 1.0	c 28	
3.3	棚房：c指无墙的	c 1.0 1.0 0.5		
3.7	窑洞：a指地面上的	a a1		a2
3.8	蒙古包、放牧点：(3-6)指居住月份	a (3-6)	b 1.6 3.2 (3-6)	
3.9	矿井井口：a为开采的	a a1 3.8 硫	4.0 3.8 铁	
3.10	露天采掘场、乱掘地	石	土	
3.13	海上采油平台	油		
3.17	液、气贮存设备	a 油		
3.19	水塔		b 3.6 2.0	
3.20	水塔烟囱		b 3.6 2.0	
3.24	窑：a指堆式窑；b指台式窑、屋式窑	a 瓦	b 陶	
3.25	露天设备：a指单个的；b指毗连成群的	a1 a2	b	
3.27	吊车：a指龙门吊	a		

编号	符号名称	符号式样 1∶500	符号式样 1∶1000	符号式样 1∶2000
3.30	滑槽（滑道）：a指依比例尺的	a 10.0		
3.31	地磅：a指房屋、棚房内的	a	1.0 0.5	
3.33	饲养、打谷、贮草、贮煤、水泥预制场	牲		谷
3.35	温室、大棚：a指依比例尺的	a 菜		菜
3.36	粮仓（库）：a指依比例尺的	a		
3.37	水磨房、水车	2.8		
3.38	风磨房、风车			
3.41	学校			2.5 文
3.42	医疗点			**2.8**
3.43	体育、科技、博物馆、展览馆	砼5科 0.6		
3.44	宾馆、饭店	砼5 H		
3.45	商场、超市	砼4 M		
3.46	剧院、电影院	砼2		
3.47	露天体育场、网球场、运动场：a指有看台的；a1指主席台；a2指门洞	a 工人体育场 a2 45° 1.0 a1		
3.48	露天舞台、观礼台	台		
3.49	游泳场（池）	泳		泳
3.50	电视台	砼5 TV		

续表

编号	符号名称	符号式样		
		1∶500	1∶1000	1∶2000
3.51	电信局	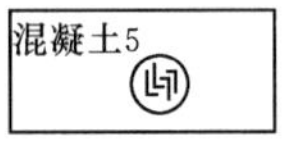 混凝土5		
3.52	邮局	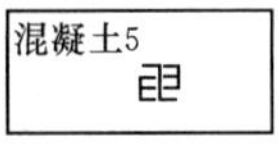 混凝土5		
3.53	电视发射塔：23指塔高	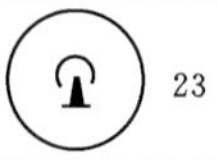 23		
3.54	移动通信塔、微波传送塔、无线电杆	 混凝土5 通信 b		
3.55	电话亭			
3.56	厕所	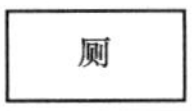 厕		
3.59	坟地、公墓			
3.62	烽火台：5.0指比高	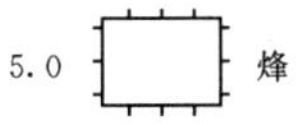 5.0 烽		
3.64	碑、柱、墩			
3.70	旗杆	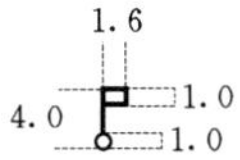 1.6 4.0 1.0 1.0		
3.71	塑像、雕塑	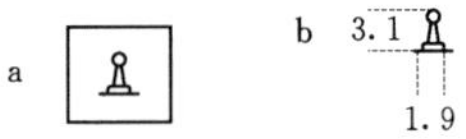 a b 3.1 1.9		
3.72	庙宇	 混		
3.73	清真寺	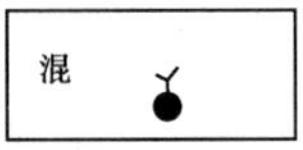 混		
3.74	教堂	 混		
3.83	卫星地面站	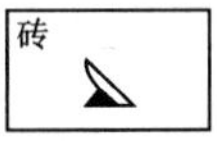 砖		
3.84	科学实验站	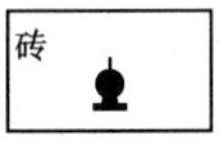 砖		
3.86	土城墙：a指城门；b指豁口	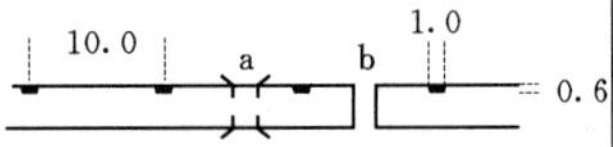 10.0 a b 1.0 0.6		
3.87	围墙：b指不依比例尺的	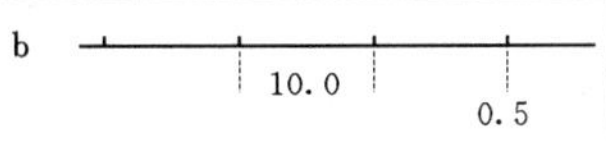 b 10.0 0.5		
3.88	栅栏、栏杆	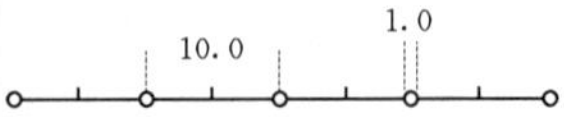 10.0 1.0		
3.89	篱笆	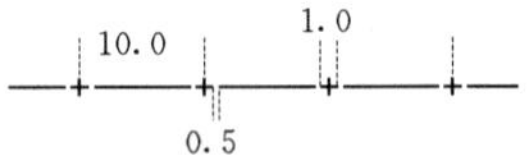 10.0 1.0 0.5		
3.90	活树篱笆	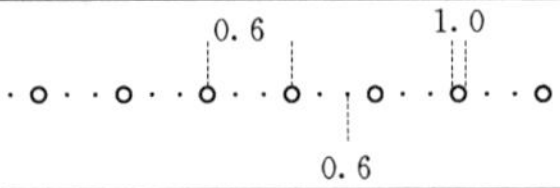 0.6 1.0 0.6		
3.91	铁丝网、电网	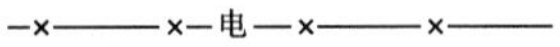 —×———×—电—×———×———		
3.92	地类界	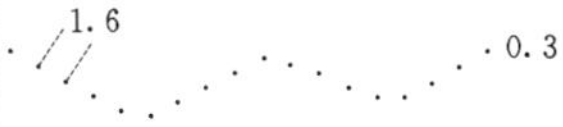 1.6 0.3		
3.95	柱廊：a指无墙壁的	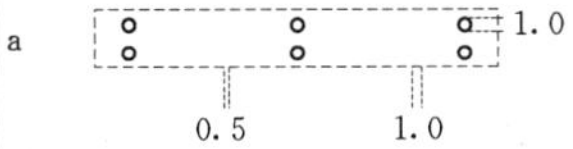 a 1.0 0.5 1.0		
3.96	门顶、雨罩：a指门顶	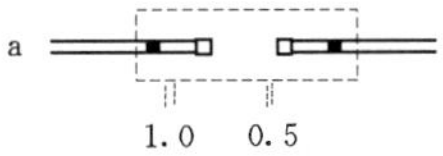 a 1.0 0.5		
3.97	阳台	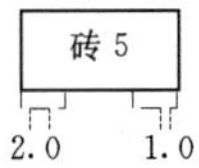 砖5 2.0 1.0		
3.98	檐廊、挑廊：a指檐廊；b指挑廊	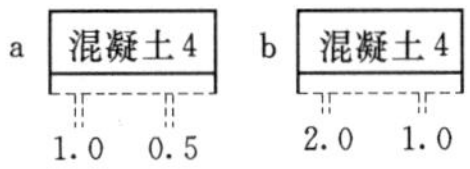 a 混凝土4 1.0 0.5 b 混凝土4 2.0 1.0		
3.101	台阶	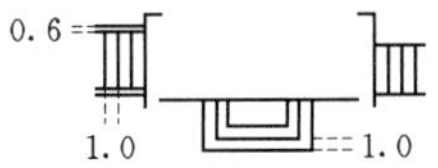 0.6 1.0 1.0		
3.106	路灯			
3.107	照射灯：a指杆式	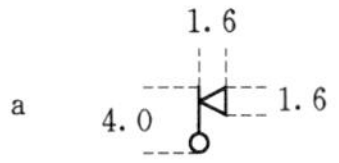 1.6 a 4.0 1.6		
3.109	宣传橱窗、广告牌：a指多柱的；b指单柱的	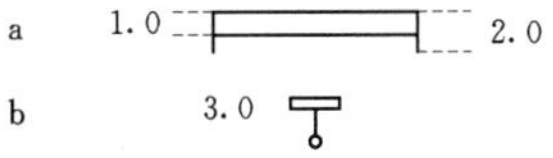 a 1.0 2.0 b 3.0		
3.110	喷水池			
3.111	假石山			
4	交通			
4.1	标准轨铁路：a指一般的	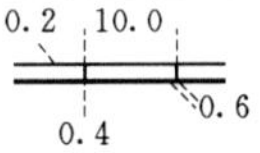 0.2 10.0 0.4 0.6		

续表

编号	符号名称	符号式样		
		1∶500	1∶1000	1∶2000
4.4	高速公路：a指临时停车点；b指隔离带	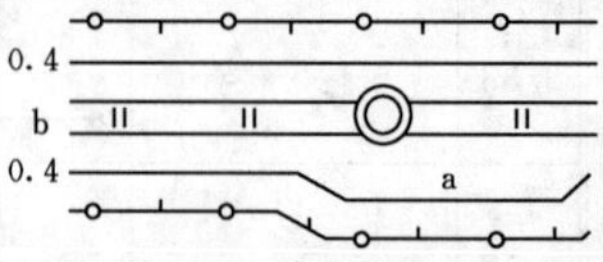 0.4 b 0.4 a		
4.5	国道：b指二至四级公路	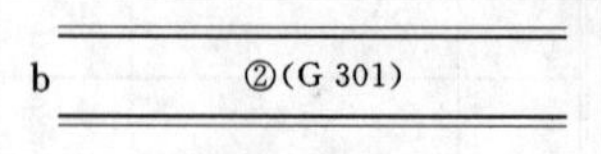 b ②(G 301)		
4.6	省道：b指二至四级公路	 ②(S301)		
4.8	县道、乡道及其他公路：a指有路肩的；b指无路肩的	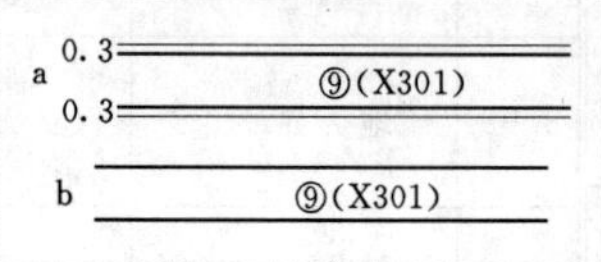 a 0.3 0.3 ⑨(X301) b ⑨(X301)		
4.9	地铁：a指地面下的	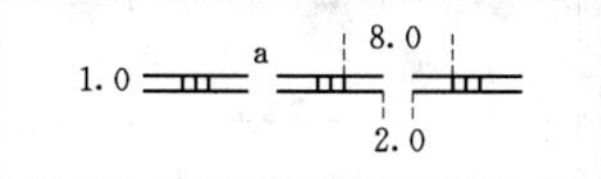 1.0 a 8.0 2.0		
4.15	内部道路	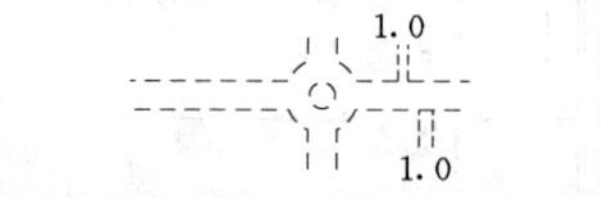 1.0 1.0		
4.17	机耕路（大路）	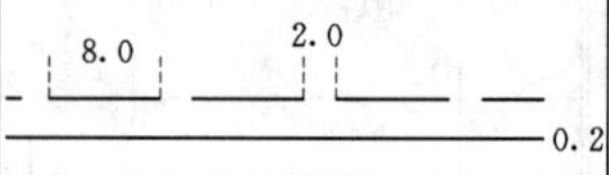 8.0 2.0 0.2		
4.18	乡村路：依比例尺；不依比例尺	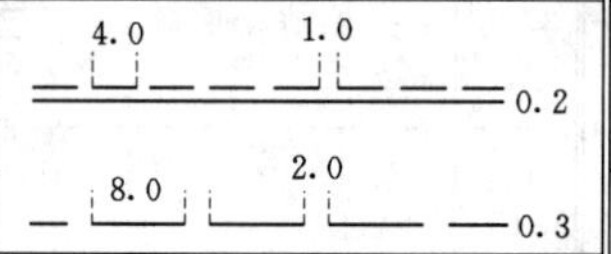 4.0 1.0 0.2 8.0 2.0 0.3		
4.19	小路、栈道	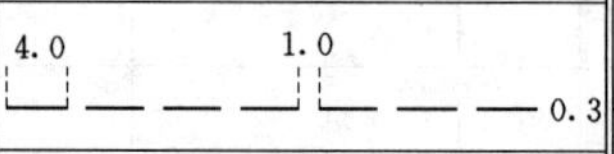 4.0 1.0 0.3		
4.22	加油站、加气站	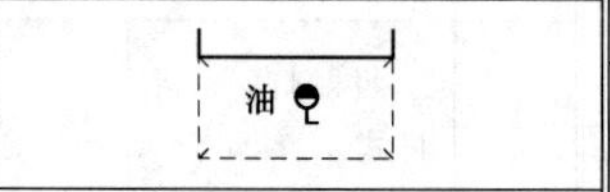 油		
4.23	停车场	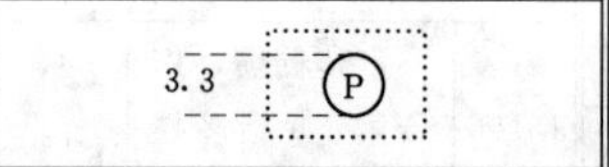 3.3 P		
4.24	街道信号灯：a指车道；b指人行道	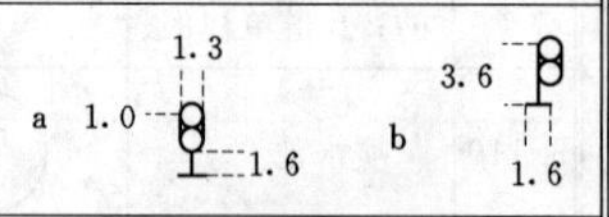 1.3 a 1.0 1.6		3.6 b 1.6
4.29	过街天桥、地下通道：a指天桥	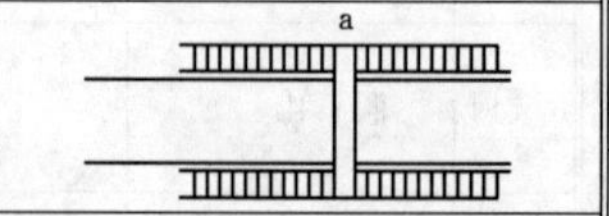 a		
4.30	人行桥、时令桥：(12—2)指通行月份	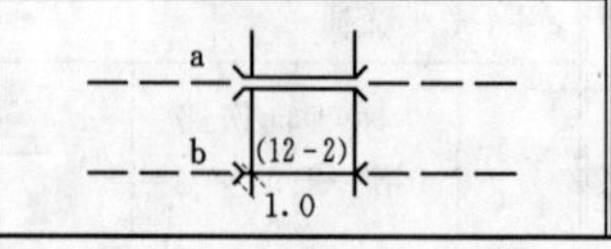 a b (12-2) 1.0		
4.42	里程碑、坡度标	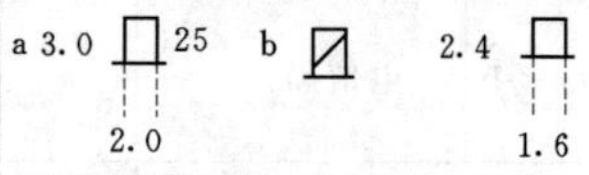 a 3.0 25 2.0	b	2.4 1.6
4.43	水运港客运站	 4.8		
4.45	停泊场（锚地）	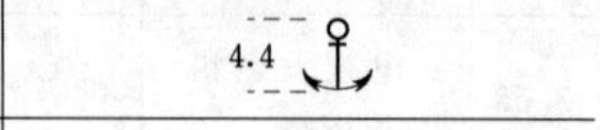 4.4		
4.58	缆车道	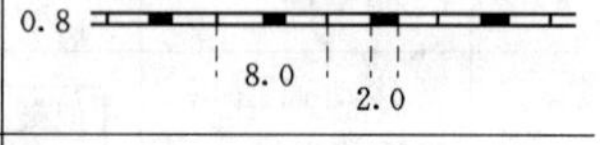 0.8 8.0 2.0		
4.5	管线			
5.1 5.1.1	高压输电线：架空的；35指电压（kV）	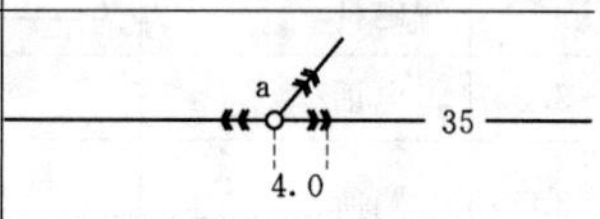 a 4.0 35		
5.2 5.2.2	配电线：地下的，a指电缆标	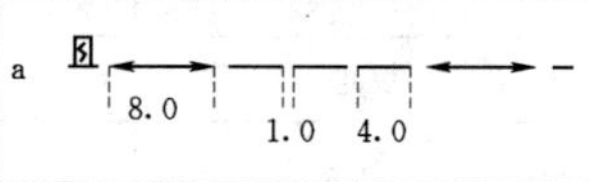 a 8.0 1.0 4.0		
5.4	变电室（所）：a指室内的	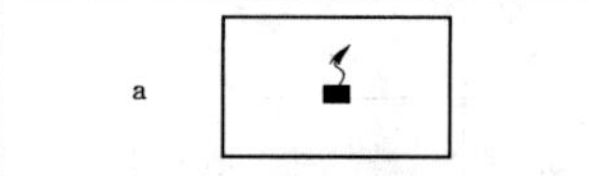 a		
5.6 5.6.1	陆地通信线：地面上的；a指电杆	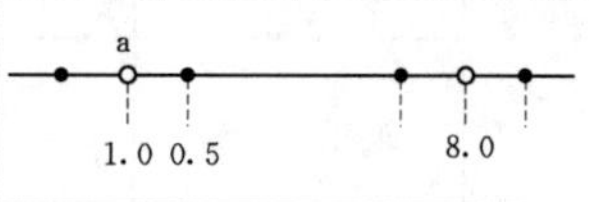 a 1.0 0.5 8.0		
5.7 5.7.1	管道 管道：架空的	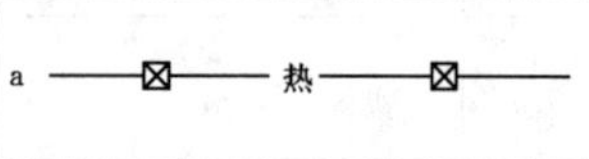 a 热		
5.7.3	管道：地面下的及入地口	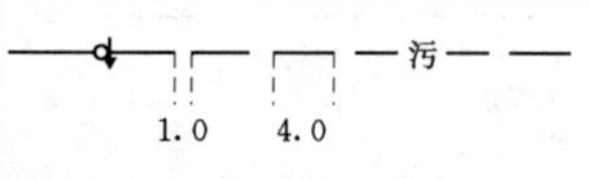 1.0 4.0 污		
5.8	管道检修井孔	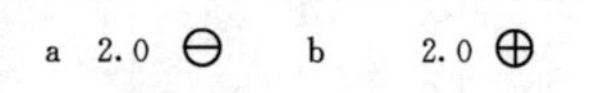 a 2.0 ⊖	b	2.0 ⊕
5.9	管道其他附属设施：d指污水箅子	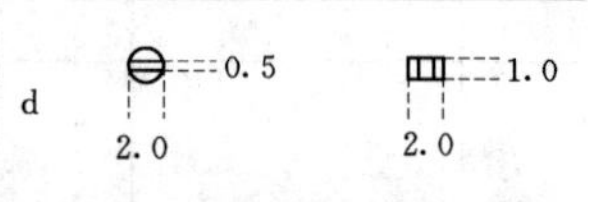 d 0.5 2.0		1.0 2.0
6	境界			
6.1	国界：a指已定界、界碑（桩）及编号	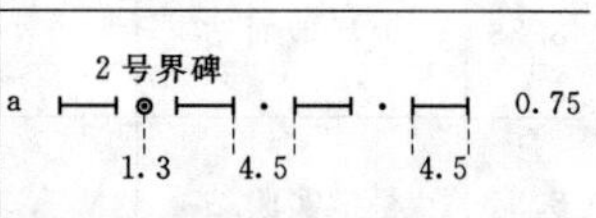 a 2号界碑 1.3 4.5 4.5 0.75		
6.2	省界：a指已定界；c指界标	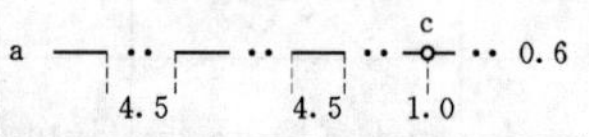 a 4.5 4.5 c 1.0 0.6		
6.4	地级界：a指已定界	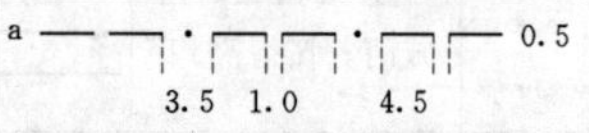 a 3.5 1.0 4.5 0.5		
6.5	县级界：a指已定界	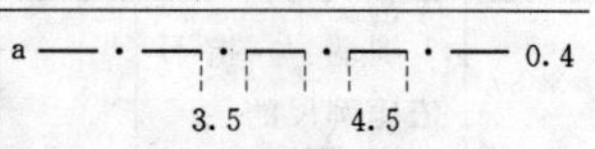 a 3.5 4.5 0.4		

续表

编号	符号名称	符号式样 1∶500	1∶1000	1∶2000
6.6	乡、镇级界：a指已定界	a 1.0 4.5 4.5 0.2		
6.7	村界	1.0 2.0 4.0 0.2		
7	地貌			
7.3	高程点及其注记	0.5 • 1520.3　• −15.3		
8	植被与土质			
8.1	稻田：a指田埂	0.2 a 2.5 10.0 10.0		
8.2	旱地	1.3 2.5 10.0 10.0		
8.6 8.6.1	园地： 经济林； a指果园	a 1.2 2.5 10.0 10.0		
8.8	幼林、苗圃	1.0 幼 10.0 10.0		
8.15	行树：a指乔木；b指灌木	a b		
8.16	独立树：a指阔叶；	1.6 a 2.0 3.0 1.0		
8.18	草地：d指人工绿地	d 1.6 0.8 5.0 10.0		
8.21	花圃、花坛	1.5 1.5 10.0 10.0		
8.22	盐碱地			
8.25	沙砾地、戈壁滩			
9	注记			
9.3 9.3.1	地理名称：江、河、运河、渠、湖、水库等	鸣翠湖　黄河 左斜宋体 （字高2.5、3.0、3.5、4.5、5.0、6.0可选）		

同一地形图中等高距是相同的。等高线平距是相邻等高线之间的水平距离。因为同一幅图上等高距是一个常数，所以，等高线多，山就高；等高线少，山就低。等高线密，坡度陡；等高线稀，坡度缓。等高线的弯曲形状和相应实地地貌形状保持水平相似关系。

另外亦可看出：等高距越小，显示地貌就越详细。但等高距过小，图上的等高线过于密集，就会影响图面的清晰。因此，在测绘地形图时，如何确定等高距是根据测图比例尺与测区地面坡度来确定的。地形测量规范中对基本等高距的规定见表7-3。

表7-3　　基本等高距

比例尺	平地（0°～2°）/m	丘陵地（2°～6°）/m	山地（>6°）/m
1∶500	0.5	0.5	1.0
1∶1000	0.5	1.0	1.0
1∶2000	1.0	1.0	2.0

（三）典型地貌等高线表示方法

地貌尽管千姿百态，错综复杂，变化多端，但归纳起来不外乎由山丘、盆地、山脊、山谷、鞍部等典型地貌所组成。会用等高线表示各种典型地貌，才能用等高线表示综合地貌。

1. 山丘和盆地

隆起而高于四周的高地叫山丘，高大的山丘称山峰。山的最高部分称为山顶，山的侧面部分称为山坡。四周高，中间低的地形称为盆地（面积小的称洼地）。

山丘和洼地的等高线均为一组闭合曲线。在地形图上区分山丘和洼地的方法是：凡是内圈等高线的高程注记大于外圈者为山丘。如果没有高程注记，则用示坡线（表示斜坡下降方向的短线）表示。山丘如图 7－3（a）所示，洼地如图 7－3（b）所示。

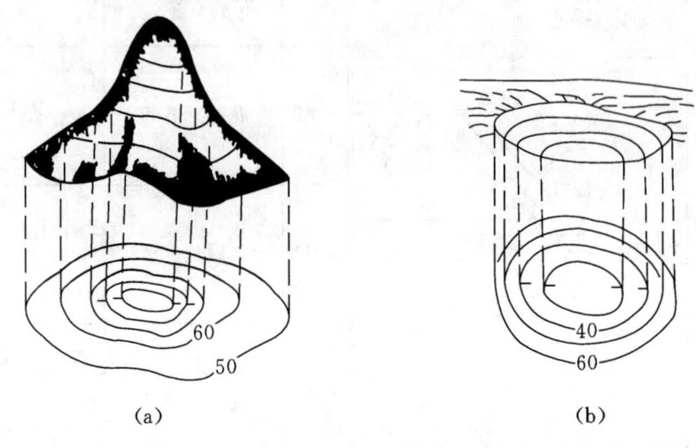

图 7－3　山丘和洼地等高线

（a）山丘；（b）洼地

2. 山脊和山谷

从山顶到山脚的凸起部分称为山脊。山脊最高点的连线称为山脊线，即分水线。两山脊之间的条形低凹部分称为山谷。山谷最低点的连线称为集水线或山谷线。山脊等高线表现为一组凸向低处的曲线；山谷的等高线则表现为一组凸向高处的曲线，如图 7－4 所示。

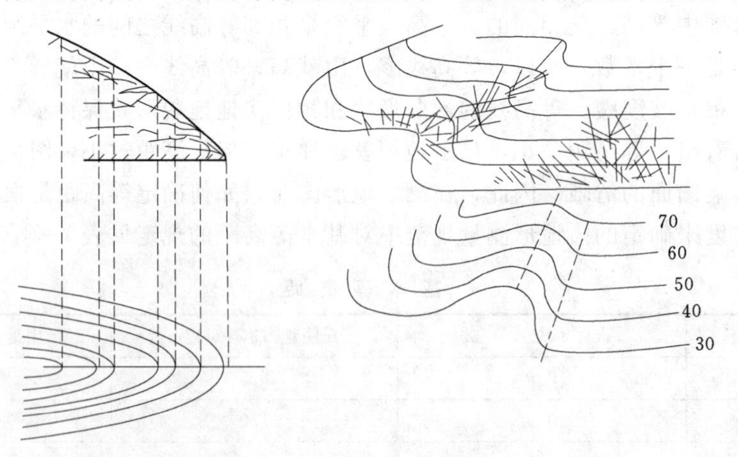

图 7－4　山脊与山谷等高线

3. 鞍部

山脊上相邻两个山顶之间的形似马鞍状的低凹部位称为鞍部。鞍部是两个山头和两个山谷相对交会的地方。鞍部等高线的特点是在一圈大的闭合曲线内，套有两组小的闭合曲线，亦可视为两个山头和两个山谷等高线对称的组合而成，如图 7-5 所示。

4. 山脊

若干相邻山顶、鞍部相连的凸棱部分，称为山脊，山脊的棱线叫山脊线。一般作线状延伸，常构成河流的分水岭，地表水向两坡分流，如图 7-6 所示。

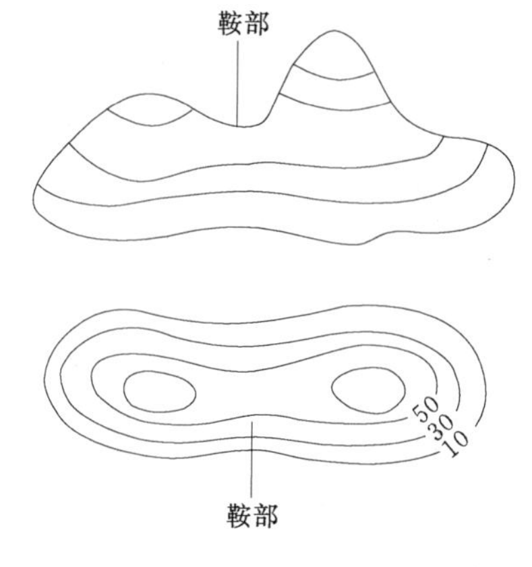

图 7-5 鞍部等高线

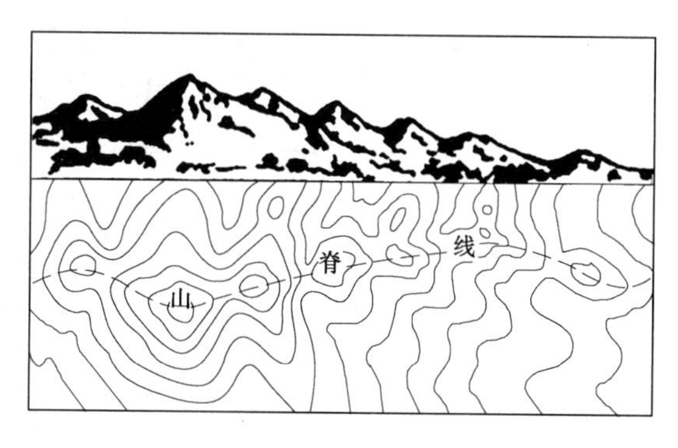

图 7-6 山脊与山脊线

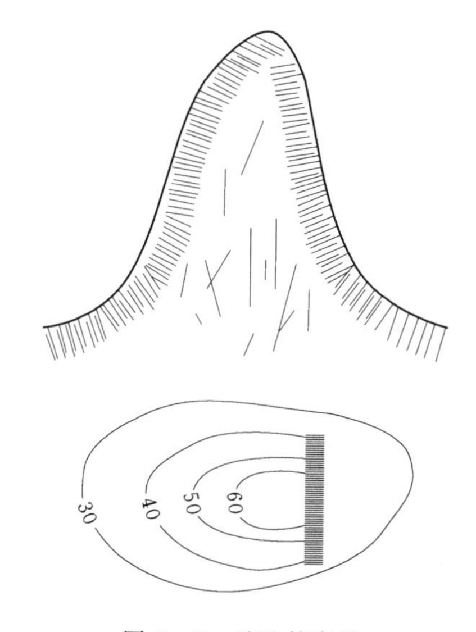

图 7-7 峭壁等高线

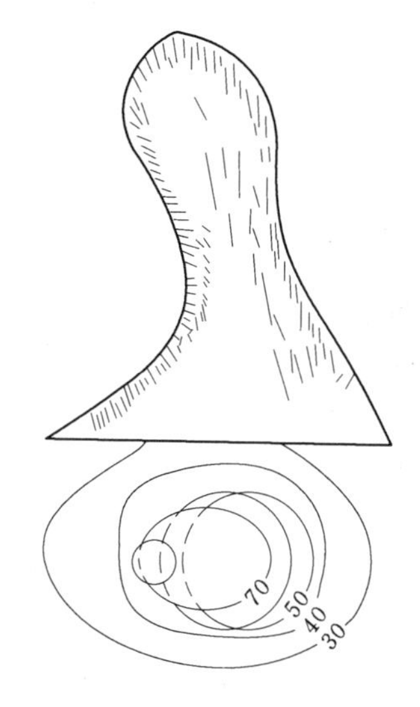

图 7-8 悬崖等高线

5. 峭壁和悬崖

坡度在 70°以上或为 90°的陡峭崖壁称为峭壁，上部凸出下部凹进的绝壁称为悬崖。这种地貌的等高线出现相交。这种特殊地貌常用等高线配合特殊符号表示，如图 7-7、图 7-8 所示。由几种典型地貌的不同组合，在地面上就呈现出形态各异的多姿地貌。梯田的等高线如图 7-9 所

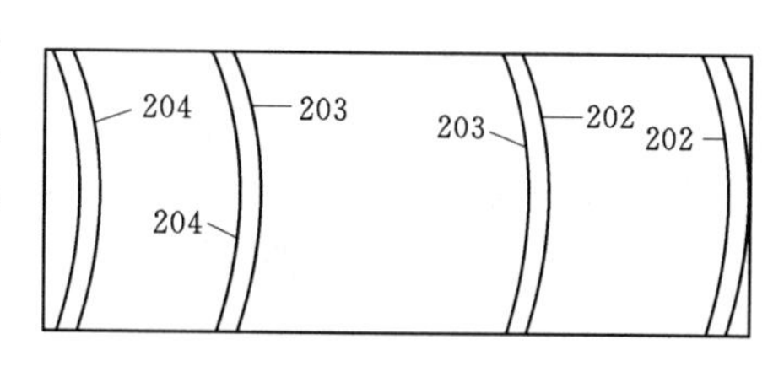

图 7-9 梯田等高线（单位：m）

示，是某一地区综合地貌及其等高线地形图，如图 7-10 所示。

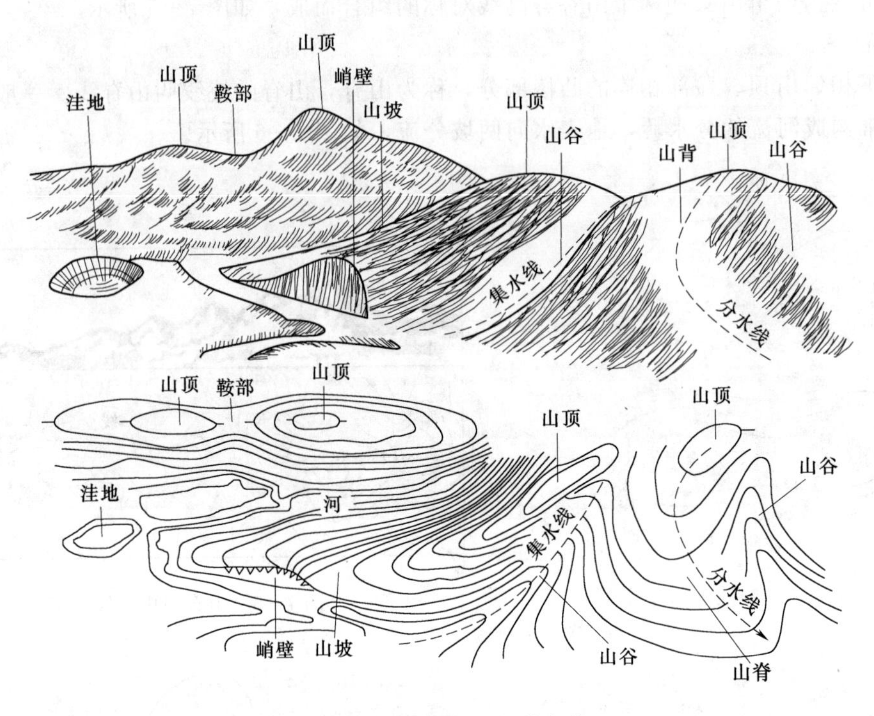

图 7-10　地貌形态与等高线

6. 梯田

（四）等高线的特性

1. 等高性

同一条等高线上各点高程相等，但高程相等的点不一定在同一等高线上。

2. 闭合性

等高线为连续闭合曲线。如不能在本图内闭合，必定在图幅外闭合。

3. 非交性

除了悬崖或绝壁外，等高线在图上不能相交或相切。

4. 正交性

山脊和山谷处等高线与山脊线和山谷线正交。

5. 密陡疏缓性

同一幅图内，等高线越密，山面坡度越陡；等高线越稀，坡度越缓。

（五）等高线的种类

1. 首曲线

首曲线是指从高程基准面起算，按规定的基本等高距描绘的等高线，亦称基本等高线。大比例尺地形图上首曲线的线划直径为 0.15mm 的实线，其上不注记高程。

2. 计曲线

从高程基准面起算面起，每隔四条首曲线（即基本等高距的 5 倍）用粗线绘出，称为计曲线亦称加粗等高线，在地形图上用 0.3mm 粗实线绘出并注记高程。

3. 间曲线

用基本等高线不足以表示局部地貌特征时，可以按 1/2 基本等高距用虚线加绘半距等高线，称为间曲线，间曲线可仅画出局部线段，可不闭合。

4. 助曲线

又称辅助等高线。是按 1/4 基本等高距绘制的等高线，用短虚线表示。首曲线与计曲线是图上表示地貌必须描绘的曲线，而间曲线与助曲线视需要而定，实际工作中应用较少，如图 7-11 所示。

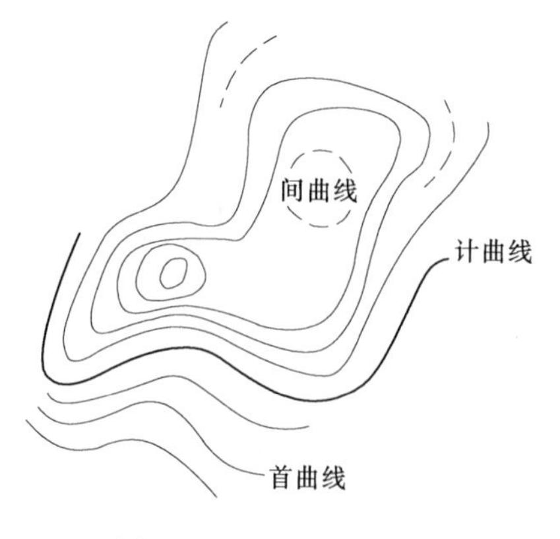

图 7-11 等高线的种类

第三节 测图前的准备工作

在测图前，要做好抄录所需用的控制点的平面及高程成果，检验校正仪器、划分图幅、展绘控制点和准备测图板等工作。

一、图幅的划分

当测区较大，一个图幅不能全部表示时，要把整个测区分成几个图幅进行施测。大比例尺（1∶500～1∶2000）地形图测的分幅大小是 50cm×50cm（或 50cm×40cm）。当测区较小，图幅的大小满足需要即可。

分幅前，根据测区图根控制点的坐标，展绘一张测区控制点分布图。展绘时可在方格纸上进行，比例尺应较测图比例尺小一些，以便在一张不太大的图纸上，能对测区控制点的分布情况一目了然，控制点图西南角的坐标是根据控制点最小的 x、y 值来决定的。控制点的位置确定后要勾绘出测区范围线以便分幅。

二、测图前的准备

（一）图纸选择

目前广泛采用透明聚酯薄膜绘图纸，其厚度为 0.05～0.10mm。经热定型处理的聚酯薄膜，在常温时变形小，不影响测图精度。聚酯薄膜柔韧结实、耐湿，玷污后可洗，便于野外作业，着墨后透明度好，可直接复晒蓝图或制版印刷。但具有易燃的特点，所以要注意防火。膜片是透明图纸，测图前在膜片与测图板之间衬以白纸或硬胶板。透明膜片与图板用铁夹或胶带纸固定。

小地区大比例尺测图时，测区范围往往只需一两幅图。可用白纸测图，将图纸裱糊在图板上进行。

（二）坐标格网绘制

为了能准确地将各等级控制点根据其平面直角坐标 X、Y 展绘在图纸上。首先需在图纸上绘出 10cm×10cm 正方形格网，作为坐标格网（又称方格网）。用坐标展点仪（直角坐标仪）绘制方格网，是快速而准确的方法。也可购买已印刷好坐标格网的聚焦薄膜。如无上述仪器或工具，也可采用对角线法用直尺绘制坐标格网。绘图方法如图 7-12 所示。

先在纸上画两对角线 AC、BD，再从对角线交点 O 点以适当的线端 Oa，量出长度相等的四线段，得 a、b、c、d 四点，以控制图廓线位于图纸中央。在 ab、dc 线上，从 a、d 点开始每隔 10cm 刺点；同样从 ad、bc 线的 a、b 点开始，也每隔 10cm 刺点。将相应的点连成直线，就得坐标格网。画出的小方格边长（10cm）误差不应超过 0.2mm，各对角线长度与 14.14cm 之差不应超过 0.3mm，纵横方格网线应严格正交。各方格的角点应在一条直线上，偏离不应大于 0.2mm。经检查合格后方可使用。

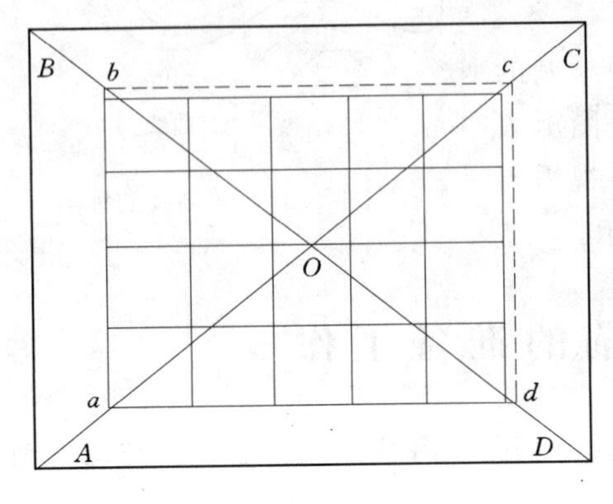

图 7-12　对角线法绘制方格网

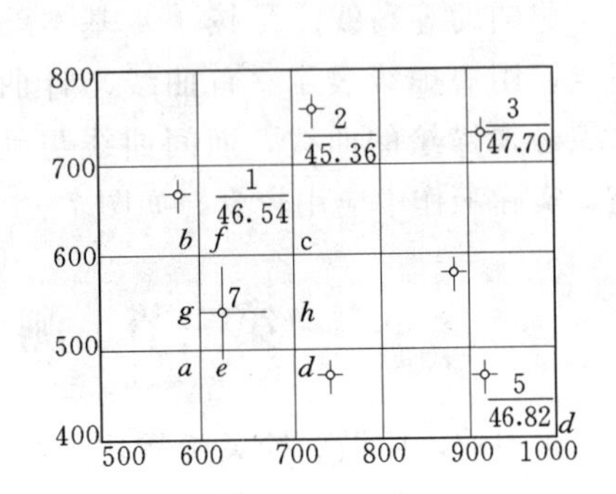

图 7-13　控制点展绘

三、控制点展绘

坐标格网绘制合格后，可以按照控制点的坐标把各控制点展绘在图纸上。如图 7-13 所示，设 $x_7=525.04$m，$y_7=619.64$m，根据方格网上所注坐标，控制点在方格 $bacd$ 内。自 b、a 两点分别在线段 ab、dc 上，依比例尺量取 525.04－500＝25.04（m），得 g、h 两点；再自 a、b 两点分别在 ad、bc 线段上量取 619.64－600＝19.64（m），得 e、f 两点，连接 e、f 和 g、h，其交点即为控制点，同法绘制点 1、2、3、…。在点的右侧画一短横线，横线上面注记点号，横线下面注记点的高程。

最后还要对展绘点进行检查。其方法是用比例尺量出相邻控制点间的距离是否与成果表上或与控制点反算的距离相符，其差在图上不得超过 0.3mm，否则重新展点。刺孔不得大于图上 0.1mm。

第四节　碎部测量方法

一、碎部点的选择

碎部点应选择地物和地貌的特征点，即地物和地貌的方向转折点和坡度变化点。恰当地选择碎部点，将地物、地貌正确地缩绘在图上，既不出现废点，又不漏测，是保证成图质量和提高测图效率的关键之一。

（一）地物特征点的选择

地物可大致分为点状地物、线状地物和面状地物三种。点状地物系指不能在图上表示其轮廓或按常规无法测定其轮廓的地物，如水井、电线杆、独立树等。点状地物的中心位置即为其特征点。线状地物是指宽度很小，不能在图上表示，仅能用线状表示其长度和位置的地物，如小路、小溪等。对成直线的线状地物，起止点即为其特征点。如果起止点相距较远，注意选中间点作校核；对成折线和曲线的线状地物，其特征点除起止点外，还包括转折点和弯曲点，曲线地物要注意隔适当的距离选点，使连成的物体不致失真。面状地物是指能够在图上以完整轮廓表示的地物，如房屋、田地、果园、池塘等。面状地物轮廓的转折点、弯曲点为其特征点。

（二）地貌特征点的选择

地貌通常用等高线表示，但在地面上等高线并不像地物轮廓那样明显可见，再加上地面起伏，形态千差万别，所以地貌特征点的选择比较困难。从几何的观点来分析，复杂的地貌可看成是由许多不同方向和不同坡度的面所组成的多面体。相邻面的相交棱线构成地貌的骨架线，测量上称为地性线，如山背线、山谷线和山脚线就是最明显的例子。地性线的起止点及其转折点（方向和坡度变换点）即为地貌特征点。如果测完了这些特征点的平面位置和高程位置了，地性线就被确定，由这些地性线所形成的面随之而定，从而地貌也就得到客观显示。

二、碎部点平面位置的测定

（一）极坐标法

极坐标法是在测站点上安置仪器，测定已知方向与所求点方向间的角度，量出测站点至所求点的距离，以确定碎部点位置的一种方法。如图 7－14 所示，A、B 为已知控制点，要测定 C 点，在 A 点安置仪器测出水平角 β，从 A 点量得一距离 d 便可绘出 C 点。

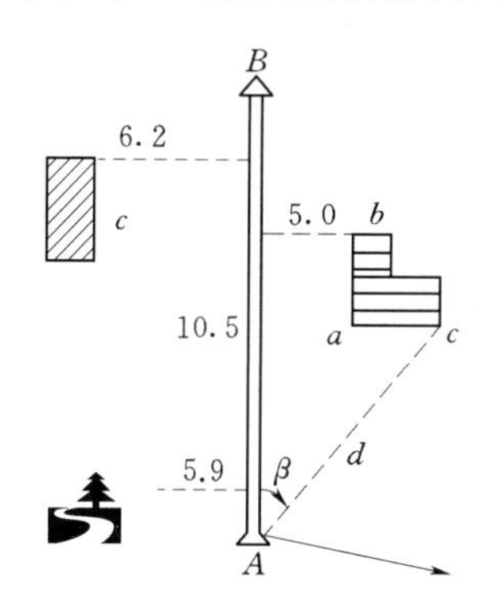

图 7－14　极坐标法与直角坐标法

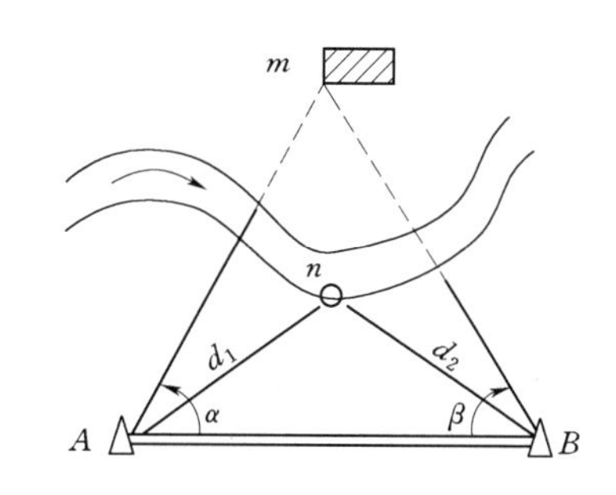

图 7－15　距离交会法

（二）方向交会法

方向交会法（又称角度交会法），是分别在两个已知测站点上对同一个碎部点进行方向交会以确定碎部点位置的一种方法。如图 7－15 所示，A、B 为已知控制点，分别在 A、B 点安置仪器测得角 α、β，两方向线相交便得 m 点的位置。此法适于测绘量距困难地区的地物点。注意交会角应在 30°～ 150°之间。

（三）距离交会法

距离交会法是测设两个测站点到同一碎部点的距离来确定待定点的平面位置。如图 7－15 所示，A、B 为已知控制点，要测设 n 点，分别量测 A 到 C 和 B 到 C 的距离 d_1、d_2，即可交会出 n 点的位置。

（四）直角坐标法

如图7－14所示，在测碎部点b时，可由b点向控制边AB作垂线，若量得A点至垂足的纵矩为10.6m，量得b点至垂足的垂距为5.0m，则根据两距离即可在图上定出b点。此法适于碎部点离测站较近的情况。

三、经纬仪测绘法

测定碎部点的平面位置和高程，依所用仪器的不同，可分为经纬仪测绘法、大平板仪测绘法、小平板仪经纬仪配合测绘法等几种。在此着重介绍经纬仪测绘法。

此法是将经纬仪安置在测站上，测定测站到碎部点的距离和高差，同时测出与已知直线的夹角β。绘图板安置在旁边，它是根据经纬仪所测成果进行碎部点展绘，并注明高程，然后对照实地描绘地物、地貌。具体操作方法如下。

（一）安置仪器

安置经纬仪于测站A点上，量取仪器高i，记入手簿。绘图员将图板架设在A点近旁。

（二）定向

瞄准另一控制点B，使水平度盘读数为$0°00'00''$，作为碎部点定位的起始方向。当定向边较短时，也可用坐标格网的纵线作为起始方向线，方法是将经纬仪照准B点，使水平度盘的读数为AB边的坐标方位角。

（三）立尺

跑尺员依次将视距尺立在地物或地貌特征点上。跑尺之前，跑尺员应先熟悉施测范围和实地情况，并于观测员、绘图员商量跑尺路线。跑尺次序应有计划，要使观测、绘图方便，使跑尺路线最短，而又不至于重测、漏测碎部点。

（四）观测

转动照准部，瞄准碎部点所立视距尺，调竖盘水准管微倾螺旋使气泡居中，读取上、中、下三丝读数及竖盘读数，最后读水平度盘读数，即得水平角β。同法观测其他碎部点。

（五）记录

将测得的每个碎部点数据依次记入手簿中相应栏内，见表7－4。如遇特殊的碎部点，还要在备注栏中加以说明，如房屋、道路等。

（六）计算

依视距k、n、α，用计算器按视距公式求算平距和高差，并根据测站的高程，算出碎部点的高程。

（七）刺点

用小针将量角器（其直径大于20cm）的圆心与图上的测站重新固定，转动量角器，将量角器上等于β角的刻划对准起始方向线，则量角器的零方向便是碎部点的方向。根据计算出的平距和测图比例尺定出碎部点的平面位置，如图7－16所示，并在点的右侧注明高程。

在测图过程中，应随时检查起始方向，经纬仪测图归零差不应大于$4'$。为了检查测图质量，仪器搬到下站时，应先观测前站所测的某些明显碎部点，以便检查由两站测得该点的平面位置和高程是否相等。如相差较大，则应查明原因，纠正错误。

图 7-16　经纬仪测绘法

表 7-4　　**碎部测量记录手簿**

仪器型号：　　测站：1　　起始点：2　　观测者：　　记录者：

观测日期：　　仪器高 i=1.42m　　测站高程 H_1=56.32m

碎部点	尺读数			尺间隔	竖盘读数	竖角 α	水平距离	初算高差 $\pm h$	高差 $\pm h$	水平角 β	碎部点高程 /m	备注
	中丝	下丝	上丝									
1	1.42	1.800	1.040	0.760	93°28′	+3°28′	75.72	+4.59	+4.59	275°25′	60.91	
2	2.40	2.775	2.025	0.750	93°00′	+3°00′	74.79	+3.92	+2.94	305°30′	59.26	房角
3	1.42	1.667	1.163	0.514	89°15′	− 0°45′	51.39	−0.67	−0.67	70°40′	55.65	

经纬仪测绘法操作简单、灵活，不受地形限制，边测边绘，工效较高，适用于各类地区的测图工作。此外，如遇雨天或测图任务紧时，可以在野外只进行经纬仪观测，然后以记录和草图在室内进行展绘。这时，由于不能在室外边测边绘，观测和绘图的差错不易及时发现，也容易出现漏测和重测现象。

四、光电测距仪测绘法

在地形测图中，光电测距仪测绘法与传统的经纬仪测绘法相比具有精度高、速度快等特点。它的工作步骤基本与经纬仪测绘法相同。不同之处介绍如下：

（一）安置仪器（同三、经纬仪测绘法）

（二）定向（同三、经纬仪测绘法）

（三）量取目标高

在碎部点处，安置反光镜，对中、整平，并量取前镜中心高 v。

（四）瞄准

转动照准部，瞄准碎部点所立反光镜处的前标点。用经纬仪读取水平度盘读数及竖盘读数，用光电测距仪直接测得测站点到碎部点的倾斜距离 D' 并改正为平距 D。

（五）计算

根据光电三角高程测量计算公式得高差 $h=D'\sin\alpha+i-v+f$。并计算碎部点的高程。

（六）刺点

依据水平角的读数及平距 D 在图板上刺点。

五、地貌和地物的勾绘

当图板上测绘出若干碎部点之后，应随即勾绘铅笔原图。

（一）地物的勾绘

地物的勾绘比较简单，如能按比例大小表示的地物，应随测随绘，即把相邻点连接起来。对道路、河流的弯曲部分则逐点连成光滑曲线，如水井、地下管道等地物，可在图上先绘出其中心位置，在整饰图面时再用规定的符号准确地描绘出来。

（二）地貌的勾绘

地貌勾绘时要连结有关的地貌特征点，在图纸上轻轻地用铅笔勾出一些地性线，实线表示山脊线，虚线表示山谷线（图 7-17），然后在两相邻点间按地貌特征点高程内插等高线（图 7-18）。由于地貌特征点是选在地面坡度变化处，所以相邻两地貌点可认为在同一坡度上。内插等高线时，可按高差与平距成正比的原则，可求出等高线在两地貌点间应通过的位置。如图 7-19 所示，A 和 B 两地形点的高程分别为 52.8m 和 57.4m，则当取等高距 $h=1$m 时，就有 53m、54m、55m、56m 及 57m 的五条等高线通过两点间，依平距与高差成正比例的关系，各等高线在地形图上的位置则为 m、n、o、p、q。根据此原理用目估法在相邻的特征点间按其高程之差来确定等高线通过的位置。同理依次在相邻的高程点间确定出整米的高程点。最后根据实际地貌情况，把高程相同的相邻点用光滑曲线连接起来，勾绘成等高线图。在内插等高线时应注意适当地保留地貌特征点的高程。

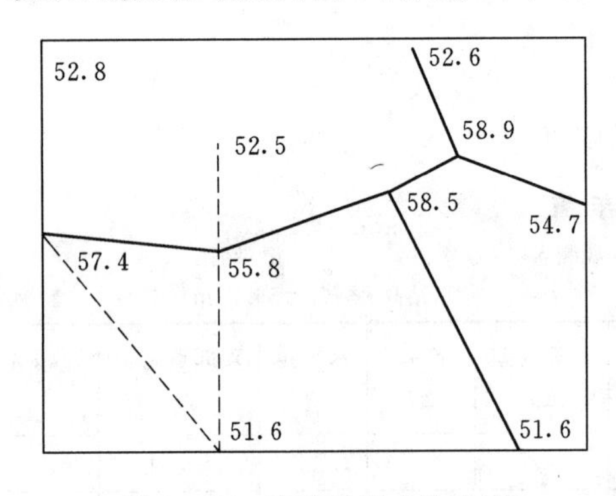

图 7-17　地貌特征点的连接

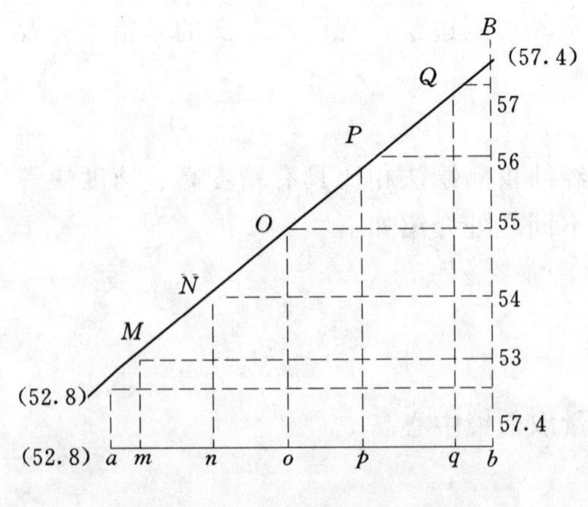

图 7-18　内插等高线原理

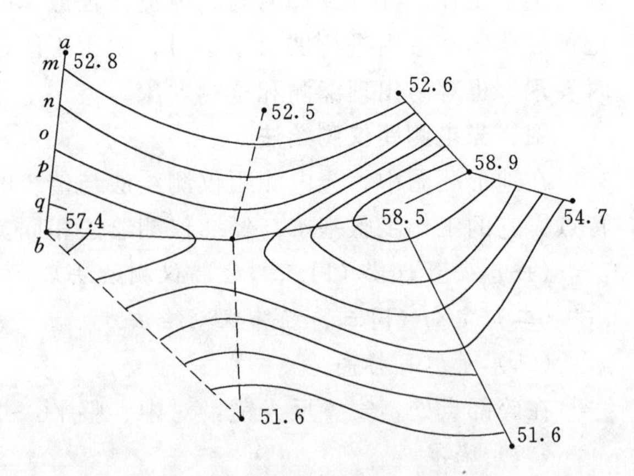

图 7-19　等高线内插原理

第五节　地形图的拼接与检查

一、地形图拼接

当测区面积较大时，必须采用分幅测图，在相邻图幅的接边处，由于测量和绘图的误差。使地物轮廓线和等高线都不会完全吻合。如图7-20所示，Ⅰ、Ⅱ两幅图左、右相接，左衔接处的道路、房屋、等高线都有偏差，因此，有必要对它们进行改正。

为了图的拼接，规定每幅图的东南图边应测出图廓外1cm，使相邻图幅有一条重叠带，便于拼接检查。对于使用聚酯薄膜所测的图纸，只需将相邻图幅的边缘重叠，坐标格网对齐，就可检查接边处的地物和等高线的偏差情况。如测图用的是裱糊图纸，则须用一条宽4～5cm，长度与图边相应的透明纸条，先蒙在图幅Ⅰ的东拼接边上，用铅笔把坐标网线、地物、等高线描在透明纸上，然后把透明纸条按网格对准蒙在图幅Ⅱ的西拼接边上，并将其地物和等高线也描绘上去。如此在该接边的透明纸条上，就可看出相应地物和等高差的偏差情况。如遇图纸伸缩，应按比例改正，一般可按图廓格网线逐格地进行拼接。

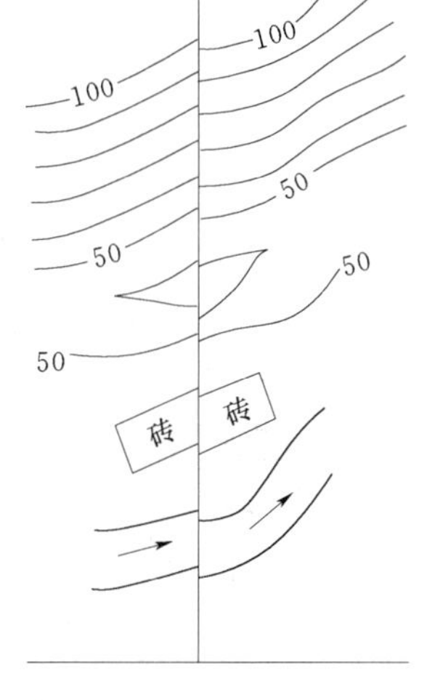

图7-20　地形图的拼接

图的接边限差，不应大于规定的碎部点平面、高程中误差$2\sqrt{2}$倍。在大比例尺测图中，关于碎部点（地物点与等高线内插点）的中误差规定见表7-5和表7-6。

表7-5　等高线内插点的高程中误差

地形类别	平地	丘陵	山地	高山地
高程中误差（等高距）	1/3	1/2	2/3	1

表7-6　地物点点位中误差

地区类别	地物点点位中误差/mm	地区类别	地物点点位中误差/mm
建筑区、平地及丘陵区	0.5	山地及旧街坊	0.75

因此，对建筑区地物的接边容许偏差为0.5×2=1.4（mm），而在丘陵地接边时，等高线的容许偏差为$(h/2)\times 2=1.4h$，即为该两幅图等高距的1.4倍。小于上述限差时可平均分配，但应保持地物、地貌相互位置和走向的正确性。超限时应到实地检查、改正。

二、地形图检查验收

（一）自检

每幅图测完，先在图板上检查地物、地貌位置是否正确，符号是否按图式规定表示，等高线是否有矛盾处。地物地貌是否有遗漏。自检后，带着图板到实地巡视，检查图板所绘内容与实地是否相符，发现问题立即更正。

（二）验收检查

对地形图验收，一般先巡视检查，并将可疑处记录下来，再用仪器到实地检查。通常仪器检测碎部点的数量为测图量10%。检查方法可用重测方法，即与测图的相同方法，亦可变换测量方法。

无论使用哪种方法检查，应将检查结果记录下来，最后计算出检查点的平面位置平均最大误差值及平均中误差值。以此作为评估测图质量的主要依据。检查中发现个别点有超过限差时，应就地改正。若被检查点平均中误差超过规定值时需补测、修测或重测。在地形图拼接与地形图检查中，都以点位中误差和等高线高程中误差为标准。此两项值在测量规范中均有规定。

第六节　地形图的整饰、清绘与复制

一、地形图的整饰清绘

地形图拼接和检查工作完成后，要进行整饰清绘。整饰清绘的目的，是按照有关“图式”规定把地物和地貌符号都描绘清楚。加上各种注记，最后上墨。

（一）图的整饰

（1）擦掉一切不必要的线条，对地物和地貌按规定符号描绘。

（2）文字注记应该在适当的位置，既能说明注记的地物和地貌，又不遮盖符号。字头一般朝北，等高线高程注记应使字脚表示斜坡下降方向，字体要端正清楚。注记常用字体有宋体、仿宋体、等线体、耸肩体和斜体几种。一般居民地名用宋体或等线体，山名用长等线体，河流、湖泊用左斜体。

（3）画图幅边框，注出图名、图例、比例尺、测图单位和日期等图面辅助要素。

（二）图的清绘

地形图清绘是在整饰的铅笔原图上，按照原来线划符号注记位置用绘图笔上墨，使底图成为完整、清洁的地形原图。一般清绘次序为：①内图廓线；②注记；③控制点、方位标及独立地物；④居民地、墙、道路；⑤水系及其建筑物；⑥植被及地类界；⑦地貌；⑧图幅整饰。

（三）清绘聚酯薄膜为底图的地形图注意事项

（1）外业测图中图面容易脏污，既不易着墨，又易掉墨。因此着墨前先把图面冲洗干净，晾干后才可清绘。墨汁要用特制的，用一般墨水加2%的重铬酸铵效果会更好。

（2）薄膜毛面容易沾染油污，每次清绘前一定要把手洗干净，图面要用纸压盖，仅露作业部分，若部分地方沾染油污时，可以用橡皮粉轻擦，或用无水乙醇擦拭。

（3）清绘时墨线干燥较慢，应注意不要碰着，线划接头时要等先画好的线划干了之后再连接。绘图笔移动速度要均匀，过慢则线划易粗，过快线划细而不黑，用直线笔绘图时落笔要快，停笔稍向前抬，这样绘出的线划才整齐一致。上墨有错，可用刀片刮改。

二、地形图的复制

复制地形图的方法常用的有下述几种：

（一）晒图法

晒图前，用透明纸将原图透绘成透明纸底图。将底图覆盖于涂有感光液的晒图纸上，经过曝光、显影及定影手续，即成与底图大小样式完全一样的复制图。如原图是聚酯薄膜，可以直接当底图晒图，无需重新描绘透明底图，减少工序。

晒图，主要是用熏图法，熏图是用重氮感光纸晒制，晒图方法是将透明底图与感光纸放在镜框里严密接触，在阳光下进行曝光，曝光时间夏天 3～5s，冬天 20～25s，感光纸在未曝光前为浅黄色，曝光时图的空白部分变成灰白色或白色，即曝光已足。曝光后将感光图纸投入充满氨气的熏图箱或熏图筒内，利用氨气熏蒸定影。比较先进的熏图方法是用电光晒图机，它用电光曝光，启动电钮，自动旋转，连晒带熏，效率高，且不受天气的限制。

（二）制版印刷法

把地形图的着墨底图，经过复照、制版、然后印刷，这是复制质量最好的一种方法．这种方法适用于批量印刷，它需要一套专门的设备和技术。制版印刷工艺较复杂，可去专业印刷厂进行。

（三）静电复印法

静电复印是一种先进的复制方法。随着大型工程复印机的出现，复印的图幅大小也可由一般的 B5 纸到零号图纸，也可把原图放大或缩小，复印法比熏图法速度快，效果好。

复习思考题

1. 何谓比例尺？数字比例尺、图示比例尺各有什么特点？
2. 何为比例尺精度？1∶100 万的比例尺精度是多少米？
3. 何谓等高线、等高距和等高线平距？
4. 简述等高线的特性？
5. 等高距、等高线平距与地面坡度之间的关系如何？
6. 试用等高线绘出山丘与盆地、山脊与山谷、鞍部等地貌，它们各有什么特点？
7. 测图的准备工作有哪些？
8. 地形测图时如何选择立尺点和立尺路线？
9. 简述经纬仪测绘法测图的主要步骤。

第八章　数字化测图

第一节　概　述

一、数字化测图概述

数字化测图与传统的测图相比，其原理和本质并无差异。传统的地形测量是利用常规仪器对测区内的各种地物、地貌的几何形状和空间位置进行测定，并按规定的符号，依一定的比例尺缩绘成图。其测量成果是由手工绘制到图纸（或聚酯薄膜）上，被称为白纸测图。

随着科学技术的发展，计算机及各种先进的数据采集和输出设备得到了广泛的应用。这些先进的设备促进了测绘技术向自动化、数字化的方向发展，也促进了地形及其他测量从白纸测图向数字化测图变革，测量的成果不再是绘制在纸上的地图，而是以数字形式存储在计算机中，成为可以传输、处理、共享的数字地图。数字测图是以计算机为核心，在外联输入输出设备的支持下，对地形的相关数据进行采集、输入、编绘成图、输出打印及分类管理的测绘方法。

广义的数字化测图包括野外数字测图（地面数字测图）、航空摄影测量数字测图、纸质地形图的数字化等。本章主要介绍野外数字测图（地面数字测图）的作业模式和基本流程。

二、数字化测图的发展及应用

20 世纪 50 年代美国国防制图局开始制图自动化的研究，这一研究同时也推动了制图自动化全套设备的研制，包括各种数字化仪、扫描仪、数控绘图仪以及计算机接口技术等。目前，世界上各种类型的地图数据库和地理信息系统（GIS）相继建立，计算机制图得到了极大发展和广泛应用。

我国从 20 世纪 60 年代开始进行计算机辅助制图的研究至今，已经历了设备研制、软件开发、应用实验和系统建立等发展阶段。目前国内推出了成熟的、商品化的数字化测图系统，并在生产中得到了广泛的应用。

第二节　野外数据采集

一、全站仪法野外数据采集

全站仪法野外数据采集是目前地面数字测图中较为常用的方法。全站仪野外数据采集碎部点坐标的基本原理类似于传统测绘方法，是采用极坐标法和三角高程测量。

不同品牌的全站仪操作方法虽有差异，但基本原理相同，数据采集程序基本一致。具体步骤是：①在已知点（等级控制点、图根点或者支站点）上安置全站仪，量取仪器高，若使用手簿，连接好手簿；②启动全站仪和电子手簿，对仪器的有关参数进行设置，如外界温度、大气压、反射棱镜常数、仪器的比例误差系数等；③调用全站仪中数据采集程序，输入测站点、后视定向点坐标等数据，进行定向并复测后视点，还可以复测第三个已知点，将其量测值与已知坐标值相比较，要求二者的差值在限差之内，否则需要找问题，主要检查已知点和定向点的坐标是否输错、已知点成果表是否抄错、成果计算是否有误等；④定向检查通过后，即可开始数据采集。利用全站仪中后方交会的功能进行自由设站，先测出测站点的坐标，再以该站为已知点进行数据采集。

根据全站仪数字测图的特点，一个作业小组一般需要 3～4 人，其中，观测员 1 人，跑尺员 1～2 人，绘图员 1 人。测图员是作业小组的核心，负责野外绘制草图和室内成图，对测区地形十分熟悉。

二、GPS RTK 野外数据采集

利用 GPS RTK 法进行数据采集，碎部点测量较为简便，主要是在测量前需要正确的设置仪器和控制软件。在 RTK 作业模式下，基准站通过数据链将其观测值和测站坐标、高程信息一同传送给流动站。流动站不仅要通过数据链接受基准站的信息，还要采集流动站观测数据。具体的操作步骤是：①架设基准站：开机，启动；②移动站开机，手簿开机，蓝牙连接，参数设置；③移动站测定测区内已知两点坐标值；④基准站坐标转换；⑤碎部点测量，存储。如图 8－1 和图 8－2 所示是拓普康 HiPer ⅡG GPS-RTK 的基准站和移动站的设置。

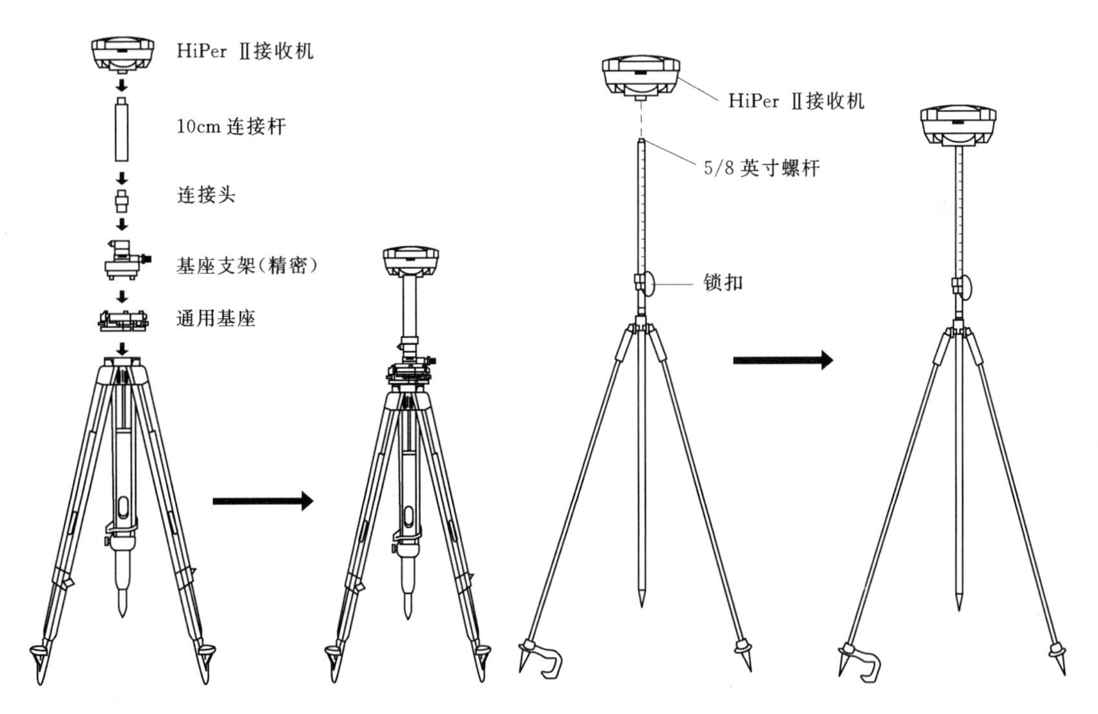

图 8－1　在控制点上方安装三脚架和接收机　　图 8－2　将 Hiper ⅡG 接收机连接到测杆上

第三节 数 据 传 输

一、数字化测图 CASS9.1 软件操作界面

目前，在国内市场上有许多数字化测图软件，其中较为成熟，且应用较广泛的主要有广州南方测绘仪器有限公司的 CASS 地形地籍成图软件，本教材介绍国内广州南方测绘仪器公司（South）开发的 CASS9.1 成图软件，是目前较新的版本，由软件光盘和一个加密狗构成，CASS9.1 的安装应该在完成 AutoCAD 的安装并运行一次后进行，如图 8-3 所示为 CASS9.1 的操作界面。该界面主要分为四部分：顶部菜单面板、右侧屏幕菜单和工具条、属性面板，每个菜单项均以对话框或命令行提示的方式与用户交互应答，操作灵活方便。

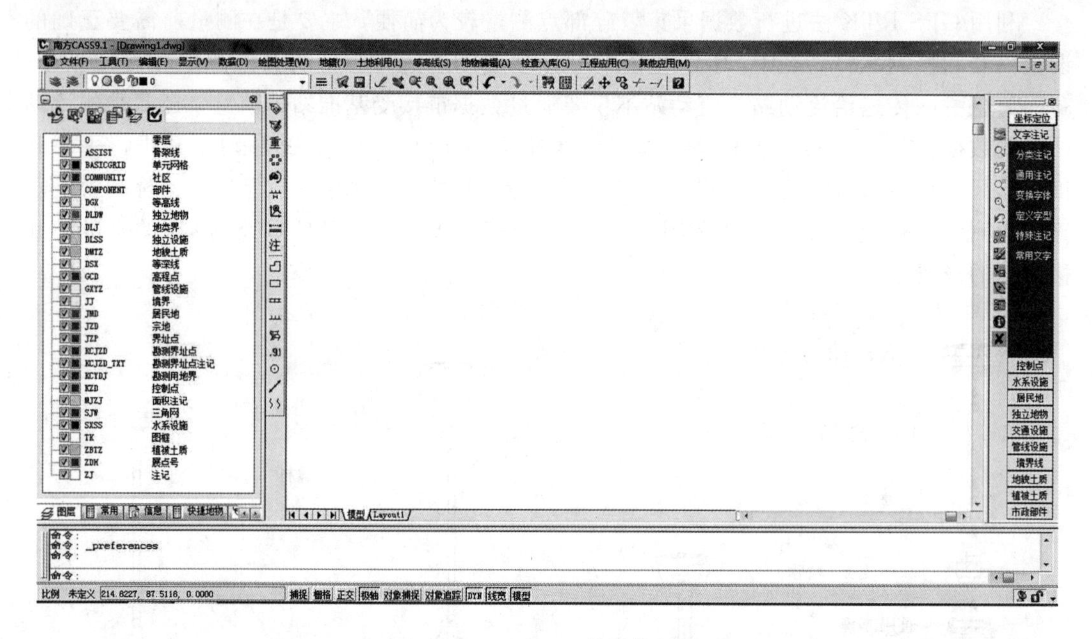

图 8-3 CASS9.1 的操作界面

二、CASS9.1 数据传输

数据传输的功能是完成电子手簿或者全站仪与计算机之间的数据相互传输。具体步骤如下：①硬件连接 选择正确的数据线和端口将全站仪与计算机进行连接，查看仪器相关的通信参数，打开计算机进入 CASS9.1 系统；②通信参数设置 执行 CASS9.1“数据”下拉菜单“读取全站仪数据”命令，在弹出的对话框中（图 8-4）选择相应型号的仪器型号，选择通信参数（通信端口、波特率、校验位、数据位、停止位），使其与全站仪内部通信参数保持一致，选择文件保存位置、输入文件名，并选中“联机”选项；③数据传输 单击图 8-4 中的“转化”按钮弹出对话框，如图 8-5 所示，按对话框提示顺序操作，命令区便逐行显示点位信息，直至通信结束。CASS9.1 中坐标文件以“*.DAT”格式存储。

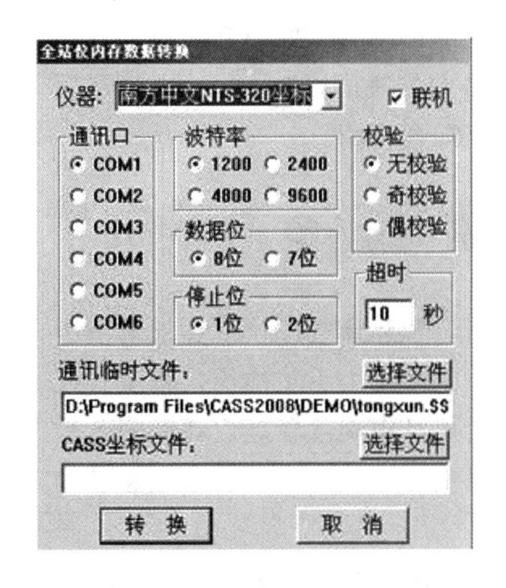

图 8-4　数据转换对话框

图 8-5　计算机等待全站仪信号

第四节　地　物　编　绘

CASS9.1 软件共提供了 7 种成图方法：简编码自动成图，编码引导自动成图，测点点号定位成图，坐标定位成图，测图精灵图，电子平板测图，数字化仪成图。其中前 4 种成图法适用于测记式测图法，测图精灵图和电子平板测图法在野外直接绘出平面图。对于测记式无码作业模式，主要使用测点点号定位成图和坐标定位成图两种方法。

一、测点点号法定位成图

(1) 展点。“展点”是在坐标数据文件中的各个碎部点点位及其相应属性（如点号、代码或者高程等）显示在屏幕上。此时应展野外点点号。

在“绘图处理”下拉菜单中选择“展野外点点号”项，系统提示“输入要展出的坐标数据文件名”。选中文件名后单击“打开”，则数据文件中所有点以注记点号形式展现在屏幕上。展点前，命令行窗口中将要求输入测图比例尺，输入比例尺分母后回车即可。

(2) 选择“测点点号”菜单。在屏幕右侧的一级菜单“定位方式”中选取“测点点号”，系统弹出对话框，提示选择点号对应的坐标文件。选中外业所测的数据文件并单击“打开”后，系统将所有数据读入内存，以便依照点号寻找点位。此时命令行显示：

读点完成！共读入 280 个点

(3) 绘平面图。屏幕菜单将所有地物要素分为 11 类，如文字注记、控制点、地籍信息居民地等，此时即可按照其分类分别绘制各种地物。

二、坐标定位法成图

坐标定位成图法操作类似于测点点号定位成图法。所不同的是，绘图时点位的获取不是通过输入点号而是利用“捕捉”功能直接在屏幕上捕捉所展的点，故该法较测点点号定位成图法更方便。具体步骤是：①展点；②选择“坐标定位”屏幕菜单，操作同测点点号法定位成图；③绘制平面图 绘图之前要设置捕捉方式，有几种方法可以设置。如选择“工具”下拉菜单中“物体捕捉模式”的“节点”，以“节点”方式捕捉展绘的碎部点，也可以用鼠标右键点击状态栏上面的“对象捕捉”进行设置，取消和开启捕捉功能可以直接按键盘“F3”进行切换。绘图方法同“测点点号定位法成图”。

上述绘图方法一般并不单独使用，而是相互配合使用。

第五节　地　貌　编　绘

地表形状的表示借助地形图，包括准确地物位置和地表起伏。在地形图中，地形高低起伏通常用等高线来表示。常规的平板测图中，等高线由手工描绘，精度较低。在数字测图系统中，等高线由计算机自动绘制，不仅光滑而且精确度较高。在CASS软件里，通过本菜单可建立数字地面模型，计算并绘制等高线或等深线，自动切除穿建筑物、陡坎、高程注记的等高线，如图 8-6 所示。

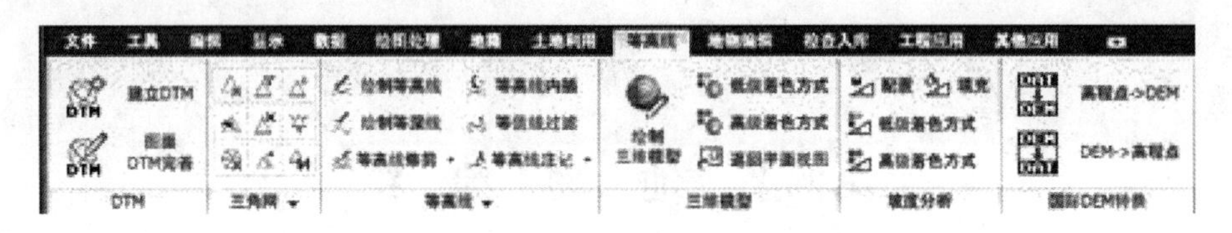

图 8-6　等高线菜单

绘制等高线步骤如下：

(1) 建立 DTM 网。左击等高线菜单，弹出如图 8-6 所示对话框，首先选择建立 DTM 的方式，分为两种：由数据文件生成和由图面高程点生成，如果选择由数据文件生成，则在坐标数据文件名中选择坐标数据文件；如果选择由图面高程点生成，则在绘图区选择参加建立 DTM 的高程点。然后选择结果显示，分为三种：显示建三角网结果、显示建三角网过程和不显示三角网。最后选择在建立 DTM 的过程中是否考虑陡坎和地形线。如图 8-6 所示输入带高程信息的坐标数据文件名后，按“打开”即可。点击“确定”，如图 8-7 所示。

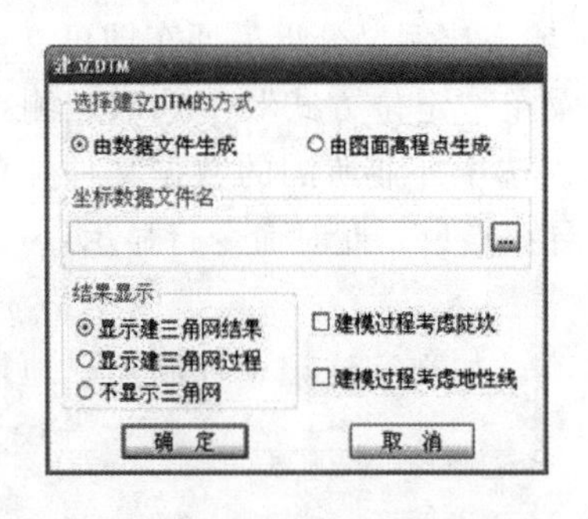

图 8-7　建立 DTM 对话框

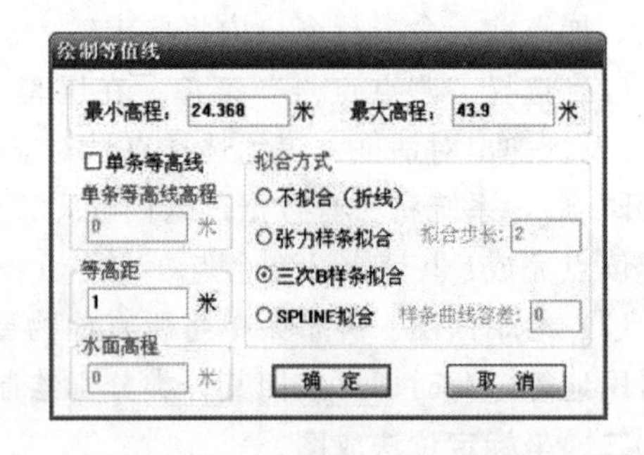

图 8-8　绘制等值线对话框

(2) 修改三角网。将不符合要求的三角形过滤掉，或者将未连成三角形的三个地形点连成一个三角形。

(3) 绘制等高线 系统自动采用最近一次生成的 DTM 三角网或三角网存盘文件计算并绘制等高线。执行“绘制等高线”的菜单后，弹出如图 8-8 所示对话框。提示：请输入等高距（单位：米）：输入等高距，同时选择拟合方式，单击“确定”后生成等高线。等高线绘制完毕，删除三角网。

（4）等高线修剪和注记 绘制完等高线，通过“等高线”下拉菜单的“等高线注记”和“等高线修剪”进行等高线注记和地形图图内整饰。

第六节 地形图的分幅和输出

CASS9.1 系统提供了用于绘图和注记的“工具”、编辑修改图形的“编辑”和编辑地物的“地物编辑”等下拉菜单，对地物和地貌符号进行注记和编辑。完整的图形要素编辑完成后，进行图幅整饰与输出。

一、图形分幅与图幅整饰

（1）图形分幅。图形分幅前，首先应了解图形坐标数据文件中的最小坐标和最大坐标。同时应注意 CASS9.1 下信息栏显示下信息栏显示的坐标为 Y 坐标（东方向）、X 坐标（北方向）。

执行“绘图处理＼批量分幅”命令，命令提示：

请选择图幅尺寸：<1>50 * 50 <2>50 * 40<1>：按要求选择，直接回车默认选择<1>。

请输入分幅图目录名：输入分幅图存放的目录名，回车，如输入 E：＼SURVERY＼。

输入测区一角：在图形左下角左击。

输入测区另一角：在图形右上角左击。

此时，在所设目录下就生成了各个分幅图，自动以各个分幅图的左下角的东坐标和北坐标结合起来命名，如：“31.00—53.00”“31.00—53.50”等。如果未输入分幅图目录名时直接回车，则各个分幅图自动保存在安装 CASS9.1 的驱动器的根目录下。

（2）图幅整饰。打开各分幅图形，并执行“文件＼加入 CASS9.1 环境”命令。选择“绘图处理＼标准图幅”项，显示对话框，如图 8－9 所示。输入图幅的名字、邻近图名、测量员、绘图员、检查员，在左下角坐标的“东”、“北”栏内输入相应坐标，例如“53000，31000”（最好拾取）。“删除图框外实体”若打勾则删除图框外实体，最后单击“确定”按钮即完成图幅整饰。

图 8－9 图幅整饰对话框

图框外的单位名称、成图时间、地形图图式和坐标系统、高程基准等可以在加框前统一定制，即在“CASS9.1 参数设置＼图框设置”对话框中依实际情况填写，也可以直接打开图框文件，如打开“CASS9.1＼BLOCKS＼AC50TK.DWG”文件，利用“工具”菜单的“文字”项的“写文字”、“编辑文字”等功能，依实际情况编辑修改图形中的文字，不改名存盘，即可得到统一定制的图框。

二、绘图输出

地形图绘制完成后，利用绘图仪、打印机等设备输出、执行“文件＼绘图输出”，在二级菜单里可完成相关打印设置，并打印出图。

复习思考题

1. 简述数字化测图方法的野外操作步骤。
2. 简述数据传输的全过程。
3. 简述利用CASS软件绘制地形图的基本过程。
4. 在CASS软件里如何进行地形图的分幅和整饰？

第九章 地形图的应用

第一节 概 述

在水利、水电、水保、建筑、土木和园林等工程的规划与设计阶段，需要应用不同比例尺的地形图。用图时，应认真阅读，并充分了解地物分布和地貌变化情况，才能根据地形与有关资料，做出合理而经济的规划与设计。应用时对下列各项应有详尽的了解，方能正确使用地形图。

一、比例尺

规划设计时常用的有 1∶50000、1∶25000、1∶10000、1∶5000、1∶2000、1∶1000 及 1∶500 等几种比例尺的地形图。应恰如其分地选用不同比例尺的地形图，以满足规划设计的需要。

二、地形图图式

除应熟悉国家制定相应比例尺的图式外，还应了解行业及本单位常用的一些图式。对表示地貌的等高线应能判别出山头与盆地、山脊和山谷等地貌。

三、坐标系统与高程系统

我国大比例尺地形图一般采用全国统一规定的高斯平面直角坐标系统，某些工程建设也有采用假定的独立坐标系统。国家于 1987 年 5 月启用新的“1985 年国家高程基准”，凡仍用旧系统（1956 年黄海高程系）的高程资料，使用时应归算到新的高程系统。

四、图的分幅与编号

当测区较大，图幅较多时，必须根据拼接示意图了解每幅图上、下、左、右相邻图幅的编号，便于拼接使用。

第二节 地形图的分幅和编号

为便于测绘、管理和使用地形图，需要将大面积的各种比例尺的地形图进行统一的分幅和编号。地形图分幅的方法分为两类：一类是按经纬线分幅的梯形分幅法（又称为国际分幅法）；另一类是按坐标格网分幅的矩形分幅法。前者用于国家基本图的分幅，后者则用于工程建设大比例尺图的分幅。

一、地形图的梯形分幅和编号

（一）1∶100 万地形图的分幅和编号

1∶100 万地形图的分幅和编号采用国际 1∶100 万地图会议（1913 年，巴黎）的规定进行。标准分幅的经差是 6°，纬差是 4°。由于随纬度的增高地图面积迅速缩小，所以规定在纬度 60°～76°之间双幅合并，即每幅图经差 12°，纬差 4°。在纬度 76°～88°之间由四幅合并，即每幅图经差 24°，纬差 4°。纬度 88°以上单独为一幅。我国处于纬度 60°以下，故无合并图幅的问题。

如图 9-1 所示，从赤道起，每 4°为一列，至北（南）纬 88°，各为 22 列，依次用英文字母 A、B、C、…、V 表示其相应的列号。从 180°经线算起，自西向东每 6°为一行，将全球分为 60 行，依次用 1、2、3、…、60 来表示。“列号—行号”相结合，即为该图幅的编号。例如北京某点的经度为东经 116°24′20″，北纬为 39°56′30″，则该点所在的 1∶100 万比例尺图的图号为 J-50。也可用计算公式计算出列号和行号，例如某点的经度为 λ，纬度为 φ，则其所在 1∶100 万地图的图幅编号：

$$\left.\begin{aligned}&\text{横列号}=\frac{\text{横列号}}{4^\circ}(\text{整商})+1 \quad \text{数字与英文字符顺序对应}\\&\text{纵行号}=\frac{\text{东经度}}{6^\circ}(\text{整商})+31 \quad \text{或者}=\frac{180^\circ-\text{西经度}}{6^\circ}(\text{整商})+1\end{aligned}\right\} \tag{9-1}$$

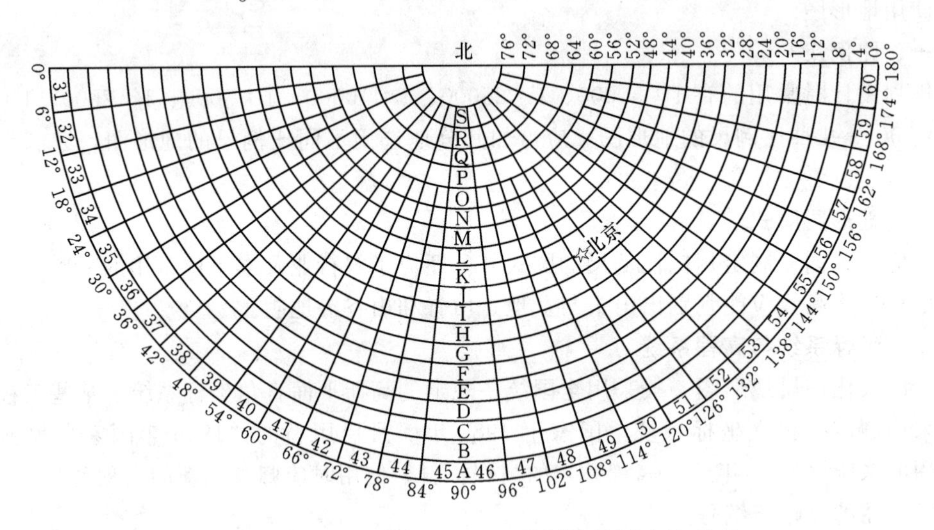

图 9-1　北半球东侧 1∶100 万地图的国际分幅与编号

（二）1∶50 万、1∶25 万地形图的分幅与编号

这两种地图编号都是在 1∶100 万图号后分别加上自己的代号所成，如图 9-2 所示。

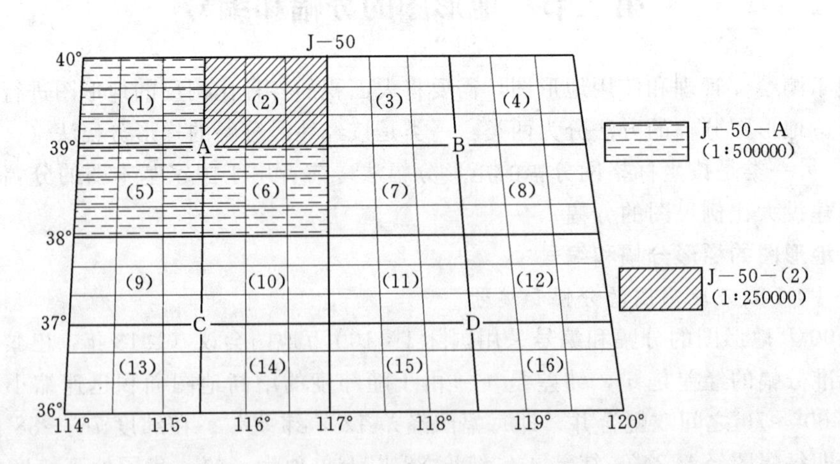

图 9-2　1∶50 万、1∶25 万地形图的分幅与编号

每一幅 1∶100 万地形图分为 2 行 2 列，共 4 幅 1∶50 万地形图，分别以 A、B、C、D 为代号，例如 J—50—A。

每一幅 1∶100 万地形图分为 4 行 4 列，共 16 幅 1∶25 万地形图，分别以［1］、［2］、…、［16］为代号，例如 J—50—［2］。

（三）1∶10 万地形图的分幅与编号

每一幅 1∶100 万地形分为 12 行 12 列，共 144 幅 1∶10 万地形图，分别用 1、2、3、…、144 为代号，例如 J-50-5。如图 9-3 所示。

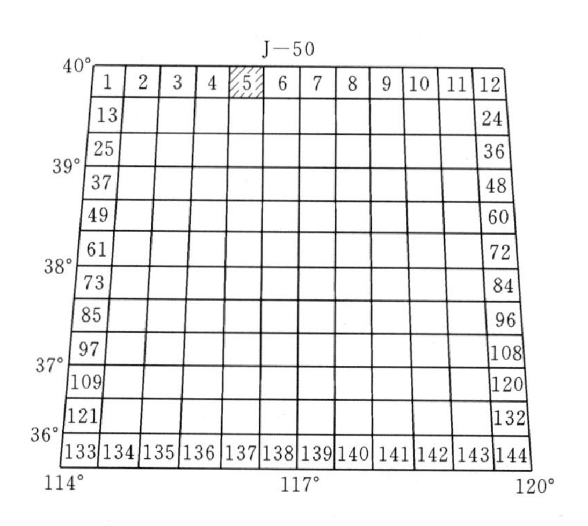

图 9-3　1∶10 万地形图分幅与编号

（四）1∶5 万和 1∶2.5 万地形图的分幅与编号

这两种地形图的图号是从 1∶10 万地形图的图号基础上延伸而来。如图 9-4 所示。

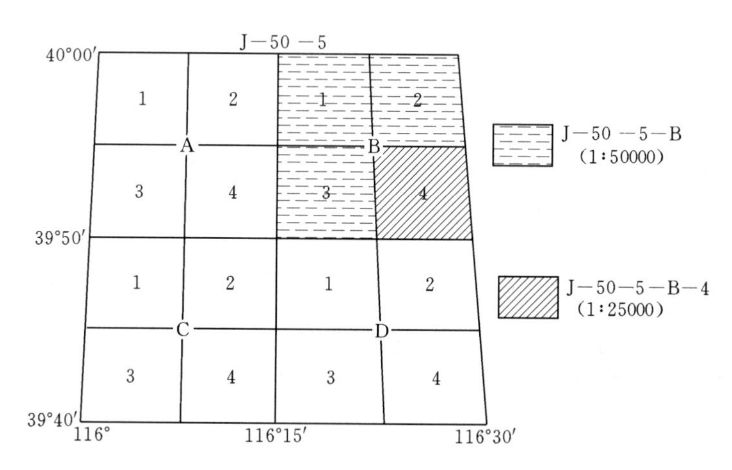

图 9-4　1∶5 万、1∶2.5 万地形图的分幅与编号

每幅 1∶10 万地形图分为 4 幅 1∶5 万地形图，分别以 A、B、C、D 为代号，其图号是在 1∶10 万地形图号后加上各自的代号而成，例如 J—50—5—B。如图 9-4 所示。

每幅 1∶5 万地形图分为 4 幅 1∶ 2.5 万地形图，分别以 1、2、3、4 为代号，其编号是在 1：5 万地形图图号后再加上 1：2.5 万地形图代号而成，例如 J—50—5—B—4。如图 9-4 所示。

（五）1：1 万地形图的分幅与编号

如图 9-5 所示，每幅 1：10 万地形图分为 8 行 8 列，共 64 幅 1：1 万地形图，代号分别以（1）、（2）、（3）、…、（64）表示，其编号是在 1：10 万地形图图号后加上各自的代号而成，例如 J—50—5—（15）。

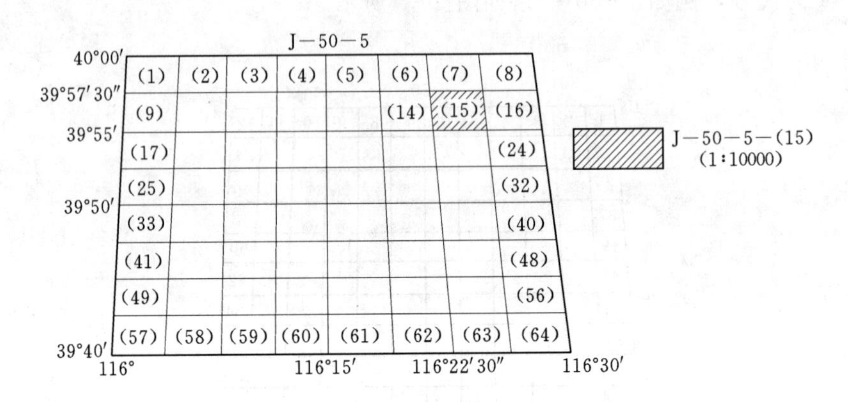

图 9-5　1：1 万地形图的分幅与编号

二、国家基本比例尺地形图新的分幅与编号

我国 1992 年 12 月发布了《国家基本比例尺地形图分幅和编号》（GB/T 13989—92）的国家标准，自 1993 年 3 月起实施。新测和更新的基本比例尺地形图，均须按照此标准进行分幅和编号。新的分幅编号对照以前有以下特点：

1. 1：5000 地形图列入国家基本比例尺地形图系列，使基本比例尺地形图增至 8 种。

2. 各种比例尺地形图均以 1：100 万地形图为基础划分，经纬差不变；此外，过去的列、行，现在改称为行、列。

3. 编号仍以 1：100 万地形图编号为基础，后接相应比例尺的行、列代码，并增加了比例尺代码。因此，所有 1：5000～1：50 万地形图的图号均由五个元素 10 位代码组成。编码系列统一为一个根部，编码长度相同，计算机处理和识别时十分方便。

（一）地形图分幅

1：100 万地形图的分幅按照国际 1：100 万地形图分幅的标准进行，见表 9-1。

表 9-1　　1：100 万地形图分成其他比例尺地形图的关系

比例尺	1：100 万	1：50 万	1：25 万	1：10 万	1：5 万	1：25000	1：1 万	1：5000
x	1×1	2×2	4×4	12×12	24×24	48×48	96×96	192×192
图幅数	1	4	16	144	576	2304	9216	36864
纬差	4°	2°	1°	20′	10′	5′	2′30″	1′15″
经差	6°	3°	1.5°	30′	15′	7.5′	3′45″	1′52.5″

不同比例尺地形图的经纬差、行列数和图幅数成简单的倍数关系，如图 9-6 所示。

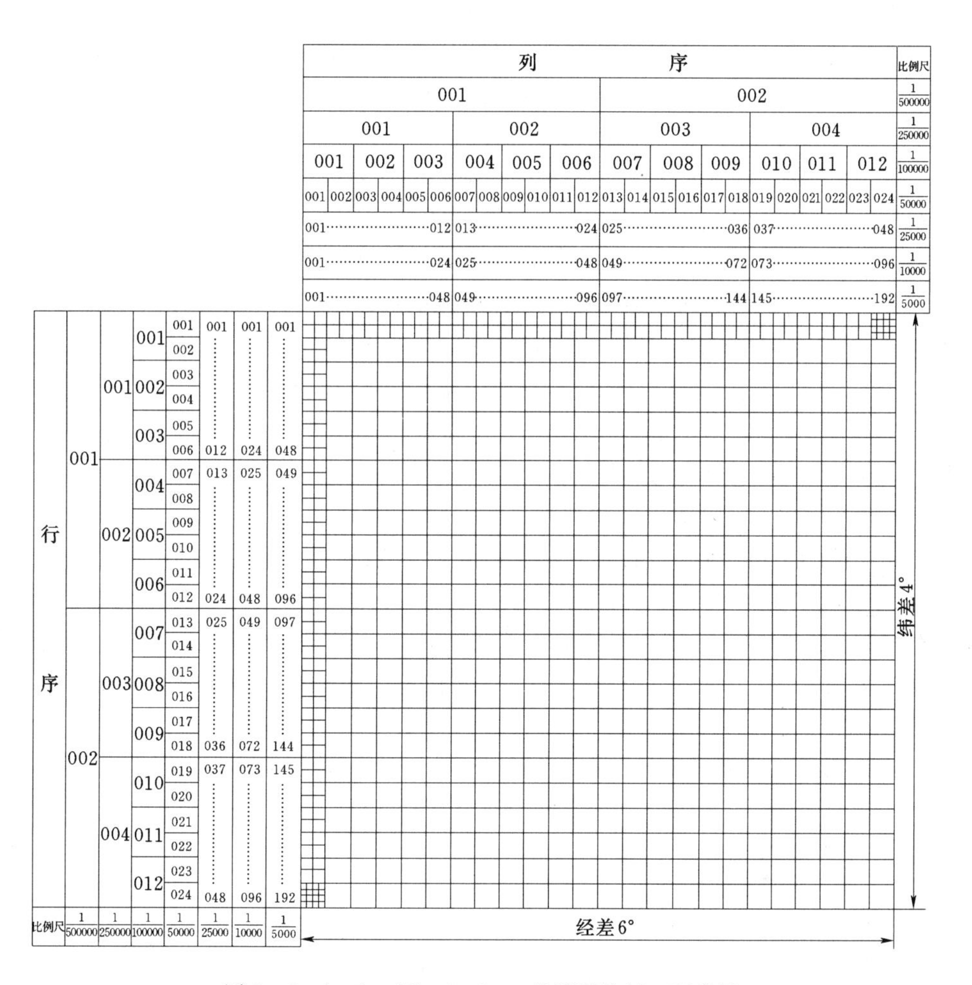

图 9-6　1∶100 万～1∶5000 地形图的行、列编号

为了使各种比例尺不致混淆，分别采用不同的英文字符作为各种比例尺的代码，见表 9-2。

表 9-2　　我国基本比例尺代码

比例尺	1∶50 万	1∶25 万	1∶10 万	1∶5 万	1∶2.5 万	1∶1 万	1∶5000
代码	B	C	D	E	F	G	H

1∶50 万～1∶5000 地形图的编号均由五个元素 10 位代码构成，即 1∶100 万图的行号（字符码）1 位，列号（数字码）2 位，比例尺代码（字符）1 位，该图幅的行号（数字码）3 位，列号（数字码）3 位。

（二）地形图编号

1. 1∶100 万地形图的编号

与图 9-1 所示方法基本相同，只是行和列的称谓相反。1∶100 万地形图的图号是由该图所在的行号（字符码）与列号（数字码）组合而成，如北京所在的 1∶100 万地形图的图号为 J50。

也可按下式计算 1∶100 万地形图图幅编号

$$\left.\begin{aligned}a&=\phi/4^\circ(商取整)+1\\b&=\lambda/6^\circ(商取整)+31\end{aligned}\right\}\quad(9-2)$$

式中 a——1∶100 万地形图图幅所在纬度带字符码所对应的数字码；

b——1∶100 万地形图图幅所在经度带的数字码；

λ——图幅内某点的经度或图幅西南图廓点的经度；

ϕ——图幅内某点的纬度或图幅西南图廓点的纬度。

如以北京某点的经度 116°24′20″，纬度 39°56′30″为例

$$a=39^\circ56'30''/4^\circ(商取整)+1=10(字符码 J)$$

$$b=116^\circ24'20''/6^\circ(商取整)+31=50$$

该点在 1∶100 万地形图的图号为 J50。

2. 1∶50 万～1∶5000 地形图的编号

1∶50 万～1∶5000 地形图的编号均以 1∶100 万地形图编号为基础，采用行列式编号方法。将 1∶100 万地形图按所含比例尺地形图的经差和纬差划分成若干行和列，行从上到下、列从左到右按顺序分别用阿拉伯数字（数字码）编号。图幅编号的行、列代码均采用三位十进制数表示，不足三位时补 0，取行号在前、列号在后的排列式标记，加在 1∶100 万图幅的图号之后。

按下式计算所求比例尺地形图在 1∶100 万地形图图号后的行、列号：

$$\left.\begin{aligned}c&=4^\circ/\Delta\phi-[(\phi/4^\circ)/\Delta\phi]\\d&=[(\lambda/6^\circ)/\Delta\lambda]+1\end{aligned}\right\}\quad(9-3)$$

式中 （ ）——表示商取余；

［ ］——表示商取整；

c——所求比例尺地形图在 1∶100 万地形图图号后的行号；

d——所求比例尺地形图在 1∶100 万地形图图号后的列号；

λ——图幅内某点的经度或图幅西南图廓点的经度；

ϕ——图幅内某点的纬度或图幅西南图廓点的纬度；

$\Delta\lambda$——所求比例尺地形图分幅的经差；

$\Delta\phi$——所求比例尺地形图分幅的纬差。

仍以北京某地的经度 116°24′20″，纬度 39°56′30″为例：

(1) 计算 1∶10 万地形图的编号。

$$\Delta\phi=20';\Delta\lambda=30'$$

$$c=4^\circ/20'-[(39^\circ56'30''/4^\circ)/20']=12-[3^\circ56'30''/20']$$

$$=12-11=001$$

$$d=[(116^\circ24'20''/6^\circ)/30']+1=[2^\circ24'20''/30']+1=4+1=005$$

则 1∶10 万地形图的图号为 J50D001005

(2) 计算 1∶1 万地形图的编号。

$$\Delta\phi=2'30'';\Delta\lambda=3'45''$$

$$c=4°/2'30''-[(39°56'30''/4°)\ /2'30'']$$
$$=96-[3°56'30''/2'30'']=96-94=002$$
$$d=[(116°24'20''/6°)\ /3'45'']+1=[2°24'20''/3'45'']+1$$
$$=38+1=039$$

则 1∶1 万地形图的图号为 J50G002039

(3) 计算 1∶5000 地形图的编号。

$$\Delta\phi=1'15'';\Delta\lambda=1'52.5''$$
$$c=4°/1'15''-[(39°56'30''/4°)/1'15'']$$
$$=192-[3°56'30''/1'15'']=192-189=003$$
$$d=[(116°24'20''/6°)/1'52.5'']+1=[2°24'20''/1'52.5'']+1$$
$$=76+1=077$$

则 1∶5000 地形图的图号为 J50H003077

三、矩形分幅和编号

梯形分幅法主要用于国家基本图，为了满足水利工程设计、施工及管理的需要所测绘的 1∶500、1∶1000、1∶2000 和小区域 1∶5000 比例尺的地形图，采用矩形分幅，图幅一般为 50cm×50cm 或 40cm×50cm，以纵横坐标的整公里数或整百米数作为图幅的分界线，如图 9-7 所示。50cm×50cm 图幅最常用。一幅 1∶5000 的地形图分成四幅 1∶2000 的地形图；一幅 1∶2000 的地形图分成四幅 1∶1000 的地形图；一幅 1∶1000 的地形图分四幅 1∶500 的地形图。各种比例尺地形图的图幅大小见表 9-3。

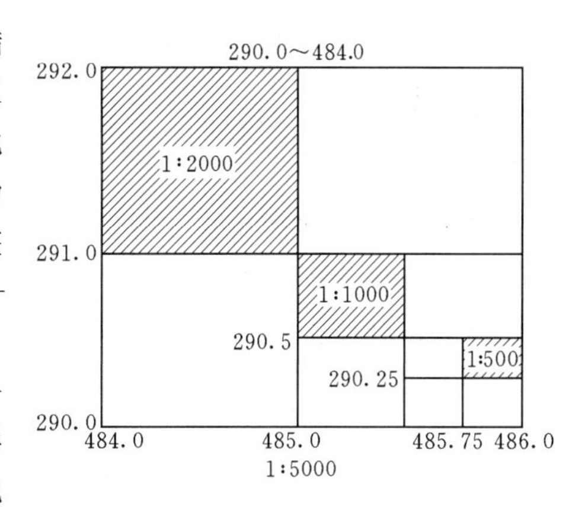

图 9-7　1∶500～1∶2000 地形图分幅与编号

矩形图幅的编号，一般采用该图幅西南角的 x 坐标和 y 坐标以公里为单位表示，x、y 之间用连字符连接。如某一 1∶5000 的图幅，其西南角坐标 $x=290.0$km，$y=484.0$km，其编号为 290.0～484.0，如图 9-7 所示。编号时，1∶5000 地形图，坐标取至 1km；1∶2000、1∶1000 地形图，坐标取至 0.1km；1∶500 地形图，坐标取至 0.01km，见表 9-4。对于小面积测图，还可以采用其他方法进行编号。例如，按行列式或按自然序数法编号。对于较大测区，测区内有多种测图比例尺时，应进行系统编号。

表 9-3　　矩形分幅及面积

比例尺	图幅大小 /cm²	实地面积 /km²	图幅大小 /cm²	实地面积 /km²	一幅 1∶5000 所含幅数
1∶5000	50×40	5	40×40	4	1
1∶2000	50×40	0.8	50×50	1	4
1∶1000	50×40	0.2	50×50	0.25	16
1∶500	50×40	0.05	50×50	0.0625	64

表 9-4　　编号坐标取位表

比例尺	1∶2000	1∶1000	1∶500
编号	291.0～484.0	290.5～485.0	290.25～485.75

四、独立地区测图的特殊编号

对于有些独立地区的测图，由于没有与国家或城市控制网联测，或者测区面积较小，也可以采用其他特殊编号方法。例如工程代码，可用测区名称加简便的流水序号或按行、列组数编号。对于较大的测区，测区内有多种测图比例尺时应进行系统编号，以最小比例尺矩形分幅的地形图为基础进行分幅和编号。为了地形图的测绘管理、地形图拼接、编绘、存档与应用的方便，应绘制测区分幅和编号的接合图表。

第三节　地形图的识读

为了图纸管理和使用的方便，在地形图的图框外有许多注记，如图号、图名、接图表、坐标格网、三北方向线等，如图 9-8 所示。

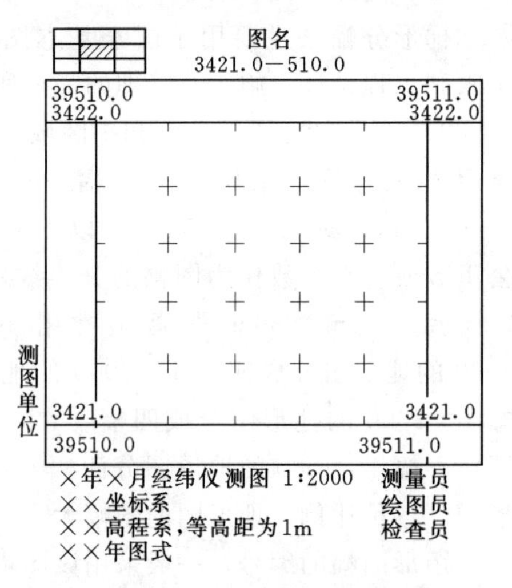

图 9-8　地形图的图框整饰

一、图名和图号

图名就是本幅图的名称，常用本图幅内最著名的地名、村庄或厂矿企业的名称命名。图号即图的编号。每幅图上标注编号可确定本幅地形图所在的位置。图名和图号标在北图廓上方的中央。

二、接图表

说明本图幅与相邻图幅的关系，供索取相邻图幅时使用。通常是中间一格画有斜线的表示本图幅，四邻分别注明相应的图号或图名，并绘注在外图廓的左上方。此外，除了接图表外，有些地形图还把相邻图幅的图号分别注在东、西、南、北图廓线中间，进一步表明与四邻图幅的相互关系。

三、图廓和坐标格网线

图廓是图幅四周的范围线，它有内图廓和外图廓之分。内图廓是地形图分幅时的坐标格网或经纬线。外图廓是图幅最外边的粗线，仅起装饰作用。在内图廓外四角处注有坐标值，并在内图廓线内侧，每隔 10cm 绘有 5mm 的短线，表示坐标格网线的位置。在图幅内绘有每隔 10cm 的坐标格网交叉点如图 9-9 所示。

四、其他图外注记

内图廓以内的内容是地形图的主体信息，包括坐标格网或经纬网、地物符号、地貌符号和注记。还有一些内容是为了便于在地形图上进行量算而设置的各种图解，在内、外图廓间注记坐标网线的坐标，或图廓角点的经纬度。在外图廓的下方应注记测图比例尺、测图日期、测图方法、平面坐标系统和高程系统、等高距及地形图图式的版别。在外图廓的

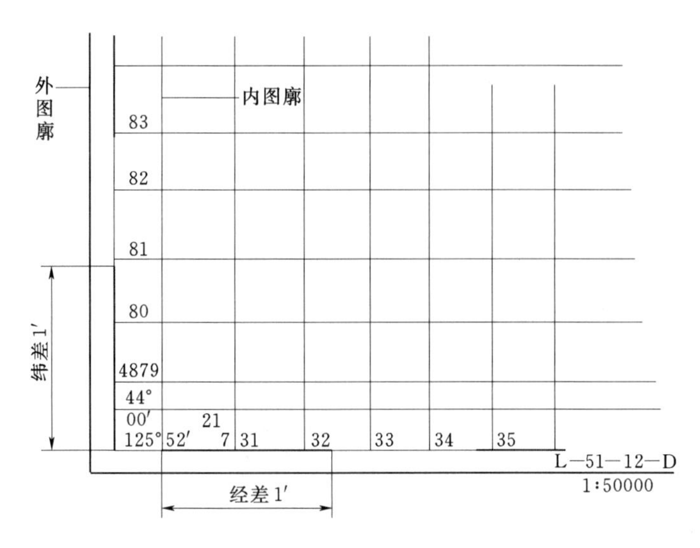

图 9-9　图廓及坐标格网

左侧偏下位置注明测绘单位的全称。在中、小比例尺的南图廓线的右下方，还绘有真子午线、磁子午线和坐标纵轴（中央子午线）三个方向之间的角度关系，称为三北方向图，如图 9-10 所示。以及用于在地形图上量测坡度的坡度尺，如图 9-11 所示。

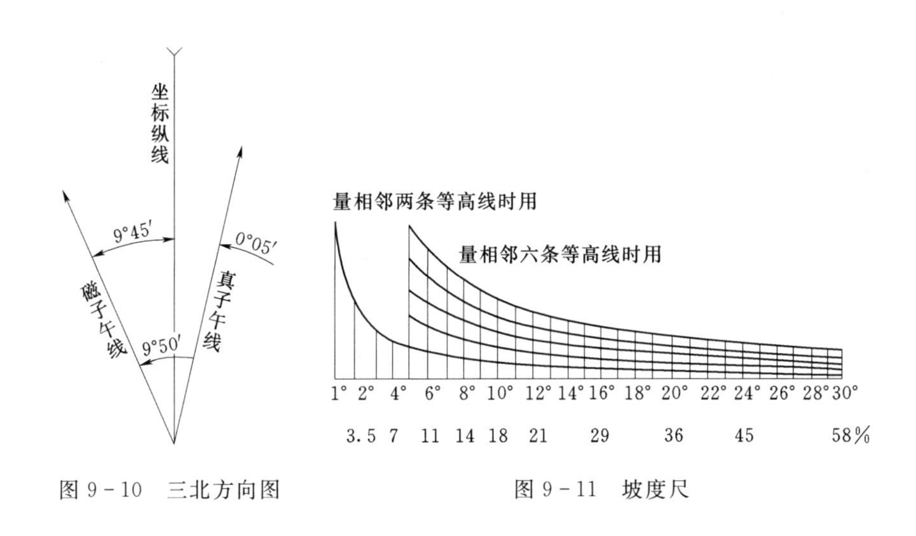

图 9-10　三北方向图

图 9-11　坡度尺

第四节　地形图应用的基本内容

一、确定图上某点的平面坐标和高程

点的坐标是根据地形图上标注的坐标格网的坐标值确定的。

如图 9-12 所示，地形图比例尺为 1∶1000，欲求 A 点坐标，先将 A 点所在的方格网 $abcd$ 用直线连接，过 A 点作格网线的平行线，交格网边得 g、h、f、e 点。再按测图比例尺量出 ag=84.3m，ae=72.6m，则 A 点坐标为（图格坐标以千米为单位）：

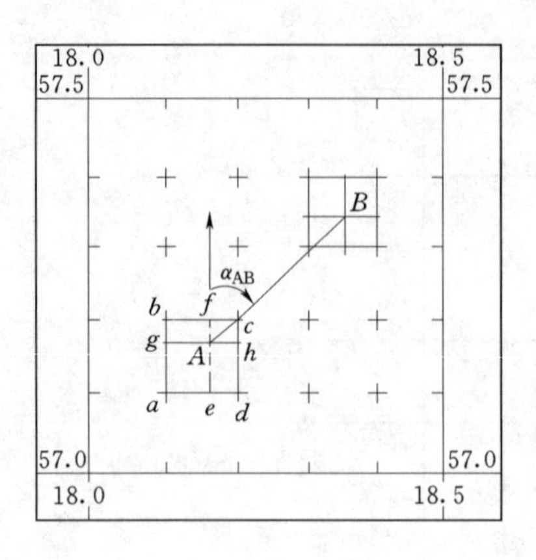

图 9-12　求图上某点坐标

$$x_A = x_a + ag = 57100 + 84.3 = 57184.3\text{m}$$

$$y_A = y_a + ae = 18100 + 72.6 = 18172.6\text{m}$$

如考虑图纸变形，则 A 点坐标按下式计算：

$$\left.\begin{aligned} x_A &= x_a + \frac{10}{ab} \cdot ag \cdot M \\ y_A &= y_a + \frac{10}{ab} \cdot ag \cdot M \end{aligned}\right\} \quad (9-4)$$

式中　ab、ad、ag、ae——图上量取的长度，cm；

M——比例尺分母；

x_a、y_a——a 点坐标。

图上点的高程可通过等高线求得。若所求点恰好位于某等高线上，那么该点高程就等于该等高线的高程。如图 9-13 所示，A 点高程为 50m。若所求点在两等高线之间，如图 9-13 中 B 点，可通过 B 作一条大致垂直两相等高线的线段 mn，在图上量出 mn 和 mB 的长度，则 B 点高程为

$$H_B = H_m + \frac{mB}{mn}h = H_m + \frac{d_1}{d}h \quad (9-5)$$

式中　H_m——m 点的高程；

h——等高距。

在对高程精度要求不高时，可用目估 mB 与 mn 的比例来确定 B 点的高程。

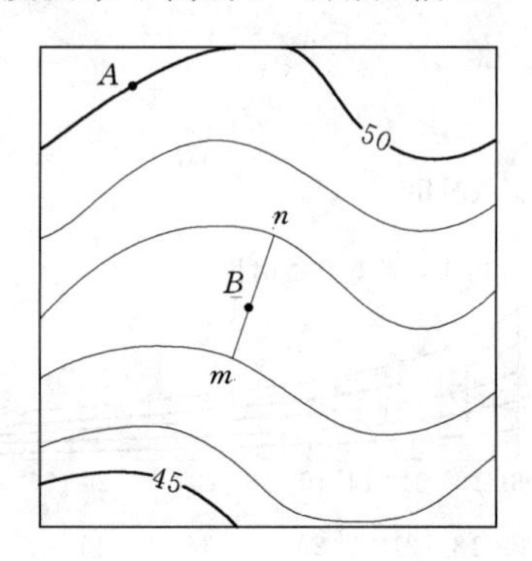

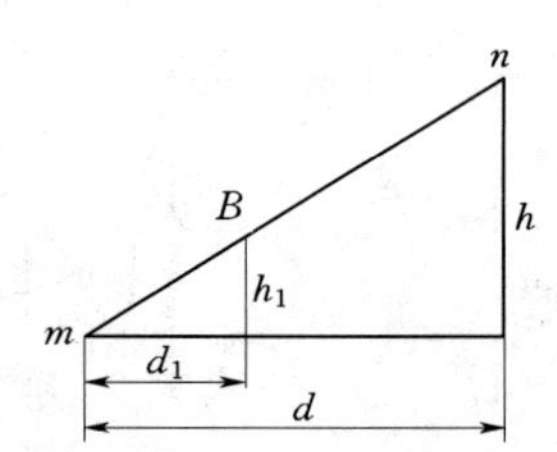

图 9-13　求点的高程

二、确定图上直线的距离、坐标方位角和坡度

如图 9-12 所示，欲求 A、B 两点的距离、坐标方位角及坡度，必须先用式（9-4）和式（9-5）求出 A、B 两点的坐标和高程，则 A、B 两点水平距离为：

$$D_{AB} = \sqrt{(x_B - x_A)^2 + (y_B - y_A)^2} \quad (9-6)$$

AB 直线的坐标方位角为

$$\alpha_{AB} = \arctan\frac{y_B - y_A}{x_B - x_A} \quad (9-7)$$

AB 直线的平均坡度为

$$i=\frac{h}{D}=\frac{H_B-H_A}{dM} \tag{9-8}$$

式中　h——A、B两点间的高差；

D——A、B两点间实地水平距离；

d——A、B两点在图上的距离；

M——比例尺分母。

坡度一般用千分率或百分率表示。

当A、B两点在同一幅图中时，可用比例尺或量角器，直接在图上量取距离或坐标方位角，但量得的结果比计算结果精度低。

第五节　地形图在水利水电工程中的应用

一、按设计线路绘制纵断面图

在渠道、道路、管线等工程设计中，为确定线路的坡度和里程，可利用地形图，按设计线路绘制纵断面图。

如图9-14所示，AB为一条线路，需沿此方向绘纵断面图。首先将直线AB与各条等高线的交点进行编号，如1、2、3、…；然后在图的下方（或方格纸上）绘出坐标轴，横轴表示水平距离，纵轴表示高程。为了能充分反映出地面高程的变化，一般纵轴比例尺比横轴比例尺大10或20倍。然后在地形图上从A点开始，沿线路方向量取两相邻等高线间的长度，按一定比例尺（可以是地形图比例尺，也可另定一个比例尺）将各点依次绘在横轴上，得A、1、2、…、B点的位置。再从地形图上求出各点高程，按一定比例尺绘在横轴相应各点向上的垂线上，最后将相邻垂线上的高程点用平滑的曲线连接起来，即得路线AB方向的纵断面图。

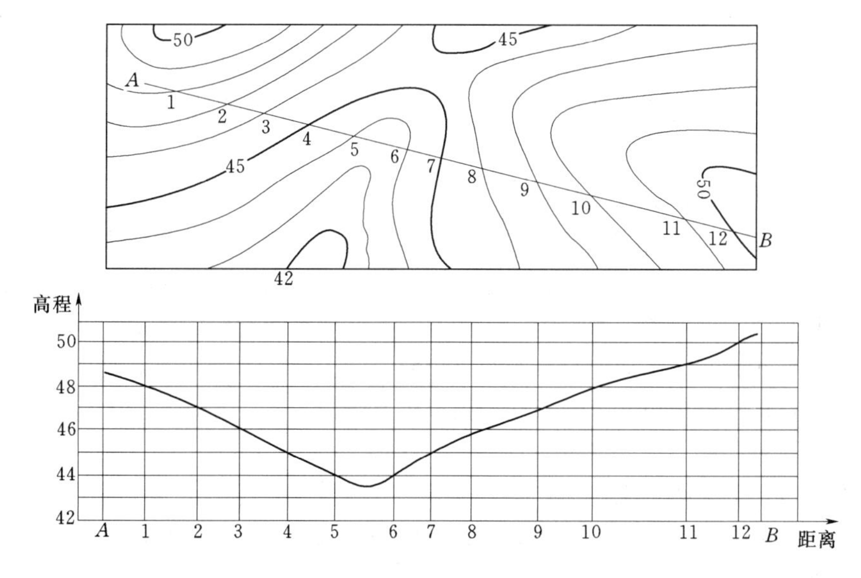

图9-14　绘制纵断面图

二、按限制坡度在地形图上选线

在线路方案设计时，往往要根据地形图选择某一限制坡度的线路，以确定最佳方案。

如图 9-15 所示，地形图比例尺为 1∶2000，等高距为 1m，欲在 A 点到 B 点之间设计一条线路，指定坡度不大于 5%，要求选择最短线路。先按指定坡度计算相邻两等高线间的图上的最短距离为

$$d=\frac{h}{iM}=\frac{1}{0.05\times2000}=0.01\text{m}$$

然后以 A 为圆心，以 1cm 为半径画弧，与 52m 等高线交于 1 点；再以 1 为圆心，以 1cm 为半径画弧，与 53cm 等高线交于 2 点；依此作法，到 B 点为止，然后将各点连接即得 $A-1-2-3-4-5-6-7-B$ 限制坡度为 5%的线路。在该图上按同样方法可选出另一条 $A-1'-2'-3'-4'-5'-6'-7'-B$ 的线路。

最后线路的确定要根据地形图综合考虑各种因素对工程的影响，如少占耕地，避开滑坡地带，土石方工程量小等，以获得最佳方案。

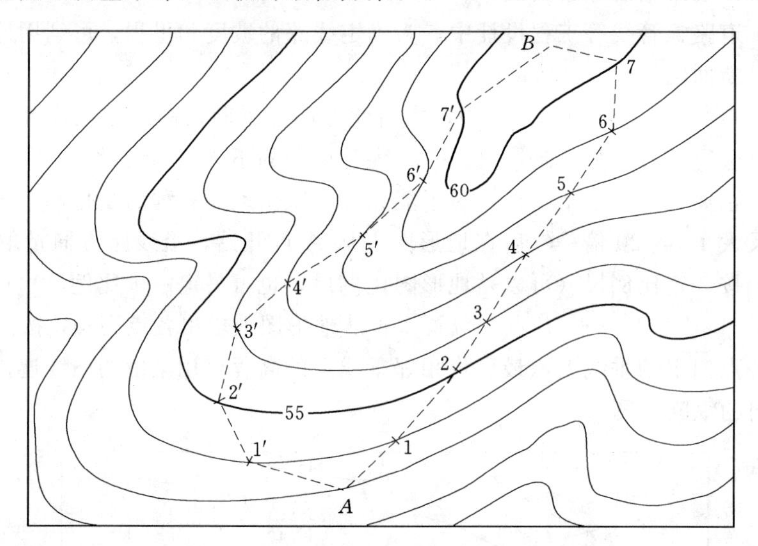

图 9-15　按限制坡度在地形图上选线

三、在地形图上确定汇水面积

为了防洪、发电、灌溉等目的，需要在河道中适当的位置修筑拦河坝，在坝的上游形成蓄水的水库，由坝址两端上游分水线所围成的区域，称为汇水面积。该区域汇集的雨水，均流入坝址以上的河道或水库中，如图 9-16 所示虚线所包围的部分就是汇水面积。

确定汇水面积时，应掌握勾绘分水线（山脊）的方法，勾绘的要点是：

(1) 分水线应通过山顶、鞍部及凸向低处等高线的拐点，在地形图上应先找出这些特征地貌，然后进行勾绘。

(2) 分水线与等高线正交。

(3) 边界线由坝的一端开始，最后回到坝的另一端点，形成闭合环线。

四、库容计算

进行水库设计时，如坝的溢洪道高程已定，就可以确定水库的淹没面积（如图 9-16

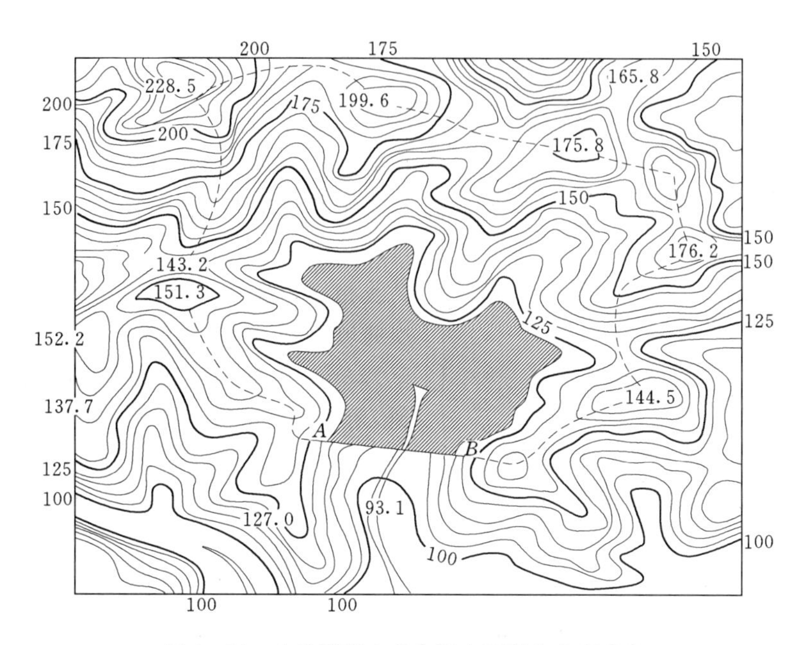

图 9-16　在地形图上确定汇水面积和水库库容

所示的阴影部分)，淹没面积以下的蓄水量（体积）即为水库的库容。

计算库容一般用等高线法。先求出图 9-16 中阴影部分各条等高线所围成的面积，然后计算各相邻两等高线之间的体积，其总和即为库容。

设 S_1 为淹没线高程的等高线所围成的面积，S_2、S_3、…、S_n、S_{n+1} 为淹没线以下各等高线所围成的面积，其中 S_{n+1} 为最低一条等高线所围成的面积，h 为等高距，h' 为最低一条等高线与库底的高差，则相邻等高线之间的体积及最低一条等高线与库底之间的体积分别为

$$V_1=\frac{1}{2}(S_1+S_2)h$$

$$V_2=\frac{1}{2}(S_2+S_3)h$$

$$V_n=\frac{1}{2}(S_n+S_{n+1})h$$

$$V_n'=\frac{1}{3}S_{n+1}h'$$

因此，水库的库容为

$$\begin{aligned}V&=V_1+V_2+\cdots+V_n+V_n'\\&=\left(\frac{S_1}{2}+S_2+S_3+\cdots+\frac{S_{n+1}}{2}\right)h+\frac{S_{n+1}}{3}h'\end{aligned}\qquad(9-9)$$

如溢洪道高程不等于地形图上某一条等高线的高程时，就要根据溢洪道高程用内插法求出水库淹没线，然后计算库容。这时水库淹没线与下一条等高线间的高差不等于等高距。公式（9-9）要作相应的改动。

五、在地形图上确定土坝坡脚线

土坝坡脚线是指土坝坡面与地面的交线。如图 9-17 所示，设坝顶高程为 73m，坝顶

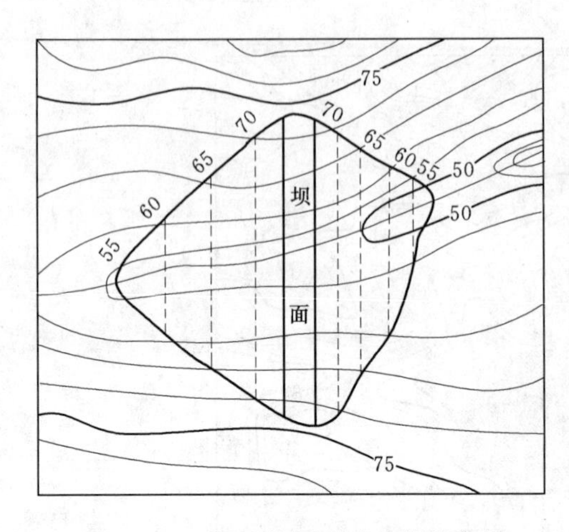

图 9-17　在地形图上确定土坝坡角线

宽度为 4m，迎水面坡度及背水面坡度分别为 1∶3 及 1∶2。先将坝轴线画在地形图上，再按坝顶宽度画出坝顶位置。然后根据坝顶高程、迎水面与背水面坡度，画出与地面等高线相应的坝面等高线（图 9-17 中与坝顶线平行的一组虚线），相同高程的等高线与坡面等高线相交，连接所有交点而得曲线，就是土坝的坡脚线。例如：70m 等高线到坝顶的高差为 3m，迎水面坡比为 1∶3，则实地从坝顶到 70m 等高线的平距为 9m，换算为图上平距，以坝内侧 73m 高处为圆心，以图上平距为半径画弧与 70m 等高线相交。同理，65m 到 70m 的两等高线高差 5m 为等高距，实地平距应为 15m，换算成图上平距，又以 70m 等高线上的交点为圆心，以实地 15m 对应的该图上的平距为半径画弧与 65m 等高线相交。依此类推，可确定出迎水面和背水面两侧同一等高线的交点。

第六节　在地形图上量算图形的面积

在地形图上量算面积的方法较多，应根据具体情况选择不同的方法。

一、多边形面积量算

（一）几何图形法

测量面积时，可将量测图形分割成数个简单的几何图形，如三角形、矩形、梯形等。量测几何图形的计算元素（主要是长度），用相应公式计算面积，一般多用三角形。可直接量测每个三角形底边长 c 及其高 h，按公式 $A=ch/2$ 计算出各三角表的面积，若量测三角形三边的长度 a、b、c，则面积为：$A=\sqrt{S(S-a)(S-b)(S-c)}$，其中 $S=(a+b+c)/2$。

如图 9-18 所示，所求多边形 12345 的面积分解为Ⅰ、Ⅱ、Ⅲ三个三角形，求出各三角形面积，其面积总和即为多边形的面积。

也可用边长和坐标方位角来计算每个三角形面积。在图 9-18 中，先求出多边形各顶点 1、2、3、4、5 的坐标，按式（9-6）分别求出 12、13、14、15 的距离 D_1、D_2、D_3、D_4 和坐标方位角 a_{12}、a_{13}、a_{14}、a_{15}。则各三角形的面积为：

$$A_1=\frac{1}{2}D_1D_2\sin(a_{13}-a_{12})$$

$$A_{11}=\frac{1}{2}D_2D_3\sin(a_{14}-a_{13})$$

$$A_{111}=\frac{1}{2}D_3D_4\sin(a_{15}-a_{14})$$

图形总面积为

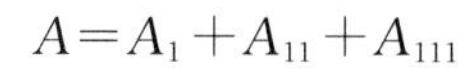

$$A=A_{1}+A_{11}+A_{111}$$

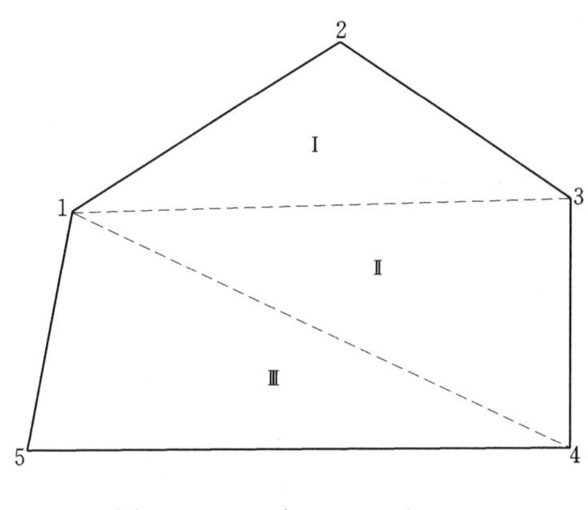

图 9-18　几何图形法求面积

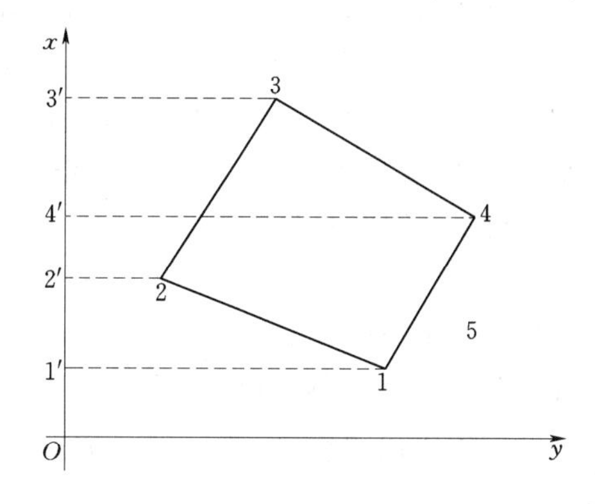

图 9-19　坐标计算法求面积

（二）坐标计算法

多边形图形面积很大时，可在地形图上求出各顶点的坐标（或在实地用全站仪测得），直接用坐标计算面积。

如图 9-19 所示，将任意四边形各顶点按顺时针编号为 1、2、3、4，各点坐标分别为（x_1，y_1）、（x_2，y_2）、（x_3，y_3）、（x_4，y_4）。由图可知，四边形 1234 的面积等于梯形 33′44′加梯形 4′411′的面积再减去梯形 3′322′与梯形 2′211′的面积，即

$$A=\frac{1}{2}[(y_3+y_4)(x_3-x_4)+(y_4+y_1)(x_4-x_1)-(y_3+y_2)(x_3-x_2)-(y_2+y_1)(x_2-x_1)]$$

整理后得

$$A=\frac{1}{2}[x_1(y_2-y_4)+x_2(y_3-y_1)+x_3(y_4-y_2)+x_4(y_1-y_3)]$$

若四边形各顶点投影于 y 轴，则

$$A=\frac{1}{2}[y_1(x_4-x_2)+y_2(x_1-x_3)+y_3(x_2-x_4)+y_4(x_3-x_1)]$$

若图形为 n 边形，则一般形式为

$$A=\frac{1}{2}\sum_{i=1}^{n}x_i(y_{i+1}-y_{i-1}) \tag{9-10}$$

或

$$A=\frac{1}{2}\sum_{i=1}^{n}y_i(x_{i-1}-x_{i+1}) \tag{9-11}$$

式中　n——多边形边数。

当 $i=1$ 时，y_{i-1} 和 x_{i-1} 分别用 y_n 和 x_n 代入；当 $i=n$ 时，y_{i+1} 和 x_{i+1} 分别用 y_1 和 x_1 代入。

此两公式算出的结果可作为计算检核。

二、曲线面积量算

（一）方格法

用方格法量算图上面积时，常使用透明方格纸覆盖在图形上进行量算，方格一般最小为 1mm×1mm，大方格为 5mm×5mm 或 10mm×10mm。

如图 9-20 所示，要计算曲线内的面积，将一张透明方格纸覆盖在图形上，数出曲线内的整方格数 n_1 和曲线内不足一整方格数折算成完整的方格数 n_2。设每个方格的图上面积为 S，则曲线围成的图形实地面积为

$$A=(n_1+n_2)SM^2 \tag{9-12}$$

式中 M——比例尺分母。

计算时应注意 S 的单位。

移动方格纸用同法再计算一次，两次之差不大于 $0.0003M\sqrt{A}$，则满足精度要求。单位以 m^2 计。

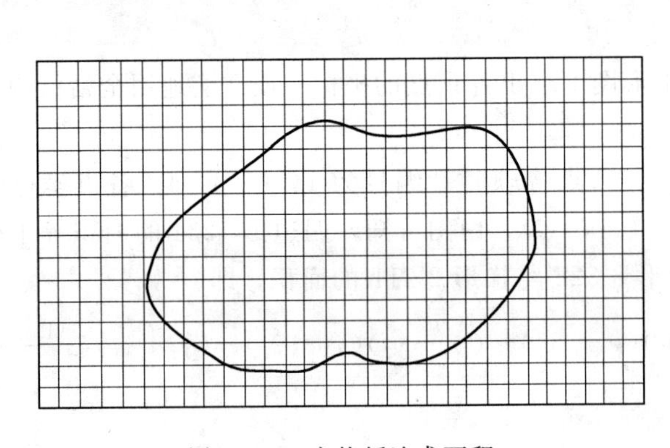

图 9-20 方格纸法求面积

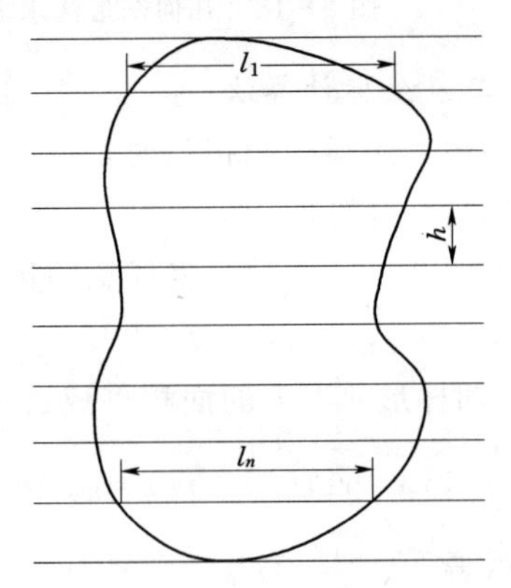

图 9-21 平行线法求面积

（二）平行线法

如图 9-21 所示，在曲线围成的图形上绘出间隔相等的一组平行线，并使两条平行线与曲线图形边缘相切。将这两条平行线间隔等分得相邻平行线间距为 h。每相邻平行线之间的图形近似为梯形。用比例尺量出各平行线在曲线内的长度为 l_1、l_2、…、l_n，则各梯形面积为

$$A_1=\frac{1}{2}h(0+l_1)$$

$$A_2=\frac{1}{2}h(l_1+l_2)$$

$$\vdots$$

$$A_n=\frac{1}{2}h(l_{n-1}+l_n)$$

$$A_{n+1}=\frac{1}{2}h(l_n+0_1)$$

图形总面积为

$$A=A_1+A_2+\cdots+A_{n+1}=h(l_1+l_2+\cdots+l_n) \tag{9-13}$$

（三）求积仪法

求积仪是以积分求面积原理做成的求面积的仪器，求积仪分为机械求积仪和电子求积仪。

1. 机械求积仪

(1) 机械求积仪的构造。机械求积仪主要由极臂、航臂、计数器三部分组成，如图 9-22 所示。

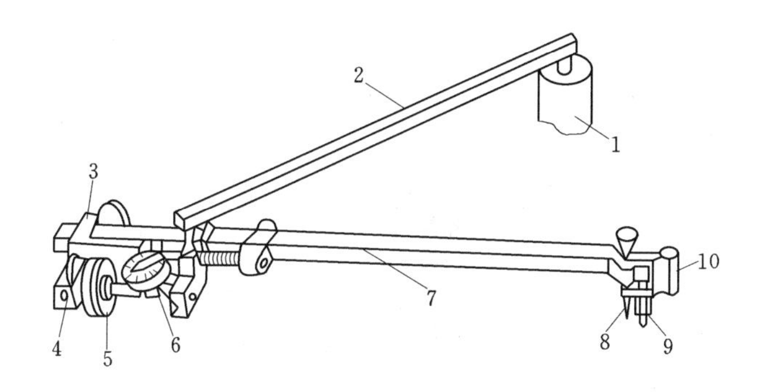

图 9-22　机械求积仪

1—重锤；2—极臂；3—接合套；4—游标；5—测轮；6—计数圆盘；7—航臂；8—描迹针；9—支柱；10—手柄

1) 极臂。其一端是重锤，重锤下端中心有一短针，刺入图板后可固定不动，该点成为极点。另一头是一球头装置，可插入计数器上的球窝内，将极臂、航臂、计数器连成一体。

2) 航臂。一端为描迹针，旁边是手柄，手柄上装有航针支柱，以保持描迹针与图纸有一定距离。

3) 计数器。由计数圆盘、计数轮和游标组成，计数器套在航臂上，通过制动和微动螺旋可调整其在航臂上的位置。计数轮随着航臂移动而移动，每旋转一周带动计数圆盘转动一格，计数轮上刻有 100 个格，读数时应先根据计数圆盘上的指针读出千位数，在计数轮上读出百位和十位，最后根据游标读出个位，如图 9-23 所示，读数为 2767。

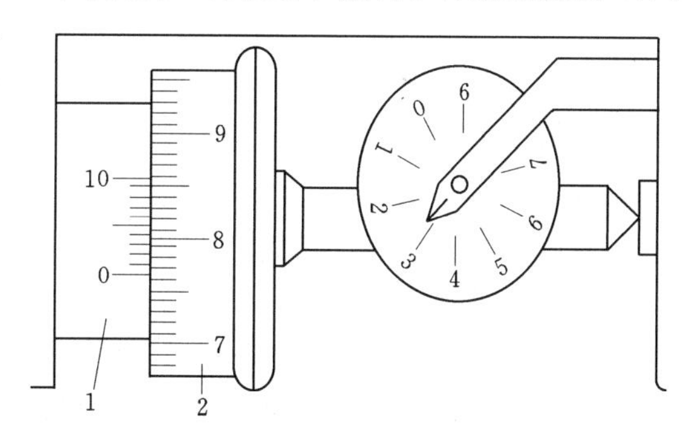

图 9-23　机械求积仪计数器

1—游标；2—计数轮

(2) 机械求积仪的使用。使用机械求积仪测量面积时，首先根据仪器盒内卡片给出的各种比例尺下计数器在航臂上的位置，通过制动和微动螺旋将计数器固定在航臂上。再将极臂的球头插入计数器上的球窝内，将极臂、航臂、计数器三部分组成一体，将极点固定在待测图形一侧，将描迹针对准图形轮廓线上的一点，并作标记。读出计数器的起始读数 N_1。然后手拿手柄，使描迹针沿图形轮廓线顺时针匀速绕行一周，回到起始点，读出计数器的终点读数 N_2。则该图形面积为

$$S=C(N_2-N_1) \tag{9-14}$$

式中　C——为求积仪的单位分划值，它与计数器在航臂上的位置有关。

如果仪器盒内卡片丢失，也可以自行检定 C 值的大小。利用仪器盒内的校正尺（或利用一面积为已知的矩形），如图 9-24 所示将极点固定在图形外，描迹针放在半径为定值的校正尺上的定点上。固定校正尺，标出起始点，描迹针绕固定的半径校正尺绕行一周，则

$$C=\frac{P}{N_2-N_1} \tag{9-15}$$

式中　P——$P=\pi R^2$；

R——校正尺的半径。

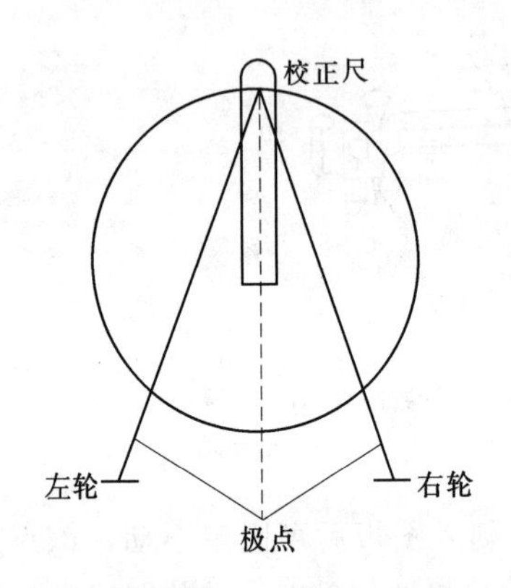

图 9-24　机械求积仪分划值的校正

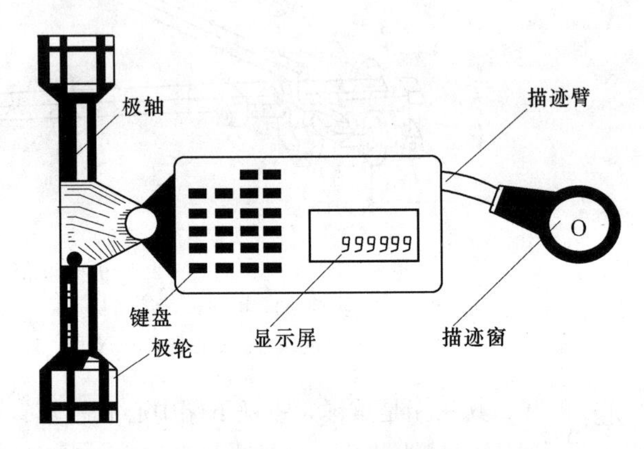

图 9-25　电子求积仪

2. 电子求积仪

随着点子技术的发展，出现了各种不同类型的数字式电子求积仪，其结构和基本原理与机械求积仪基本相同，主要区别是它们将机械装置、电子元件和微型计算器融为一体，将模拟量转换为电信号，经微型计算器处理后，自动显示所测图形的实地面积。电子求积仪有两种：一种为定极式，另一种为动极式。

如图 9-25 所示是日本 KP-90N 动极式电子求积仪，由极轴、极轮、键盘、显示器、描迹臂、描迹窗构成。使用时首先设定好单位制、单位、比例尺。设定起点，将描迹窗中心点与起点重合，按 START 键，描迹窗中心点沿图形轮廓线顺时针匀速绕行一周，回到起始点，按 HOLD 键暂时固定所测算的面积值，完成一次面积测算工作。

电子求积仪的功能与使用，在仪器说明书中有详细介绍，这里不再多述。

第七节　数字地形图在工程建设中应用

一、在数字地形图上量算面积

（一）查询实体面积

利用 CASS 10.0 数字化成图软件，在“工程应用”菜单下，选择“查询文体面积”菜单，然后“选取实体边线”，即可显示图形面积。要注意实体边线应该是闭合的。

（二）计算地面表面积

当地形高低起伏较大时，其表面积很难测算，需要建立数字地面模型，即 DTM。该模型是用大量的三维坐标点对连续地面的简单统计表示，是带有空间位置特征和地形属性特征的数字描述。

通过 DTM 建模，在三维空间内将高程点连接为带坡度的三角形，再通过每个三角形面积的累加得到整个范围内不规则地区的表面积。

在 CASS 10.0 数字化成图软件中，可以根据坐标文件或者图上高程点计算表面积。操作过程如下：首先单击【工程应用 \ 计算表面积 \ 根据坐标文件】命令，命令区提示（1）根据坐标文件（2）根据图上高程点，然后选取“根据坐标文件”，并选定计算区域；最后输入边界上插点密度，如 5m，显示结果。如图 9－26 所示是要计算矩形范围内地貌的表面积。如图 9－27 所示为建模计算表面积的结果。

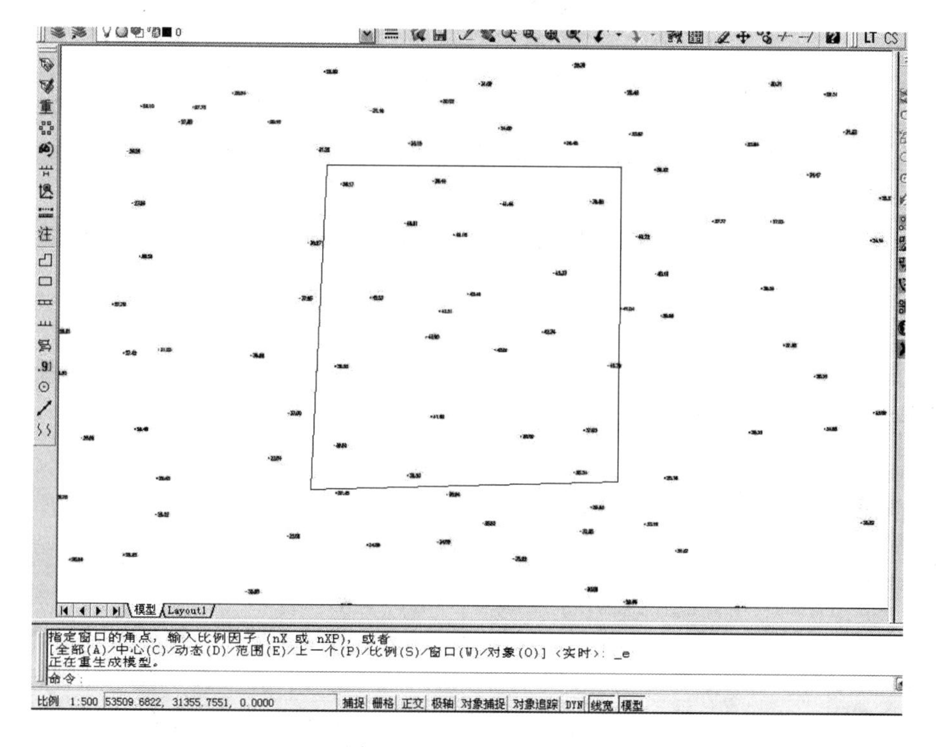

图 9－26　选定计算区域

二、利用数字地形图进行土（石）方量的计算

利用数字地形图进行土（石）方量计算的方法有 DTM 法、方格网法和等高线法等。

（一）DTM 法土（石）方量计算

由 DTM 模型来计算土（石）方量是根据实地测定的地面点坐标（X，Y，H）和设计高程，通过生成三角网来计算每一个三棱锥的挖填方量，最后累计得到指定范围内挖填方的土（石）方量，并绘出挖填方分界线。

DTM 法土（石）方量计算可以坐标数据文件为依据，也可依照图上高程点或者图上的三角网进行计算。

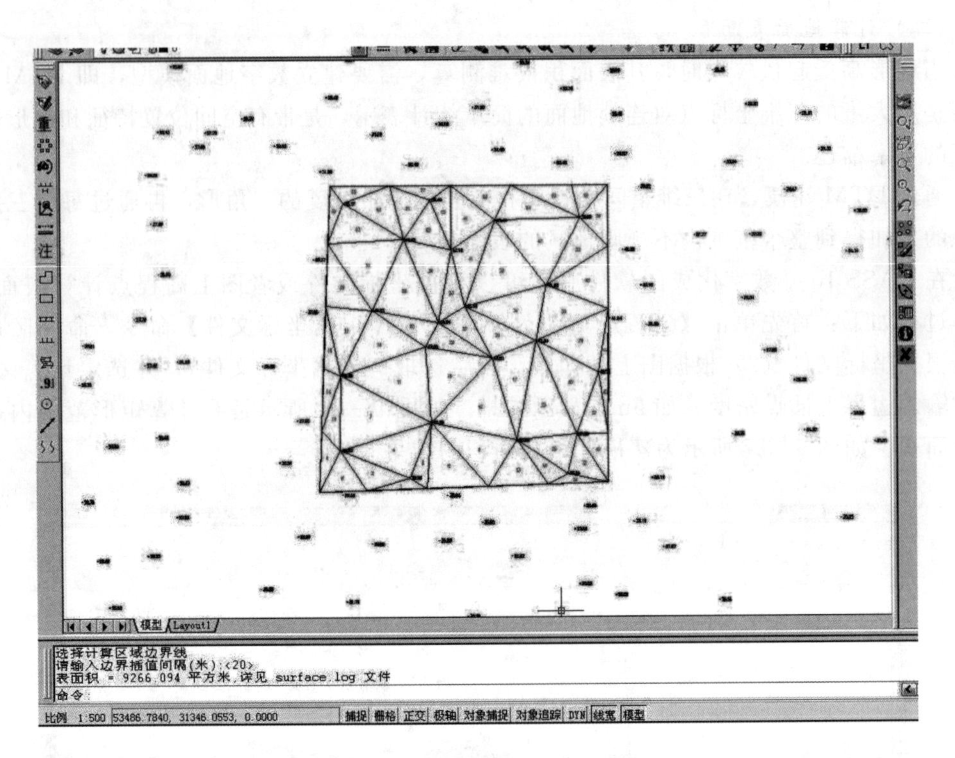

图 9-27　建模计算表面积的结果

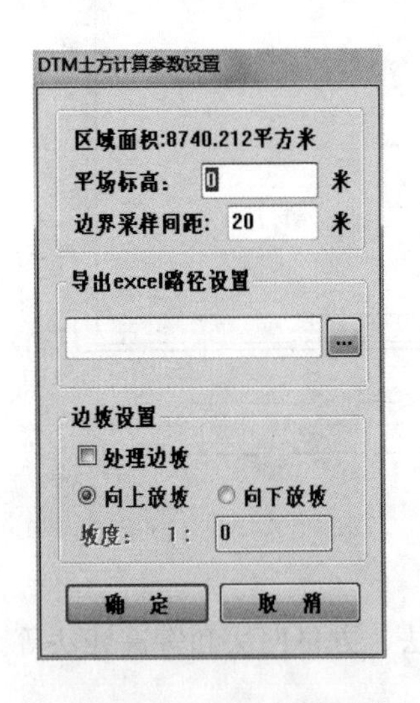

图 9-28　土方计算参数设置

下面主要介绍根据坐标数据文件计算方量的方法和步骤。

(1) 复合线画出所要计算方量的区域，一定要闭合，但是尽量不要拟合。

(2) 单击“工程应用＼DTM法土方计算＼根据坐标文件”，根据路径选定数据文件。

(3) 提示：选择边界线。单击所画的闭合复合线，弹出如图 9-28 所示的“上方计算参数设置”对话框。其中的区域面积指复合线围成的多边形水平投影面积，平场标高指设计要达到的目标高程。边界采样间距为边界插值间隔的设定，默认值为 20m。

设置计算参数后屏幕上显示填挖方的提示框，命令行显示“挖方量＝23053.0m³，填方量＝1204.9m³”。同时图上绘出所分析的三角网、填挖方的分界线（白色线条）。如图 9-29 所示，本例是指定平场标高，因此没有达到挖、填方量平衡。

(4) 关闭对话框后系统提示：“请指定表格左下角位置：＜直接回车不绘表格＞”。在图上适当位置单击，CASS 10.0 会在该处绘出一个表格，包含平场面积、最大高程、最小高程、平场标高、垣方量、挖方量和图形，如图 9-30 所示。

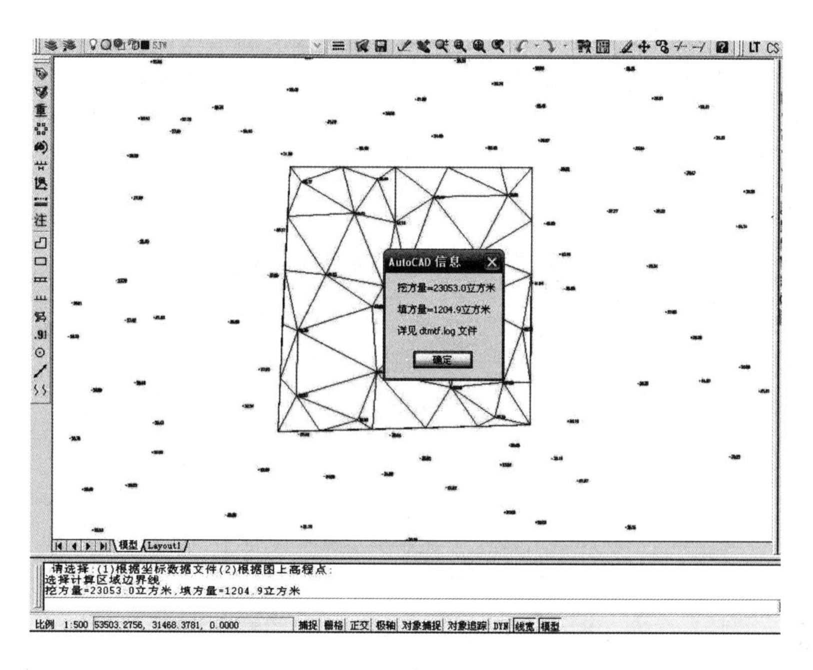

图 9－29　挖填方量提示框

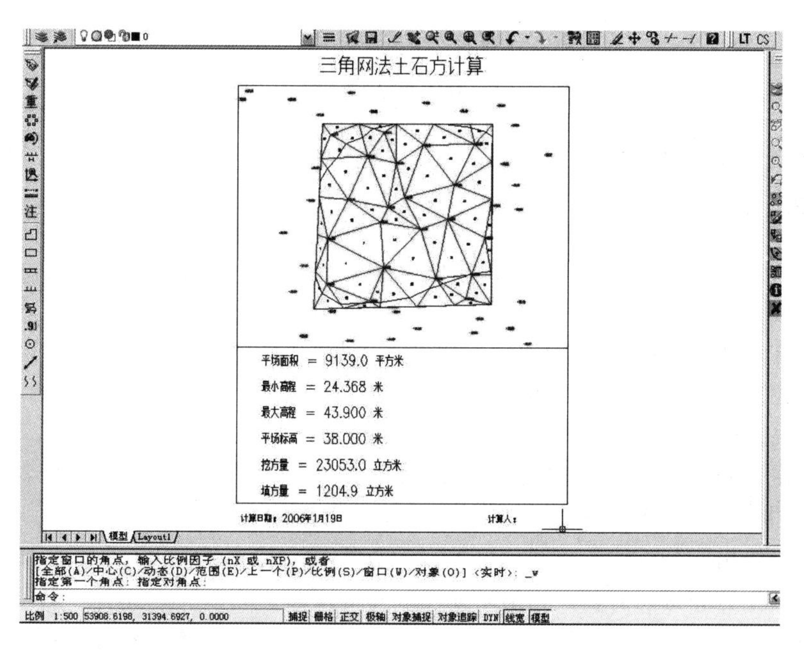

图 9－30　填挖方量计算结果显示

（二）方格网法土（石）方量计算

用方格网计算土（石）方量是根据实地测定的地面点坐标（X，Y，Z）和设计高程，通过生成方格网来计算每个方格内的挖填方量，最后累计得到指定范围内填方和挖方的土（石）方量，并绘出填挖方分界线。

系统首先将方格四个角上的高程相加（如果角上没有高程点，通过周围高程点内插得出其高程）、取平均值与设计高程相减。然后通过指定的方格边长得到每个方格的面积，再用长方体的体积计算公式得到填、挖方量。方格网法简便直观、易于操作，因此这一方法在实际工作中应用非常广泛。用方格网法计算土（石）方量时，设计面是水平面，也可以是斜面，如图 9-31 所示。设计面是水平面的操作步骤：

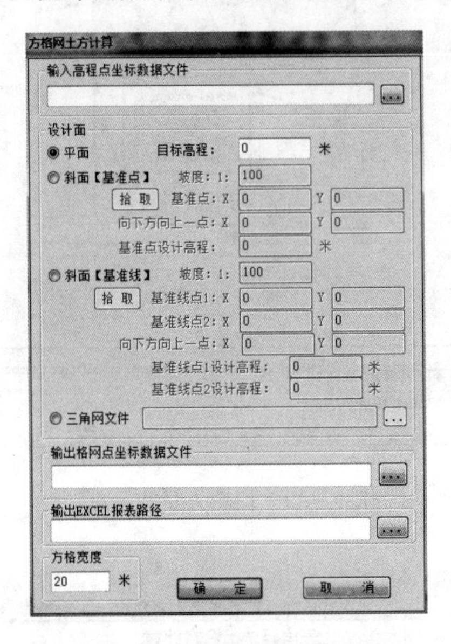

图 9-31　方格网土方计算对话框

（1）展绘野外观测点点号，用复合线绘出所要计算土（石）方量的区域，一定要闭合，但是尽量不要拟合。

（2）选样“工程应用\方格网法土方计算”命令。命令行提示：“选择计算区域边界线”。选择土（石）方量计算区域的边界线（闭合复合线）。

（3）屏幕上将弹出如图 9-31 所示的“方格网土方计算”对话框，在对话框中选择所需的坐标文件；在“设计面”栏选择“平面”，并输入目标高程；在”方格宽度”栏，输入方格网的宽度，这是每个方格的边长，默认值为 20m。由原理可知，方格的宽度越小，计算精度越高。但如果给的值太小，超过了野外采集点密度也是没有实际意义的。

（4）点击“确定”，命令行提示：“总填方＝0.0 立方米，总挖方＝667005.43 立方米”。本例是指定目标高程，因此没有达到挖填方量平衡。

同时图上绘出所分析的方格网、填挖方的分界线（绿色折线），并给出每个方格的填挖方、每行的挖方和每列的填方，结果如图 9-32 所示。

设计面是斜面时的操作步骤：设计面是斜面时，操作步骤与平面时基本相同，区别在于在方格网土方计算对话框中“设计面”栏中，选择“斜面（基准点）”或“斜面（基准线）”。

（1）如果设计的面是斜面（基准点），则需要确定坡度、基准点和向下方向上一点的坐标以及基准点的设计高程。①展绘野外观测点点号，用复合线画出所要计算土方的区域，一定要闭合，但是尽量不要拟合；②点击“拾取”，命令行提示：“点取设计面基准点:”，确定设计面的基准点；③指定斜坡设计面向下的方向：选取斜坡设计面向下的方向。

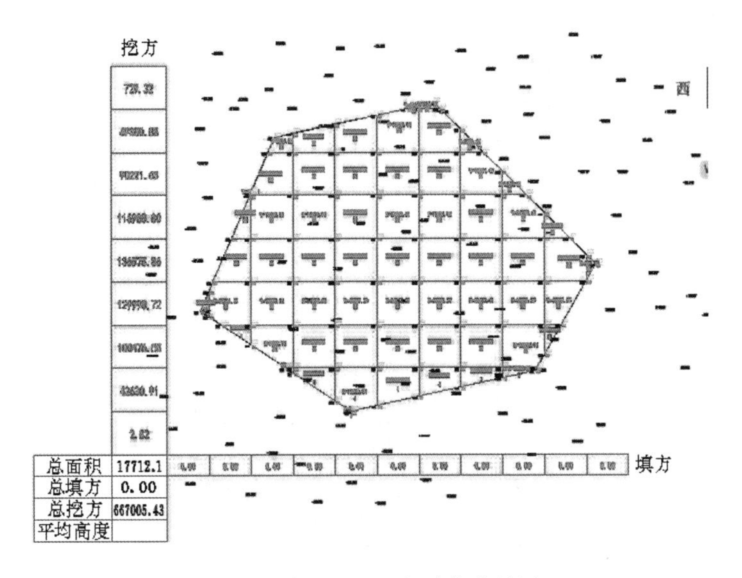

图 9－32　方格网法土方计算成果图

（2）如果设计的面是斜面（基准线），则需要输入坡度并选取基准线上的两个点以及基准线向下方向的一点，最后输入基准线上两个点的设计高程即可进行计算。点击“拾取”，命令行提示：“点取基准线第一点：”，点取基准线的一点；“点取基准线第二点：”，点取基准线的另一点；“指定设计高程低于基准线方向的一点：”，指定基被线方向两侧低的一边。

（三）等高线法土（石）方量计算

用户将白纸图扫描矢量化后可以得到图形。但这样的图都没有高程数据文件，所以无法用前面的几种方法计算土（石）方量。一般来说，这些图上都绘有等高线，所以 CASS9.0 开发了由等高线计算土（石）方量的功能，专为这类用户设计。

用此功能可计算任两条等高线之间的土（石）方量，但所选等高线必须闭合。由于两条等高线所围面积可求，两条等高线之间的高差已知，故可求出这两条等高线之间的土（石）方量。

（1）单击【工程应用】下的【等高线法土方计算】。

（2）屏幕提示：“选择参与计算的封闭等高线”。可逐个选取参与计算的等高线，也可按住鼠标左键拖框选取。但是只有封闭的等高线才有效。

（3）回车后屏幕提示：“输入最高点高程：＜直接回车不考虑最高点＞”。

图 9－33　等高线法土方计算总方量消息框

（4）回车后：屏幕弹出如图 9－33 所示总方量消息框。

（5）回车后屏幕提示：“请指定表格左亡角位置：＜直接回车不绘制表格＞”。在图上空白区域右击，系统将在该点绘出计算成果表格，如图 9－34 所示。

除此之外，数字地形图还在断面图的绘制、公路曲线设计、面积应用和图数转化等方面广泛应用。

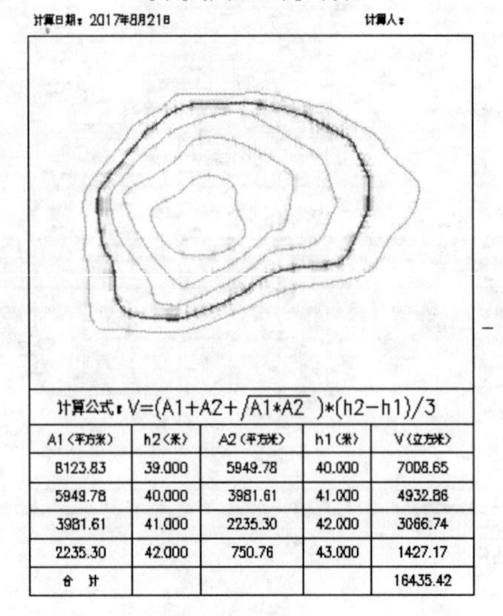

等高线法土石方计算

计算日期：2017年8月21日　　　　计算人：

计算公式：$V=(A1+A2+\sqrt{A1*A2})*(h2-h1)/3$

A1（平方米）	h2（米）	A2（平方米）	h1（米）	V（立方米）
8123.83	39.000	5949.78	40.000	7008.65
5949.78	40.000	3981.61	41.000	4932.86
3981.61	41.000	2235.30	42.000	3066.74
2235.30	42.000	750.76	43.000	1427.17
合　计				16435.42

图 9-34　等高线法土方法计算成果图

复 习 思 考 题

1. 已知某地的地理坐标为东经 118°56′10″，北纬 32°09′31″，用新旧两种方法求其所在的 1∶5 万和 1∶1 万地形图的图号。

2. 面积量算有哪些方法？各有什么优缺点？

3. 根据如图 9-35 所示的地形图，完成下列各项计算：

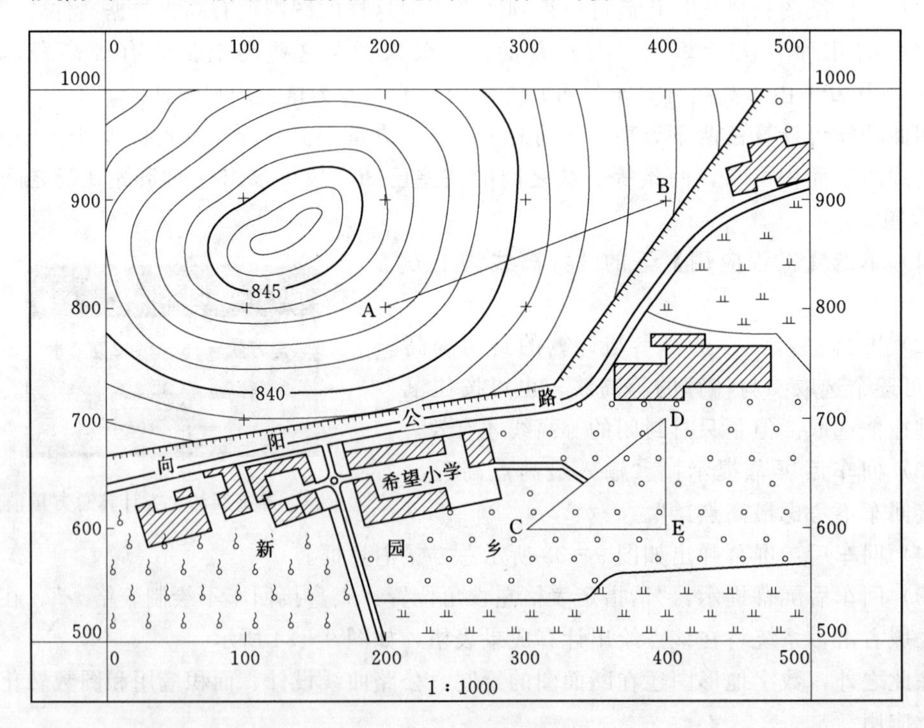

图 9-35　习题 3 附图

（1）图解高程。

$\boldsymbol{H_A}$ = ____ **m**；　　　$\boldsymbol{H_B}$ = ____ **m**。

（2）求距离。

$\boldsymbol{D_{AB}}$ = ____ **m**。

（3）求出方位角。

$\boldsymbol{\alpha_{AB}}$ = ____。

（4）求坡度。

$\boldsymbol{i_{AB}}$ = __________（用$\frac{1}{N}$或用%表示）。

（5）求出由 ***CDE*** 三点所围成的果园的面积 ***S***。

$\boldsymbol{S}$ = ____ $\mathbf{m}^2$。

第十章 全球定位系统（GNSS）及其应用

第一节 GNSS 概 述

全球定位系统（Global Navigation Satellite System，GNSS），是指利用在太空中的导航卫星对地面、海洋和空间用户进行导航定位的一种空间导航定位技术。它是泛指所有的卫星导航系统，包括全球的、区域的和增强的，如美国的 GPS、俄罗斯的格洛纳斯（GLONASS）、欧盟的伽利略（GALILEO）和中国的北斗卫星导航系统，以及相关的增强系统，如美国的 WAAS（广域增强系统）、欧洲的 EGNOS（欧洲静地导航重叠系统）和日本的 MSAS（多功能运输卫星增强系统）等，还涵盖在建和以后要建设的其他卫星导航系统。国际 GNSS 系统是个多系统、多层面、多模式的复杂组合系统。本节将重点介绍这四大定位系统。

一、GPS 概述

（一）早期的卫星定位技术

自 1957 年苏联发射了人类的第一颗人造地球卫星开始，美国海军就着手卫星定位方面的研究工作，卫星定位技术是利用人造地球卫星进行点位测量的技术。当初，人造地球卫星仅仅作为一种空间的观测目标，由地面观测站对它进行摄影观测，测定测站至卫星的方向，建立卫星三角网；也可以用激光技术对卫星进行距离观测，测定测站至卫星的距离，建立卫星测距网。这种对卫星的几何观测能够解决用常规大地测量技术难以实现的远距离陆地海岛联测定位的问题。但是这种观测方法受卫星可见条件及天气的影响，费时费力，不仅定位精度低，而且不能测得点位的地心坐标。

（二）卫星多普勒导航系统的应用及其缺陷

自从苏联卫星入轨后不久，美国詹斯·霍普金斯（Johns Hopkins）大学应用物理实验室的韦芬巴赫（G. C. Weiffenbach）和基尔（W. H. Guier）等学者在地面已知点位上，用自行研制的测量设备捕获和跟踪到了苏联卫星发送的无线电信号，并测得了它的多普勒频移，进而用它解算出了苏联卫星的轨道参数。依据这项实验成果，该实验室的麦克雷（F. T. Meclure）等学者，设想了一个“反向观测方案”：若已知在轨卫星的轨道参数，地面上的观测者又测得该颗卫星发送信号的多普勒频移则可测得观测者的点位坐标。这个设想成为第一代卫星导航系统的基本工作原理：将导航卫星作为一种动态已知点，利用测量卫星信号的多普勒频移，而实现海洋船舶等运动载体的导航定位。

1958 年 12 月，美国詹斯·霍普金斯（Johns Hopkins）大学应用物理实验室在美国海军的资助下，开始用上述原理研制一种卫星导航系统，叫做美国海军卫星导航系统（Nary Navigation Satellite System，NNSS）。因为这些导航卫星沿着地球子午圈的轨道而运行（图 10-1），故又称之为子午卫星（TRANSIT）导航系统。

从 1959 年 9 月，发射了第一颗实验性子午卫星，至 1961 年 11 月，先后发射了 9 颗实验性子午卫星，经过几年的实验研究，解决了卫星导航的许多技术难题。1963年12月发射了第一颗子午工作卫星后，又陆续发射了5颗工作卫星，形成了由6颗工作卫星构成的子午卫星星座（图10-1）。在该星座信号的覆盖下，地球表面上任何一个观测者，至少每隔2h便可观测到该星座中的一颗卫星。卫星轨道距地面约为1070km，每一个近圆形轨道上分布着一颗子午卫星（轨道椭圆的偏心率很小，而近于圆形）。子午卫星沿轨道运行的周期约为107min。每一颗子午卫星均用400MHz和150MHz的微波信号作载波，向广大用户发送导航电文；子午卫星星座运行初期，导航电文是保密的。1967年7月29日，美国政府宣布，部分导航电文解密交付民用。自此，卫星多普勒定位技术迅速兴起。多普勒定位具有经济快速、精度均匀、不受天气和时间的限制等优点。只要在测点上能收到从子午卫星上发来的无线电信号，便可在地球表面的任何地方进行单点定位或联测定位，获得测站点的三维地心坐标。

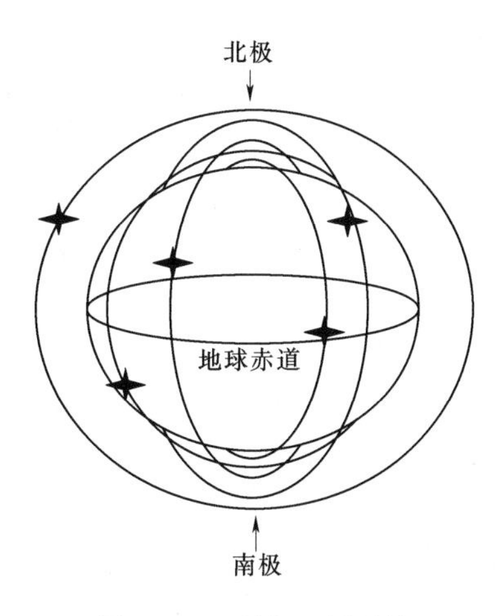

图10-1 子午卫星系统

在美国子午卫星导航系统建立的同时，前苏联也于1965年开始建立了一个卫星导航系统——CICADA。该系统有12颗所谓宇宙卫星。从而构成CICADA卫星星座，它的轨道高度为1000km，卫星沿轨道运行的周期为105min，每颗卫星向外发送400MHz和150MHz的微波信号，但只有频率为150MHz的载波信号传送导航电文，而频率为400MHz的信号仅用于削弱电离层效应的影响。

NNSS和CICADA卫星导航系统虽然将导航和定位推向了一个新的发展阶段，但是它们仍然存在着一些明显的缺陷，比如卫星少、不能实行连续的导航定位。子午卫星导航系统采用6颗卫星，并都通过地球的南北极运行。地面点上空子午卫星通过的间隔时间较长，而且低纬度地区每天的卫星通过次数远低于高纬度地区。对于同一子午卫星，间隔时间更长，每天通过次数最多为13次。由于一台多普勒接收机一般需观测15次合格的卫星通过，才能达到10m的单点定位精度；当各个测站观测了公共的17次合格的卫星通过，联测定位的精度才能达到0.5m左右。间隔时间和观测时间长，不能为用户提供实时定位和导航服务，而精度较低限制了它的应用领域。子午卫星轨道低，难以精密定轨，以及子午卫星射电频率低，难以补偿电离层效应的影响，致使卫星多普勒定位精度局限在米级水平（精度极限0.5～1m）。

因此，子午卫星导航系统的应用受到了很大的限制。为了突破子午卫星导航系统的应用局限性，实现全天候、全球性和高精度的连续导航与定位，第二代卫星导航系统——GPS卫星全球定位系统便应运而生。卫星导航定位技术也随之兴起而发展到了一个辉煌的历史阶段，展现了极其广泛的应用前景。

（三）GPS全球定位系统的建立

美国国防部在总结了NNSS的劣势后，于1973年12月批准研制新一代导航定位系统——导航卫星定时测距全球定位系统（Navigation Satellite Timing And/ Ranging Global

Positioning System)，简称 NAVSAT/GPS 系统。它可以向数目不限的全球用户连续地提供高精度的全天候的七维状态参数（x、y、z、t_a、v_x、v_y、v_z）和三维姿态参数（横摇、纵摇、航向），其主要目的是为陆、海、空三大领域提供实时、全天候和全球性的导航服务，并用于情报收集、核爆监测和应急通讯等一些军事目的。

自 1974 年以来，GPS 计划经历了方案论证、系统论证和生产实验三个阶段。到 1994 年 3 月，全球覆盖率高达 98% 的 24 颗 GPS 卫星星座已布设完成。论证阶段共发射了 11 颗叫做 BLOCK I 的试验卫星，截至 1993 年 12 月 31 日 BLOCK I 试验卫星已经停止使用，因此，本章重点述及自 1989 年以来发射的 GPS 工作卫星及其星座。

GPS 卫星星座如图 10-2 所示。其基本参数是：卫星颗数为 21+3，卫星轨道面个数为 6，卫星高度为 20200km，轨道倾角为 55°，卫星运行周期为 11 小时 58 分（恒星时 12 小时），载波频率为 1575.42MHz 和 1227.60MHz。卫星通过天顶时，卫星可见时间为 5 小时 07 分，在地球表面上任何地点任何时刻，在高度角 15°以上，平均可同时观测到 6 颗卫星，最多可达 9 颗卫星。

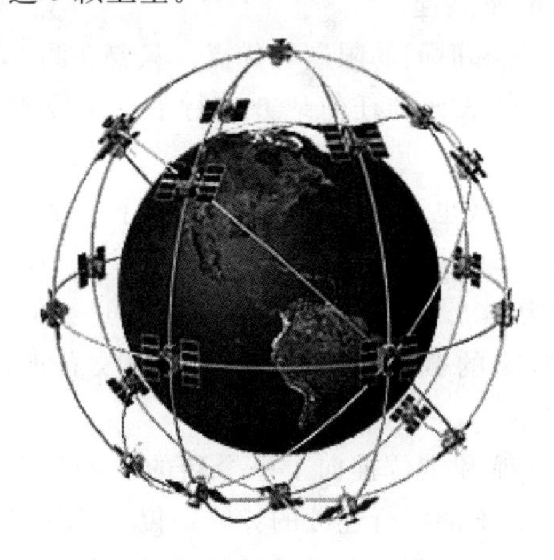

图 10-2　GPS 卫星星座

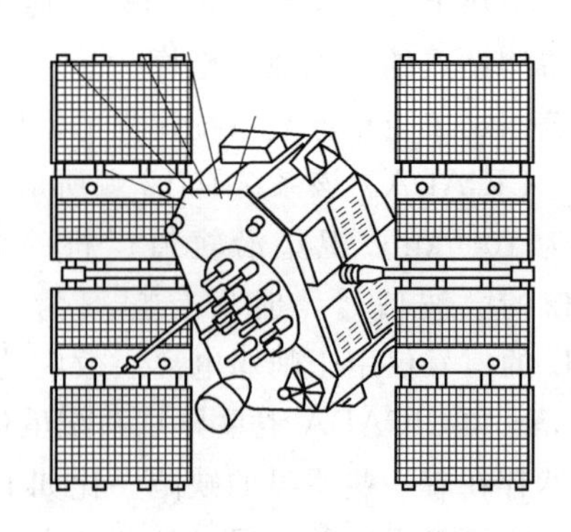

图 10-3　GPS 卫星

图 10-3 是 GPS 工作卫星的外部形态。GPS 工作卫星的在轨重量是 843.68kg，其设计寿命为 7.5 年。当卫星入轨后，星内机件靠太阳能电池和镉镍蓄电池供电。每个卫星有一个推力系统，以便使卫星轨道保持在适当位置。GPS 卫星通过 12 根螺旋型天线组成的阵列天线发射张角大约为 30°的电磁波束，覆盖卫星的可见地面。卫星姿态调整采用三轴稳定方式，由四个斜装惯性 轮和喷气控制装置构成三轴稳定系统，致使螺旋天线阵列所辐射的波速对准卫星的可见地面。

（四）GPS 系统的独特优势及特点

1. GPS 系统能够实施全球性全天候的连续不断的导航定位测量

24 颗 GPS 工作星座分成 6 个轨道平面；它的数量是子午卫星的 4 倍。在 2 万多 km 的高空 GPS 卫星，从地平线升起至没落，持续运行 5 个多小时。每一个用户无论在任何地方都能够同时接收到来自 4～12 颗 GPS 卫星的导航定位信号，用以测定他的实时点位及其他状态参数，实现全球性全天候的连续不断的导航定位。

2. GPS 信号能够用于运动载体的七维状态参数和三维状态参数测量

GPS 发送的导航定位信号，不仅携带着内容丰富的导航电文，而且调制着两个用于测量距离的伪随机噪声码；换言之，GPS信号的两个载波，两个伪随机噪声码和导航电文，为运动载体的多参数和广用途测量奠定了坚实的技术基础。

3. 测站间无需通视，定位精度高，观测时间短，操作简便

GPS测量不要求测站之间互相通视，只需要测站上空开阔即可，因此可节省大量的造标费用。由于点间无需通视，点位位置可根据需要，可稀可密，选点灵活；GPS技术能够达到毫米级的静态定位精度和厘米级的动态测量精度；随着GPS系统的不断完善，以及GPS接收机技术的发展，目前，20km以内相对静态定位，仅需15～20min，流动站观测时间仅需几秒钟，而且接收机自动化水平越来越高，有的已经达到“傻瓜化”的程度。

4. GPS卫星能够为陆地、海洋和空间广大用户提供高精度多用途的导航定位服务

GPS卫星所发送的导航定位信号，是一种可供无数用户共享的空间信息资源；陆地、海洋和空间的广大用户，只要持有一种能够接收、跟踪、变换和测量GPS信号的接收机，就可以全球性和全天候的测量运动载体的七维状态参数和三维姿态参数，其用途之广，影响之大，是其他接收设备所不及的。

二、伽利略（GALILEO）卫星导航系统

伽利略（GALILEO）卫星导航系统是由欧盟主导的全球卫星导航系统，共发射30颗卫星，该系统于2004年开始研制，计划2013年建成，是以民用为主的全球导航定位系统。其研制历程包括四个阶段，定义阶段、开发阶段、部署阶段和商业动作阶段。

三、格洛纳斯（GLONASS）卫星导航系统

“格洛纳斯（GLONASS）”是俄语中“全球卫星导航系统（GLOBAL NAVIGATION SATELLITE SYSTE）”的缩写；最早开发于苏联时期，后由俄罗斯继续该计划；俄罗斯1993年开始独自建立本国的全球卫星导航系统；该系统于2007年年底之前开始运营，届时只开放俄罗斯境内卫星定位及导航服务；到2009年年底前，其服务范围拓展到全球。

格洛纳斯卫星导航系统包括格洛纳斯星座、地面支持系统和用户设备三大部分。格洛纳斯星座由27颗工作星和3颗备份星组成；27颗星均匀地分布在3个近圆形的轨道平面上，这三个轨道平面两两相隔120°，每个轨道面有8颗卫星，同平面内的卫星之间相隔45°，轨道高度2.36万km。地面支持系统由系统控制中心、中央同步器、遥测遥控站（含激光跟踪站）和外场导航控制设备组成；系统控制中心和中央同步处理器位于莫斯科，遥测遥控站位于圣彼得堡、捷尔诺波尔、埃尼谢斯克和共青城。格洛纳斯用户设备（即接收机）能接收卫星发射的导航信号，并测量其伪距和伪距变化率，同时从卫星信号中提取并处理导航电文；接收机处理器对上述数据进行处理并计算出用户所在的位置、速度和时间信息。

格洛纳斯卫星导航系统为全球海陆空以及近地空间的各种用户提供全天候、连续提供高精度的各种三维位置、三维速度和时间信息，这样不仅为海军舰船、空军飞机、陆军坦克、装甲车、炮车等提供精确导航；也在精密导弹制导、精密敌我态势产生、部队准确的机动和配合、武器系统的精确瞄准等方面广泛应用；格洛纳斯卫星导航系统在大地和海洋测绘、邮电通信、地质勘探、石油开发、地震预报、地面交通管理等各种国民经济领域有越来越多的应用。

四、北斗卫星导航定位系统

北斗卫星导航系统［BeiDou（COMPASS）Navigation Satellite System，BDS］是中国正在实施的自主研发、独立运行的全球卫星导航系统，与美国 GPS、俄罗斯“格洛纳斯”、欧盟“伽利略”系统兼容共用的全球卫星导航系统，并称全球四大卫星导航系统。北斗卫星导航系统 2012 年 12 月 27 日起提供连续导航定位与授时服务。中国此前已成功发射 4 颗北斗导航试验卫星和 16 颗北斗导航卫星，将在系统组网和试验基础上，逐步扩展为全球卫星导航系统。

北斗卫星导航系统由空间端、地面端和用户端三部分组成。空间端包括 5 颗静止轨道卫星和 30 颗非静止轨道卫星。地面端包括主控站、注入站和监测站等若干个地面站。用户端由北斗用户终端以及与美国 GPS、俄罗斯“格洛纳斯”、欧盟“伽利略”等其他卫星导航系统兼容的终端组成。

北斗系统具有短报文通信、精密授时、定位精度高、系统容纳的最大用户数每小时 540000 户这四大功能。北斗卫星导航系统的建设与发展，以应用推广和产业发展为根本目标，不仅要建成系统，更要用好系统，强调质量、安全、应用、效益，遵循开放性、自主性、兼容性和渐进性四大建设原则。北斗卫星导航系统按照“三步走”的发展战略稳步推进。第一步：2000 年建成了北斗卫星导航试验系统，使中国成为世界上第三个拥有自主卫星导航系统的国家；第二步：建设北斗卫星导航系统，2012 年年底形成覆盖亚太大部分地区的服务能力；第三步：2020 年左右，北斗卫星导航系统形成全球覆盖能力。

北斗卫星导航系统能够提供高精度、高可靠的定位、导航和授时服务，具有导航和通信相结合的服务特色。通过 21 年的发展，这一系统在测绘、渔业、交通运输、电信、水利、森林防火、减灾救灾和国家安全等诸多领域得到应用，产生了显著的经济效益和社会效益，特别是在四川汶川、青海玉树、四川雅安抗震救灾中发挥了非常重要的作用。

第二节　GPS 的组成

GPS 系统由三大部分组成，即空间星座部分、地面监控部分和用户设备部分。其分布如图 10－4 所示。

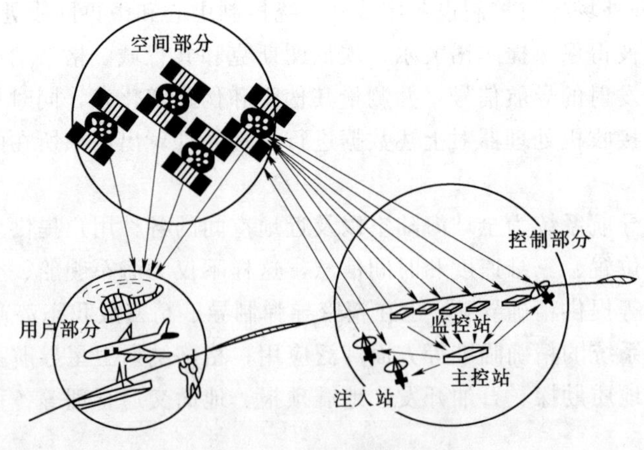

图 10－4　GPS 系统分布图

空间星座部分：包括GPS工作卫星和备用卫星；

地面监控部分：控制整个系统和时间，负责轨道监测和预报；

用户设备部分：主要是各种型号的接收机。

一、空间星座部分

全球定位系统的空间部分使用21颗工作卫星和3颗随时可以启动的在轨备用卫星组成GPS卫星星座，记作（21+3）GPS星座，24颗卫星均匀分布在6个轨道平面上（每个轨道面四颗），卫星轨道平面与地球赤道面的倾角均为55°，各轨道的升交点的赤经相差60°，在相邻轨道上，卫星的升交距角相差30°。轨道高度约20200km，均为近圆形轨道，运行周期约为11小时58分。卫星的分布使得在全球的任何地方，任何时间都可观测到四颗以上的卫星，并能保持良好定位解算精度的几何图形（DOP）。这就提供了在时间上连续的全球导航能力。

GPS卫星采用铝蜂巢结构，主体呈柱形，直径为1.5m，如图10-3所示。星体两侧装有两块双叶对日定向太阳能电池翼板，全长5.33m，接受日光面积7.2m^2。对日定向系统控制两翼帆板旋转，使板面始终对准太阳，为卫星不断提供电力，并给三组15A的镉镍蓄电池充电，以保证卫星在地影区能正常工作。在星体底部装有多波束定向天线，能发射L_1和L_2波段的信号。在星体两端面上装有全向遥测遥控天线，用于与地面监控网通信。此外，卫星上还装有姿态控制系统和轨道控制系统。工作卫星的设计寿命为7.5年，但是，从卫星在轨工作的实际寿命可见，一般都能超过甚至远远超过设计寿命，并能正常工作；例如，PRN06试验卫星自1978年10月6日入轨运行以来，直至1991年4月1日仍能正常工作。

（一）GPS卫星的编号

每颗GPS卫星都有各自的编号，因为GPS工作卫星与试验卫星的编号方式相同，故以试验卫星为例介绍卫星的编号方式：

1. 顺序编号

按照GPS卫星的发射时间先后，依发射先后次序给卫星编号。

2. PRN编号

根据GPS卫星所采用的伪随机噪声码（PRN码）的不同而编号。

3. IRON编号

IRON为inter range operation number的缩写，即内部距离操作码，它是由美国和加拿大联合组成的北美空军指挥部给定的一种随机编号，以识别他们所选择的目标。

4. NASA编号

这是美国航空航天局在其（NASA）序列文件中给GPS卫星的编号。

5. 国际识别号

它的第一部分表示该颗卫星的发射年代，第二部分表示该年中发射卫星的序列号，字母*A*表示发射的有效负荷。

在导航定位测量中，一般采用PRN编号。对广大用户而言，若需查询那一颗GPS卫星的有关数据，必须提供该颗卫星的识别号。

（二）GPS卫星的作用

通过前一节对子午卫星的介绍以及本节对GPS卫星的了解，可以发现GPS卫星的许多性能都远远优于子午卫星，GPS卫星的作用也更强大。在GPS系统中，GPS卫星的作用是：

（1）向广大用户连续发送定位信号

（2）接收和储存由地面监控站发来的卫星导航电文等信息，并适时地发送给广大用户

（3）接收并执行由地面监控站发来的控制指令，适时地改正运行偏差或启用备用卫星等

（4）通过星载的高精度铷钟和铯钟，提供精密的时间标准

GPS卫星的核心部件是高精度的时钟、导航电文存储器、双频发射和接收机以及微处理机，而对于GPS定位成功的关键在于高稳定性的频率标准。这种高稳定性的频率标准由高精度的原子钟提供，因为10^{-9}s的时间误差将会引起30cm的站心距离误差。为此，每颗GPS工作卫星一般安装2台铷原子钟和2台铯原子钟，并计划未来采用更稳定的氢原子钟。GPS卫星虽然发送几种不同频率的信号，但是他们均源于一个基准信号(其频率为10.23GHz)，所以只需启用一台原子钟，其余作为备用。卫星钟由地面站检测，其钟差、钟速连同其他信息由地面站注入卫星后，在转发给用户设备。

二、地面监控部分

为了确保GPS系统的良好运行，地面监控系统发挥了极其重要的作用。其主要任务是：监视卫星的运行；确定GPS时间系统；跟踪并预报卫星星历和卫星钟状态；向每颗卫星的数据存储器注入卫星导航数据。

地面监控部分包括一个主控站、三个注入站和五个监测站。

（一）主控站

主控站设在美国本土科罗拉多斯平士（Colorado Spings）的联合空间执行中心(CSOC)。

主控站的任务除负责管理和协调整个地面监控系统的工作外，其主要任务是收集、处理本站和监测站收到的全部资料，编算出每颗卫星的星历和GPS时间系统，将预测的卫星星历、钟差、状态数据以及大气传播改正编制成导航电文传送到注入站；主控站还负责调整偏离轨道的卫星，使之沿预定轨道运行，检验注入给卫星的导航电文，监测卫星是否将导航电文发送给了用户。必要时启用备用卫星以代替失效的工作卫星。

（二）注入站

三个注入站分别设在大西洋的阿森松岛、印度洋的迪戈加西亚岛和太平洋的卡瓦加兰。这三个地方均为美空军基地。

注入站又称地面天线站，它的主要设备包括：一台直径3.6m的抛物面天线，一台C波段发射机和一台计算机。

注入站的任务是将主控站发来的导航电文注入到相应卫星的存储器。每天注入3、4次，每次注入14天的星历。此外，注入站能自动向主控站发射信号，每分钟报告一次自己的工作状态。

整个GPS的地面监控部分，除主控站外均无人值守。各站间用现代化的通讯网络联

系起来，在原子钟和计算机的精确控制下，各项工作实现了高度的自动化和标准化。

（三）监测站

5 个监测站除了位于主控站和 3 个注入站之处的 4 个站以外，还在夏威夷设立了 1 个监测站。监测站在主控站的遥控下自动采集定轨数据并进行各项改正，监测站的主要任务是为主控站提供卫星的观测数据。每个监测站均用 GPS 信号接收机对每颗可见卫星进行连续观测，以采集数据和监测卫星的工作状况，所有观测数据连同气象数据传送到主控站，用以确定卫星的轨道参数。地面监控部分的工作程序如图 10－5 所示。

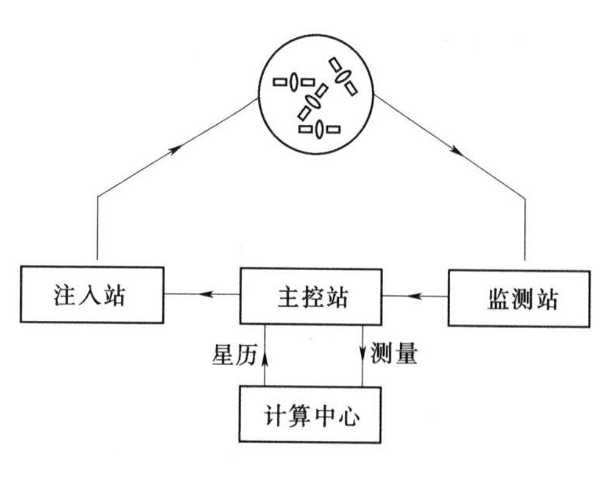

图 10－5　地面监控系统工作程序

三、用户设备部分

用户接收设备典型情况下称做“GPS 接收机”，GPS 接收设备由 5 个主要单元组成：天线单元、接收单元、处理器、输入/输出单元和一个电源。图 10－6 为 GPS 接收机原理示意图。

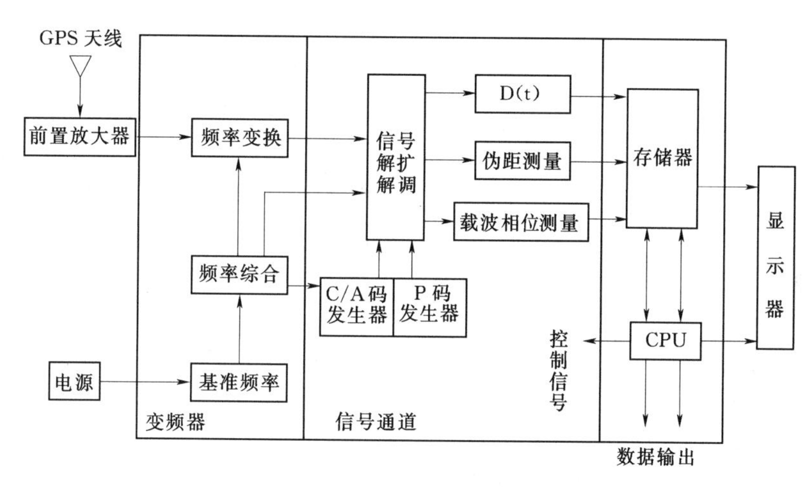

图 10－6　GPS 接收机原理图

GPS 接收机能够捕获到按一定卫星高度截止角所选择的待测卫星的信号，并跟踪这些卫星的运行，对所接收到的 GPS 信号进行变换、放大和处理，以便测量出 GPS 信号从卫星到接收机天线的传播时间，解译出 GPS 卫星所发送的导航电文，实时地计算出用户接收机所处的三维位置，甚至三维速度和时间。

GPS 卫星发送的导航定位信号，是一种可供无数用户共享的信息资源。对于陆地、海洋和空间的广大用户，只要用户拥有能够接收、跟踪、变换和测量 GPS 信号的接收设备，即 GPS 信号接收机。便可以在任何时候用 GPS 信号进行导航定位测量。根据使用目的的不同，用户要求的 GPS 信号接收机也各有差异。其结构、尺寸、形状和价格也大相径庭。例如：航海和航空用的接收机，要具有与存有导航图等资料的存储卡相接口的能力；测地用的接收机就要求具有很高的精度，并能快速采集数据；军事上用的，要附加密码模块，并要求能高精度定位。

目前世界上已有几十家工厂生产 GPS 接收机，产品也有几百种。这些产品可以按照原理、用途、功能等来分类：

(1) 按接收机工作原理则分为码接收机、无码接收机、集成接收机以及干涉型接收机。

(2) 按接收机用途可分类为导航型接收机、测地型接收机和定时型接收机。

(3) 按接收机的载波频率可分为单频接收机和双频接收机。

(4) 按接收机通道数可分为多通道接收机、序贯通道接收机和多路多用通道接收机。

第三节　GPS 定位的基本原理

一、概述

测量学中有测距交会确定点位的方法。与其相似，GPS 导航定位系统定位原理也是利用测距交会的原理确定点位。GPS 卫星发射测距信号和导航电文，导航电文中含有卫星的位置信息。用户用 GPS 接收机在某一时刻同时接收三颗以上的 GPS 卫星信号，测量出测站点（接收机天线中心）P 至三颗以上 GPS 卫星的距离并解算出该时刻 GPS 卫星的空间坐标，据此利用距离交会法解算出测站 P 的位置。如图 10－7 所示，设在时刻 t_i 在测站点 P 用 GPS 接收机同时测得 P 点至三颗 GPS 卫星 S_1、S_2、S_3 的距离分别为 R_1、R_2、R_3，通过 GPS 电文解译出该时刻三颗 GPS 卫星的三维坐标分别为（X^j、Y^j、Z^j），$j=1，2，3$。用距离交会的方法求解 P 点的三维坐标（$x，y，z$）的观测方程为

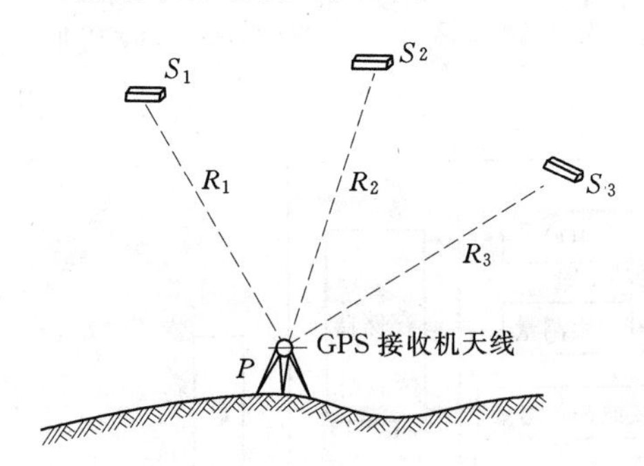

图 10－7　GPS 定位基本原理

$$\left.\begin{aligned}R_1^2&=(x-X^1)^2+(y-Y^1)^2+(z-Z^1)^2\\R_2^2&=(x-X^2)^2+(y-Y^2)+(z-Z^2)^2\\R_3^2&=(x-X^3)^2+(y-Y^3)+(z-Z^3)^2\end{aligned}\right\}\qquad(10-1)$$

在 GPS 定位中，GPS 卫星是高速运动的卫星，其坐标值随时间在快速变化着。需要实时地由 GPS 卫星信号测量出测站至卫星之间的距离，实时地由卫星的导航电文解算出卫星的坐标值，并进行测站点的定位。依据测距的原理，其定位原理与方法主要有伪距法定位，载波相位测量定位以及差分 GPS 定位等。对于待定点来说，根据其运动状态可以将 GPS 定位分为静态定位和动态定位。静态定位指的是对于固定不动的待定点，将 GPS 接收机安置于其上，观测数分钟乃至更长的时间，以确定该点的三维坐标，又叫绝对定位。若以两台 GPS 接收机分别安置于两个固定不变的待定点之间的相对位置，又叫相对定位。而动态定位则至少有一台接收机处于运动状态，测定的是各观测时刻运动中的接收机的点位。

利用接收到的卫星信号（测距码）或载波相位，均可进行静态定位。实际应用中，为了减弱卫星的轨道误差、卫星钟差、接收机钟差以及电离层和对流层的折射误差的影响，常采用载波相位观测值的各种线形组合（即差分值）作为观测值，获得两点之间高精度的 GPS 基线向量（即坐标差）。

二、伪距测量

伪距法定位是由 GPS 接收机在某一时刻测出它到四颗以上 GPS 卫星的伪距以及已知的卫星位置，采用距离交会的方法求定接收机天线所在点的三维坐标。所测伪距就是由卫射的测距码信号到达 GPS 接收机的传播时间乘以光速所得出的量测距离

$$\rho = ct \tag{10-2}$$

由于卫星钟、接收机钟的误差以及无线电信号经过电离层和对流层中的延迟，实际测出的距离 ρ' 与卫星到接收机的几何距离 ρ 有一定差值，因此一般称量测出的距离为伪距。用 C/A 码（C/A 码定位误差为 20～30m，精度较低也称为民用码）进行测量的伪距为 C/A 码伪距；用 P 码（P 码定位误差约为 10m，精度比 C/A 码高，也称为军用码）测量的伪距为 P 码伪距。伪距法定位虽然一次定位精度不高，但因其具有定位速度快，且无多值性问题等优点，仍然是 GPS 定位系统进行导航的最基本的方法。同时，所测伪距又可以作为载波相位测量中解决整周数不确定问题（模糊度）的辅助资料。因此，有必要了解伪距测量以及伪距法定位的基本原理和方法。

（一）伪距测量

GPS 卫星依据自己的时钟发出某一结构的测距码，该测距码经过 τ 时间的传播后到达接收机。接收机在自己的时钟控制下产生一组结构完全相同的测距码——复制码（本地码），并通过时延器使其延迟时间 τ' 将这两组测距码进行相关处理，若自相关系数 $R(\tau')\neq 1$，则继续调整延迟时间 τ' 直至自相关系数 $R(\tau')=1$ 为止。使接收机所产生的复制码与接收到的 GPS 卫星测距码完全对齐，那么其延迟时间 τ' 即为 GPS 卫星信号从卫星传播到接收机所用的时间 τ。GPS 卫星信号的传播是一种无线电信号的传播，其速度等于光速 c，卫星至接收机的距离即为 τ' 与 c 的乘积。

由于测距码和复制码在产生的过程中均不可避免地带有误差，而且测距码在传播过程中还会由于各种外界干扰而产生变形，因而自相关系数往往不可避免地带有误差，而且测距码在传播过程中还会由于各种外界干扰而产生变形，因而自相关系数往往不可能达到“1”，只能在自相关系数为最大的情况下来确定伪距，也就是本地码与接收码基本上对齐了。这样可以最大幅度地消除各种随机误差的影响，以达到提高精度的目的。

（二）伪距测量观测方程

设某一卫星在卫星钟的瞬时读数为 t_a 时发出信号，此时正确的标准时刻为 τ_a；该信号到达接收机读得的时间为 t_b，其正确的标准时刻为 τ_b。伪距测量中测得的时间延迟 τ 实际为

$$\tau = t_b - t_a = \frac{1}{c}\rho \tag{10-3}$$

若发射时刻卫星钟的钟差为 ν_{t_a}，接收时刻接收机的钟差为 ν_{t_b}，则有

$$\begin{cases} t_a + \nu_{t_a} = \tau_a \\ t_b + \nu_{t_b} = \tau_b \end{cases} \tag{10-4}$$

将式（10-4）代入式（10-3）中可得

$$\frac{1}{c}\rho = t_b - t_a = (\tau_b - \nu_{t_b}) - (\tau_a - \nu_{t_a}) = (\tau_b - \tau_a) + \nu_{t_a} - \nu_{t_b} \tag{10-5}$$

式中 $(t_b - t_a)$——测距码从卫星到接收机的实际传播时间。

顾及到信号并非在真空中传播，还需加上电离层折射改正 $\delta\rho_{trop}$ 和对流层折射改正 $\delta\rho_{trop}$，此时卫星至接收机的实际距离为

$$R = c(\tau_b - \tau_a) + \delta\rho_{iron} + \delta\rho_{trop} \tag{10-6}$$

将式（10-5）代入式（10-6）中，即得实际距离 R 和伪距 ρ 之间的关系

$$R = \rho + \delta\rho_{iron} + \delta\rho_{trop} - c\nu_{t_a} + c\nu_{t_b} \tag{10-7}$$

如果已知卫星的钟差 ν_{t_a} 和接收机的钟差 ν_{t_b}，又可精确求出电离层折射改正和对流层折射改正，那么测定了伪距 ρ，就可求出实际距离 R。实际距离 R 和卫星坐标（x，y，z）和接收机坐标（X，Y，Z）之间又有下列关系

$$R = \sqrt{(x-X)^2 + (y-Y)^2 + (z-Z)^2} \tag{10-8}$$

式中卫星的坐标可以根据收到的卫星电文求得，所以上式只包含有地面点的三个坐标未知数。这就是说，如果对三颗卫星同时进行伪距测量，列出同样的方程，就可以求出接收机的位置。

但在实际应用中，我们将接收机的钟差 V_{t_b} 也视为未知数。因为任何两个时钟的时间都是有一定的差值的。为此就要求任何一个观测瞬间至少要测定四颗卫星的距离，以便同时解算出四个未知数：X、Y、Z、v_{t_b}。

这样，伪距定位法的基本模型为

$$[(x_i - X)^2 + (y_i - Y)^2 + (z_i - Z)^2]^{1/2} - c\nu_{t_b} = \rho_i + (\delta\rho_i)_{iron} + (\delta\rho_i)_{trop} - c\nu_{t_{ai}}$$
$$(i = 1、2、3、4、\cdots) \tag{10-9}$$

式中各符号的脚注 i 表示观测四颗（或四颗以上）卫星的序号；第 i 颗卫星发射信号瞬间的钟差 $v_{t_{ai}}$ 可以根据卫星导航电文给出的系数计算出来。当式（10-9）的个数大于 4 个时，可用最小二乘法求解未知数的最或然值。

三、载波相位测量

利用测距码进行伪距测量是全球定位系统的基本测距方法。然而由于测距码的码元长度较大，对于一些高精度应用来讲其测距精度还显得过低无法满足需要。如果观测精度均取至测距码波长的1%，则伪距测量对 P 码而言量测精度为 30cm，对 C/A 码而言为 3m 左右。而如果把载波作为量测信号，由于载波的波长短，$\lambda_{L_1} = 19\text{cm}$，$\lambda_{L_2} = 24\text{cm}$，所以就可达到很高的精度。目前的大地型接收机的载波相位测量精度一般为 1～2mm，有的精度更高。

（一）载波相位测量原理

载波相位测量的观测量是 GPS 接收机所接收的卫星载波信号与接收机本地参考信号的相位差。以 $\varphi_k^j(t_k)$ 表示 k 接收机在接收机钟面时刻时所接收到的 j 卫星载波信号的相位值，$\varphi_k(t_k)$ 表示 k 接收机在钟面时刻 t_k 时所产生的本地参考信号的相位值，则 k 接收

机在接收机钟面时刻 t_k 时观测 j 卫星所取得的相位观测量可写为

$$\Phi_k^j(t_k)=\varphi_k(t_k)-\varphi_k^j(t_k) \quad (10-10)$$

则由载波的波长 λ 就可以求出该瞬间从卫星至接收机的距离

$$\rho=\Phi_k^j(t_k)=\lambda[\varphi_k(t_k)-\varphi_k^j(t_k)]=\lambda(N_0^j+\Delta\Phi) \quad (10-11)$$

式中 N_0^j——整周数；

$\Delta\Phi$——不足一整周的小数部分。

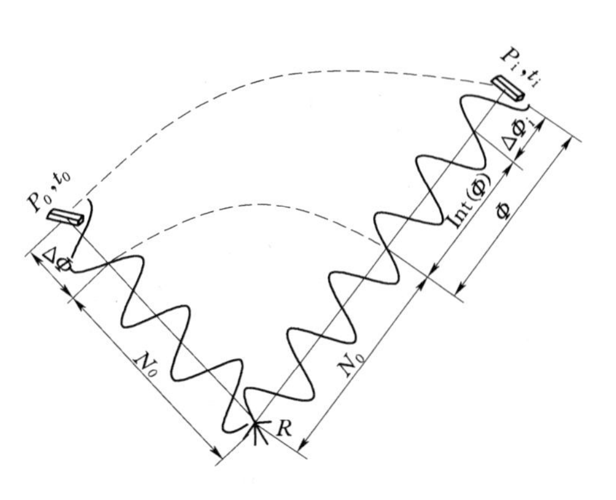

图 10-8 载波相位测量原理

通常的相位或相位差测量只是测出一周以内的相位值。实际测量中，如果对整周进行计数，则自某一初始取样时刻（t_0）以后就可以取得连续的相位测量值。接收机继续跟踪卫星信号，不断测定小于一周的相位差 $\Delta\Phi$（t），并利用整波计数器记录从 t_0 到 t_i 时间内的整周变化量 $Int(\varphi)$，只要卫星 S^j 从 t_0 到 t_i 之间卫星信号没有中断，则初始时刻整周模糊 N_0^j 度就为一常数，这样，任一时刻 t_i 卫星 S^j 到 k 接收机的相位差为

$$\Phi_k^j=\varphi_k(t_i)-\varphi_k^j+N_0^j+Int(\varphi) \quad (10-12)$$

式（10-12）说明，从第一次开始，在以后的观测中，其观测量包括了相位差的小数部分和累计的整周数。

（二）载波相位测量的观测方程

载波相位观测量是接收机（天线）和卫星位置的函数，只有得到了它们之间的函数关系，才能从观测量中求解接收机（或卫星）的位置。

设在卫星钟的读数为 t_a，正确的标准时刻为 T_a 的瞬时，卫星 S^j 发射的载波相位为 $\varphi(t_a)$，经传播延迟 $\Delta\tau$ 后，该信号到达接收机，接收机钟面时刻 t_b，正确的标准时刻为 T_b，和伪距测量的方法一样，我们可得载波相位测量的基本观测方程

$$\Phi=\frac{f}{c}(R-\delta\rho_{iron}-\delta\rho_{tron})+fv_{t_a}-fv_{t_b}-N_0 \quad (10-13)$$

式中 Φ——为载波相位测量的实际观测值，以周数为单位；

f——为信号的频率；

N_0——为整周未知数；

其他符号含义同前。

若将上式两边同乘 $\lambda=c/f$，即有

$$\rho=R-\delta\rho_{iron}-\delta\rho_{tron}+cv_{t_a}-cv_{t_b}-\lambda N_0 \quad (10-14)$$

从上面可以看出，除增加了整周未知数 N_0 外。它和伪距测量方程完全相同。

确定整周未知数 N_0 是载波相位测量的一项重要工作。方法很多，常用的而且比较简单的是伪距法。

伪距法是在进行载波相位测量的同时又进行了伪距测量，将伪距观测值减去载波相位测量的实际观测值（化为以距离为单位）后即可得到 λN_0。但由于伪距测量的精度较低，所以要有较多的 λN_0 取平均值后才能获得正确的整波段数。

第四节　连续运行参考站系统（CORS）简介

连续运行参考站系统 CORS（Continuously Operating Reference Station System，CORS）最早诞生于20世纪末，是GNSS技术发展的产物。经过十多年的不断发展，CORS在解算方法和服务功能上得到了不断地完善，已被广泛地应用于空间三维定位工作中。目前，世界各国已将CORS作为现代空间定位技术应用的重点研究方向，加大推进CORS应用的力度，不断扩大其应用范围。

连续运行参考站系统CORS是在研究区域范围内，建立由若干个连续运行参考站、数据通信链路、数据中心和用户终端构成的局域网络，综合应用GNSS定位技术、计算机技术、数据通信和互联网（LAN/WAN）技术进行实时差分改正信息解算，实时地向不同类型、不同需求、不同层次的用户自动地提供经过检验的不同类型的GNSS观测值（载波相位、伪距），各种改正数、状态信息，以及其他有关GNSS服务项目的系统。

一、连续运行参考站系统（CORS）技术发展

1. 现代卫星定位技术替代传统测量技术

传统大地测量和工程测量是采用侧角、测距和测高仪器进行外业观测。其主要缺点是要求测站间通视，受到光线和电波信号衰减的影响，导致测量距离有限，劳动强度大，工作效率低。随着GPS定位技术的快速发展，各国采用GPS定位技术进行大地测量和工程测量，大大提高了工作效率和精度，同时减轻了劳动强度，逐步替代了传统测量技术。

2. 多学科融合促进CORS技术发展

20世纪90年代初开始，随着以计算机技术、空间技术、电子通信技术及网络技术为代表的现代科学技术的迅速发展，特别是“3S”全球定位系统（GPS）、地理信息系统（GIS）和遥感（RS）技术的飞速发展，传统测绘技术开始了一次全新的技术革命。尤其是GPS定位技术与现代通信技术相结合，在大地测量领域实现了里程碑式的跨时代发展。

3. CORS技术发展历程

20世纪80年代，加拿大提出CORS“主动控制系统”理论，并于1995年建成第一个CORS站网。早期CORS的应用由于受到当时通信技术和解算技术的限制，未能在实时定位方面提供服务，主要应用于大地控制网测量和地球板块运动监测。其缺陷主要表现在参考站数量少，服务功能单一；参考站设备落后，数据存储量少；参考站之间只能构成数学理论网络，无法实现数据交换和融合；应用范围小。

20世纪90年代开始，由于DGPS技术的发展和RTK测量技术的出现和逐步普及，出现了一些依靠无线电波进行差分改正信息发布的永久性参考站即RTK单参考站，能够在近距离范围内为用户提供RTD伪距相位差分服务和RTK载波相位差分服务，即现代CORS的雏形。它的出现和应用逐步改变了传统测量作业模式，较大地提高了测绘作业效率。这个时期的CORS的特点是为用户提供单向通信的实时差分数据服务；参考站间相互独立存在，无数据交换；已经开始逐步应用于其他工作领域。

进入21世纪以来，由于网络通信技术和计算机技术的飞速发展，使得CORS得到不断发展和壮大，世界很多发达国家纷纷建设了国家级、区域级和城市级的CORS。1999

年，我国深圳率先建成SZ－CORS，随后全国多个省、市开始着手建设省、市级CORS，逐渐形成了“城市-省-全国”的CORS网络格局。CORS已广泛地应用于不同领域、不同精度的空间定位领域。

二、CORS系统定位原理

CORS定位通俗地讲就是架设几个、几十个或者上百个永久性的基准站，利用计算机、数据通信和互联网络技术将各个基准站与数据中心组成网络，由数据中心从基准站采集数据，利用基准站网络软件进行处理，然后向各种用户自动地发布不同类型的GNSS原始数据、各种类型RTK改正数据等。用户只需一台GNSS接收机，进行野外作业时，即可进行快速定位、事后定位或导航定位。

目前应用较广的网络RTK技术包括虚拟参考站技术（VRS）、主辅站技术（MAC）、FKP技术、综合内插技术、联合单参考站RTK技术。其各自的数学模型和定位方法有一定的差异，现对虚拟参考站技术的解算步骤做一介绍。

（1）各个基准站通过数据通讯网络连续不断地向数据中心传输GNSS卫星观测数据。

（2）数据中心实时在线解算网内各基线的载波相位整周模糊度值，并建立误差模型。

（3）流动站将单点定位或通过DGPS解算确定的位置坐标通过无线移动数据链路传送给数据中心，数据中心在流动站附近位置创建一个虚拟参考站，通过内插得到虚拟参考站各误差源影响的改正值，并以RTCM格式通过无线通信网络播发给流动站用户。

（4）流动站接收数据中心发送的虚拟参考站差分改正信息或者虚拟观测值，进行差分解算得到用户的定位成果。

三、CORS系统组成

CORS系统由四部分组成：

（1）基准站子系统。

（2）数据中心子系统。

（3）数据通信网络子系统。

（4）用户子系统。

基准站子系统：基准站子系统是卫星数据接收功能块。它由接收机、天线、电源（包括UPS）、网络设备、机柜、天线墩标和避雷系统组成，主要负责卫星定位跟踪、采集、记录和将数据传输到控制和数据管理中心。各个基准站可以作为区域RTK单基准站。

数据中心子系统：该子系统又分为用户控制中心和系统数据中心两部分。数据中心是CORS的大脑，是系统稳定安全运行和连续不断提供定位服务的保证，它由服务器、工作站、网络传输设备、电源设备（包括UPS），数据记录设备、系统安全设备等设备组成。负责卫星定位数据分析、处理、计算和存储，VRS系统建模、VRS差分改正数据生成、传输、记录，数据管理、维护与分发，同时向用户提供服务并对用户进行有效管理。

数据通信网络子系统：包括基准站到数据中心的有线数据通信网络，以及数据中心到流动站用户的无线数据通信网络。其主要任务是将基准站观测数据实时传到数据中心；将数据中心生成的GNSS差分改正数据实时播发给网络RTK用户；将GNSS静态观测数据传送给后处理用户。

用户子系统：用户应用子系统是系统的最终用户，它由GNSS接收天线、GNSS数据

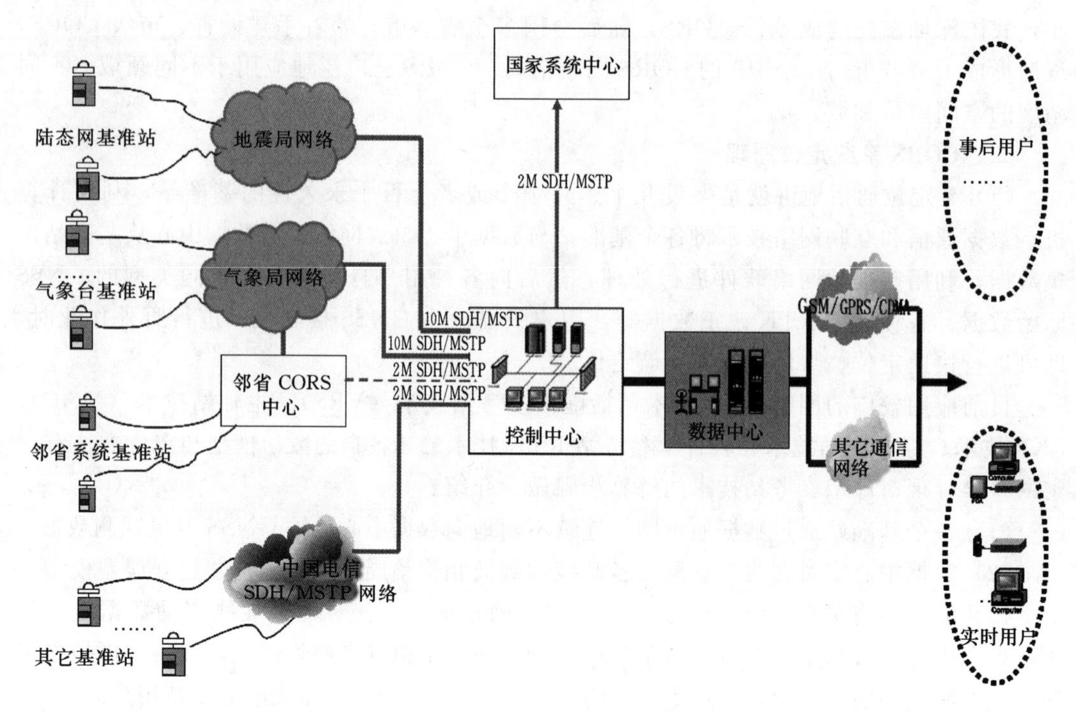

图 10－9　CORS 系统组成简图

接收机和通信子模块组成。用户通过天线接收 GNSS 卫星数据，并用接收机进行数据存储和处理，通过通信模块把数据发送到数据中心，并最终接收数据中心的差分解算数据。

第五节　GNSS 技术的实施与应用

GNSS 测量与常规测量相类似，在实际工作中也可划分为方案设计、外业实施及内业数据处理三个阶段。

一、GNSS 测量的技术设计

GNSS 测量的技术设计是进行 GNSS 定位的最基本性工作，它是依据国家有关规范（规程）及 GNSS 网的用途、用户的要求等对测量工作的网形、精度及基准等的具体设计。

（一）GNSS 网技术设计的依据

GNSS 网技术设计的主要依据是 GNSS 测量规范（规程）和测量任务书。GNSS 测量规范（规程）是国家测绘管理部门或行业部门制定的技术法规。测量任务书或测量合同是测量施工单位上级主管部门或合同甲方下达的技术要求文件。这种技术文件是指令性的，它规定了测量任务的范围、目的、精度和密度要求，提交成果资料的项目和时间，完成任务的经济指标等。

在 GNSS 方案设计时，一般首先依据测量任务书提出的 GNSS 网的精度、密度和经济指标，再结合规范（规定）规定并现场踏勘具体确定各点间的连接方法，各点设站观测的次数、时段长短等布网观测方案。应全面考虑和平衡测站、卫星、仪器和后勤等各方面的因素。

（二）GNSS 网的精度、密度设计

1. GNSS 网的精度标准

1992 年原国家测绘局制订的我国第一部“GNSS 测量规范”，将 GNSS 的精度分为 A～E 五级，其中 A、B 两级一般是国家 GNSS 控制网，C、D、E 三级是针对局部性 GNSS 网规定的。对于各类 GNSS 网的精度设计主要取决于网的用途。用于地壳形变及国家基本大地测量的 GNSS 网可参照表 10－1 的要求。用于城市或工程的 GNSS 控制网，可根据相邻点的平均距离和精度参照《规程》中的二、三、四等和一、二级的要求，见表 10－2。

表 10－1　GNSS 测量精度分级

级别	主要用途	固定误差 a/mm	比例误差 b/ppm. D
AA	全球性的地球动力学研究、地壳形变测量和精度定轨	≤3	≤0.01
A	区域性的地球动力学研究和地壳形变测量	≤5	≤0.1
B	局部变形监测和各种精密工程测量	≤8	≤1
C	大、中城市及工程测量基本控制网	≤10	≤5
D. E	中、小城市及测图、物探、建筑施工等控制测量	≤10	≤10～20

在实际工作中，精度标准的确定要根据用户的实际需要及人力、物力、财力情况合理设计，也可参照本部门已有的生产规程和作业经验适当掌握。在具体布设中，可以分组布设，也可以越级布设，或布设同级全面网。

表 10－2　GNSS 测量精度分级

级别	平均距离/km	a/mm	b/ppm・D	最弱边相对中误差
二	9	≤10	≤2	1/12 万
三	5	≤10	≤5	1/8 万
四	2	≤10	≤10	1/4.5 万
一级	1	≤10	≤10	1/2 万
二级	<1	≤15	≤10	1/1 万

2. GNSS 点的密度标准

各种不同的任务要求和服务对象，对 GNSS 点的分布要求也不同。对于国家特级（AA、A 级）基准点及大陆地球动力学研究监测所布设的 GNSS 点，主要用于提供国家级基准、精密定轨、星历计划及高精度形变信息，所以布设时平均距离可达数百公里。而一般城市和工程测量布设点的密度主要满足测图加密和工程测量的需要，平均边长往往在几公里以内。具体要求见表 10－3。

表 10－3　　　　　　　　　　**GNSS 网中相邻点间距离**　　　　　　　　　　单位：km

级　别	A	B	C	D	E
相邻点最小距	100	15	5	2	1
相邻点最大距	2000	250	40	15	10
相邻点平均距	300	70	10～15	5～10	2～5

（三）GNSS 网构成的几个基本概念

1. 观测时段

测站上开始接收卫星信号到观测停止，连续工作的时间段，简称时段。

2. 同步观测

两台或两台以上接收机同时对同一组卫星进行的观测。

3. 同步观测环

三台或三台以上接收机同步观测获得的基线向量所构成的闭合环，简称同步环。

4. 独立观测环

由独立观测所获得的基线向量构成的闭合环，简称独立环。

5. 异步观测环

在构成多边形环路的所有基线向量中，只要有非同步观测基线向量，则该多边形环路叫异步观测环，简称异步环。

6. 独立基线

对于 N 台 GNSS 接收机构成的同步观测环，有 J 条同步观测基线，其中独立基线数为 $N-1$。

7. 非独立基线

除独立基线外的其他基线叫非独立基线，独立基线数之差即为非独立基线数。

（四）GNSS 网的图形设计

1. 图形设计原则

常规测量中对控制网的图形设计是一项非常重要的工作。而在 GNSS 图形设计时，因 GNSS 同步观测不要求通视，所以其图形设计具有较大的灵活性。在实际布网设计时还要注意以下几个原则：

（1）GNSS 网作为测量控制网，其相邻点间基线向量的精度应分布均匀。

（2）GNSS 网的点与点间尽管不要求通视，但考虑到利用常规测量加密时的需要，每点应有一个以上通视方向。

（3）为了便于 GNSS 网的测量观测和水准联测，GNSS 网点一般应设在视野开阔和交通便利的地方。

（4）为了顾及原有城市测绘成果资料以及各种大比例尺地形图的沿用，应采用原有城市坐标系统。对凡符合 GNSS 网点要求的旧点，应充分利用其标石。

（5）GNSS 网一般应采用独立观测边构成闭合图形，如三角形、多边形或附和路线，以增加检核条件，提高网的可靠性。

GNSS 网的图形设计主要取决于用户的要求、经费、时间、人力以及所投入接收机的类型、数量和后勤保障条件等。根据不同的用途，GNSS网的图形布设通常有点连式、边连式、网连式及边点混合连接4种基本方式。也有布设成星形连接、附合导线连接、三角锁形连接等。选择什么样的组网，取决于工程所要求的精度、野外条件及GNSS接收机台数等因素。

2. 点连式

点连式是指相邻同步图形之间仅有一个公共点的连接。以这种方式布点所构成的图形几何强度很弱，没有或极少有非同步图形闭合条件，一般不单独使用。

如图10-10（a）所示有13个定位点，没有多余观测（无异步检核条件），最少观测时段6个（同步环），最少必要观测基线为n(点数)$-1=12$条，6个同步图形中总共有12条独立基线。显然这种点连式网的几何强度很差，需要提高网的可靠性指标。

3. 边连式

边连式是指同步图形之间由一条公共基线连接。这种布网方案，网的几何强度较高有较多的复测边和非同步图形闭合条件。在相同的仪器台数条件下，观测时段数将比点连式大大增加。

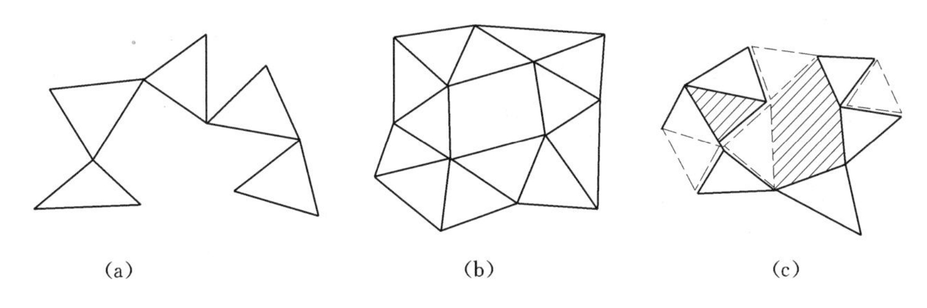

图10-10　GPS网的布设形式

（a）点连式；（b）边连式；（c）边点混合连接式

如图10-10（b）所示有13个定位点，12个观测时段，9条重复边，3个异步环。最少观测同步图形为11个。比较图10-10（a）与图10-10（b），显然边连式布网有较多的非同步图形闭合条件，几何强度和可靠性均优于点连式。

4. 网连式

网连式是指相邻同步图形之间有2个以上的公共点相连接，这种方法需要4台以上的接收机。显然，这种密集的布图方法，它的几何强度和可靠性指标是相当高的，但花费的经费和时间较多，一般仅适用于较高精度的控制测量。

5. 边点混合连接式

边点混合连接式是指把点连式与边连式有机地结合起来，组成GNSS网，既能保证网的几何强度，提高网的可靠指标，又能减少外业工作量，降低成本，是一种较为理想的布网方法。

如图10-10（c）所示是在点连式基础上加测4个时段，3台接收机的观测方案共有10个同步三角形，2个异步环，6条复测基线边，把边连式与点连式结合起来，就可得到几何强度改善的布网设计方案。

二、GNSS网的外业观测

在进行GNSS外业工作之前，必须做好实施前的测区踏勘、资料收集、器材筹备、观测计划拟定、GNSS仪器检校及设计书编写等工作。

接受下达任务或签订GNSS测量合同后，就可依据施工设计图踏勘、调查测区。主要调查了解交通情况、水系分布情况、植被情况、控制点分布情况、居民点分布情况；根据踏勘测区掌握的情况，收集各类图件，各类控制点成果，城市及乡、村行政区划表，测区有关的地质、气象、交通、通讯等方面的资料为编写技术设计、施工设计、成本预算提供依据。

（一）外业观测计划的拟定

观测工作是GNSS测量的主要外业工作。观测开始之前，外业观测计划的拟定对于顺利完成数据采集任务，保证测量精度，提高工作效益都是极为重要的。拟定观测计划的主要依据是：GNSS网的规模大小、点位精度要求、GNSS卫星星座几何图形强度、参加作业的接收机数量以及交通、通信和后勤保障（食宿、供电等）。

（二）观测计划的主要内容应包括

1. 编制GNSS卫星的可见性预报图

在高度角大于15°的限制下，输入测区中心某一测站的概略坐标，输入日期和时间，应使用不超过20天的星历文件，即可编制GNSS卫星的可见性预报图。

2. 选择卫星的几何图形强度

在GNSS定位中，所测卫星与观测站所组成的几何图形，其强度因子可用空间位置因子（PDOP）来代表，无论是绝对定位还是相对定位，PDOP值不应大于6。

3. 选择最佳的观测时段

在卫星数大于4颗，且分布均匀，PDOP值小于6的时段就是最佳时段。

4. 观测区域的设计与划分

当GNSS网的点数较多时，可实行分区观测。为了增强网的整体性、提高精度，相邻分区应设置公共观测点，且数量不得少于3个。

5. 编排作业调度表

为提高工作效益，应编排作业调度表。作业调度表应包括观测时段、测站号、测站名称及接收机号等。

（三）GNSS测量的外业实施

GNSS测量外业实施包括GNSS点的选埋、观测、数据传输及数据预处理等工作。

1. 选点

由于GNSS测量观测站之间不一定要求相互通视，而且网的图形结构也比较灵活，所以选点工作比常规控制测量的选点要简便。但由于点位的选择对于保证观测工作的顺利进行和保证测量结果的可靠性有着重要的意义，所以在选点工作开始前，除收集和了解有关测区的地理情况和原有测量控制点分布及标架、标型、标石完好状况，决定其适宜的点位外，选点工作还应遵守以下原则：

（1）点位应设在易于安装接收设备、视野开阔的较高点上。

（2）点位目标要显著，视场周围15°以上不应有障碍物，以减小GNSS信号被遮挡或障碍物吸收。

(3) 点位应远离大功率无线电发射源（如电视台、微波站等），以避免电磁场对GNSS信号的干扰。

(4) 点位附近不应有大面积水域或不应有强烈干扰卫星信号接收的物体，以减弱多路径效应的影响。

(5) 点位应选在交通方便，有利于其他观测手段扩展与联测的地方。

(6) 地面基础稳定，易于点的保存。

(7) 选点人员应按技术设计进行踏勘，在实地按要求选定点位。

(8) 网形应有利于同步观测边、点联结。

(9) 当所选点位需要进行水准联测时，选点人员应实地踏勘水准路线提出有关建议。

(10) 当利用旧点时，应对旧点的稳定性、完好性，以及觇标是否安全、可用性作一检查，符合要求方可利用。

2. 标志埋设

GNSS网点一般应埋设具有中心标志的标石，以精确标志点位，点的标石和标志必须稳定、坚固以利长久保存和利用。在基岩露头地区，也可直接在基岩上嵌入金属标志。

3. 观测工作

(1) 天线安置和量取仪器高。天线的正确安置是保证GNSS测量精度的重要条件。天线的定向标志线应指向正北，并顾及当地磁偏角的影响，以减弱相位中心偏差的影响。天线定向误差依定位精度不同而异，一般不应超过±（3°～5°）。

GNSS天线架设不宜过低，一般应距地面1m以上。天线架设好后，在圆盘天线间隔120o的3个方向分别量取天线高，每次测量结果之差不应超过3mm，取其3次结果的平均值记入测量手簿中，天线高记录取值0.001m，并且在观测过程中，测量人员在保证仪器安全的情况下应远离天线，以减少多路径效应。

(2) 开机观测。观测作业的主要目的是捕获GNSS卫星信号，并对其进行跟踪、处理和量测，以获得所需要的定位信息和观测数据。

天线安置完成后，在离开天线适当位置的地面上安放GNSS接收机，当确认外接电源电缆及天线等各项连接完全无误后，方可接通电源，启动接收机进行观测。

接收机锁定卫星后，观测员可按照仪器使用说明及仪器提供的信息设定各项参数。注意：在未掌握有关操作系统之前，不要随意按键和输入，一般在正常接收过程中禁止更改任何设置参数。

4. 外业观测注意事项

(1) 当确认外接电源电缆及天线等各项连接完全无误后，方可接通电源，启动接收机。

(2) 开机后接收机有关指示显示正常并通过自检后，方能输入有关测站和时段控制信息。

(3) 接收机在开始记录数据后、应注意查看有关观测卫星数量、卫星号、相位测量残差、实时定位结果及其变化、存储介质记录等情况。

(4) 一个时段观测过程中，不允许进行以下操作：关闭又重新启动；进行自测试（发现故障除外)；改变卫星高度角；改变天线位置；改变数据采样间隔；按动关闭文件和删除文件等功能键。

(5) 每一观测时段中，气象元素一般应在始、中、末各观测记录1次，当时段较长时可适当增加观测次数。

(6) 在观测过程中要特别注意供电情况，除在出测前认真检查电池电量是否充足外，作业中观测人员不要离开接收机，听到仪器的低电压报警要及时予以处理，否则可能会造成仪器内部数据的破坏或丢失。对观测时段较长的观测工作，建议尽量采用太阳能电池板或汽车电瓶进行供电。

一个时段的测量结束后，检查仪器高、测站名是否正确输入，确保无误后关机，关电源，再迁站。

观测成果的外业检核是确保外业观测质量和实现定位精度的重要环节。所以外业观测数据在测区时要及时进行严格检查，对外业预处理成果要按规范要求严格检查、分析，根据情况进行必要的重测和补测。确保外业成果无误后方可离开测区。

三、GNSS网的内业成果处理

GNSS的内业处理比较简单，它一般都是借助软件在计算机上处理，基本步骤如下。

1. 基线解算（数据预处理）

对于两台及两台以上接收机同步观测值进行独立基线向量（坐标差）的平差计算叫基线解算，有的也叫观测数据预处理。

预处理的主要目的是对原始数据进行编辑、加工整理、分流并产生各种专用信息文件，为进一步的平差计算作准备。

2. 观测成果的外业检核

对野外观测资料首先要进行复查，内容包括：成果是否符合调度命令和规范的要求；进行的观测数据质量分析是否符合实际。然后进行下列项目的检核：

(1) 每个时段同步边观测数据的检核。

(2) 重复观测边的检核。

(3) 同步观测环检核。

(4) 异步观测环检核。

对经过检校超限的基线在充分分析基础上，进行野外返工观测。

3. GNSS网平差处理

在各项质量检核符合要求后，以所有独立基线组成闭合图形，以三维基线向量及其相应方差协方差阵作为观测信息，在此基础上进行GNSS网的平差计算。

(1) GNSS网的无约束平差。利用基线处理结果和协方差阵，以一个点的WGS-84系三维坐标作为起算依据，进行GNSS网的无约束平差。无约束平差提供各控制点在WGS-84系下的三维坐标，各基线向量三个坐标差观测值的总改正数，基线边长以及点位和边长的精度信息。

应该注意的是，由于起始点的坐标往往采用GNSS单点定位的结果，其值与精确的WGS-84地心坐标有较大的偏差，所以平差后得到的各点坐标不是真正的WGS-84地心坐标。

（2）GNSS 网的有约平差。实际工程中所使用的国家坐标或城市、矿区坐标，需要将 GNSS 网的平差结果进行坐标转换而得到。

在无约束平差确定的有效观测量基础上，在国家坐标系或城市独立坐标系下进行三维约束平差或二维约束平差。约束点的已知点坐标，已知距离或已知方位，可以作为强制约束的固定值，也可作为加权观测值。平差结果应输出在国家或城市独立坐标系中的三维或二维坐标，基线边长，方位等。

四、GNSS 测量的误差分析

GNSS 测量是通过地面接收设备接收卫星传送的信息来确定地面点的三维坐标的。测量结果误差来 源主要有三类：与 GNSS 卫星有关的误差，与卫星信号传播有关的误差，与接收机有关的误差。还有观测过程中的误差，在高精度的 GNSS 测量中，还要注意与地球 整体运动有关的地球潮汐和负荷潮影响。其分类见表 10-4。

表 10-4　GNSS 测量主要误差分类

误差来源	影　响　因　素
卫星部分	星历误差、钟误差、地球自传、相对论效应
信号传播	电离层、对流层、多路径效应
信号接收	钟误差、位置误差、天线相位中心变化
观测过程	接收机整平、对中、量仪器高
其他影响	地球潮汐、负荷潮

五、GNSS 在地形图测绘中的应用

GNSS 载波相位差分技术（RTK）在地形图的测绘中，已经得到广泛应用。

常规地形图测绘，一般是首先根据控制点加密图根控制点，然后在图根控制点上用经纬仪测图法或平板仪测图法测绘地形图。近几年发展到用全站仪和电子手簿采用地物编码的方法，利用测图软件测绘地形图。但都要求测站点与被测的周围地物地貌等碎部点之间通视，而且至少要求 3～4 人操作。

利用 RTK 技术进行地形图的测绘就可以克服上述困难，在 RTK 作业模式中，基准站与流动站在满足测图精度的情况下，测程一般可达 10～20km，而且绘图人员均在实际现场，避免了由于绘图工作者不了解实际地形而造成的返工问题。

采用 RTK 技术进行测图时，基准站安置在已知坐标点或未知坐标点上，并将差分数据通过数据链传递给流动站；流动站仅需一人背着仪器在要测的碎部点上呆上 1、2 秒钟，接收来自卫星和基准站的数据，实时的求出碎部点的三维坐标，在点位精度合乎要求的情况下，通过电子手簿或便携微机，将数据记录下来，并同时输入特征编码，回到室内或在野外，通过专业测图软件，即可得到所要的地形图，如图 10-11 所示。

用 RTK 技术测定点位不要求点间通视，仅需一人操作，便可完成测图工作，大大提高了测图的工作效率。

随着 RTK 技术的不断发展和系列化产品的不断出现，一些更轻小、更廉价的 RTK 模式的 GNSS 接收机正在不断地被生产出来。现在有一些厂家还专门生产出了用于地形测量的 GNSS 产品，称为 GNSS Total Station（GNSS 全站仪）。

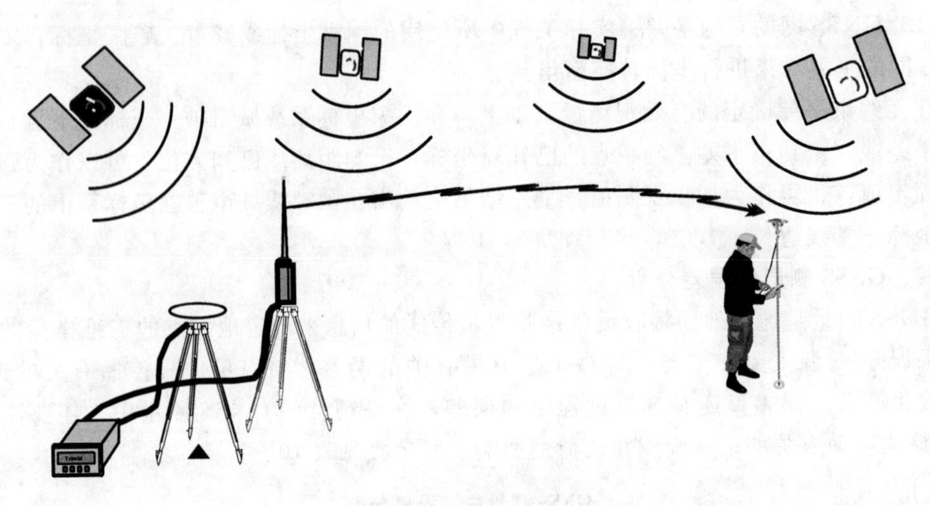

图 10-11 采用 RTK 技术进行地形图测量原理图

复 习 思 考 题

1. GNSS 的概念是什么?
2. 简述 GPS 系统的组成。
3. 简述 GPS 定位的基本原理，以及伪距测量和载波相位测量的原理。
4. 简述 CORS 系统的概念和组成。
5. GNSS 测量的误差有哪些?
6. 掌握 GNSS 技术的实施过程。

第十一章 全站仪及其应用

第一节 全站仪简介

全站仪（General Total Station，GTS）。其含义有两层：一是代替了常规的测绘仪器

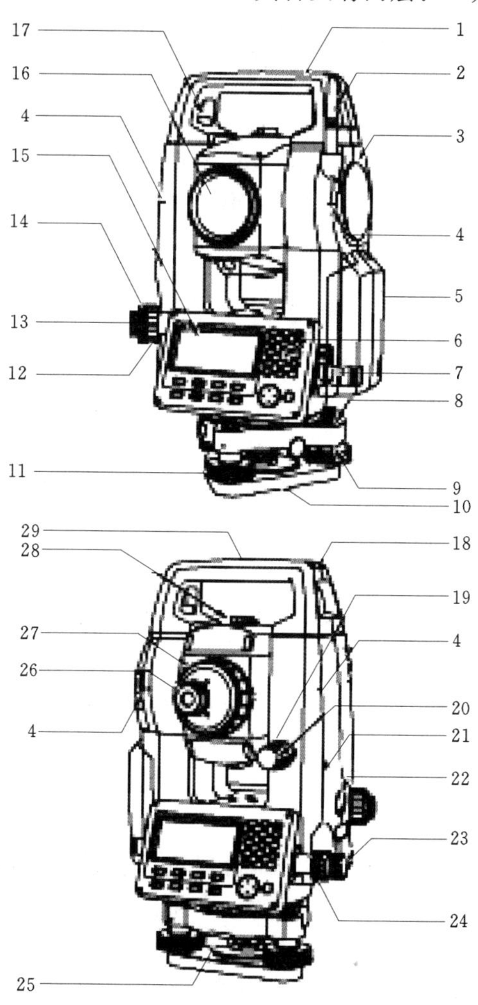

图 11-1 拓普康 ES-600G 型全站仪正反面外观及部件名称图

1—提柄；2—蓝牙天线；3—外置接口护盖（USB 口）；4—仪器量高标志；5—电池护盖；6—操作面板；7—串口/通讯和电源综合接口；8—圆水准器；9—圆水准器校正螺丝；10—基座底板；11—脚螺旋；12—光学对中调焦螺旋；13—光学对中目镜；14—光学对中分划板护盖；15—显示屏；16—物镜（含激光指向功能）；17—提柄固定螺丝；18—管式罗盘插口；19—垂直制动旋钮；20—垂直微动旋钮；21—扬声器；22—触发键；23—水平微动旋钮；24—水平制动旋钮；25—基座制动钮；26—望远镜目镜螺丝；27—望远镜调焦钮；28—粗瞄准器；29—仪器中心标志

（经纬仪、测距仪、水准仪）；二是观测数据实现了全自动读数、记录和计算。因此在工程测量中已经得到了广泛的应用，使传统的测绘模式发生了很大的变化，从而使测绘工作的内外业一体化的生产模式能够得以实现。现代全站仪一般由电子经纬仪、测距仪和计算机有机地组合而成，又称智能型全站仪。拓普康 ES－600G 型全站仪正反面外观及部件名称如图 11－1 所示。

一、全站仪的工作原理

（一）测角原理

全站仪内设置了电子经纬仪，其最大的特点是用光栅度盘取代光学经纬仪的光学度盘。当仪器照准了某一个方向，则在水平和竖直光栅度盘上通过感应而得到方向值，从而实现了方向值读数的自动化和角度值的自动显示。

（二）测距原理

全站仪与测距仪的测距原理相同，即通过测定光波在测线两端之间往返传播的时间 t，来确定两点间的距离，按下列公式计算距离

$$D=\frac{1}{2}ct \tag{11-1}$$

式中　c——光波在大气中的传播速度。

（三）测高差原理

全站仪采用了三角高程测量的方法来测定两点间的高差。

（四）计算机

计算机的功能很多，其中具有两个重要的功能，即记忆和数据处理功能，全站仪主要应用到上述这两个功能。

1. 记忆功能

利用计算机和电子经纬仪、测距仪的有机结合，可以实现观测数据和计算结果的自动记录，并以数据文件的格式储存起来。其储存方式有两种：一种是直接储存于计算机内存中；另一种是储存于外部设备 PC 卡上。前一种方式可以通过数据通信的方式，经通讯端口将数据文件传输给其他计算机；后一种方式可以将 PC 卡取出，在其它带有 PC 读卡器的计算机上将数据文件读出。

2. 数据处理功能

利用计算机的数据处理功能，可以将所得到的原始观测数据（方向值、距离值）和测站、镜站信息进行处理，最终得到地面点的坐标和高程。

二、全站仪的基本操作

（一）全站仪的开机操作

将全站仪主机用激光对中的方法安置于测站点上，确认仪器已经整平后，打开主机电源开关，屏幕显示出主菜单模式。

（二）主菜单模式简介

主菜单模式操作，详细请参阅《全站仪使用手册》。现以拓普康 ES－600G 型全站仪为例，就其主菜单模式功能做简要介绍。如图 11－2 所示，该模式包含了观测、USB、数据和配置这 4 个功能模块，现分别介绍如下。

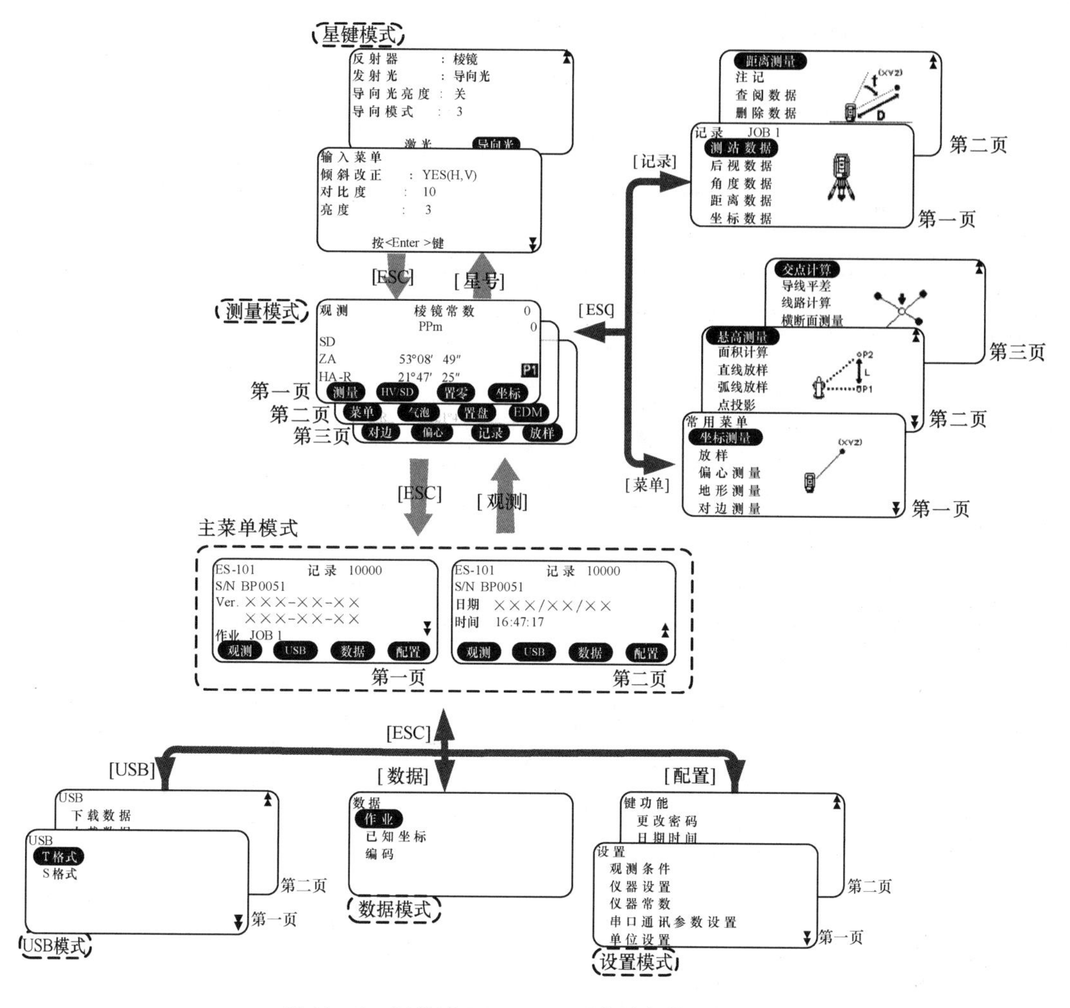

图 11-2 拓普康 ES-600G 型全站仪模式结构图

1. 测量模块

测量模块又包括坐标测量、放样、偏心测量、地形测量、对边测量、悬高测量、面积计算、直线放样、弧线放样、点投影、交点计算、导线平差、线路计算、横断面测量这些模块。

2. USB 模块

主要用于将仪器中的数据下载至计算机专用的数据处理软件中进行数字成图，并把计算机中的数据通过数据传输线上传至全站仪。

3. 数据模块

此模块可通过键盘和串口两种方式输入已知点坐标和点名，并进行坐标的删除和查阅。

4. 配置模块

主要用于设置与测量、显示以及数据通信有关的参数。当参数改动并设置后，新的参数值即被存入存储器。该模块下参数一旦设置，即使关机，参数仍能保留。表 11-1 列出了设置项和选择项内容，表 11－2 列出数据通信参数设置内容。

表 11－1　　　　设置项和选择项内容

设置项	选择项
测距模式	倾斜距离（ES－101/102/103），水平距离（ES－105/107），高差
水平距离（水平距离显示方法）	地面，平面
倾斜改正（倾斜角补偿）	Yes(H,V),Yes(V),No
视准改正（视准轴改正）	Yes，No
两差改正（地球曲率和大气折光改正）	No，K＝0.142，K＝0.20
水准面改正	Yes，No
竖角模式（垂直角显示方法）	天顶距，垂直角，垂直角 90°（水平方向±90°）
坐标格式	N－E－Z，E－N－Z
角度最小显示（角度分辨率）	1″，5″
反射片模式	On，Off
偏心测量垂直角模式	锁盘，自由
测站点点号增量	0～99999（100）
手设竖盘	Yes，No
关机方式	5 分钟，10 分钟，15 分钟，30 分钟，No
亮度	0～5 级（3）
对比度	0～15 级（10）
恢复功能	开，关
EDM 接收调节	不调，自调
导向模式	1（红绿光同时闪动），2（红绿光交替闪动）
T 格式	GTS（Obs/Coord），SSS（Obs/Coord）
S 格式	SDR33，SDR2x
温度	℃
气压	hPa，mmHg，inchHg
角度	degree，gon，mil
距离	meter，feet，inch
日期：输入示例	2012 年 7 月 20 日→20120720（YYYYMMDD）
时间：输入示例	14：35：17 →143517（HHMMSS）
测距模式（距离测量模式）	重复精测，均值精测（1～9 次），单次精测，重复速测，单次速测，跟踪测量
反射器	棱镜，反射片，无棱镜
棱镜常数	－99mm～99mm（棱镜设为“0”，反射片设为“0”）
长按照明键	激光（发射光），导向光（红绿光）
温度	－30～60℃（15）
气压	500hPa～1400hPa（1030）
ppm（气象改正值）	－499～499（0）

表 11-2　　数据通信参数设置内容

菜　单	可选项目	内　　容
波特率	1200/2400/4800/9600/19200	选择波特率
数据位	7/8	选择数据长度，7 位或 8 位
检验位	无/奇/偶	选择奇偶检验位
停止位	1/2	选择停止位
终止位	ETX/CRLF	选择采用计算机采集测量数据是否以回车或换行为界定符
记录类型	A/B	选择数据输出模式。 REC-A：启动测量并输出新的数据 REC-B：输出正在显示的数据
回答方式	无/有	选择可否省去控制数据的控制字符。 无：可省去 有：不可省去
坐标记录	标准/扩展	设置数据记录格式，存储坐标（标准）或坐标及斜距、水平角等数据（扩展）

第二节　全站仪在控制测量中的应用

全站仪在测绘工程中应用非常广泛。本节通过导线控制测量介绍全站仪标准测量模式的应用方法。

一、准备工作

应用全站仪进行导线控制测量，首先要做好如下准备工作：

（1）外业选择好导线点位置，并做好测量标志。

表 11-3　　全站仪导线观测记录表

记录员：＿＿＿＿＿＿观测员：＿＿＿＿＿＿　　　　日期：＿＿＿＿＿＿

测站	目标	方向读数	角值	平均角值	水平距离	平均距离	仪高	垂直距离	镜高	高差/m	平均高差
T_{14}	T_{13}	0°00′00″	183°00′51″	183°00′50″	78.254	78.254	1.58	−0.320	1.36	−0.100	−0.101
	T_{15}	183°00′51″			101.240			0.086		0.196	
	T_{13}	180°00′11″	183°00′48″		78.254	101.241		−0.322	1.47	−0.102	−0.196
	T_{15}	3°00′59″			101.241			0.088		0.198	
T_{15}	T_{14}	0°00′00″	87°45′21″	87°45′25″	101.244		1.61	−0.314	1.49	−0.194	
	T_{16}	87°45′21″			76.239			1.307		1.407	
	T_{14}	180°00′11″	87°45′29″		101.240	76.238		−0.316	1.51	−0.196	1.411
	T_{16}	267°45′40″			76.239			1.309		1.409	
T_{16}	T_{15}	0°00′00″	181°36′15″	181°36′15″	76.238		1.56	−1.505	1.47	−1.415	
	T_{17}	181°36′15″			129.878			2.378		2.478	
	T_{15}	180°00′14″	181°36′14″		76.237	129.877		−1.502	1.46	−1.412	2.480
	T_{17}	1°36′28″			129.877			2.381		2.481	

（2）室内对全站仪电池充电。

（3）准备好相应的三角架 3 个和棱镜 2 组。

（4）全站仪导线记录表格若干，导线记录表格可参照表 11－3 绘制。

（5）对讲机 3 部，小钢尺 3 把。

在作好这些准备工作后，就可以到野外对所选导线进行全站仪观测。

二、实地测量

实地全站仪导线测量包括测站观测和镜站安置两项工作。

（一）镜站安置

镜站分后视镜站和前视镜站，（按导线观测的前进方向来划分）。分别在后视镜站和前视镜站，采用光学对中的方法将棱镜安置在导线点上，并将棱镜反射面对准测站全站仪中心。若同时采用三角高程测量的方法进行高程控制测量，应采用小钢尺量取棱镜中心到地面的导线点的垂直距离，称为棱镜高，并将量取结果记录或通过对讲机报告测站点的记录员。

（二）测站观测

将全站仪主机采用激光对中方法安置于导线点上，开机并进入“测量”模式。

1. 盘左观测

在仪器的盘左位置，照准后视棱镜中心，按 置零 键使水平度盘“置零”，并设置，然后按 测量 键进行“平距”测量，屏幕显示如图 11－4 所示。屏幕中符号含义如下：

（1）ZA：垂直角。

（2）HA－R：水平盘读数，向右方向读数，也可以设置成 HL，向左方向读数。

（3）SD：斜距。

（4）HD：水平距离。

（5）VD：垂直距离，即棱镜中心到仪器中心所在的水平方向线的垂直距离。

此时，手工记录 HA－R、HD、VD 后的数值于表 11－3 中。

完成后视的盘左观测后，转动照准部，盘左照准前视棱镜中心，按 测量 屏幕直接显示如图 11－3 所示的观测值，再将 HA－R、HD、VD 后对应的数值手工记录于表 11－3 中。

2. 盘右观测

倒转望远镜使仪器为盘右状态，照准前视棱镜中心，按 测量 并记录；逆时针旋转照准部照准后视棱镜中心按 测量 并记录，

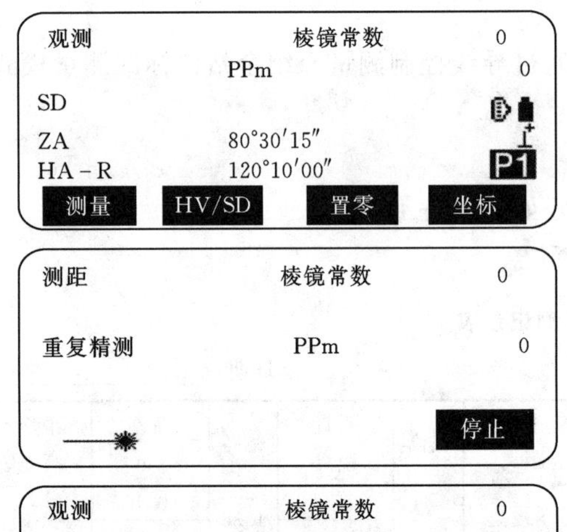

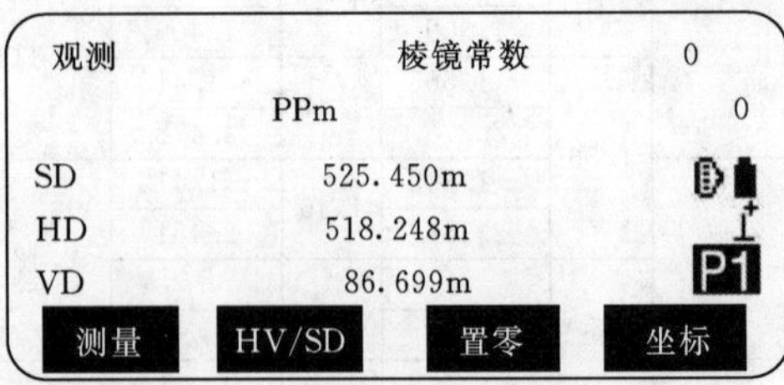

图 11－3 观测和显示的结果界面

就完成了一测回的观测。其中一个测站上测量操作程序类同水平角观测中的测回法。若同时采用三角高程测量办法进行高程控制测量，还需要量取仪器高。

若只做平面控制测量，实际记录时，可不记录垂直距离 VD，也不需要量取仪器高和棱镜高。导线测量外业完成后，最终计算出导线点的坐标。

三、全站仪控制测量的特点和原则

采用标准“测量”模式进行导线控制测量其突出的特点是：野外操作简便，虽然需要进行人工记录，但是可以使野外作业时间最短，因此是可取的。

当在一个测区内进行等级控制测量时，应该尽可能多地选择制高点（如山顶或楼顶），在规范规定的范围内布设最大边长，以提高等级控制点的控制效率。完成等级控制测量后，可用辐射法布设图根点或施工控制点，点位及点之密度完全按需而定，可灵活多变。

第三节　全站仪在碎部测量中的应用

控制测量完成后，就可以根据控制点进行碎部测图或施工放样工作，本章主要通过采用全站仪进行碎部测量和施工放样，来介绍 ES－600G 的“程序”测量模式的应用方法。

一、碎部测量的数据采集

（一）进入程序测量模式

将全站仪安置于测站控制点上，从 ES－600G 开机界面中，选择测量模式的第 2 页（可按［FUNC］键翻页），按［菜单］键进入“常用菜单”界面，选择“坐标测量”，如图 11－4 所示。

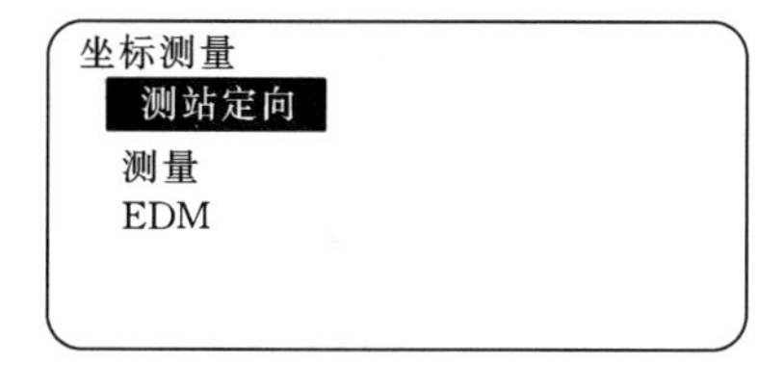

图 11－4　ES－600G 型全站仪坐标测量主界面

（二）数据采集的测站准备工作

数据采集的测站准备工作，即设置测站点、后视点信息，并后视归零。

1. 测站点信息设置

在图 11－4 中，从“坐标测量”菜单选择“测站定向”，并按[确定]，便进入测站点信息输入屏幕，如图 11－5 所示。输入该测站点的详细信息：点号、仪器高，并按[确定]键，若该点信息已经存放在创建的作业中，则系统自动调用该点的坐标和高程，若文件中没有该点信息，则显示坐标和高程输入屏幕，如图 11－5 所示。在屏幕对话框中输入该点的 N0（X）、E0（Y）、Z0（H）坐标和高程后，按[确定]键便存储设置并退出，此时测站点信息便设置好了。

2. 后视点信息设置及后视归零

在图 11－5 和图 11－6 中，按[BS AZ]键，输入后视方位角；按[BS NEZ]键，由后视坐标计算后视方位角；输入后视方位角，按[确定]键，设置输入值；按[记录]键，记录下设置数据；此时屏幕提示你照准后视目标并归零，然后按 ENT 键返回主菜单。

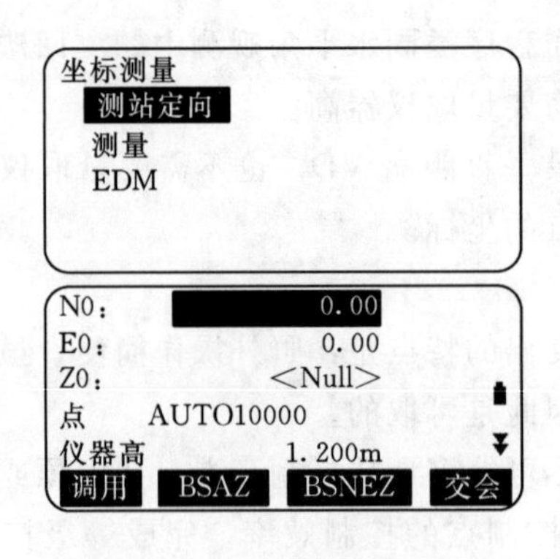

图 11-5 测站点信息输入界面

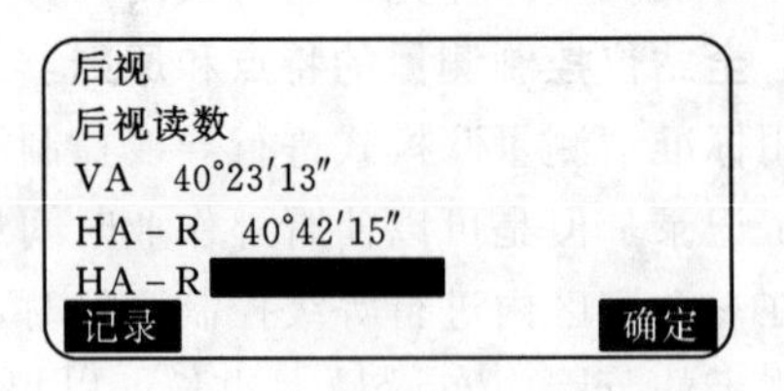

图 11-6 后视点信息录入对话框

（三）碎部点数据采集

当设置好测站点和后视点信息，并后视归零后，就可以进行碎部点的数据采集。从"坐标测量"菜单选择"测量"项，并按确定键，即进入碎部点数据采集屏幕。第一个点的测量需要置入碎部点点号和反射棱镜高（若采用有码作业，还需要置入碎部点编码和串号），然后照准碎部点所立棱镜，按确定键开始测量，待坐标显示于屏幕上后，按保存选项，测量碎部点的信息自动存储于创建的作业文件中。再次出现测量屏幕，其碎部点点号递增，默认上一个碎部点的反射棱镜高，并准备下一次测量。如此反复将各个碎部点测量出来，用于地形图的绘制。

二、碎部测量的原则和记录

（一）碎部测量的原则

在进行碎部测量时，对于比较开阔的地方，在一个制高点上可以测出的点，尽量测出而不忙于搬站。对于比较复杂的地方，要充分利用全站仪的优势，及时加密测站点，迁站观测以加快速度。

碎部测量也应该遵循边测量边检核的原则。在迁站安置新站开始测量前，应采用检测后视点或其他重合点的方法，防止测站点或后视信息录入错误。

（二）碎部测量的记录

碎部测量的数据，一般要传输到计算机进行数字成图。数据采集保存在计算机内的只是碎部点的位置信息，不再需要记录。但是碎部点的连线信息和属性信息，为了下一步成图的需要则必须进行现场记录。碎部记录表格可参照表 11-4 绘制。

表 11-4　　碎部记录表（参考件）

记录员：＿＿＿＿＿＿　　日期：＿＿＿＿＿＿

地物	连线关系	备注
房屋	12-13-J-17-18-G	砖 2
陡坎	19-20-22-23	高 1.5m
加固陡坎	24-26-28	向右，高 1.2m
路灯	31，33，37，40	

续表

地物	连线关系	备注
独立树	32，38，45，46	阔叶
道路	43－47－50－51，对面一点 48	等外公路
高压线	54－56－59－62－64	
地类界	65－66－68－70－65	果园，桃

立镜和记录应该保持一致，即现场谁立镜谁记录。观测员将测得的碎部点点号，通过对讲机报告给相应的立镜员，由立镜员根据自己所立点的地物属性和连线关系，做好现场记录，以便后期数字成图使用。

第四节　全站仪在施工放样中的应用

采用全站仪进行施工放样，是全站仪在测绘工程中应用的重要内容之一，本节以点放样为例，说明采用全站仪施工放样的方法和步骤。

一、施工放样的准备工作

采用全站仪进行点放样，依据的是控制点和放样点坐标，因此在进行点放样之前，首先要取得用于放样的控制点坐标和点位以及放样点坐标。若控制点坐标和放样点坐标已有，可以先将控制点和放样点坐标存储于全站仪的数据文件内。在测量模式第 3 页菜单下按[放样]键，进入“放样”界面，如图 11－7 所示，选择“放样数据”，输入放样点的坐标，按确定键则存储数据，屏幕显示递增的点号，用于下一个点的输入。如此将所有放样点和放样中可能应用的控制点坐标录入到全站仪内，供野外放样时调用。当然在“放样数据”中还可以对已有的数据进行修改和查看。施工放样前除了要准备好放样数据外，还要准备好对讲机、放样对中杆、木桩、小钉、锤头、钢尺等放样工具。

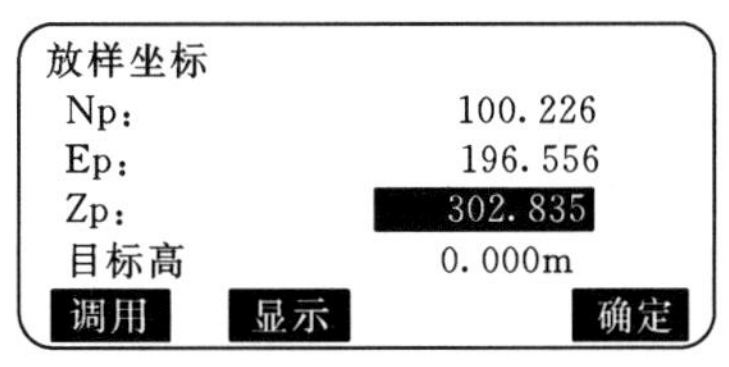

图 11－7　坐标编辑录入对话框

二、野外放样

将全站仪安置在控制点上，打开作业文件名，并进行测站点和后视点信息设置和后视归零。然后在图 11－8 屏幕中选择“放样”菜单中的“测量”选项，即可依据放样点的坐标对点进行放样。测站点和后视点信息及后视归零在“测站定向”选项中完成，跟“坐标测量”中设置方法完全相同。

（一）点的放样

从图 11－7 屏幕菜单中选择“测量”，按[确定]键后显示图 11－8 界面，在此输入放样点号和目标高，按[确定]键后屏幕即显示全站仪要转动的角度和放样点离全站仪的距离，如图11-8所示。此时根据屏幕提示需要转动的角度，转动照准部，使“水平角差”的角度值变为“0”，即得到放样方向线，观测员通过对讲机指挥立镜员将棱镜安置于放样方向线上，然后按[测量]键进行测量。此时屏幕“放样平距”显示的距离值，变为立镜点离放样点的距离，观测员根据“放样平距”提示的数值，继续指挥立镜员在放样方向线上前后移动该距离，这样“逐点趋近”，直到“放样平距”数值为0.00或者满足放样精度为止，在立镜处打桩或做标记，即得到放样点的位置。按[停止]结束该点的放样并继续下一个点的放样。

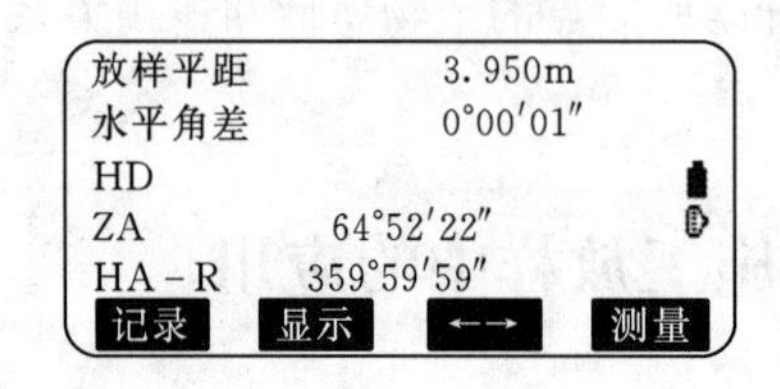

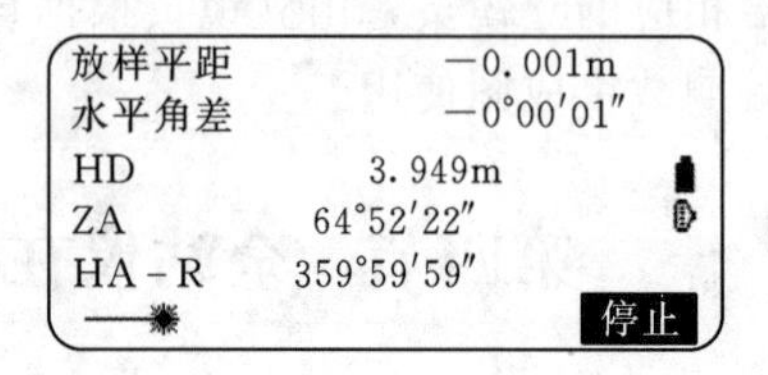

图11-8 施工放样界面

当然得到放样点的点位后，也可以对该点进行高程放样，这里不单独叙述。

（二）保证放样质量的方法

放样点位完成后，一般需要再测量放样点的坐标，以得出放样点位误差，作为检核。测量放样点坐标方法参考第3节碎部点测量；若进行精密放样，还需要倒转对中杆，在木桩上移动棱镜，准确得到放样点的位置，然后在木桩上打钉；精密放样中，多点放样完成后，在现场可用经纬仪穿线法或钢尺量距法检验放样点的相对关系，以防止坐标计算错误或全站仪操作有误。

三、比例因子的设置

当应用全站仪进行施工放样时，若控制点坐标采用的是高斯平面直角坐标时，应对全站仪中的比例因子进行设置。不进行比例因子设置时的比例因子为1∶1.000000，也即不对距离进行改化。比例因子包括高程因子和格网因子两项。

（一）高程因子计算

即将地面水平距离归算到大地水准面的距离改化因子，计算公式如下：

$$\Delta_1 = -\frac{H_m}{R} \tag{11-2}$$

式中 H_m——控制点和放样点的高程的平均值，实际计算时，若控制点与放样点高程相差不大，可只取控制点的高程计算即可；

R——地球的平均曲率半径，$R=6371000\text{m}$。

（二）格网因子计算

即因为高斯投影而产生的长度变形因子，计算公式如下：

$$\Delta_2 = \frac{Y_m{}^2}{2R^2} \tag{11-3}$$

式中 Y_m——控制点与放样点横坐标（高斯坐标扣除带号和500km后的坐标真值）的平均值，同样，实际计算时，若控制点与放样点横坐标相差不大，可只取控制点的横坐标计算即可，$R=6400000\text{m}$。

注意：Δ_1、Δ_2计算取至小数点后6位；则比例因子为1：$(1.000000+\Delta_1+\Delta_2)$

【例11-1】 某导线点的高斯平面直角坐标为（4088030.807，40641649.396），高程为138.834m，在此点上安置全站仪进行施工放样，计算全站仪应设置的比例因子。

解： $\Delta_1=-\dfrac{H_m}{R}=-\dfrac{138.834}{6371000}=-0.000022$

$$\Delta_2=\frac{Y_m{}^2}{2R^2}=\frac{141649.396^2}{2\times6400000^2}=0.000243$$

比例因子为1：(1.000000－0.000022＋0.000243)，即为1：1.000221

第五节　全站仪应用的相关知识

一、数据传输

应用全站仪采集的数据，有时需要传输到计算机内采用专用的数据处理软件进行数字成图或处理，例如碎部测量测得的碎部点坐标和高程。

在开始传输数据之前，必须设置通信接口参数和连接相应数据传输电缆。可以根据不同的需要设置不同的接口参数，但必须保证在数据传输时，仪器设置的参数和通信软件的参数要一致。

（一）将文件转存到计算机

原始观测数据、坐标文件等可以转存到计算机。计算机中需要专用软件，并进行端口参数设置。

（二）接收来自计算机的文件

放样点的坐标文件、固定点库文件等可以从计算机转存出来。要从计算机发送数据也必须有一个合适的程序，该程序必须提供所要求的数据格式。

二、全站仪轴系误差和竖盘指标差的测定和设置

全站仪轴系误差和竖盘指标差的检验方法同经纬仪的检验方法一样。所不同的是，全站仪可以将测定的轴系误差和竖盘指标差，自动保存在全站仪内，供测量角度时，对方向值自动改正。

按照屏幕提示，分别在盘左（正镜）观测某大致水平（±3°之间）A目标N次，然后在盘右（倒镜）观测A目标N次（观测次数可根据屏幕提示设置）；完成后，在盘右位置（倒镜）观测B目标（倾角大于±10°）N次，然后在盘左位置（正镜）观测B目标N次，屏幕即显示完成返回主菜单。这样就测定了仪器的轴系误差和指标差，并被存贮。

三、测距常数的测定和设置

（一）测距常数的测定

1. 基准线测定

通常仪器和配套棱镜都不含偏差，但使用过一段时间后，或实际过程中使用的不是仪器的配套棱镜，可对仪器和使用的棱镜常数（合称测距常数）进行联合测定，并设置于全站仪内，用于对所测距离进行自动改正。测距常数可以通过基线法测定，即在已知距离的

基线两端分别安置仪器和棱镜，测得基线的距离与基线的已知距离比较，从而得到测距常数。

2. 非基准线测定

若无准确基线，也可通过如下方法进行测定：

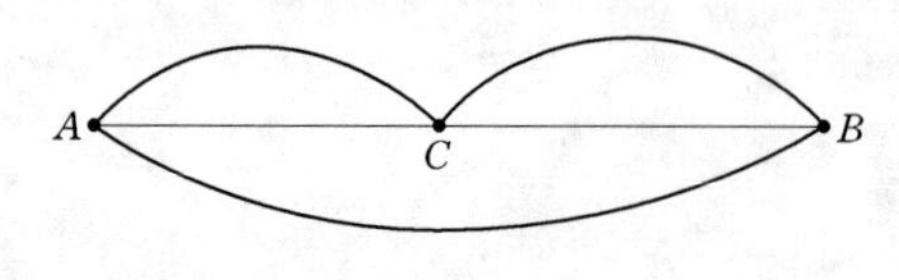

图 11-9　测距常数测定示意图

(1) 在一条近似水平，长约 100m 的直线 AB 上选择一点 C，利用全站仪观测 AB、AC 和 BC 的长度，如图 11-9 所示。

(2) 通过重复以上观测多次，可算得测距常数。

$$测距常数=AC+BC-AB \tag{11-4}$$

(二) 测距常数的设置

设置测距常数后，再进行上述的 (1)、(2) 项操作，从而检验设置常数的正确性。

需要指出的是：测距常数测定精度，会受到仪器和棱镜的安置误差、气象改正误差以及大气折射等误差的影响，因此要精确安置仪器和棱镜，实地测量大气温度和压力，选择有利的观测时间。有条件的可室内进行测定，可以适当缩短直线 AB 的长度。

近几年来新推出的全站仪，采用免棱镜技术，测程可达 300m；激光束对点、瞄准，解决了难以到达的观测点立镜问题；特别适宜大坝、桥梁和高层建筑物变形观测；自动调焦装置代替了手动调焦对光，减弱了调焦误差；自动感应温度、湿度和气压，自动改正观测结果等新功能，加快了全站仪测量的速度，提高了观测结果的精度，受到了测绘生产单位的青睐。

复习思考题

1. 试说明全站仪包含哪两层含义？
2. 利用全站仪进行控制测量和碎部测量的原则是什么？
3. 某导线点的高斯平面直角坐标为 (4089331.926；40631879.709)，高程为 167.957m，在此点上安置全站仪进行施工放样，试计算全站仪应设置的比例因子。
4. 试述全站仪测距常数的测定方法？

第十二章　施工放样的基本工作

第一节　概　　述

一、施工放样概念

把图纸上设计的建（构）筑物的平面位置和高程，按照设计要求以一定的精度在地面上标定出来，作为施工的依据，这一工作称为施工放样。测图工作是以地面控制点为基础，测量出控制点周围各地形特征点的平面位置和高程，将地形按规定的符号和一定比例缩绘成图。施工放样则与此相反，是根据图纸上建筑物的设计尺寸，找出建筑物各部分特征点与控制点之间位置的几何关系，算得距离、角度、高程等放样数据，然后利用控制点在实地上定出建筑物的特征点，据以施工。

二、施工放样与测图工作的异同点比较

（一）目的不同

简单地说，测图工作是将地面上的地物、地貌测绘到图纸上，而施工放样是将图纸上设计的建筑物或构筑物放样到实地。

（二）精度要求不同

施工放样的精度要求取决于工程的性质、规模、材料、施工方法等因素。例如，水利工程施工中，钢筋混凝土工程较土石方工程的放样精度高，而金属结构物安装放样的精度要求则更高。此外，由于建筑物、构筑物的各部位相对位置关系的精度要求较高，因而工程的细部放样精度要求往往高于整体放样精度。例如，测设水闸中心线（即主轴线）的误差不应超过1cm，而闸门相对闸中心线的误差不应超过3mm。但对大型水利枢纽，各主要工程主轴线间的相对位置精度要求较高，亦应精确测设

（三）施工放样工序与工程施工的工序密切相关

某项工序还没有开工，就不能进行该项的施工放样。测量人员要了解设计的内容、性质及其对测量工作的精度要求，熟悉图纸上的标定数据，了解施工的全过程，并掌握施工现场的变动情况，使施工放样工作能够与工程施工密切配合。

（四）施工放样易受施工干扰

施工场地上工种多，交叉作业频繁，并要填挖大量土石方，地面变动很大，又有车辆等机械震动，因此，各种测量标志必须埋设稳固且不易被破坏。另外，各种测量标志还应做到妥善保护、经常检查，如有破坏，应及时恢复。

为了保证施工能满足设计要求，施工测量与一般测图工作一样，也必须遵循“由整体到局部、先控制后细部”的原则，即先在施工现场建立统一的施工控制网，然后以此为基础，再放样建筑物的细部位置。

第二节 施工控制网的布设

为工程施工所建立的控制网称为施工控制网。施工控制网分平面控制网和高程控制网，其主要目的是为建筑物的施工放样提供依据。因此，施工控制网的布设应密切结合工程施工的需要及建筑场地的地形条件，选择适当的控制网形式和合理的布网方案。

一、平面控制网的建立

如果在建筑区域内保存有原来的测图控制网，且能满足施工放样的精度要求，则可用作施工控制网，否则应重新布设施工控制网。

平面控制网一般分两级布设。首级为基本网，它起着控制各建筑物主轴线的作用；另一级是定线网（或称放样网），它直接控制建筑物的辅助轴线及细部位置。

目前，常用的平面施工控制网形式有：三角网（包括测角三角网、测边三角网和边角网）、导线网、GPS网等，对于不同的工程要求和具体地形条件可选择不同的布网形式。如对于位于山岭地区的工程（水利枢纽、桥梁、隧道等），一般可采用三角测量（或边角测量）的方法建网；对于地形平坦的建设场地，则可采用任意形式的导线网；对于建筑物布置密集而且规则的工业建设场地可采用矩形控制网（即所谓的建筑方格网）。有时布网形式可以混合使用，如首级网采用三角网，在其下加密的控制网则可以采用矩形控制网。

图12-1中由实线连成的四边形为基本网，以坝轴线为基准由虚线连成的四边形为定线网。图12-2中由实线连成的两个四边形为基本网，用虚线连成的为用交会法加密成的定线网。图12-3是由中心多边形组成的基本网，用以测设坝轴线 AB 与隧洞中心线上的1、2、…点的位置，再以坝轴线为基准布置矩形网，作为坝体的定线网。

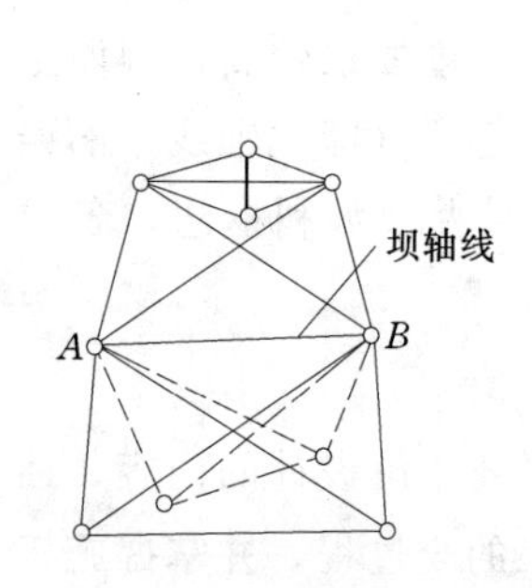

图12-1 四边形基本网与四边形定线网

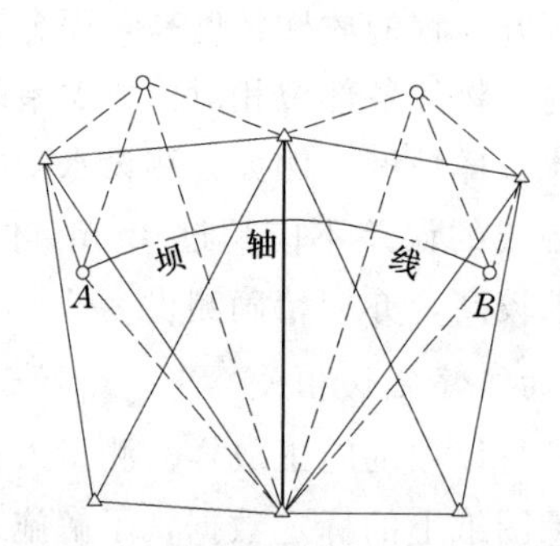

图12-2 四边形基本网与交会定线网

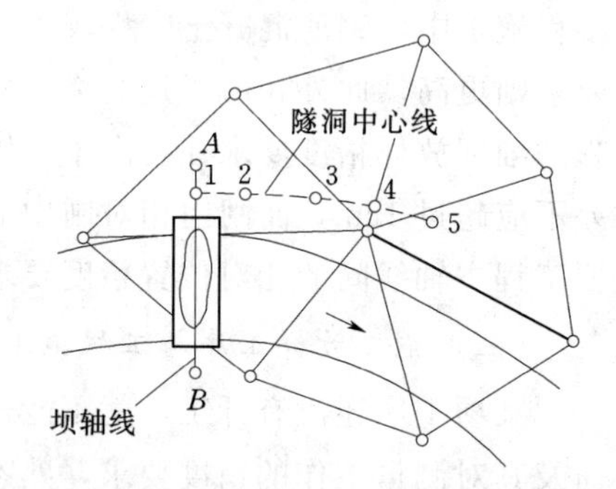

图12-3 中心多边形基本网与矩形定线网

施工控制点必须根据施工区的范围、地形条件、建筑物的位置和精度要求、施工的方法和程序等因素进行选择。基本网一般布设在施工区域以外，以便长期保存；定线网应尽可能靠近建筑物，以便放样。

施工控制网是建筑物放样的依据，建筑物放样的精度要求是根据建筑物竣工时对于设计尺寸的容许偏差（即建筑限差）来确定的，建筑物竣工时的实际误差包括施工误差（构件制造误差、施工安装误差）、测量放样误差以及外界条件（如温度）所引起的误差。测量误差只是其中的一部分，但它是建筑施工的先行，位置定位不正确，将造成较大损失。测量误差是放样后细部点平面点位的总误差，它包括控制点误差对细部点的影响及施工放样过程中产生的误差。在建立施工控制网时应使控制点误差引起细部点的误差，相对于施工放样的误差来说，小到可以忽略不计，具体地说，若施工控制点误差的影响，在数值上小于点位总误差的45%～50%时，它对细部点的影响仅及总误差的10%，可以忽略不计。水利水电施工规范规定主要水工建筑物轮廓点放样中误差为20mm，施工控制点的点位中误差应小于9～10mm，因此，施工控制网的精度要求较高。

要获得高精度的控制网，可通过以下三个途径：

(1) 提高观测精度。采用较精密的测量仪器测量角度和距离。

(2) 建立良好的控制网网形结构。在三角测量中，一般应将三角形布设成近似等边三角形。另外，测角网有利于控制横向误差（方位误差），测边网有利于控制纵向误差，如将两种网形结构组合成边角网的形式，则可达到网形结构优化的目的。

(3) 增加控制网中的多余观测。具体观测数的增加方案应根据实际的控制网形状分析确定。

二、高程控制网的建立

高程控制网一般也分两级。一级水准网与施工区域附近的国家水准点连测，布设成闭合（或附合）形式，称为基本网。基本网的水准点应布设在施工爆破区外，作为整个施工期间高程测量的依据。另一级是由基本水准点引测的临时性作业水准点，它应尽可能靠近建筑物，以便做到安置一次或二次仪器就能进行高程放样。

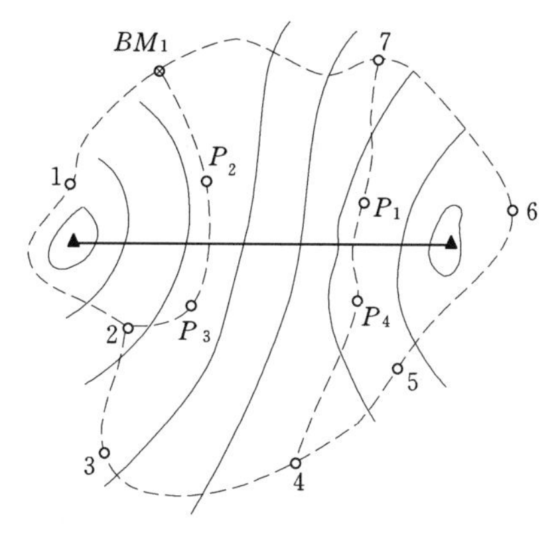

图12-4 高程控制图

在起伏较大的山岭地区，平面控制网和高程控制网通常是各自单独布设，在平坦地区（如工业建筑场地），常常将平面控制网点同时作为高程控制点，组成水准网进行高程观测，使两种控制网点合为一体。但作高程起算的水准基点组则要按专门的设计单独进行埋设。

图12-4中，BM_1、1、2、3、…、7、BM_1 是一个闭合形式的基本网，P_1、P_2、P_3、P_4 为作业水准点。

第三节 测设的基本工作

测量的基本工作是测距离、测角度和测高差。测设的基本工作与之相近，它是测设已知的水平距离、已知的水平角和已知的高程。

一、测设已知水平距离

测设已知水平距离就是根据已知的起点、线段方向和两点间的水平距离找出另一端点的地面位置。测设已知水平距离所用的工具与丈量地面两点间的水平距离相同，即钢尺和光电测距仪（或全站仪）。

（一）用钢尺测设已知水平距离

1. 一般方法

从已知点开始，沿给定方向按已知长度值，用钢尺直接丈量定出另一端点。为了检核，应往返丈量两次，往返丈量差值若在限差以内取其平均值作为最终结果，并适当改动终点位置。

2. 精确方法

当测设精度要求较高时，就要考虑尺长不准、温度变化及地面倾斜的影响。先按一般方法测设出另一端点，同时测出丈量时的温度和两点间的高差，然后，根据设计水平距离进行尺长、温度、倾斜改正，算得地面上应量得距离 D'。

$$D'=D-\Delta l_d-\Delta l_t-\Delta l_h \tag{12-1}$$

式中　D——设计水平距离；

Δl_d——尺长改正数；

Δl_t——温度改正数；

Δl_h——倾斜改正数。

从已知起点开始，按算出的数据 D' 用钢尺沿着给定方向丈量，经过往返丈量精度达到要求后，取其平均值标出该长度值的终点位置。

【例 12-1】 设欲测设 AB 的水平距离 $D=40.000$m，使用的钢尺名义长度为 30m，实际长度为 30.003m，钢尺检定时的温度为 20℃，钢尺膨胀系数 $\alpha=1.25\times10^{-5}$ 1/℃，A、B 两点概量时高差 $h=1.000$m，测设时温度 $t=10$℃，求测设时在地面应量出的长度 D' 为多少？

解： 尺长改正数：$\Delta l_d=\dfrac{30.003-30.000}{30.000}\times40=+0.004$m

温度改正数：$\Delta l_t=1.25\times10^{-5}\times(10-20)\times40=-0.005$m

倾斜改正数：$\Delta l_h=-\dfrac{l^2}{2\times40}=-0.012$m

则：$D'=D-\Delta l_d-\Delta l_t-\Delta l_h=40-0.004-(-0.005)-(-0.012)=40.013$m

（二）用光电测距仪测设已知水平距离

用光电测距仪测设已知水平距离时，可先在给定方向上目估安置反射棱镜，用测距仪测出水平距离设为 D'，若 D' 与欲测设的距离 D 相差 ΔD，则可前后移动反射棱镜，直至测出的水平距离为 D 为止。如测距仪有自动跟踪装置，可对反射棱镜进行跟踪测量，到需测设的距离为止。

二、测设已知水平角

测设已知水平角就是根据水平角的已知数据和一个已知方向，把该角的另一个方向测设到地面上。

（一）一般方法

如图 12-5 所示，设在地面上已有一方向线 AB，欲在 A 点测设第二方向线 AC，使 $\angle BAC=\beta$。可将经纬仪安置在 A 点上，盘左位置瞄准 B 点，用度盘变换手轮使水平度盘读数为 $0°00'00''$，顺时针转动照准部，使水平度盘读数为 β，在视线方向上定出 C' 点。然后，倒转望远镜用盘右位置同法定出 C''。C' 与 C'' 往往不相重合，取 C' 与 C'' 点的中点 C，则$\angle BAC$ 就是要测设的已知水平角。

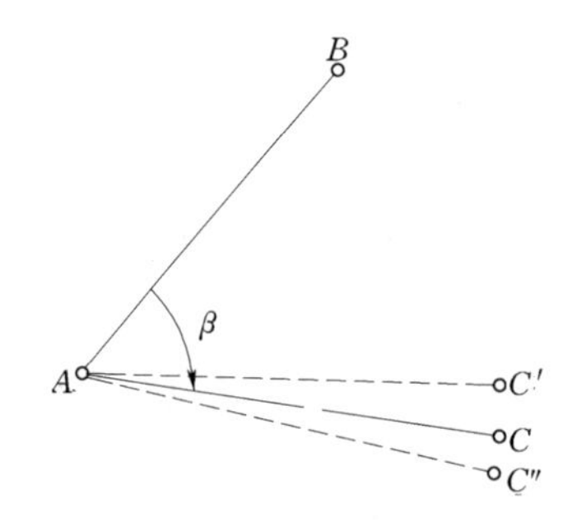

图 12-5　测设角度的一般方法

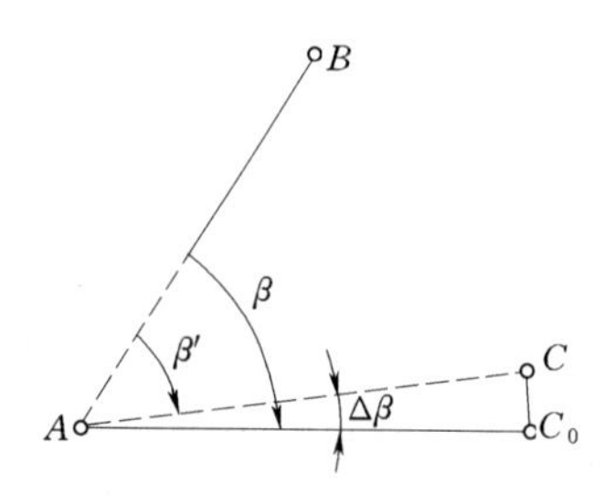

图 12-6　测设角度的精密方法

（二）精确方法

如图 12-6 所示，在 A 点根据已知方向线 AB，精确的测设$\angle BAC$，使它等于设计角 β。可先用一般方法定出 C 点，而后用测回法多次观测$\angle BAC$，得$\angle BAC$ 的角值为 β'，它与设计角 β 之差 $\Delta\beta=\beta-\beta'$，然后，根据量得的 AC 长度和 $\Delta\beta$ 计算垂直距离 CC_0：

$$CC_0=AC\times \mathrm{tg}\Delta\beta=AC\times\frac{\Delta\beta}{\rho} \tag{12-2}$$

从 C 点沿 AC 的垂直方向量出 CC_0 定出 C_0 点，则$\angle BAC_0$ 就是要精确测设的已知水平角 β。

注意：如 $\Delta\beta$ 为正，则沿 AC 的垂直方向向外量取，反之向内量取。

当前，随着科学技术的日新月异，全站仪的智能化水平越来越高，能同时放样已知水平角和水平距离。若用全站仪放样，可自动显示需要修正的距离和移动的方向。

三、测设已知高程

测设已知高程是根据附近水准点，用水准测量的方法将已知的高程测设到地面上。

（一）常规测设

如图 12-7 所示，在某设计图纸上已确定建筑物的室内地坪高程为 50.450m，附近有一水准点 A，其高程 $H_A=50.000\text{m}$。现在要把该建筑物的室内地坪高程放样到木桩 B 上，作为施工时控制高程的依据。其方法如下：

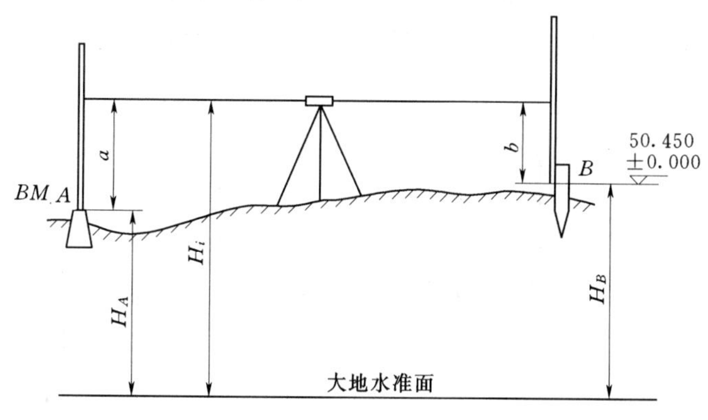

图 12-7　常规测设高程点

1. 安置水准仪于 A、B 之间，在 A 点竖立水准尺，测得后视读数 a，设 $a=1.215\text{m}$。

2. 计算：

视线高　　$H_i=H_A+a=50.000+1.215=51.215\text{m}$

B 点水准尺上的读数　　$b=H_i-H_B=51.215-50.450=0.765\text{m}$

3. 在 B 点立尺，并沿木桩侧面上下移动，直到尺上读数为 0.765m 时为止，这时紧靠尺底在木桩上刻一道红线或钉一个小钉，其高程即为 B 点的设计高程。

（二）传递测设

若测设点与水准点的高差过大，用常规的测设已知高程方法无法进行时，可用钢尺直接丈量竖直距离或悬挂钢尺引测高差，将高程传递到高处或低处。

如图 12-8 所示，欲根据地面水准点 A 放样坑内水准点 B 的高程，可在坑边架设吊杆，杆顶吊一根零点向下的钢尺，尺的下端挂上重锤，在地面和坑内各安置一台水准仪，安置在地面上的水准仪读得 A 点上水准尺的后视读数 a_1 和钢尺上的前视读数 b_1；安置在坑底的水准仪读得钢尺上的后视读数 a_2 和 B 点上水准尺的前视读数 b_2。则 B 点的地面高程为

$$H_B=H_A+a_1-(b_1-a_2)-b_2 \tag{12-3}$$

用同样的方法也可把高程从地面传递到高处。

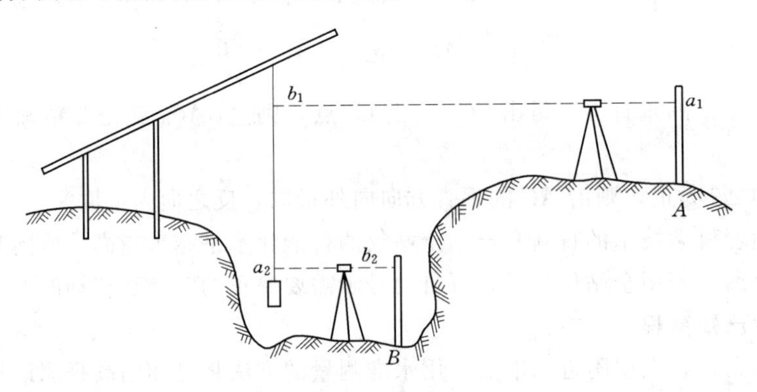

图 12-8　传递测段高程点

四、直线坡度的放样

直线坡度放样是在地面上定出一条直线，使直线的坡度等于已知坡度。常用于修筑道路、桥梁，整平场地，排水管道铺设等。

如图 12-9 所示，A 点为已知点，高程为 H_A，所要放样的坡度为 i_{AB}。

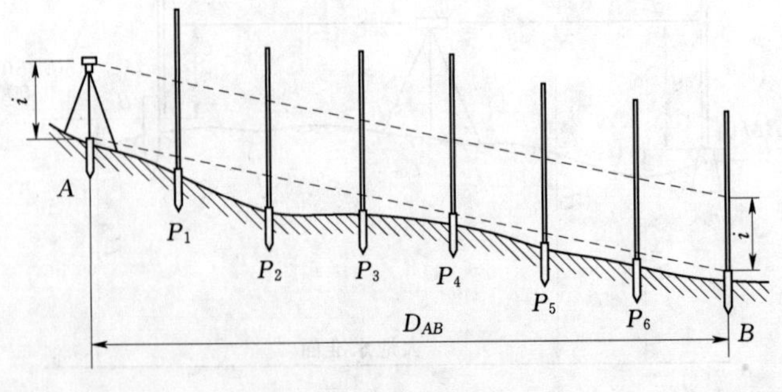

图 12-9　坡度放样

首先，根据其他条件获得 AB 两点之间的水平距离 D_{AB}，再由设计坡度 i_{AB}，计算出 B 点的放样高程：

$$H_B = H_A + D_{AB} i_{AB} \tag{12-4}$$

然后在 A 点安置仪器，将仪器的一只架腿安置在直线 AB 上，另两只架腿的连线垂直于 AB，量取仪器高 i，用高程放样方法定出 B 点高程。照准 B 点水准尺，调节视准轴使之倾斜，直至在水准尺上的读数为 i（与仪器高相等）。在直线 AB 之间选取 P_1、P_2、P_3 等点，调整各点桩高位置，使得每一点上的水准尺读数部为仪器高 i，则各桩顶的连线即为设计坡度的直线。此法放样可用水准仪，也可用全站仪、经纬仪。

第四节　测设地面点平面位置的基本方法

测设地面点平面位置的基本方法有：直角坐标法、极坐标法、角度交会法、距离交会法等几种。至于选用哪种方法，应根据控制网的形式、现场情况、精度要求等因素进行选择。

一、直角坐标法

当施工场地上有互相垂直的主轴线或布置了矩形控制网时，可以用直角坐标法测设点的平面位置。

如图 12－10 所示，已知某矩形控制网的 4 个角点 A、B、C、D 的坐标，现需测设建筑物角点 P，则测设方法如下：

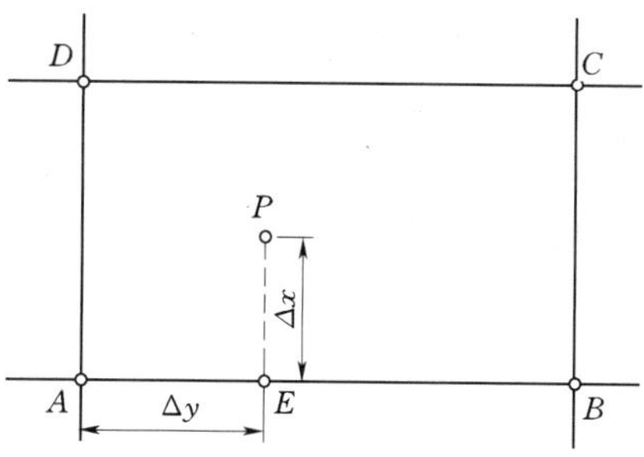

图 12－10　矩形控制网定点

（一）测设数据计算

$$\left.\begin{aligned}\Delta X_{AP} &= X_P - X_A \\ \Delta Y_{AP} &= Y_P - Y_A\end{aligned}\right\} \tag{12-5}$$

（二）测设

安置仪器于 A 点，瞄准 B 点定线，沿该方向由 A 点起测设距离 Δy 得 E 点，打下木桩标定点位；搬经纬仪至 E 点，瞄准 A 点定向，向右测设 90°角，沿此方向测设距离 Δx 即得 P 点，打下木桩标定点位。同样方法可以测设其他点位。

二、极坐标法

极坐标法是根据水平角和水平距离测设点的平面位置的一种方法。当已知点与放样点之间的距离较近，且便于量距时，常用极坐标法测设点的平面位置。近年来，由于全站仪的发展和普及，该方法在工程的施工放样中应用十分普遍。

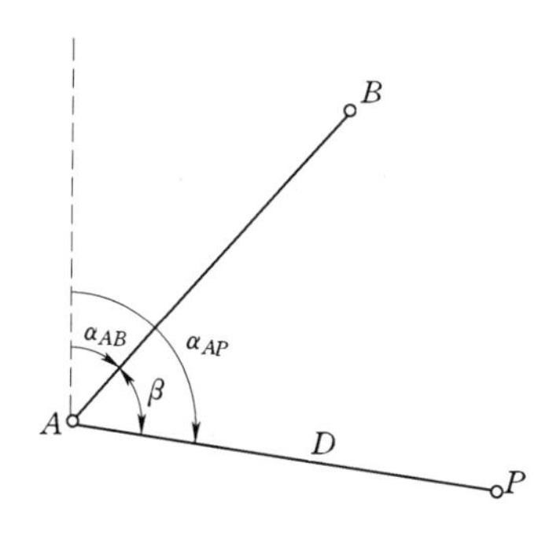

图 12－11　极坐法定点

如图 12－11 所示，A、B 是控制点，P 点的位置可由控制点 A 到 P 点的距离 D 和 AB 与 AP 之间的夹角 β 来确定。测设方法如下：

（一）测设数据计算

$$\left.\begin{aligned}
&\alpha_{AB}=\mathrm{tg}^{-1}\frac{y_B-y_A}{x_B-x_A}\\
&\alpha_{AP}=\mathrm{tg}^{-1}\frac{y_P-y_A}{x_P-x_A}\\
&\beta=\alpha_{AP}-\alpha_{AB}\\
&D=\sqrt{(x_P-x_A)^2+(y_P-y_A)^2}
\end{aligned}\right\}\tag{12-6}$$

（二）测设

在 A 点安置经纬仪，对中、整平后照准 B 点，测设角度 β 得 AP 方向，沿 AP 方向测设距离 D 即得 P 点。

三、角度交会法

角度交会法是由两个已知角度交会出待定点的位置。当待定点远离控制点且不便量距时常采用这一方法。

如图 12-12 所示，A、B 为控制点，P 为放样点，控制点及放样点的坐标已知，用角度交会法测设的方法如下：

（一）测设数据计算

$$\left.\begin{aligned}
&\alpha_{AB}=\mathrm{tg}^{-1}\frac{y_B-y_A}{x_B-x_A} \qquad \alpha_{BA}=\mathrm{tg}^{-1}\frac{y_A-y_B}{x_A-x_B}\\
&\alpha_{AP}=\mathrm{tg}^{-1}\frac{y_P-y_A}{x_P-x_A} \qquad \alpha_{BP}=\mathrm{tg}^{-1}\frac{y_P-y_B}{x_P-x_B}\\
&\alpha=\alpha_{AB}-\alpha_{AP} \qquad\qquad\quad \beta=\alpha_{BP}-\alpha_{BA}
\end{aligned}\right\}\tag{12-7}$$

（二）测设

在 A、B 两个控制点上分别安置经纬仪，测设 α、β 角得方向线 AP、BP，方向线 AP、BP 的交点即为所求的 P 点。

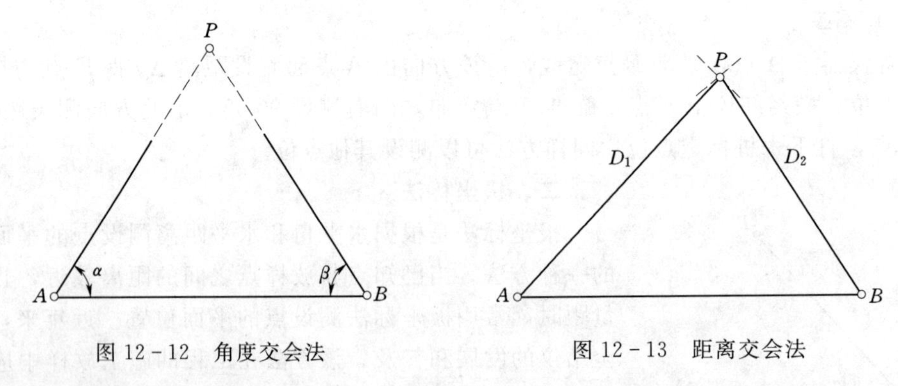

图 12-12 角度交会法　　　图 12-13 距离交会法

四、距离交会法

距离交会法是根据两段已知距离交会出放样点的平面位置。当建筑场地平坦、量距方便，且控制点离测设点不超过一整尺段长度时，适宜采用该方法。

如图 12-13 所示，根据 A、B 两控制点用距离交会法测设出 P 点的方法如下：

（一）测设数据计算

$$\left.\begin{aligned}D_1=\sqrt{(x_P-x_A)^2+(y_P-y_A)^2}\\D_2=\sqrt{(x_P-x_B)^2+(y_P-y_B)^2}\end{aligned}\right\}\qquad(12-8)$$

（二）测设

用钢尺分别从控制点 A、B 量取 D_1、D_2，并以此为半径在地面上画圆弧，其交点即为 P 点位置。

五、全站仪坐标测设法

全站仪坐标测设法的本质是极坐标法，它能适应各类地形和施工现场情况，而且精度高、操作简单，在生产实践中已被广泛采用。

放样前，将全站仪置于放样模式，向全站仪输入测站坐标、后视点坐标（或方位角），再输入放样点坐标。准备工作完成之后，用望远镜照准棱镜，按坐标放样功能键，则可立即显示当前棱镜位置与放样点位置的坐标差。根据坐标差值，移动棱镜位置直到坐标差为零，这时，棱镜所对应的位置就是放样点位置，然后在地面上标定出点位。

全站仪放样可参阅第十一章内容。

第五节 圆曲线的测设

圆曲线是水利水电工程、道路工程、管道工程以及中常用的一种曲线，当线路方向转折时，常用圆曲线进行连接。圆曲线的测设分两部分，首先定出曲线上主点的位置，然后定出曲线上细部点的位置。

一、圆曲线主点测设

（一）主点测设元素计算

如图 12-14 所示，线路在转折点 JD 处（也称交点）改变方向，转折角为 α（偏角），为使线路顺畅通过，在此设置一半径为 R 的圆曲线。这段圆曲线的起点 ZY（直圆点）、中点 QZ（曲中点）、终点 YZ（圆直点）称为圆曲线主点。为了在实地测设圆曲线的主点，需要知道切线 T、曲线长 L 及外矢距 E，这些元素称为主点测设元素。从图中可以看出，若 α、R 已知，则主点测设元素的计算公式为：

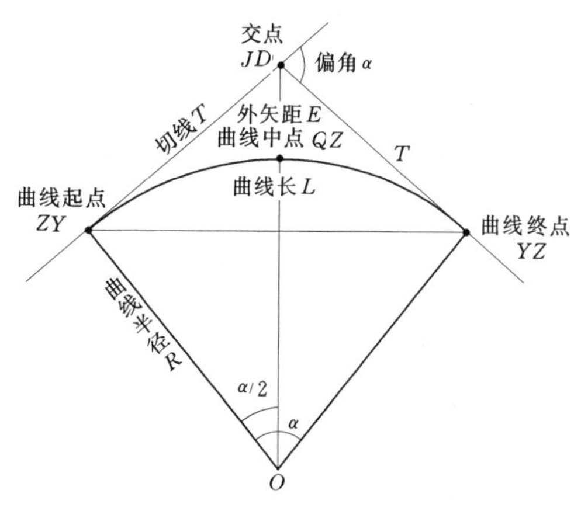

图 12-14 曲线主点测设

$$\left.\begin{aligned}&T=R\times\tan\frac{\alpha}{2}\\&L=R\times\alpha\times\frac{\pi}{180}\\&E=R\times\left(\sec\frac{\alpha}{2}-1\right)\\&q=2\times T-L\end{aligned}\right\}\qquad(12-9)$$

【例 12-2】 已知 JD 的桩号为 3＋135.120，偏角 $\alpha=40°20'$，设计圆曲线半径 $R=120m$，求各测设元素。

解： 由公式（12-8）可得：

$$T=120\times tg20°10'=44.072m$$

$$L=120\times 40°20'\times\frac{\pi}{180}=84.474m$$

$$E=120\times(\sec20°10'-1)=7.837m$$

$$q=2\times44.072-84.474=3.670m$$

（二）主点桩号计算

由于线路中线不经过交点，所以圆曲线中点和终点的桩号必须从圆曲线起点的桩号沿曲线长度推算而得。而交点桩的里程已由中线丈量获得，因此，可根据交点的里程桩号及圆曲线测设元素计算出各主点的里程桩号。主点桩号计算公式为：

$$\left.\begin{aligned}&ZY\text{ 桩号}=JD\text{ 桩号}-T\\&QZ\text{ 桩号}=ZY\text{ 桩号}+\frac{L}{2}\\&YZ\text{ 桩号}=QZ\text{ 桩号}+\frac{L}{2}\end{aligned}\right\}\tag{12-10}$$

为了避免计算中的错误，可用下式进行计算检核：

$$YZ\text{ 桩号}=JD\text{ 桩号}+T-q\tag{12-11}$$

用上例的测设元素及 JD 桩号 3＋135.120，按式（12-9）算得：

$$ZY\text{ 桩号}=3+135.120-44.072=3+091.048$$

$$QZ\text{ 桩号}=3+091.048+42.237=3+133.285$$

$$YZ\text{ 桩号}=3+133.285+42.237=3+175.522$$

检核计算，按式（12-10）算得：

$$YZ\text{ 桩号}=3+135.120+44.072-3.670=3+175.522$$

两次计算得 YZ 的桩号相等，证明计算正确。

（三）主点的测设

1. 测设曲线起点（ZY）

置经纬仪于 JD，后视线路起始方向，自 JD 沿经纬仪指示方向量切线长 T，打下曲线起点桩。

2. 测设曲线终点（YZ）

经纬仪瞄准线路前进方向，自 JD 沿经纬仪指示方向量切线长 T，打下曲线终点桩。

3. 测设曲线中点（QZ）

后视 YZ 点，顺时针转动 $(180°-\alpha)/2$ 的角度，得分角线方向，沿此方向自 JD 点量出外矢距 E，打下曲线中点桩。

二、圆曲线详细测设

施工时，除曲线主点外，还应在曲线上每隔一定距离（弧长）测设一些点，称为圆曲线的详细测设。常用的方法有偏角法和直角坐标法等。

（一）偏角法

偏角法是一种角度距离交会的测设方法。它是以曲线起点或终点至曲线上任一待定点 P_i 的弦线与切线之间的弦切角（称为偏角）Δ_i 和相邻点间的弦长 C_i 来确定 P_i 的位置。

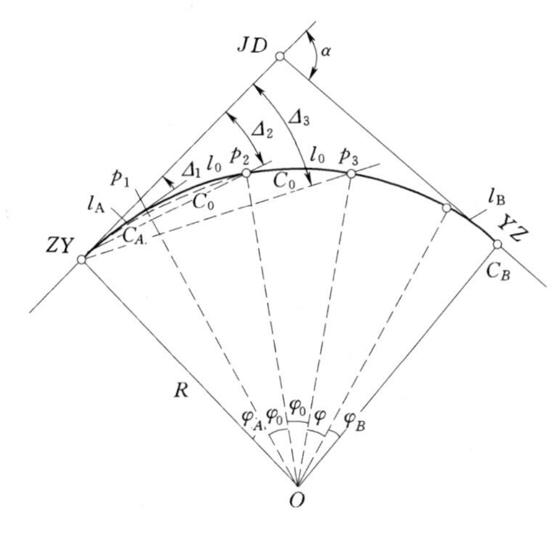

图 12－15　偏角法测设曲线细部点

1. 测设数据计算

如图 12－15 所示，根据几何原理，偏角 Δ_i 等于相应弧长 L_i 所对圆心角 φ_i 的一半，则测设数据按下式计算：

$$\Delta_i = \frac{\varphi_i}{2} = \frac{l_i}{2R} \cdot \frac{180°}{\pi} \qquad (12-12)$$

$$C_i = 2R\sin\frac{\varphi_i}{2} = 2R\sin\Delta_i \qquad (13-12)$$

偏角法一般采用整桩号法测设，即测设点的桩号均为弧长 1 的整倍数，这样首尾两段弧长因凑整号而为零数。

【例 12－3】 用［例 12－2］的圆曲线元素（$\alpha=40°20'$，$R=120$m）和交点 JD 桩号，取 $l=$20m，计算该圆曲线的偏角法测设数据。

解：测设数据计算列于表 12－1。

表 12－1　　圆曲线细部点偏角法测设数据

曲线里程桩号	相邻桩点弧长 l/m	偏　角 Δ	弦　长 C/m	相邻桩点弦长 c/m
ZY 3＋091.05		0°00′00″	0	
	8.95			8.95
P_1 3＋100		2°08′12″	8.95	
	20.00			19.98
P_2 3＋120		6°54′41″	28.88	
	20.00			19.98
P_3 3＋140		11°41′10″	48.61	
	20.00			19.98
P_4 3＋160		16°27′39″	68.01	
	15.52			15.51
YZ 3＋175.52		20°10′00″	82.74	
QZ 3＋133.29		10°05′00″	42.02	

2. 测设方法

（1）安置经纬仪（或全站仪）于曲线起点（ZY）上，瞄准交点（JD），使水平度盘读数设置为 0°00′00″。

（2）转动照准部，使度盘读数为 $\Delta_1=2°08'12''$，沿此方向测设弦长 $C_1=8.95$m，定出 P_1 点。

（3）再转动照准部，使度盘读数为 $\Delta_2=\varphi_A/2+\varphi_0/2=6°54'41''$，沿此方向测设弦长 $C_2=$28.88m，定出 P_2 点；或从 P_1 点测设短弦 $c_0=19.98m$，与偏角 Δ_2 方向线相交而定出 P_2 点。

（4）依次类推，测设出其余各点。

对于长曲线，圆曲线的测设可分两部分完成，先将仪器安置于圆曲线起点（ZY）上，后视 JD 点并将水平度盘置零，测设从 ZY 点至 QZ 点这一部分的细部点；再将仪器安置于圆曲线终点（YZ）上，后视 JD 点并将水平度盘置零，测设从 YZ 点至 QZ 点这一部分的细部点。若最后的测点与主点 QZ 不重合，其闭合差一般不得超过如下规定，否则返工重测。

纵向（切线方向）　$\pm L/1000$　（L 为曲线长）

横向（半径方向）　± 0.1m

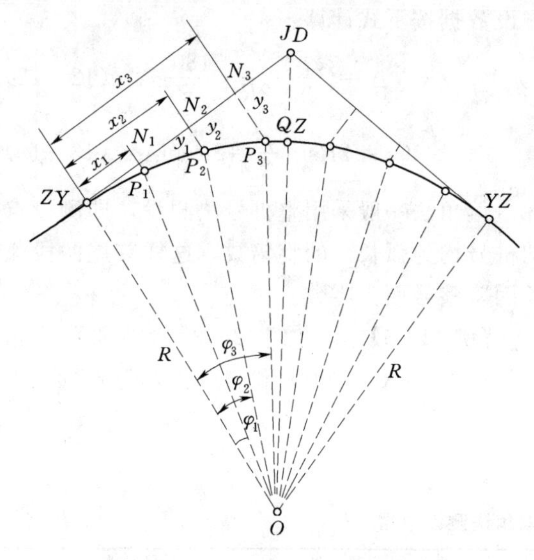

图 12-16　直角坐标法测设曲线细部

（二）直角坐标法

直角坐标法又称切线支距法，它是以曲线起点 ZY（或终点 YZ）为坐标原点，以切线为 X 轴，切线的垂线为 Y 轴，根据坐标 x_i、y_i 来测设曲线上的细部点。

1. 测设数据计算

如图 12-16 所示，设圆曲线起点至前半条曲线上各点 P_i 间的弧长为 l_i，所对圆心角为 φ_i，曲线半径为 R。则测设数据的计算公式为：

$$\varphi_i=\frac{l_i}{R}\cdot\frac{180°}{\pi} \qquad (12-14)$$

$$\chi_i=R\sin\varphi_i \qquad (12-15)$$

$$i=R(1-\cos\varphi_i) \qquad (12-16)$$

【例 12-4】 用上例的曲线元素及桩号，取 $l=20$m，计算该圆曲线细部点切线支距法测设数据。

解： 测设数据计算列于表 12-2。

表 12-2　　圆曲线细部点切线支距法测设数据

曲线里程桩号	各桩点至 ZY 或 YZ 点的曲线长 l_i	纵　距 x	横　距 y	相邻桩点间的弧长 l	相邻桩点间的弦长 C
ZY 3+091.05	0.00	0.00	0.00		
P_1 3+100	8.95	8.94	0.33	8.95	8.95
P_2 3+120	28.95	28.67	3.48	20.00	19.98
QZ 3+133.28	42.23	41.36	7.35	13.28	13.27
YZ 3+175.52	0.00	0.00	0.00		
P'_1 3+160	15.52	15.48	1.00	15.52	15.51
P'_2 3+140	35.52	35.00	5.22	20.00	19.98
QZ 3+133.28	42.24	41.37	7.36	6.72	6.72

2. 测设方法

（1）用钢尺从 ZY 点（或 YZ 点）沿切线方向量取 x_1、x_2、…纵距，得垂足点 N_1、N_2、…，用测钎在地面作标志。

（2）在垂足点上作切线的垂直线，分别沿垂直线方向用钢尺量出 y_1、y_2、…横距，定出曲线上各细部点。

用此法测设的 QZ 点应与曲线主点测设时所定 QZ 点相符，作为检核。

复习思考题

1. 测设的基本工作有哪几项？测设与测定有何不同？

2. 测设点的平面位置有哪几种常用方法？各适用于什么情况？

3. 设欲放样 A、B 两点的水平距离 $D=80\text{m}$，使用的钢尺名义长度为 30 m，实际长度为 29.945m，钢尺检定时的温度为 20℃，A、B 两点的高差为 $h=-0.385\text{m}$，实测时温度为 30.5℃，问放样时在地面上应量出的长度为多少？

4. 测设出直角后，实测其角值为 $90°00'33''$，已知其边长为 152m，问在垂线方向上向内移动多少才能得到 $90°$的角？

5. 利用高程为 21.260m 的水准点，放样高程为 21.500m 的室内±0.000 标高。设尺立在水准点上时，按水准仪的水平视线在尺上画了一条线，问在该尺上的什么地方再画一条线，才能使视线对准此线时，尺子底部就在±0.000 高程的位置。

6. 已知 $\alpha_{MN}=300°04'00''$，$x_M=14.23$ m，$y_M=86.71\text{m}$；$x_P=42.30\text{m}$，$y_P=85.03\text{m}$。仪器安置在 M 点，计算用极坐标法测设 P 点所需的放样数据，并简述放样步骤。

7. 在道路中线测量中，设某交点 JD 的桩号为 2＋182.32，测得右偏角 $\alpha=39°15'$，设计圆曲线半径 $R=220\text{m}$。

（1）计算圆曲线主点测设元素 T，L，E，q。

（2）计算圆曲线主点 ZY，QZ，YZ 桩号。

（3）设曲线上整桩距 $l_0=20\text{m}$，计算该圆曲线细部点偏角法测设数据。

8. 按上题的圆曲线，计算用切线支距法测设圆曲线细部点的测设数据。

第十三章 渠道及线路测量

渠道、输电线、管道或道路等都是呈线型的建设工程，被称为线路工程。修建线路工程首先将选择的路线，在地面上标定出其中心位置，然后沿路线方向测出其地面起伏状况，并绘制成带状地形图或纵横断面图，作为线路工程设计和土石方工程量计算的依据。

路线测量的内容一般包括：踏勘选线、中线测量、纵横断面测量、土方计算和断面的放样等。本章重点介绍渠道测量的一般方法，并对道路测量、管道测量和输电线路测量予以简要介绍。

第一节 渠道测量

一、渠道选线测量

（一）踏勘选线

渠道选线的任务就是要在地面上选定渠道的合理路线，标定渠道中心线的位置。渠线的选择直接关系到工程效益和修建费用的大小，一般应考虑有尽可能多的土地能实现自流灌、排，而开挖和填筑的土、石方量及所需修建的附属建筑物要少，并要求中小型渠道的布置与土地规划相结合，做到田、渠、林、路布置合理，为采用先进农业技术和农田园田化创造条件，同时还要考虑渠道沿线有较好的地质条件，少占良田，以减少总体费用。

具体选线时除考虑其选线要求外，应依渠道大小的不同按一定的方法步骤进行。对于灌区面积大，渠线较长的渠道一般应经过实地查勘、室内选线、外业选线等步骤；对于灌区面积较小、渠线不长的渠道，可以根据已有资料和选线要求直接在实地查勘选线。

1. 实地查勘

查勘前最好先在地形图（比例尺一般为1：1万左右）上初选几条比较渠线，然后依次对所经地带进行实地查勘，了解和搜集有关资料（如土壤、地质、水文、施工条件等），并对渠线某些控制性的点（如渠首、沿线沟谷、跨河点等）进行简单测量，了解其相对位置和高程，以便分析比较，进而合理地选取渠线。

2. 室内选线

室内选线是在室内从图上选线，即在适合的地形图上选定渠道中心线的平面位置，并在图上标出渠道转折点到附近明显地物点的距离和方向（由图上量得）。如该地区无适用的地形图，则应根据查勘时确定的渠道线路，测绘沿线宽约100～200m的带状地形图，其比例尺视渠线的长度而定。

在山区丘陵区选线时，为了确保渠道的稳定，应力求挖方。因此，环山渠道应先在图上根据等高线和渠道纵坡初选渠线，并结合选线的其他要求对此线路作必要修改，定出图上的渠线位置。

3. 外业选线

外业选线是将室内选线的结果转移到实地上，标出渠道的起点、转折点和终点。外业选线也还要根据现场的实际情况，对图上所定渠线作进一步论证研究和补充修改，使之更加完善。实地选线时，一般应借助仪器选定各转折点的位置。对于平原地区的渠线应尽可能选成直线，如遇转弯时，则在转折处打下木桩。在丘陵山区选线时，为了较快地进行选线，可用经纬仪按视距法测出有关渠段或转折点间的距离和高差。由于视距法的精度不高，对于较长的渠线为避免高程误差累积过大，最好每隔 2～3km 与已知水准点校核一次。如果选线精度要求高；则用水准仪测定有关点的高程，探测出渠线的位置。

渠道中线选定后，应在渠道的起点、各转折点和终点用大木桩或水泥桩在地面上标定出来，并绘略图注明桩点与附近固定地物的相互位置和距离，以便寻找。

（二）水准点的布设与施测

为了满足渠线的探高测量和纵断面测量的需要，在渠道选线的同时，应沿渠线附近每隔 1～3km 左右在施工范围以外布设一些水准点，并组成附合或闭合水准路线，当路线不长（15km 以内）时，也可组成往返观测的支水准路线。水准点的高程一般用四等水准测量的方法施测，大型渠道可采用三等水准测量。

二、渠道中线测量

渠道中线测量的任务是根据选线所定的起点、转折点及终点，通过量距测角把渠道中心线的平面位置在地面上用一系列的木桩标定出来。

距离丈量，一般用皮尺或测绳沿中线丈量（用经纬仪或花杆目视定直线），为了便于计算路线长度和绘制纵断面图，沿路线方向每隔 100m、50m、20m 打一木桩，地势平坦间隔大，反之间隔小，以距起点的里程进行编号，称为里程桩（整数）。如起点（渠道是以其引水或分水建筑物的中心为起点）的桩号为 0＋000，每隔 100m 加打一木桩时，则以后各桩的桩号为 0＋100、0＋200、…，“＋”号前的数字为公里数，“＋”号后的数字是米数，如 1＋500 表示该桩离渠道起点 1km 又 500m。在两整数里程桩间如遇重要地物和计划修建工程建筑物（如涵洞、跌水等）以及地面坡度变化较大的地方，都要增钉木桩，称为加桩。其桩号也以里程编号。如图 13－1 所示，1＋185、1＋233 及 1＋266 为路线跨过小沟边及沟底的加桩。里程桩和加桩通称中心线桩（简称中心桩），将桩号用红漆书写在木桩一侧，面向起点打入土中，为了防止以后测量时漏测加桩，还应在木桩的另一侧依次书写序号。

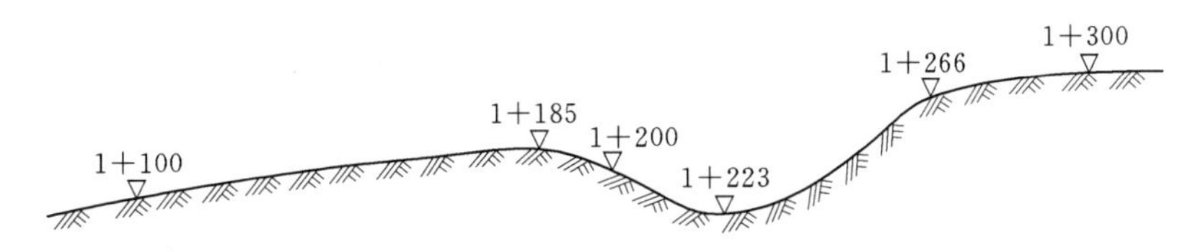

图 13－1　路线跨沟时的中心桩设置图

在距离丈量中为避免出现差错，一般需用皮尺丈量两次，当精度要求不高时可用皮尺或测绳丈量一次，在观测偏角时，用视距法对两相邻桩段进行检核。

测角和测设曲线，距离丈量到转折点，渠道从一直线方向转向另一直线方向，此时将经纬仪安置在转折点，测出前一直线的延长线与改变方向后的直线间的夹角 I，称为偏角，在延长线左的为左偏角，在右的为右偏角，因此测出的 I 角应注明左或右。如图 13-2 所示，IP_1 处为右偏，即 $I_{右}=23°20'$。根据规范要求：当 $I<6°$，不测设曲线；$6°<I<12°$，曲线长度上 $L<100$m 时，只测设曲线的三个主点桩；在 $I>12°$同时曲线长度 $L>100$m 时，需要测设曲线细部。

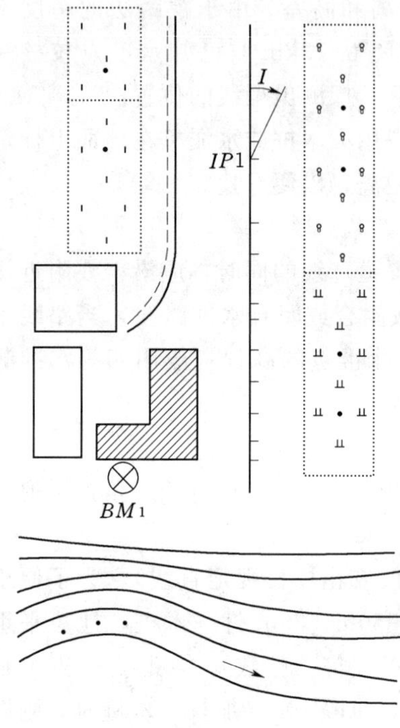

图 13-2　渠道测量草图示例

在量距的同时，还要在现场绘出草图（图 13-2）。图中直线表示渠道中心线，直线上的黑点表示里程桩和加桩的位置，IP_1（桩号为 0+380.9）为转折点，在该点处偏角 $I_{右}=23°20'$，即渠道中线在该点处，改变方向右转 23°20′。但在绘图时改变后的渠线仍按直线方向绘出，仅在转折点用箭头表示渠线的转折方向（此处为右偏，箭头画在直线右边），并注明偏角角值。至于渠道两侧的地形则可根据目测勾绘。

在山区进行环山渠道的中线测量时，为了使渠道以挖方为主，将山坡外侧渠堤顶的一部分设计在地面以下（图 13-3），此时一般要用水准仪来探测中心桩的位置。首先根据渠首引水口高程，渠底比降、里程和渠深（渠道设计水深加超高）计算堤顶高程，而后用水准测量探测该高程的地面点。例如渠首引水口的渠底高程为 74.81m，渠底比降为 1/2000，渠深为 2.5m，则 0+500 的堤顶高程为 74.81－500/2000＋2.5＝77.06m，而后如图 13-4 所示，由 BM_1（高程为 76.605m）接测里程为 0+500 的地面点 P_1 时，测得后视读数为 1.482m，则 P_1 点上立尺读数应为 76.605m＋1.48－77.06＝1.027m，但实测读数为 1.785m，说明 P_1 点位置偏低，应向高处（山坡里侧）移至读数恰为 1.027m 时，即得堤顶位置，钉下 0+500 里程桩。按此法继续沿山坡接测延伸渠线。

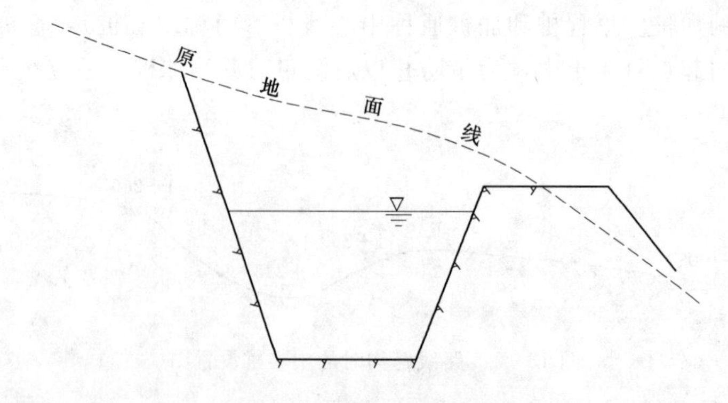

图 13-3　环山渠道断面图

中线测量完成后，对于大型渠道一般应绘出渠道测量路线平面图（如图 13-5 所示），在图上绘出渠道走向、各弯道上的圆曲线桩点等，并将桩号和曲线的主要元素数值（I、

图 13-4　环山渠道中心桩探测示意图

L 和曲线半径 R、切线长 T）注在图中的相应位置上。

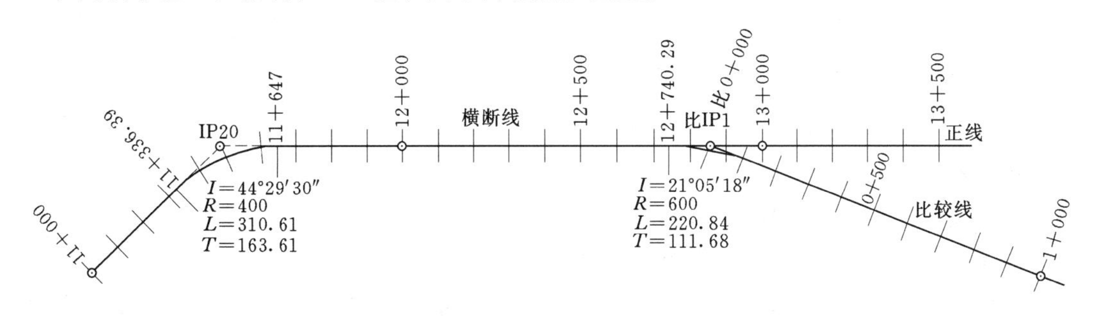

图 13-5　渠道测量路线平面图

三、渠道纵断面测量

渠道纵断面测量的任务，是测出中心线上各里程桩和加桩的地面高程，了解纵向地面高低起伏情况，并绘出纵断面图，其工作包括外业和内业。

（一）纵断面测量外业

渠道纵断面测量是以沿线测设的三、四等水准点为依据，按五等水准测量的要求从一个水准点开始引测，测出一段渠线上各中心桩的地面高程后，附合到下一个水准点进行校核，其闭合差不得超过 $\pm 10\text{mm}\sqrt{n}$（n 为测站数）。

如图 13-6 所示，从 BM_1（高程为 76.605m）引测高程，依次对 0＋000，0＋100，…

进行观测，由于这些桩相距不远，按渠道测量的精度要求，在一个测站上读取后视读数后，可连续观测几个前视点（最大视距不得超过 150m），然后转至下一站继续观测。

这样计算高程时采用“视线高法”较为方便。其观测与记录及计算步骤如下：

1. 读取后视读数，并算出视线高程

$$\text{视线高程}=\text{后视点高程}+\text{后视读数} \tag{13-1}$$

如图 13-6 所示，在第 1 站上后视 BM_1，读数为 1.245，则视线高程为 76.605m＋1.245m＝77.850m（表 13-1）。

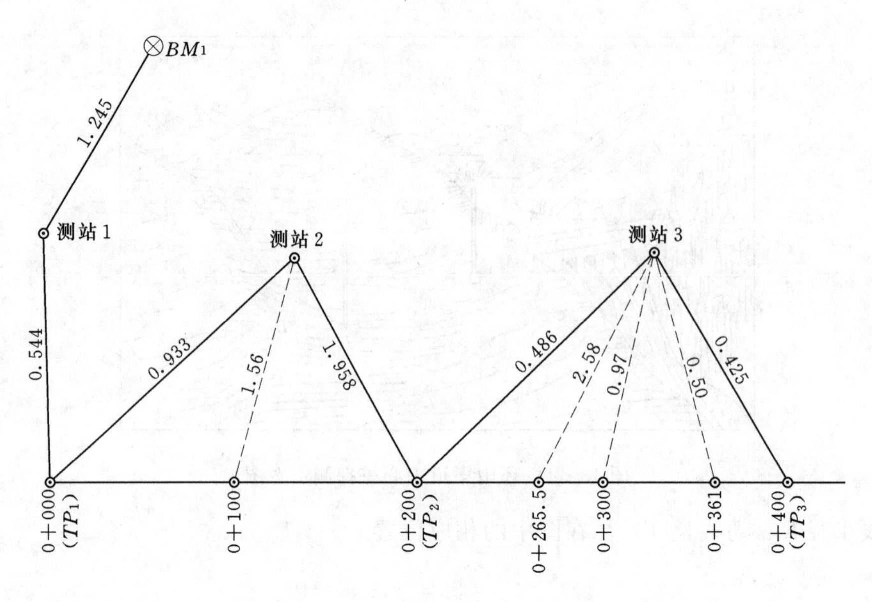

图 13-6 纵断面测量示意图

2. 观测前视点并分别记录前视读数

由于在一个测站上前视要观测多个桩点，其中仅有一个点是起着传递高程作用的转点，而其余各点只需读出前视读数就能得出高程，为与转点区别，称为中间点。中间点上的前视读数精确到 cm 即可，而转点上的观测精度将影响到以后各点，要求读至 mm，同时还应注意仪器到两转点的前、后视距离大致相等（差值不大于 20m）。用中心桩作为转点，要置尺垫于桩一侧的地面，水准尺立在尺垫上，并使尺垫与地面同高，即可代替地面高程。观测中间点时；可将水准尺立于紧靠中心桩旁的地面，直接测算地面高程。

3. 计算测点高程

例如，表 13-1 中，0+000 作为转点，它的高程 77.850－0.544（第一站的视线高程－前视读数）＝77.306m，凑整成 77.31m 为该桩的地面高程。0+100 为中间点，其地面高程为第二站的视线高程减前视读数＝78.239－1.56＝77.679m，凑整为 77.68m。即

$$H_{测}=H_i-b_{中} \tag{13-2}$$

4. 计算校核和观测校核

当经过数站（表 13-1 中为 7 站）观测后，附合到另一水准点 BM_2（高程已知，为 74.541m），以检核这段渠线测量成果是否符合要求。为此，先要按下式检查各测点的高程计算是否有误，即

$$\sum 后视读数-\sum 转点前视读数=BM_2\text{ 的高程}-BM_1\text{ 的高程} \tag{13-3}$$

如表 13-1 中∑后－∑前（转点）的值与终点高程（计算值）－起点高程的值均为－2.139m，说明计算无误。

但 BM_2 的已知高程为 74.451m，而测得的高程是 74.466m，则此段渠线的纵断面测量误差为：74.466－74.451＝＋15mm，此段共设 7 个测站，允许误差为 $\pm 10\text{mm}\sqrt{7}=\pm 26\text{mm}$，观测误差小于允许误差，成果符合要求。由于各桩点的地面高程在绘制纵断面

图时仅需精确至 cm，其高程闭合差可不进行调整。

表 13-1　　纵断面水准测量记录

测站	测点	后视读数/m	视线高/m	前视读数/m		高程/m	备注
				中间点	转点		
1	BM_1	1.245	77.850			76.605	已知高程
	0+000(TP_1)	0.933	78.239		0.544	77.306	
2	100			1.56		76.68	
	200(TP_2)	0.486	76.767		1.958	76.281	
3	265.5			2.58		74.19	
	300			0.97		75.80	
	361			0.50		76.27	
	400(TP_3)				0.425	76.342	
⋮	⋮	⋮	⋮	⋮	⋮	⋮	⋮
7	0+800(TP_6)	0.848	75.790		1.121	74.942	
	BM_2				1.324	74.466	已知高程为 74.451
Σ		8.896			11.035		
计算校核	8.896－11.035＝－2.139　　74.466－76.605＝－2.139						

（二）纵断面图的绘制

纵断面图可用 AutoCAD 等绘图软件绘制，也可用坐标方格纸手工绘制。以水平距离为横轴，其比例尺通常取 1∶1000～1∶10000，依渠道长度而定；高程为纵轴，为了能明显地表示出地面起伏情况，其比例尺比距离比例尺大 10～50 倍，可取 1∶50～1∶500，依地形类别而定。图 13-7 所绘纵断面图其水平距离比例尺为 1∶5000，高程比例尺为 1∶100，由于各桩点的地面高程一般都很大，为了节省纸张和便于阅读，图上的高程可不从零开始，而从某一适当的数值（如 72m）起绘。根据各桩点的里程和高程在图上标出相应地面点的位置，依次连接各点绘出地面线。再根据设计的渠首高程和渠道比降绘出渠底设计线。至于各桩点的渠底设计高程，则是根据起点（0+000）的渠底设计高程、渠道比降和离起点的距离计算求得，注在图下“渠底高程”一行的相应点处，然后根据各桩点的地面高程和渠底高程，即可算出各桩点的挖深或填高量，分别填在图中相应位置。

四、渠道横断面测量

渠道横断面测量的任务，是测出各中心桩处垂直于渠线方向的地面高低情况，并绘出横断面图。其工作分为外业和内业。

（一）横断面测量外业

进行横断面测量时，以中心桩为起点测出横断面方向上地面坡度变化点间的距离和高差。测量的宽度随渠道大小而定，也与挖填深度有关，较大型的渠道，挖方或填方大的地段应该宽一些，一般以能在横断面图上套绘出设计横断面为准，并留有余地。其施测的方法步骤如下：

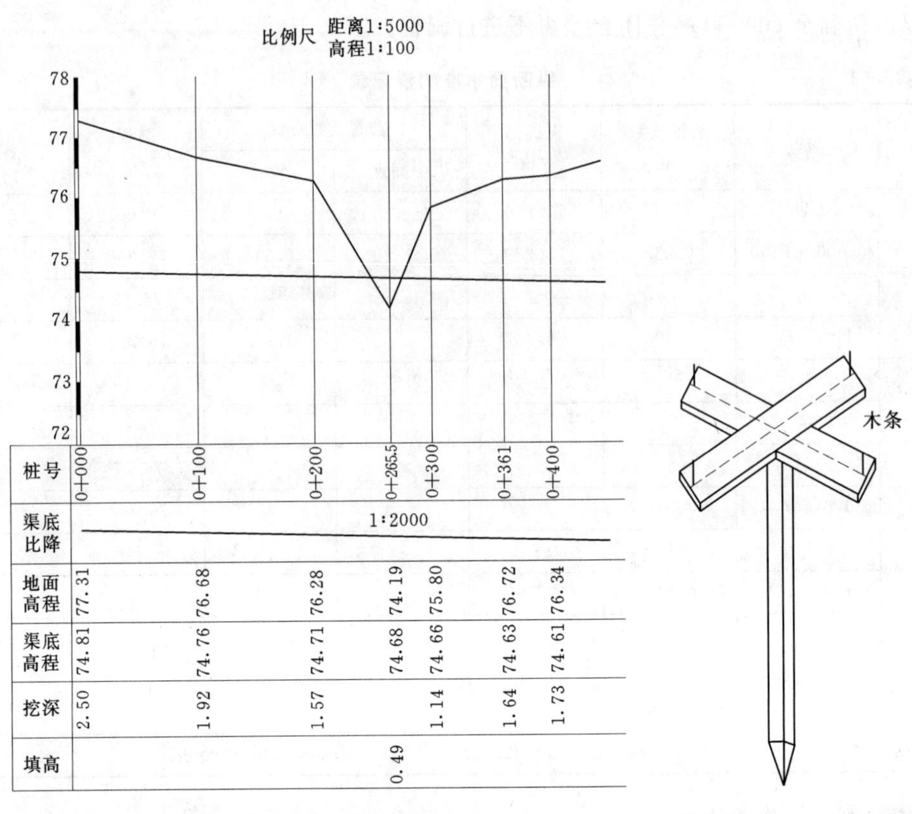

图 13-7 渠道纵断面图　　　　图 13-8 十字直角器

1. 定横断面方向

在中心桩上根据渠道中心线方向，用木制的十字直角器（图 13-8）或其他简便方法即可定出垂直于中线的方向，此方向即是该桩点处的横断面方向。

2. 测出坡度变化点间的距离和高差

测量时以中心桩为零起算，面向渠道下游分为左、右侧。对于较大的渠道可采用经纬仪视距法或水准仪测高配合量距（或视距法）进行测量。较小的渠道可用皮尺拉平配合测杆读取两点间的距离和高差（图 13-9），读数一般取位至 0.1m，按表 13-2 的格式作好记录。如 0+100 桩号左侧第 1 点的记录，表示该点距中心桩 3.0m，低 0.5m；第 2 点表示它与第一点的水平距离是 2.9m，低于第 1 点 0.3m；第 2 点以后坡度无变化，与上一段坡度一致，注明“同坡”。

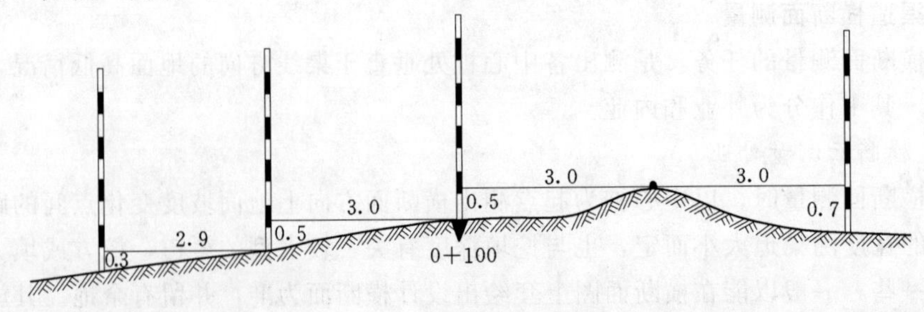

图 13-9 横断面测量示意图

表 13-2　　横断面测量记录表

左侧 $\frac{高差}{距离}$	中心桩/高程	右侧 $\frac{高差}{距离}$
同坡 $\frac{-0.3}{2.9}$ $\frac{-0.5}{3.0}$	$\frac{0+000}{77.31}$	$\frac{+0.5}{3.0}$ $\frac{-0.7}{3.0}$ 同坡
同坡 $\frac{-0.3}{2.9}$ $\frac{-0.5}{3.0}$	$\frac{0+100}{76.68}$	$\frac{+0.5}{3.0}$ $\frac{-0.7}{3.0}$ 平

（二）横断面图的绘制

横断面图仍以水平距离为横轴、高差为纵轴绘制。为了计算方便，纵横比例尺应一致，一般取 1∶100 或 1∶200，小型渠道也可采用 1∶50。绘图时，首先在适当位置定出中心桩点，如图 13-10 的 0+100 点，从表 13-2 中可知，由该点向左侧按比例量取 3.0m，再由此向下（高差为正时向上）量取 0.5m，即得左侧第 1 点，同法绘出其他各点，用实线连接各点得地面线，即为 0+100 桩号的横断面图。图 13-11 是一幅完整的渠道和堤线横断面图。

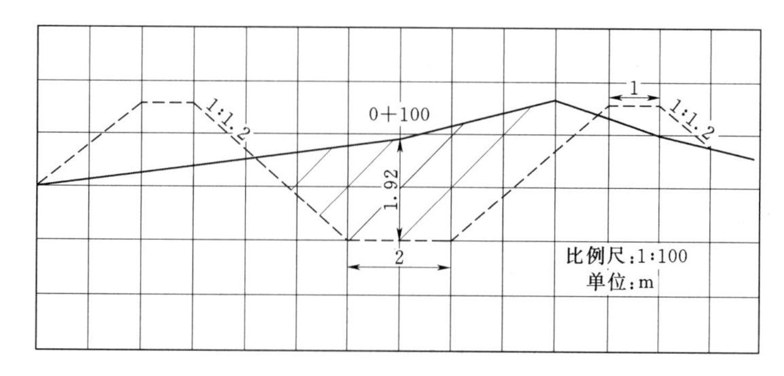

图 13-10　渠道横断面图

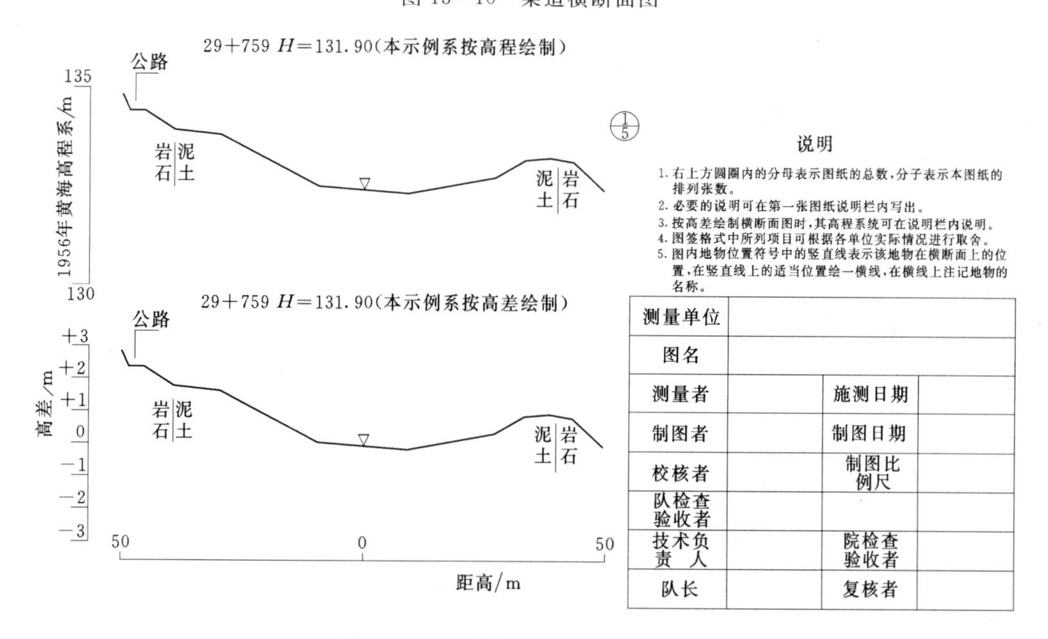

图 13-11　渠道和堤线测量横断面图

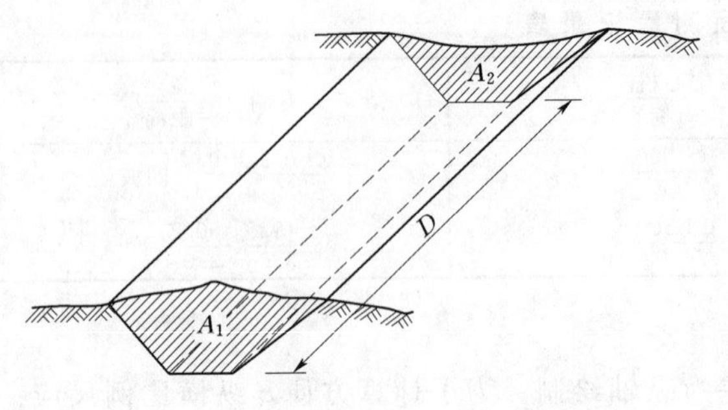

图 13-12　土方计算——平均断面法

五、土方计算

为了编制渠道工程的经费预算，以及安排劳动力，均需计算渠道开挖和填筑的土、石方数量。其计算方法常采用平均断面法如图 13-12 所示，先算出每个中心桩的横断面挖（填）面积，取两相邻断面面积的平均值，再乘以两断面间的距离，即得两中心桩之间的土方量，以公式表示为

$$V=\frac{1}{2}(A_1+A_2)\times D \tag{13-4}$$

式中　V——两中心桩间的土方量，m^3；

A_1，A_2——两中心桩应挖（或填）的横断面面积，m^2；

D——两中心桩间的距离，m。

采用该法计算土方时，可按以下步骤进行。

（一）确定断面的挖、填范围

确定挖填范围的方法是在各横断面图上套绘渠道设计横断面。套绘时，先绘出设计的标准横断面，然后根据中心桩挖深或填高数，将原横断面确定在设计图中。如图 13-10 所示，则先从纵断面图上查得 0+100 桩号应挖深 1.92m，再从标准断面图的渠底中心处向上按比例量取 1.92m，得到 0+100 桩位置，这样绘制便于使渠底线于方格横线重合，根据套绘在一起的地面线和设计断面线就能确定出应挖或应填范围。

（二）计算断面的挖、填面积

计算挖、填面积的方法很多，通常采用的有方格法和梯形法，其方法如下：

（1）方格法。方格法是将欲测图形分成若干个小方格，数出图形范围内的方格总数，然后乘以每方格所代表的面积，从而求得图形面积。此法适用于地面线变化较大的面积计算。计算时，分别按挖、填范围数出该范围内完整的方格数目，再将不完整的方格用目估拼凑成完整的方格数，二者相加得总方格数。如图 13-10 所示的图形中间部分为挖方，以 cm 方格为单位，有 4 个完整方格（图中打有斜线的地方），其余为不完整方格（没有斜线的地方），将其凑整共有 4.4 个方格，则挖方范围的总方格数为 8.4 个方格。而图上方格边长为 1cm，即面积为 $1cm^2$，图的比例尺为 1∶100，则一个方格的实际面积为 $1m^2$，因此该处的挖方面积为

$$1\times 8.4=8.4m^2$$

（2）梯形法。梯形法是将欲测图形分成若干等高的梯形，然后按梯形面积的计算公式进行量测和计算，求得图形面积。此法适用于断面上地面线较为平坦的情形。如图 13-13 所示，将中间挖方图形划分为若干个梯形，其中 l_i 为梯形的中线长，h 为梯形的高，为了方便计算，常将梯形的高采用 1cm，这样只需量取各梯形的中线长并相加，按下式即可求得图形面积 A，即

$$A=h(l_1+l_2+l_3+\cdots+l_n)=h\cdot\sum l \tag{13-5}$$

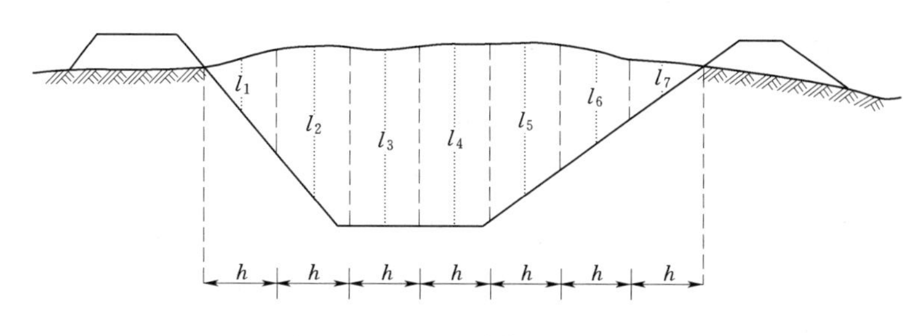

图 13-13 面积计算——梯形法

实际工作中可以用宽 1cm 的长条方格纸逐一量取各梯形中线长，并在方格纸上依次累加，即从方格纸条的 O 端开始，先量第 1 个梯形的中线长 l_1，在纸条上得到 l_1 的终点，再以该点为第 2 个梯形的中线长 l_i 的起点，用方格纸条接着量取 l_2，得到 l_1+l_2 的长度，依次量取、累加即得总长，由式（13-5）求出总面积。

由于待测图形是以 1cm 宽划分梯形，这样有可能使图形两端的三角形的高不为 1cm，这时则应将其单独估算面积，然后加到所求面积中去。

（3）应用第九章中量算图形上面积的方法（电子求积仪法）。

（4）应用一些工程绘图软件直接计算挖填面积。

（三）计算土方

土方计算可使用（表 13-3）“渠道土方计算表”逐项填写和计算。计算时先从纵断面图上查取各中心桩的填挖数量及各桩横断面图上量算的填、挖面积填入表中，然后根据式（13-4）即可求得两中心桩之间的土方数量。

当相邻两断面既有填方又有挖方时，应分别计算填方量和挖方量。从表 13-3 中可求得 0+000 与 0+100，两中心桩之间的土方量为

$$V_{挖}=\frac{1}{2}(8.40+8.12)\times100=826\text{m}^3$$

$$V_{填}=\frac{1}{2}(3.15+3.01)\times100=308\text{m}^3$$

表 13-3　　渠道土方计算表

桩号自 0+000 至 0+800　　共__页第__页

桩号	中心桩填挖		面积/m²		平均面积/m²		距离/m	土方量/m³		备注
	挖/m	填/m	挖	填	挖	填		挖	填	
0+000	2.50		8.12	3.15						
					8.26	3.08	100	826	308	
100	1.92		8.40	3.01						
					6.13	4.06	100	613	406	
200	1.57		3.86	5.11						
					2.28	5.28	50	114	264	
250	0		0.70	5.45						
					0.35	6.29	15.5	5	97	
265.5		0.49	0	7.13						
					…	…				
⋮	⋮	⋮	⋮	⋮						
					…	…				
0+800	0.47		5.64	4.91						
共计								4261	3606	

如果相邻两横断面的中心桩为一挖一填（如 0＋200 为挖 1.57m，0＋265.5 为填 0.49m），则中间必有一不挖不填的点，称为零点，即纵断面图上地面线与渠底设计线的交点，可以从图上量得，也可按比例关系求得，如从图 13－7 中量得两零点的里程桩号分别为 0＋250 和 0＋276。由于零点系指渠底中心线上为不挖不填，而该点处横断面的填方面积和挖方面积不一定都为零，故还应到实地补测该点处的横断面，然后再算出有关相邻两断面间的土方量，以提高土方计算的精度。最后求得某段渠道的总挖方量和总填方量。

六、渠道边坡放样

边坡放样的主要任务是：在每个里程桩和加桩上将渠道设计横断面按尺寸在实地标定出来，以便施工。其具体工作如下。

（一）标定中心桩的挖深或填高

施工前首先应检查中心桩有无丢失，位置有无变动。如发现有疑问的中心桩，应根据附近的中心桩进行检测，以校核其位置的正确性。如有丢失应进行恢复，然后根据纵断面图上所计算的各中心桩的挖深或填高数，分别用红油漆写在各中心桩上。

（二）边坡桩的放样

为了指导渠道的开挖和填土，需要在实地标明开挖线和填土线。根据设计横断面与原地面线的相交情况。渠道的横断面形式一般有三种：如图 13－14（a）所示为挖方断面（当挖深达 5m 时应加修平台）；如图 13－14（b）所示为填方断面；如图 13－14（c）所示为挖填方断面。在挖方断面上需标出开挖线，填方断面上需标出填方的坡脚线，挖填方断

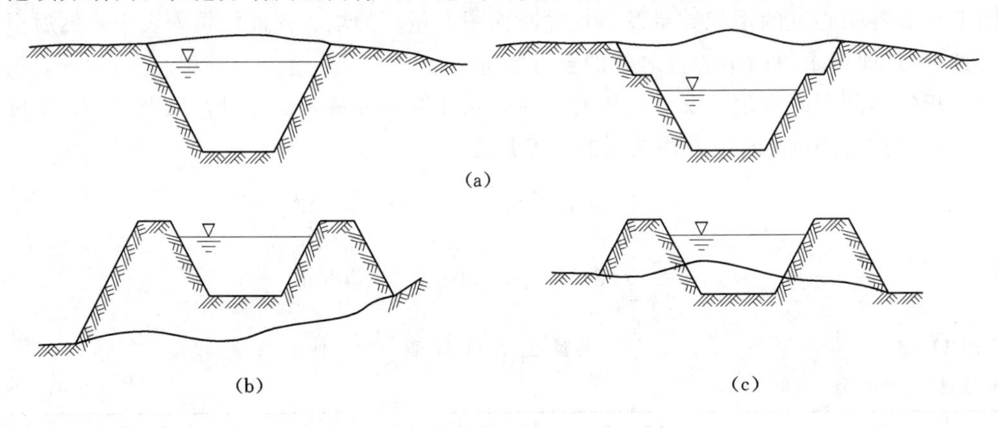

图 13－14 渠道横断面图

（a）挖方断面；（b）填方断面；（c）挖、填方断面

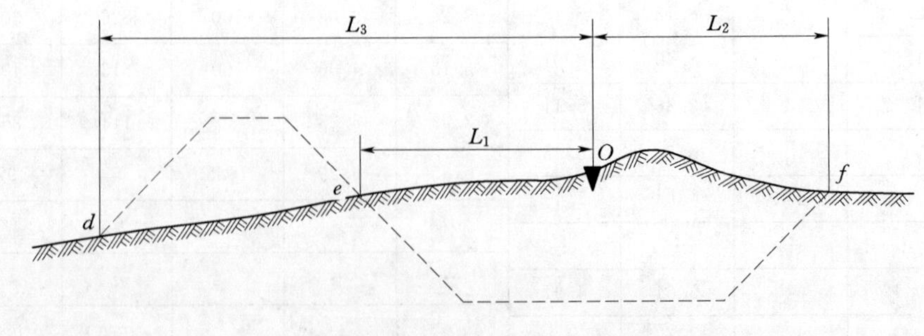

图 13－15 边坡桩放样示意图

面上既有开挖线也有填土线，这些挖、填线在每个断面处是用边坡桩标定的。所谓边坡桩，就是设计横断面线与原地面线交点的桩（如图 13－15 中的 d，e，f 点），在实地用木桩标定这些交点桩的工作称为边坡桩放样。

标定边坡桩的放样数据是边坡桩与中心桩的水平距离，通常直接从横断面图上量取。为便放样和施工检查，现场放样前先在室内根据纵横断面图将有关数据制成表格，见表 13－4。

表 13－4　　　　渠道断面放样数据表

桩号	地面高程	设计高程		中心桩		中心桩置边坡桩的距离			
		渠底	渠堤	填高	挖深	左外坡脚	左内边坡	右内边坡	右外坡脚
0＋000	77.31	74.81	77.31		2.5	7.38	2.78	4.4	
0＋100	76.68	74.76	77.26		1.92	6.84	2.80	3.65	6
0＋200	76.28	74.71	77.21		1.57	5.62	1.80	2.36	4.15
⋮	⋮	⋮	⋮	⋮	⋮	⋮	⋮	⋮	⋮

表内的地面高程、渠底高程、中心桩的填高或挖深等数据由纵断面图上查得；堤顶高程为没汁的水深加超高加渠底高程；左、右内边坡宽、外坡脚宽等数据是以中心桩为起点在横断而图上量得。

放样时，先在实地用十字直角器定出横断面方向，然后根据放样数据沿横断面方向将边坡桩标定在地面上。如图 13－15 所示，从中心桩 O 沿左侧方向量取 L_1 得到左内边坡桩 e，量 L_3 得到左外坡脚桩 d，再从中心桩沿右侧方向量取 L_2 得到右内边坡桩 f，分别打下木桩，即为开挖、填筑界线的标志，连接相邻断面对应的边坡桩，用白灰画线，即为开挖线和填土线。

七、验收测量

为了保证渠道的修建质量，在渠道修建过程中，对已完工的渠段应及时进行检测和验收测量。渠道的验收测量一般是用水准测量的方法检测渠底高程，有时还需检测渠堤的堤顶高程、边坡坡度等，按渠道设计要求将检测结果记录归档，以备查验。

第二节　道　路　测　量

道路测量的方法步骤与渠道测量基本相同，本节就其测量过程与渠道测量的不同点予以简要阐述。

一、道路测量工作概述

（一）道路测量的基本过程

（1）规划选线阶段。规划选线阶段是道路工程的初始阶段，一般内容包括图上选线、实地勘察和方案论证。

（2）道路工程勘测阶段。道路工程的勘测通常分初测和定测两个阶段。初测阶段是在确定的规划线路上进行初步的勘测、设计工作。主要测量技术工作包括控制测量和带状地形图的测绘，目的是为道路工程设计、施工和运营提供完整的控制基准及详细的地形信息；定测阶段的主要测量技术工作有中线测量、纵横断面测量。

(3) 线路工程的施工放样阶段。根据施工设计图纸及有关资料，在实地放样线路工程的边桩、边坡及其他的有关点位，指导施工，保证线路工程建设的顺利进行。

(4) 工程竣工运营阶段。对竣工工程，要进行竣工验收，测绘竣工平面图和断面图，为工程运营及后续工程建设做准备。在运营阶段，还要监测工程的运营状况，评价工程的安全性。

(二) 道路测量的基本工作内容

道路测量的任务有两方面：一是为道路工程的设计与施工提供控制测量成果、地形图和纵横断面图资料；二是按规划设计位置要求将线路敷设于实地。主要包括下列各项工作：

(1) 收集规划设计区域各种比例尺地形图、平面图和断面图资料，收集沿线水文、工程地质以及测量控制点等有关资料。

(2) 根据设计人员在图上完成的初步设计方案，在实地标出线路的基本走向，沿着基本走向进行平面和高程控制测量。

(3) 根据线路工程的需要，沿着基本走向测绘带状地形图或平面图，在指定的测绘工程点上测绘地形图。

(4) 根据定线设计，把线路中心线上的各类点位测设到实地，称为中线测量。中线测量包括线路起止点、转折点、曲线主点和线路中心线里程桩、加桩等。

(5) 测绘线路走向中心线上各地面点的高程，绘制线路走向的纵断面图。根据线路工程的需要测绘横断面图。

(6) 根据线路工程的详细设计进行施工测量。工程竣工后，对照工程实体测绘竣工平面图和断面图。

二、渠道与道路的几点差异及对测量工作的要求

(一) 横断面形状不同

渠道横断面多为凹梯型断面，而道路横断面为凸梯型断面，且两侧多有排水边沟。所以，施工放样和检查验收工作量不同。

(二) 坡度要求不同

大型石质渠道、土渠纵向坡度平缓，可为$\frac{1}{2000}$～$\frac{1}{500}$；道路坡度则可平可陡（最大坡度有限定），相对而言，渠平不流水，路平易行车；渠陡易毁损，路陡能通行。因此，施工测量中对坡度的放样与测监要求的精度有所不同。

(三) 曲线类型不同

渠道弯道设置圆曲线，解决水流左、右转弯时的通畅问题，竖向无上、下坡交替出现的情况，若遇陡坡段，可设跌水缓冲；道路左、右转弯的平曲线要内加宽外加高，上、下坡常交替出现，要设置合理的竖曲线。因而，施工放样和检查验收的内容有所区别。

尽管道路测量与渠道测量有所不同，但在掌握了渠道测量知识的基础上，从事道路测量工作应无多大困难，问题是要明确具体任务的具体要求，寻求解决具体问题的方法，方

可完成道路测量的任务。

第三节 管道测量

灌溉输水管道、防洪排水管道以及城市生活、生产用的供排水管道，多埋设于地下(亦有架空)，一般属于地下构筑物。在较大的城镇及工矿企业中，各种管道常相互上下穿插，纵横交错。因此在管道测量工作中要严格按照相关测量规范实施，并做到“步步有检核”，以确保管道工程施工质量。

管道测量的主要任务与渠道测量、道路测量相类似。前期工作属线路测量工作，最终得到了设计的纵、横断面图；在地面上已测设了高程控制点、线路中心桩点。施工测量的主要任务是施工前的测量准备工作、管道施工放样工作和竣工测量工作。是根据工程进度的要求，为施工测设各种基准标志，以便在施工中能随时掌握中线方向和高程位置。

一、施工前的测量准备工作

(一) 熟悉图纸和现场情况

施工前，要认真研究图纸，了解设计意图及工程进度安排。到现场找到各交点桩、转点桩、里程桩及水准点位置。

(二) 校核中线并测设施工控制桩

中线测量时所钉各桩，在施工过程中会丢失或被破坏一部分。为保证中线位置准确可靠，应根据设计及测量数据进行复核，并补齐已丢失的桩。

在施工时，由于中线上各桩要被挖掉，为便于恢复中线和其他附属构筑物的位置，应在不受施工干扰、引测方便和易于保存桩位处设置施工控制桩。施工控制桩分中线控制桩和附属构筑物的位置控制桩两种，如图 13-16 所示。

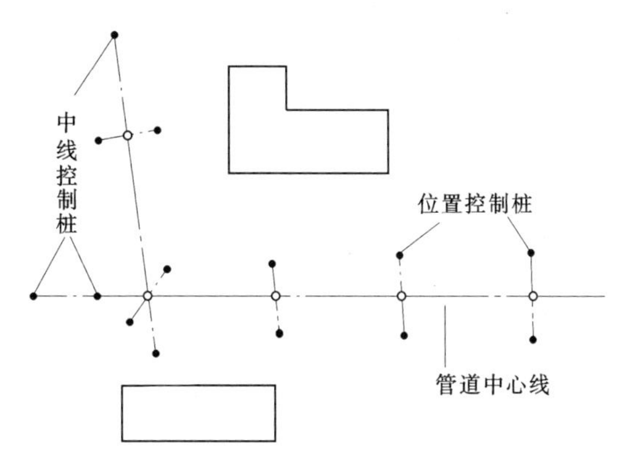

图 13-16 管道的施工控制桩

(三) 加密控制点

为便于施工过程中引测高程，应根据原有水准点，在沿线附近每隔 150m 左右增设一个临时水准点。

(四) 槽口放线

槽口放线就是按设计要求的埋深和土质情况、管径大小等计算出开槽宽度，并在地面上定出槽边线位置，划出白灰线，以便开挖施工。

二、管道施工放样

(一) 管道施工测量

1. 设置坡度板及测设中线钉

管道施工中的测量工作主要是控制管道中线设计位置和管底设计高程。为此，需设置坡度板。如图 13-17 所示，坡度板跨槽设置，间隔一般为 10～20m，编以板号。根据中线控制桩，用经纬仪把管道中心线投测到坡度板上，用小钉作标记，称作中线钉，以控制管道中心的平面位置。

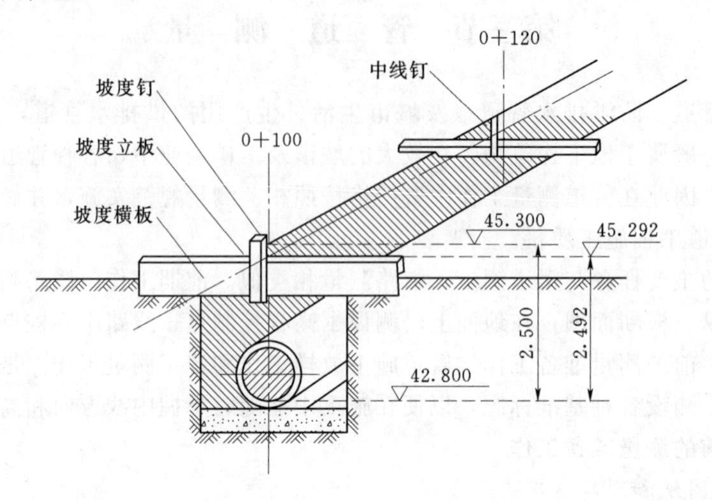

图 13-17　坡度板的设置

2. 测设坡度钉

为了控制沟槽的开挖深度和管道的设计高程，还需要在坡度板上测设设计坡度。为此，在坡度横板上设一坡度立板，一侧对齐中线，在竖面上测设一条高程线，其高程与管底设计高程相差一整分米数，称为下反数。在该高程线上横向钉一小钉，称为坡度钉，以控制沟底挖土深度和管子的埋设深度。具体做法是：用水准仪测得桩号为 2.492m，即为管底高程。为了使下反数为一整数分米数，坡度立板上的坡度钉应高于坡度板顶 0.008m，使其高程为 45.300m。这样，由坡度钉向下量 2.5m，即为设计的管底高程。

（二）顶管施工测量

当地下管道需要穿越其他建筑物时，不能用开槽方法施工，就采用顶管施工法。在顶管施工中要做的测量工作有以下两项。

1. 中线测设

挖好顶管工作坑，根据地面上标定的中线控制桩，用经纬仪将中线引测到坑底，在坑内标定出中线方向，如图 13-18 所示。在管内前端水平放置一把木尺，尺上有刻划并标

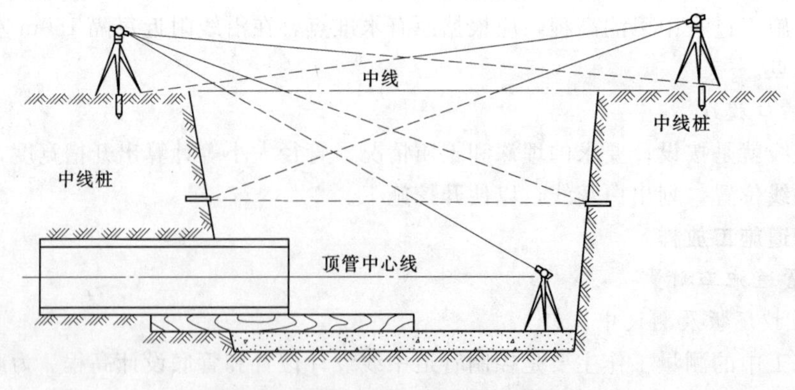

图 13-18　顶管中心线方向测设

明中心点，用经纬仪可以测出管道中心偏离中线方向的数值，依次在顶进中进行校正。如果使用激光准直经纬仪，则沿中线方向发射一束激光。激光是可见的，所以管道顶进中的校正更为方便。

2. 高程测设

在工作坑内测设临时水准点，用水准仪测量管底前、后各点的高程，可以得到管底高程和坡度的校正数值。测量时，管内使用短水准标尺。如果将激光准直经纬仪安置的视准轴倾斜坡度与管道设计中心线重合，则可以同时控制顶管作业中的方向和高程。

三、竣工测量

管道竣工测量包括管道竣工平面图和管道竣工纵断面的测绘。竣工平面图主要测绘管道的起点、转折点、终点、检查井及附属构筑物的平面位置和高程，测绘管道与附近重要地物（永久性房屋、道路、高压电线杆等）的位置关系。管道竣工纵断面图的测绘，要在回填土之前进行，用水准测量方法测定管顶的高程和管底的高程，距离用钢尺丈量。有条件的单位可使用全站仪，采用三维坐标测量法进行管道竣工测量，将更为快捷方便。GPS定位测量同样具有全站仪的功效，在有利观测条件下功效更高。

第四节　输电线路测量

输电线路是电厂升压变电站和用户降压变电站间的输电导线。一般情况下，导线通过绝缘子悬挂在杆塔上，称为架空输电线路。由于输送电压等级不同，采用的导线规格、杆塔间距和架设方式也随之不同，具体要求在规范中有详细明确的规定。

架空输电线的路径、杆塔的排列、档距（两杆塔导线悬挂点间平距）、拉线的方向、驰度（悬挂点到下垂最低点的垂直距离）及限距（导线距地面和其他设施的最小安全距离）大小，必须按规范要求设计，通过测量在地面上实施。测量工作按内容和工序分为选线、定线、平断面测量、杆塔定位和施工放样。现就各项工作与渠道测量的不同点予以介绍。

一、路径的选择

架空输电线所经过的地面，称为路径。

为了节省建设资金，便于施工和安全运行，在输电线路的起讫点间必须选择一条合理的路径。选择路径时，要综合考虑和注意的问题主要有：

（1）路径要短而直、转弯少而转角小、交叉跨越不多，当导线最大驰度时不小于限距。

（2）当线路与公路、铁路以及其他高压线路平行时，至少相间一个安全倒杆距离（最大杆塔高度加3m）。

（3）当线路与公路、铁路、河流以及其他高压线、重要通讯线交叉跨越时，其交角应不小于30°。

（4）线路应尽量设法绕过居民区和厂矿区，特别应该远离油库、危险品仓库和飞机场。

（5）线路应尽量避免穿越林区，特别是重要的经济林区和绿化区。如果不可避免时，应严格遵守有关砍伐的规定，尽量减少砍伐数量。

(6) 杆塔附近应无地下坑道、矿井、滑坡、塌方等不良地质条件；转角点附近的地面必须坚实平坦，有足够的施工场地。

(7) 沿线应有可通车辆的道路或通航的河流，便于施工运输和维护、检修。选线工作方法及过程与渠道选线基本相同。

二、定线测量

路径方案确定之后，应在实地标出线路的起讫点、转角点和主要交叉跨越点的大体位置。定线测量的任务，除了正式标定这些点的中心位置外，还必须定出方向桩和直线桩，测定转角大小，并在转角点上定出分角桩，如图 13－19 所示。

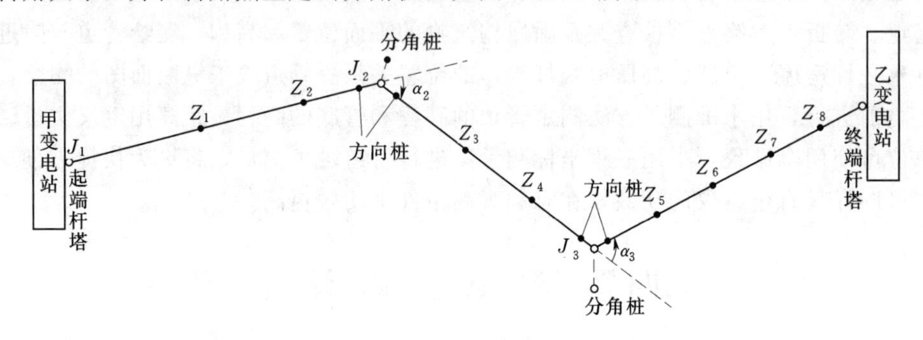

图 13－19　定线测量应该标定的各种桩位

转角桩在图上和实地上都要在编号前冠一个“J”（即“角”）表示，一般称为 J 桩。线路转角与渠线转角概念相同。在 J 桩附近要标出来线和去线的方向，表示这个方向的木桩称为方向桩，一般钉在离 J 桩 5m 左右的路径中线上，并在木桩侧面注上“方向”二字。分角桩钉在 J 桩的外分角线（大于 180°的钝角分角线）上，也离 J 桩 5m 左右，桩侧注上“分角”二字。分角桩与两边导线合力的方向相反，杆塔竖立后，要在分角方向打一条拉线，保证杆塔不至偏倒。转折点的角度要用正倒镜观测一测回，记入定线手簿中。

不在转角点附近的路径方向桩，通常称为直线桩。它位于两个转角桩中心的联线上，是平断面测图和施工定位的依据，起着测站的作用。直线桩应选在路径中心线上突出明显、能够观测地形的地方，相邻两直线桩之间的距离，一般不应超过 400m. 直线桩应在编号前冠一个“Z”（即“直”）表示。

线路定线是一个十分重要的环节。直线部分如果定得不直，杆塔竖立以后，不但看去很不整齐，而且会使直线杆塔承受额外的扭力，影响工程质量。因此，定线测量精度要求较高，必须采用性能良好的经纬仪定线。

三、平断面测量

平断面测量的工作内容包括：测定各桩位高程及其间距，计算从起点至各桩位的累积距离；测定路径中线上桩位到各碎部点的距离和高差，绘制出纵断面图和平面示意图；测绘可能小于限距的危险点和风偏断面（图 13－20）。

（一）桩位高程和间距的测定

平断面测量之前，应先用水准测量从邻近的水准点引测线路起点的高程。线路上其他各桩位的高程和间距，可用视距高程导线测定。

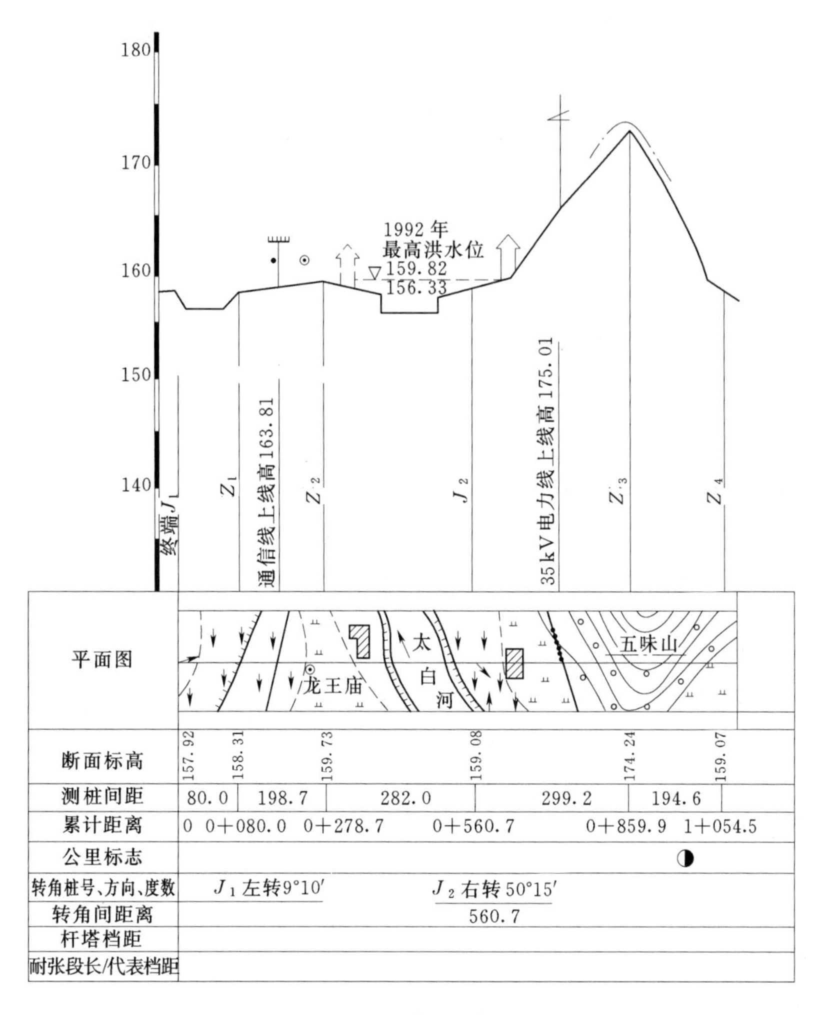

图 13-20　路径平断面图

（二）路径纵断面图的测绘

架空输电线路径中线的纵断面图和渠道纵断面图的绘制方法大致相同，其不同点在于：

(1) 在断面图上除了反映地面的起伏状况外，还应显示出线路跨越的地面突出建筑物的高度。如果地面建筑物恰好位于路径中线上，称为正跨，图中以实线表示；如果地面建筑物仅被输电线路的边线（即左右两边的导线）所跨，称为边跨，图中以虚线表示。

(2) 当线路跨越其他高压线和通讯线时，除了以电杆符号表示出它们的顶高外，还应注明高压线的伏数和通讯线的线数，并注明上线高。

(3) 被跨越的河流、湖泊、水库，应调查和测定最高洪水位，并在图中表示出来。

（三）危险点、边线断面和风偏断面的测绘

(1) 危险点。凡是靠近路径中线的地面突出物体，其至导线的垂距可能小于限距，称为危险点。在断面图上应显示出危险点的高程位置；在平面图上应显示出它至路径中线的距离和左右位置。危险点在图上以符号“⊙”表示。

（2）边线断面。当边线经过的地面高出路径中线地面 0.5m 以上时，须测绘边线断面。因边线断面的方向与路径中线平行，而位置比中线断面高，故可绘在中线断面的上方。在平面图上应显示出边线断面的左右位置。

左边的边线断面用“—·—·—·—”表示；右边的边线断面用“…………………”表示。

（3）风偏断面。当线路沿山坡而过，如果垂直于路径方向的山坡坡度在 1∶3 以上时，导线因风力影响靠近山坡，需要测绘这个方向的断面，以便设计人员考虑杆塔高度或调整杆塔位置。这种垂直于路径方向的断面称为风偏断面。风偏断面测量宽度一般为 15m，用纵横一致的比例尺（高程和平距一般都为 1∶500）绘在相应中线断面点位旁边的空白处。

（四）平面示意图的测绘

平面示意图绘在断面图下面的标框内，路径中线左右各绘 50m 的范围，比例尺为 1∶5000，即和断面图的横向（距离）比例尺一致。平面示意图上应显示出沿路径方向的地物、地貌的特征，注出村庄、河流、山头、水库等的名称，以便施工时能据此找到杆位。

比较重要的交叉跨越地段，还要根据要求测绘专门的交叉跨越平面图，采用的比例尺一般为 1∶500。

杆塔定位测量是在平断面测绘的基础上，根据图上反映的地形情况，合理地安排杆塔位置，选择适当的杆型和杆高，称为排杆。杆位确定后，则可以在实地标定出竖立杆塔的位置。

线路施工包括基础开挖、竖立杆塔和悬挂导线三道工序，与之对应的测量工作有施工基面（斜坡竖立杆塔时，作为计算基础埋深和杆塔高度的平面）测量、拉线放样和驰度放样。线路施工规范对以上工作都有各自明确的要求，限于篇幅，不再述及。

复习思考题

1. 什么是线路测量？
2. 渠道测量有哪几项工作？
3. 道路测量与渠道测量有哪些异同点？
4. 管道施工前的准备工作有哪些？
5. 管道施工测量与顶管施工测量有什么区别？
6. 线路和路径有什么区别？
7. 什么是危险点、风偏断面和边线断面？

第十四章　河　道　测　量

第一节　概　　述

为了开发和利用河流水利资源，进行防洪、灌溉、航运和水力发电等工程的规划与设计，必须知道河流水面坡降和过水断面的大小，了解水下地形。河道测量的主要任务和目的，就是进行河道纵、横断面测量和水下地形测量，为工程规划与设计提供必需的河道纵、横断面图和水下地形图。

河道纵断面图是河道纵向各个最深点（又称深泓点）组成的剖面图，图上包括河床深泓线、归算至某一时刻的同时水位线、某一年代的洪水位线、左右堤岸线以及重要的近河建筑物等要素。河道横断面图是垂直于河道主流方向的河床剖面图，图上包括河谷横断面、施测时的工作水位线和规定年代的洪水位线等要素。河道横断面图及其观测成果同时也是绘制河道纵断面图和水下地形图的直接依据。

在河道测量中，除了部分陆上测量工作外，主要是水下部分的测量工作。由于观测者不能直接观察到水下地形情况，因此，不能依靠直接测定地形特征点来绘制河道纵横断面图和水下地形图，同时，水下地面点的平面位置和高程也不像陆地表面那样可以直接测量，而必须通过水上定位和水深测量进行确定。在深水区和水面很宽的情况下，水深测量和测深点平面位置的确定是一项比较困难的工作，需要采用特殊的仪器设备和观测方法。因此，本章在介绍河道纵横断面和水下地形测量前，先介绍水位测量和水深测量。

第二节　水　位　测　量

水位即水面高程，水位测量就是测定水面高程的工作。在河道测量中，水下地形点的高程是根据测深时的水位减去水深求得的，因此，测深时必须进行水位测量，这种测深时的水位称为工作水位。由于河流水位受各种因素的影响而时刻变化，为了准确地反映一个河段上的水面坡降，需要测定该河段上各处同一时刻的水位，这种水位称为同时水位或瞬时水位。此外，由于大量降雨或融雪影响，河水超过滩地或漫出两岸地面时的水位，称为洪水位。洪水位是进行水利工程设计和沿河安全防护必不可少的基本依据，在河道测量时必须进行洪水调查测量，提供某一年代的最大洪水高程。

一、工作水位的测定

在进行河道横断面或水下地形测量时，如果作业时间很短，河流水位又比较稳定，可以直接测定水边线的高程作为计算水下地形点高程的起算依据；如果作业时间较长，河流水位变化不定时，则应设置水尺随时进行观测，以保证提供测深时的准确水面高程。

水尺一般用搪瓷制成，长 1m，尺面刻划与水准尺相同。设置水尺时，先在岸边水中打入一个长木桩，然后在桩侧钉上水尺，如图 14－1 所示。设立水尺的位置应考虑以下

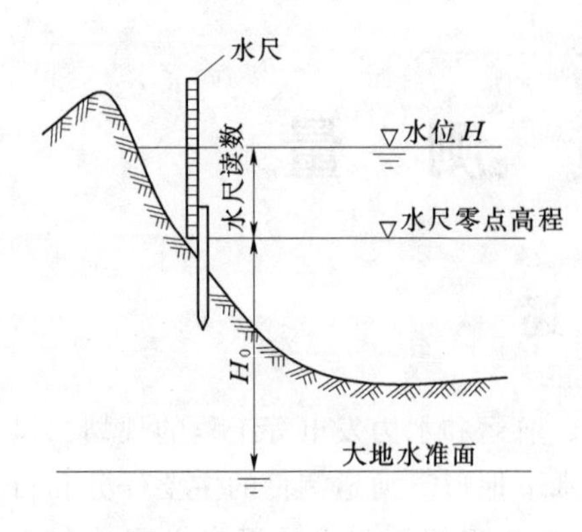

图 14-1　设置水尺示意图

要求：

（1）应避开回流、壅水的影响。

（2）尽量离开行船，设在风浪影响最小之处。

（3）能保证观测到测深期间任何时刻的水位。

（4）尺面应顺流向岸，便于观读和接测零点高程。

水尺设置好后，根据邻近水准点用四等水准连测水尺零点的高程。水位观测时，将水面所截的水尺读数加上水尺零点高程即为水位。

二、同时水位的测定

测定同时水位的目的是为了了解河段上的水面坡降。

对于较短河段，为了测定其上、中、下游各处的同时水位，可由几人约定按同一时刻分别在这些地方打下与水面齐平的木桩，再用四等水准测量从临近水准点引测确定各桩顶的高程，即得各处的同时水位。

在较长河段上，各处的同时水位通常由水文站或水位站提供，不需另行测定。如果各站没有同一时刻的直接观测资料，则须根据水位过程线和水位观测记录，按内插法求得同一时刻的水位。

三、洪水调查测量

进行洪水调查时，应请当地年长居民指点亲身目睹的最大洪水淹没痕迹，回忆发水的具体日期。洪水痕迹高程用五等水准测量从临近水准点引测确定。

洪水调查测量一般应选择适当河段进行，选择河段应注意以下几点：

（1）为了满足某一工程设计需要而进行洪水调查时，调查河段应尽量靠近工程地点。

（2）调查河段应当稍长，并且两岸最好有古老村落和若干易受洪水浸淹的建筑物。

（3）为了准确推算洪水流量，调查段内河道应比较顺直，各处断面形状相近，有一定的落差；同时应无大的支流加入，无分流和严重跑滩现象，不受建筑物大量引水、排水、阻水和变动回水的影响。

在弯道处，水流因受离心力的作用，凹岸（外弯）水位通常高于凸岸（内弯）水位而出现横比降，其两岸洪水位之差有的可达3m以上。因此，根据弯道水流的特点，应在两岸多调查一些洪水痕迹，取两岸洪水位平均值作为标准洪水位。

第三节　水深测量

水深即水面至水底的垂直距离。为了求得水下地形点的高程，必须进行水深测量。水深测量常用的工具有测深杆、测深锤和回声测声仪等。

一、测深杆

测深杆简称测杆。一般用4～6m，直径5cm左右的竹竿制成，如图14-2所示。杆的表面以分米为间隔，涂以红白或黑白漆，并注有数字。杆底装有一直径10～15cm的铁制底盘，用以防止测深时测杆下陷而影响测深精度。测杆宜在水深5m以内、流速和船速不大的情况下使用。目前，有些单位应用玻璃钢代替竹竿，具有轻便耐用的特点。用测深杆测深时，应在距船头1/3船长处作业，以减少波浪对读数的影响。测杆斜向上游插入水中，当杆端到达河底且与水面成垂直时读取水面所截杆上读数，即为水深。

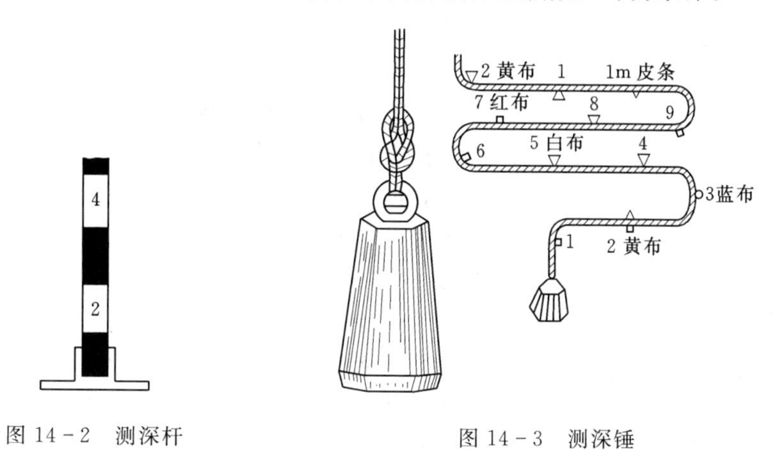

图14-2　测深杆　　　图14-3　测深锤

二、测深锤

测深锤又称水铊，由重约4～8kg的铅锤和长约10m左右的测绳组成，如图14-3所示。铅锤底部通常有一凹槽，测深时在槽内涂上黄油，可以粘取水底泥沙，借以判明水底泥沙性质，验证测锤是否到达水底。测绳由纤维制成，以分米为间隔，系有不同标志，在整米处扎以皮条，注明米数。测深锤适用于水深10m以内、流速小于1m/s的河道测深。测深时，将铊抛向船首方向，在铊触水底、测绳垂直时，取水深读数。

三、回声测深仪

（一）回声测深仪的工作原理

回声测深仪的基本原理是利用声波在同一介质中匀速传播的特性，测量声波由水面至水底往返的时间间隔Δt，从而推算出水深h_o，如图14-4所示。从图14-4中可以看出

$$h=h_0+h' \qquad (14-1)$$

$$h_0=\frac{V\Delta t}{2} \qquad (14-2)$$

式中　h'——水面至换能器的距离；

h_0——换能器到河底O点的距离；

V——超声波在水中的传播速度；

Δt——声波从发射到接收往返的时间。

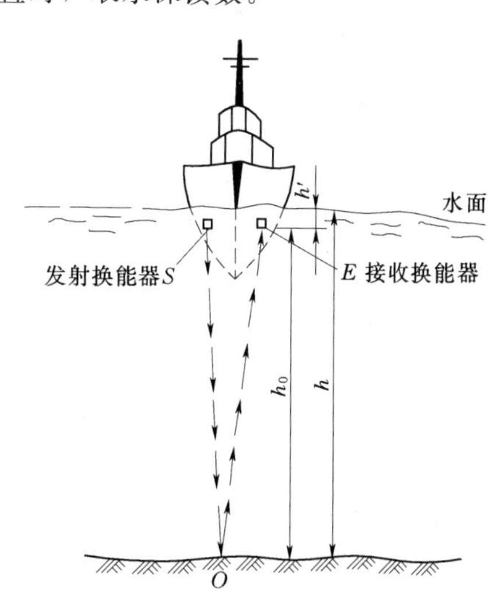

图14-4　回声测深仪工作原理图

（二）回声测深仪的构造

回声测深仪主要由发射器、换能器、接收器、显示设备、电源等部分组成，如图14-5所示。现将各部分功能简述如下：

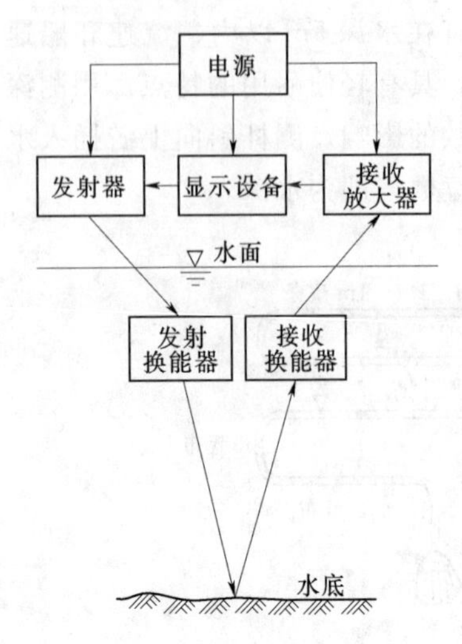

图 14-5　回声测深仪的构造

1. 发射器

发射器一般由振荡电路、脉冲产生电路、功放电路所组成。在中央控制器的控制下，周期性地产生一定频率、一定脉冲宽度、一定电功率的电振荡脉冲，由发射换能器按一定周期向水中发射。

2. 发射换能器

是将电能转换成机械能，再由机械能通过弹性介质转换成声能的电——声转换装置。它将发射器每隔一定时间间隔送来的有一定脉冲宽度、一定振荡频率和一定功率的电振荡脉冲，转换成机械振动，并推动水介质以一定的波束角向水中辐射声波脉冲。

3. 接收换能器

是将声能转换成电能的声—电转换装置。它可以将接收的声波回波信号转变为电信号，然后再送到接收器进行信号放大处理。现在许多测深仪器都采用发射与接收合一的换能器，为防止发射时产生的大功率电脉冲信号损坏接收器，通常在发射器、接收器和换能器之间设置一个自动转换电路。发射时，将换能器与发射器接通，供发射声波用；接收时，将换能器与接收器接通，切断与发射器的联系，供接收声波用。

4. 接收器

将换能器接收的微弱回波信号进行检测放大，经处理后送入显示设备。在接收器电路中，采用了现代相关检测技术和归一化技术，并用回波信号自动鉴别电路、回波水深抗干扰电路、自动增益电路、时控放大电路，使放大后的回波信号能满足各种显示设备的需要。

5. 显示设备

显示设备的功能是直观地显示所测得的水深值。常用的显示设备有指示器式、记录器式、数字显示式、数字打印式等。显示设备的另一功能是产生周期性的同步控制信号，控制与协调整机的工作。

6. 电源部分

提供全套仪器所需的电源。

（三）回声测声仪的安装与使用

1. 回声测声仪的安装

把换能器盒与一适当长度的钢管相连，电线从管内穿过，把钢管固定在船弦外，离船首约 1/3～1/2 船身长的地方，以避开船首处水流冲击船壳产生的杂音干扰，同时避开船首水中气泡对声波传播速度的影响，此外，还须避开船机产生的杂音干扰。换能器应入水 0.5m 以上，并记录入水深度。换能器盒的长轴要平行于船的轴线。

仪器应放稳妥，既便于操作观测，又便于与驾驶员联系。宜离机舵远些，免受振动和电磁场的干扰，也要避开浪花溅湿仪器。

外接电源一般用 12V 直流电瓶。

2. 回声测声仪的使用

测声仪的型号很多，且随技术的进步而不断更新，不同型号仪器的具体操作方法有些不同，但一般都有下述几个步骤：

（1）连接换能器。把换能器盒的插头插入插孔。如果未接上换能器而接通电源，会因空载而烧坏仪器元件。

（2）接通电源。合上电源开关，若电源接反指示红灯亮，说明正负极接错，马上调过来即可。一般仪器都有电源接反保护装置。

（3）检查电源电压。要求在 11～13V 之间。

（4）试测。换能器放入水中，合上电源，仪器即开始工作，相应的记录纸上应有基位线及深度线，或者在显示器上应有基位显示和深度显示。

（5）调节。增益过小，回波信号过弱，深度记录会消失；增益过大，杂乱信号会干扰记录。所以在工作时要调节增益旋钮，使回波信号记录清晰为止。

（6）调节纸速。船速快、水下地形复杂时用快速挡；一般用慢速挡。

（7）深度转换。工作时应根据实际深度及时拨动“深度转换”钮，选择合适的量程段。

（四）回声测声仪测深的数据处理

回声测声仪测得的水深值应加下述三项改正数。

1. 换能器吃水改正数 ΔZ_b

换能器的吃水改正即换能器盒的入水深度，如图 14-4 所示的 h'，一般在换能器安装好后用钢卷尺量取。

2. 声速改正数 ΔZ_c

由于水温、水质的不同，致使水密度不同，因而使超声波传播速度不等于设计值，使测得水深与实际水深不符，需加声速改正。

$$\Delta Z_c = S\left(\frac{C_n}{C_0} - 1\right) \tag{14-3}$$

式中 ΔZ_c——声速改正数；

S——测得的水深；

C_0——仪器设计的标准声速，一般为 1500m/s；

C_n——测深时实际声速，m/s，$C_n = 1450 + 4.206t - 0.0366t^2 + 1.137(S - 35)$；

t——温度，℃。

3. 转速改正数 ΔZ_n

测深时仪器电机转速不等于设计速度，使电机所带动的显示、记录装置的转速发生变化，从而影响测深的尺度，需要进行转速改正。

$$\Delta Z_n = S\left(\frac{V_0}{V_n} - 1\right) \tag{14-4}$$

式中 ΔZ_n——转速改正数；

S——测得的水深；

V_0——仪器的设计转速；

V_n——电机实际转速。

第四节 河道纵横断面测量

在河流规划和水利水电工程勘测设计时，为确定河流梯级开发方案，计算水库库容，推算回水曲线，河道整治、库区淤积的方量计算，水工试验模型的制作，河床变化规律的研究等方面都需要河道纵横断面资料，它是水利水电工程建设中一项不可缺少的测量资料。

一、河道横断面图的测绘

（一）断面基点的测定

代表河道横断面位置并用作测定断面点平距和高程的测站点，称为断面基点。在进行河道横断面测量之前，首先必须沿河布设一些断面基点，并测定它们的平面位置和高程。

1. 平面位置的测定

断面基点平面位置的测定有两种情况：

（1）专为水利、水能计算所进行的纵、横断面测量。通常利用已有地形图上的明显地物点作为断面基点，对照实地打桩标定，并按顺序编号，不再另行测定它们的平面位置。对于有些无明显地物可作断面基点的横断面，它们的基点须在实地另行选定，再在相邻两明显地物点之间用视距导线测量测定这些基点的平面位置，并按量角器展点法在地形图上展绘出这些基点。根据这些断面基点可以在地形图上绘出与河道主流方向垂直的横断面方向线。

（2）无地形图可利用的情况。在无地形图时，须沿河的一岸每隔 50～100m 布设一个断面基点。这些基点的排列应尽量与河道主流方向平行，并从起点开始按里程进行编号，如图 14 - 6 所示。各基点间的距离可按具体要求分别采用视距、量距或光电测距仪测距的方法测定；在转折点上应用经纬仪观测水平角（左角），以便在必要时按导线计算断面点的坐标。

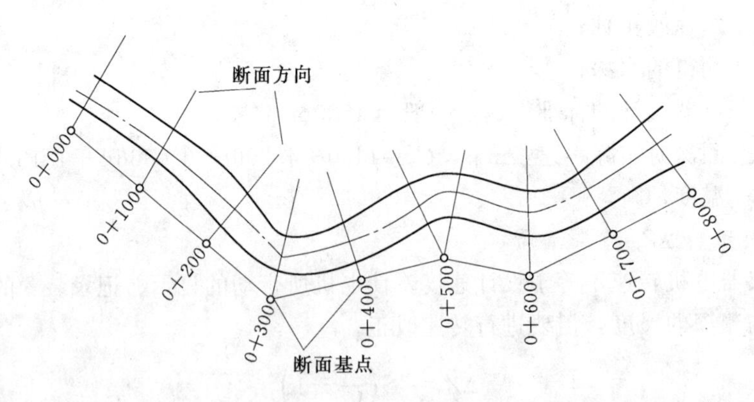

图 14 - 6 断面基点图

2. 高程的测定

断面基点和水边点的高程，应用五等水准测量从邻近的水准基点进行引测确定。如果沿河没有水准基点，则应先沿河进行四等水准测量，每隔1～2km设置一个水准基点。

（二）横断面方向的确定

在断面基点上安置经纬仪，照准与河道主流垂直的方向，倒转望远镜在本岸标定一点作为横断面后视点，如图14－7所示。由于相邻断面基点的连线不一定与河道主流方向恰好平行，所以横断面不一定与相邻基点连线垂直，应在实地测定其夹角，并在横断面测量记录手簿上绘一略图注明角值，以便在平面图上标出横断面方向。

为使测深船在航行时有定向的依据，应在断面基点和后视点插上花杆。

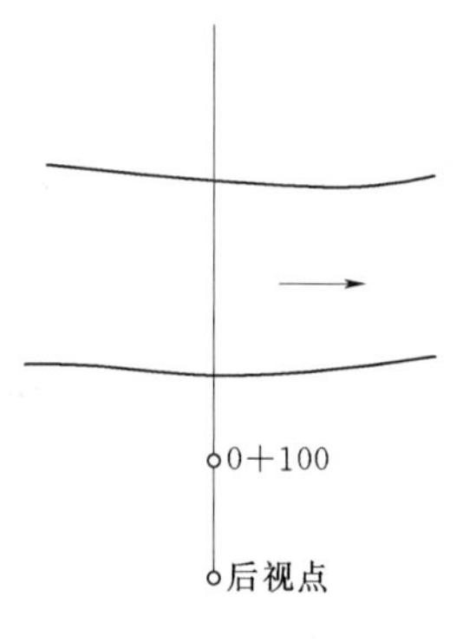

图14－7　确定断面点

（三）陆地部分横断面测量

在断面基点上安置经纬仪，照准断面方向，用视距法或其他方法依次测定水边点、地形变化点和地物点至测站点的平距及高差，并算出高程。在平缓的匀坡断面上，应保证图上1～3cm有一个断面点。每个断面都要测至最高洪水位以上，对于不可到达处的断面点，可利用相邻断面基点按前方交会法进行测定。

（四）水下部分横断面测量

横断面的水下部分，需要进行水深测量，根据水深和水面高程计算断面点的高程。水下断面点（水深点）的密度视河面宽度和设计要求而定，通常应保证图上0.5～1.5cm有一点，并且不要漏测深泓线点。这些点的平面位置（即对断面基点的距离）可用下述方法测定。

1. 视距法

当测船沿断面方向驶到一定位置需测水深时，即将船稳住，竖立标尺，向基点测站发出信号，双方各自同时进行有关测量和记录（包括视距、截尺、天顶距、水深），并互报点号对照检查，以免观测成果与点号不符。断面各点水深观测完后，须将所测水深按点号转抄到测站记录手簿中。

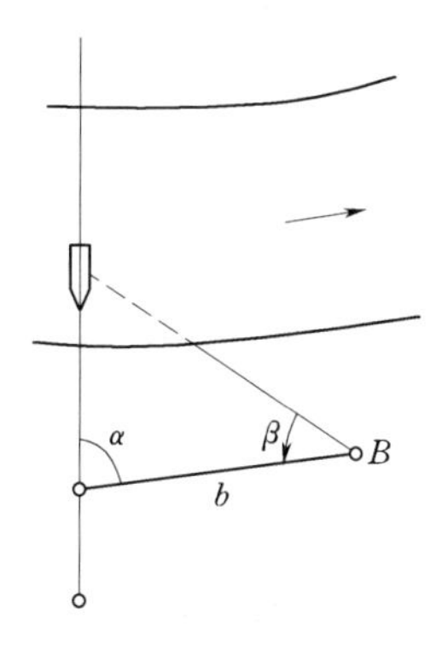

图14－8　角度交会点

2. 角度交会法

当河面较宽或其他原因不便进行视距测量时，可以采用角度交会法测定水深点至基点的距离，如图14－8所示。由断面基点量出一条基线b（应不小于河宽的一半），测定基线与断面方向的夹角α，将经纬仪安置在基线的另一端点B上，照准断面基点并使水平度盘读数为$0°00'00''$，当测船沿断面方向驶到测深点位置时，即发出观测信号，经纬仪便照准测深位置，读取水平角β，然后按下式解算测深点至断面基点的距离D。

$$D=\frac{\sin\beta}{\sin(\alpha+\beta)}\times b \tag{14-5}$$

3. 断面索法

如图14－9所示，先在断面方向靠两岸水边打下定位桩，在两桩间水平地拉一条断面索，以一个定位桩作为断面索的零点，从零点起每隔一定间距系一布条，在布条上注明至零点的距离。测深船沿断面索测深，根据索上的距离加上定位桩至断面基点的距离即得水深点至基点的距离。

河道横断面测量记录见表 14-1，记录时要分清断面点的左右位置，以面向下游为准，位于基点左侧的断面点按左 1、左 2、…编号，位于基点右侧的断面点按右 1、右 2、…编号。

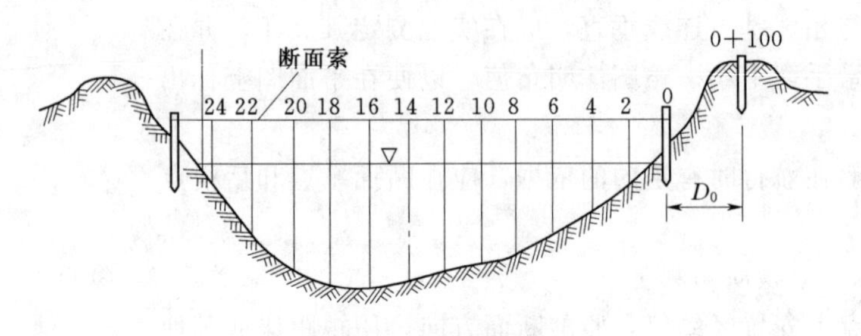

图 14-9　断面索法

表 14-1　　**河道横断面测量手簿**

测站桩号：0+100　　测站高程：65.05m　　观测者：张　立

日　　期：2003 年 10 月 11 日　　仪器高：1.40m　　记录者：王　平

测　点	视　距 /m	天顶距	平　距（起点距）/m	截　尺 /m	水　深 /m	高　程 /m	备　注
右 1	20.2	95°08′	20.0	1.40		63.25	
2	5.1	105°10′	4.8	1.40		63.75	堤脚
3	2.1	90°15′	2.1	1.40		65.04	右堤外肩
0+100						65.05	堤顶
左 1	2.0	90°16′	2.0	1.40		65.04	右堤内肩
2	5.2	105°08′	4.8	1.40		63.75	右堤脚
3	18.1	96°18′	17.9	1.40		63.07	右岸边
水边 4			23.0			61.48	水准高程
5			25.0		1.17	60.31	水深点
6			27.0		1.41	60.07	
7			29.0		1.86	59.62	
8			31.0		2.48	59.00	
9			33.0		2.19	59.29	
10			35.0		2.02	59.46	
11			37.0		1.80	59.68	
12			39.0		1.51	59.97	
水边 13			41.5			61.48	
14	46.0	91°49′	45.9	1.40		63.59	左岸边
15	54.0	90°04′	54.0	1.40		64.99	左堤内肩
16	59.0	90°04′	59.0	1.40		64.98	左堤外肩
17	62.5	90°20′	62.5	2.40		63.69	左堤脚
18	71.3	90°15′	71.3	2.40		63.74	

（五）河道横断面图的绘制

河道横断面图的绘制方法与渠道横断面图的绘制方法基本相同，也是用印有毫米格的坐标纸绘制。横向表示平距，比例尺一般为 1∶1000 或 1∶2000；纵向表示高程，比例尺为 1∶100 或 1∶200。绘制时应当注意：左岸必须绘在左边，右岸必须绘在右边。因此，绘图时通常以左岸最末端的一个断面点作为平距的起算点，标绘在最左边，将其他各点对断面基点的平距换算成对左岸断面端点的平距，再去展绘各点。

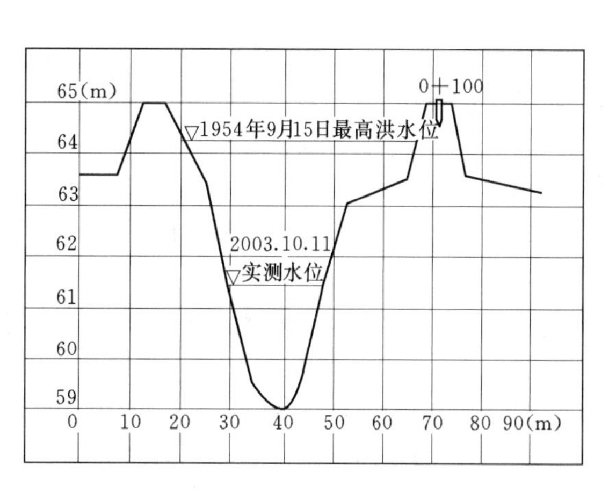

图 14－10　河道横断面图

在横断面图上应绘出工作水位（即实测水位）线，调查了洪水位的地方，应绘出洪水位线，如图 14－10 所示。

二、河道纵断面图的绘制

河道纵断面图是根据各个横断面的里程桩号（或从地形图上量得的横断面间距）及河道深泓点、岸边点、堤顶（肩）点等的高程绘制而成。在坐标纸上以横向表示距离，比例

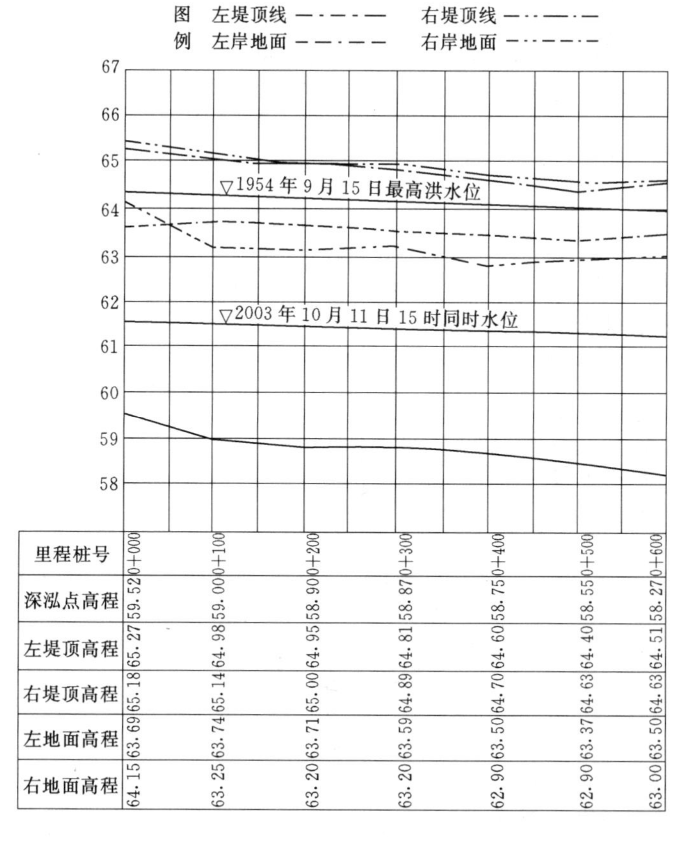

里程桩号	0+000	0+100	0+200	0+300	0+400	0+500	0+600
深泓点高程	59.52	59.00	58.90	58.87	58.75	58.55	58.27
左堤顶高程	65.27	64.98	64.95	64.81	64.60	64.40	64.51
右堤顶高程	65.18	65.14	65.00	64.89	64.70	64.63	64.63
左地面高程	63.69	63.74	63.71	63.59	63.50	63.37	63.50
右地面高程	64.15	63.25	63.20	63.20	62.90	62.90	63.00

图 14－11　河道纵断面图

尺为1：1000～1：10000；纵向表示高程，比例尺为1：100～1：1000。为了绘制方便，事先应编制纵断面成果表，表中除列出里程桩号和深泓点、左右岸边点、左右堤顶的高程等外，还应根据设计需要列出同时水位和最高洪水位。绘图时，从河道上游断面桩起，依次向下游取每一个断面中的最深点展绘到图上，连成折线即为河底纵断面。按照类似方法绘出左右堤岸线或岸边线、同时水位线和最高洪水位线，如图14-11所示。

第五节　水下地形测量

在水利水电和航运工程建设中，除测绘陆上地形外，还需测绘河道、湖泊或海洋的水下地形，水下地形测量是在陆地控制测量基础上进行的。水下地形点平面位置和高程的测定方法与河道横断面水下部分的测量方法基本相同。

一、水下地形点的密度要求与布设方法

（一）水下地形点的密度要求

由于不能直接观察水下地形情况，只能依靠测定较多的水下地形点来探索水下地形的变化规律。因此，通常须保证图上1～2cm有一个水下地形点；沿河道纵向可以稍稀，横向应当较密；中间可以稍稀，近岸应当稍密；但必须探测到河床最深点。

（二）水下地形点的布设方法

1. 断面法

按水下地形点的密度要求，沿河布设横断面，断面方向尽可能与河道主流方向垂直。河道弯曲处，断面一般布设成辐射状，辐射线的交角 α 按下式计算：

$$\alpha=57.3^{\circ}\frac{s}{m} \tag{14-6}$$

式中　s——辐射线的最大间距（近似弧长）；

m——扇形中心点至河岸的距离（弧半径）。

二者都可在图上量出，如图14-12所示。

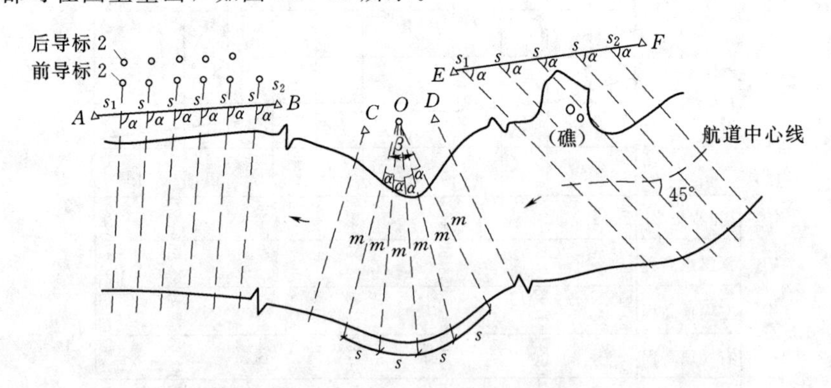

图14-12　水下地形点的布设

对流速大的险滩或可能有礁石、沙洲的河段，测深断面可布设成与流向45°的方向，以便于船的航行与定位。

2. 散点法

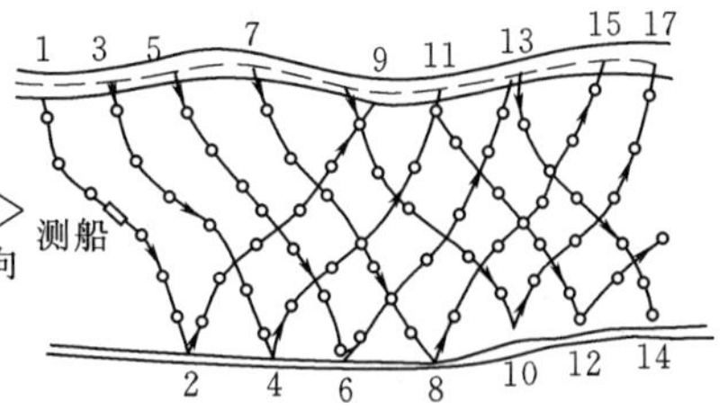

当在流速大、险滩礁石多、水位变化悬殊的河流中测深时，很难使船只按照严格的断面航行，这时可斜航，如图 14-13 所示，航线为点 1 至点 2、点 2 至点 9、点 9 回至点 3，如此连续进行，边行边测，形成散点。

图 14-13　散点法

二、水下地形施测

（一）断面索测深定位法

图 14-14 为断面索测深定位法的示意图。A、B 为控制点，架设断面索 AC，测得 $\angle CAB$ 为 α，量出水边线到 A 点的距离，并测得水边的高程求得水位。而后从水边开始，小船沿断面索行驶，按一定间距用测深杆或水铊，逐点测定水深。这样可在图纸上根据控制边 AB 和断面索的夹角 α 以及测深点的间距，标定各点平面的位置和高程（测深点的高程＝水位－水深）。

此法测深定位简单方便，但施测时会阻碍其他船只正常航行，一般用于小河道的水下地形测量。

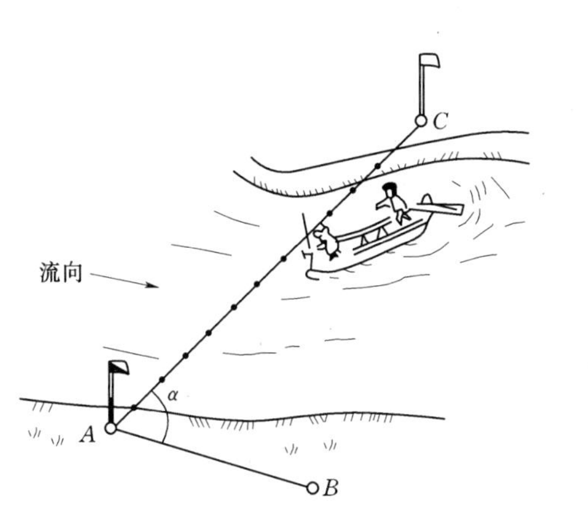

图 14-14　断面索测深定位法

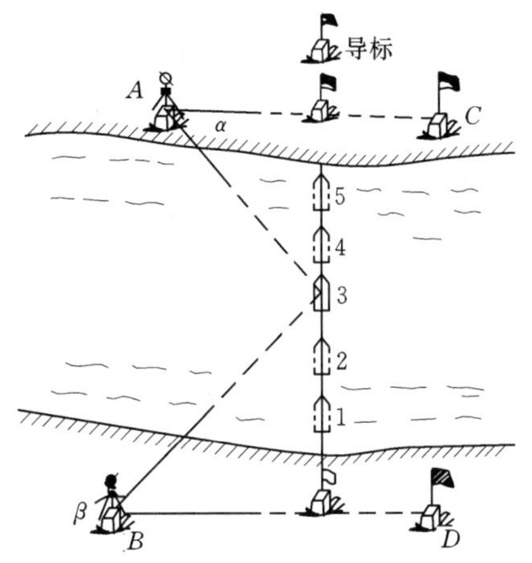

图 14-15　经纬仪前方交会定位法

（二）经纬仪前方交会测深定位法

在 A、B 两控制点上各安置一台经纬仪，分别以控制点 C、D 定向归零。船只沿断面导标所指示的方向前进，到达 1 点时，由船上人员发出测量的口令或信号，两台经纬仪同时瞄准船上旗标，测得交会方向角 α 和 β，船上同步测深。由前方交会公式算得 1 点的平面位置，由水位和水深算得 1 点处水下地形点的高程。当船只沿断面继续航行，可完成 2、3、…点的测量，类似进行其他断面测量，如图 14-15 所示。

此法可用于对较宽河道的测量，且不影响航道通行，但作业时人员多、工作分散，同步协调是保证测绘质量的关键。

（三）GPS 测深定位法

上述两种施测方法均无法进行大面积水域（如水库、湖泊、海洋等）的水下地形测绘。在GPS投入应用之前，对在大水域测量的船只一般采用无线电测距定位，即由船载主台向岸上不同位置设置的两副台发射无线电信号，副台接收并返回信号至主台，由电波行程的时间确定主副台间的距离。主台至两副台的距离交会即可确定主台位置。GPS诞生后则被广泛应用于导航与定位，GPS与测深仪结合，使水下地形测绘变得快速方便，自动化程度大为提高。

GPS测深定位系统主要由GPS接收机、数字化测深仪、数据通讯链和便携式计算机及相关软件组成，测量作业分三步进行，即测前准备、外业数据采集和数据后处理。

1. 准备工作

在测区或测区附近选取3个有当地已知坐标的控制点，用静态或快速静态方式获取WGS—84坐标，由测得的WGS—84坐标与当地坐标推求转换参数，把转换参数和地球椭球投影参数等设置到控制器上。再把基准站控制点的点号和坐标输入控制器或者通过控制器输入到基准站GPS接收机；把规划好的断面线端点点号、坐标值输入到移动站的控制器中或计算机中。

2. 外业数据采集

根据现场具体情况规划好测量时间和任务分工，基准站仪器尽量减少搬迁，提高工作效率。将基准站GPS接收机天线安置在规划好的已知控制点上，连接好设备电缆，通过控制器启动基准站GPS接收机，这时设置好的基站数据链开始工作，发射载波相位差分信号。

在移动站上，将GPS接收机、数字化测深仪和便携计算机等连接好，打开电源，设置好记录设置、定位仪和测深仪接口、接收机数据格式、测深仪配置、天线偏差改正及延时校正后，就可以按照规划好的作业方案进行数据采集。

3. 数据的后处理

数据后处理是指利用相应配套的数据处理软件对测量数据进行处理，形成所需要的测量成果——水下地形图及其统计分析报告等，所有测量成果可以通过打印机或绘图仪输出。如图14-16所示为经数据处理后绘制的水下地形图。

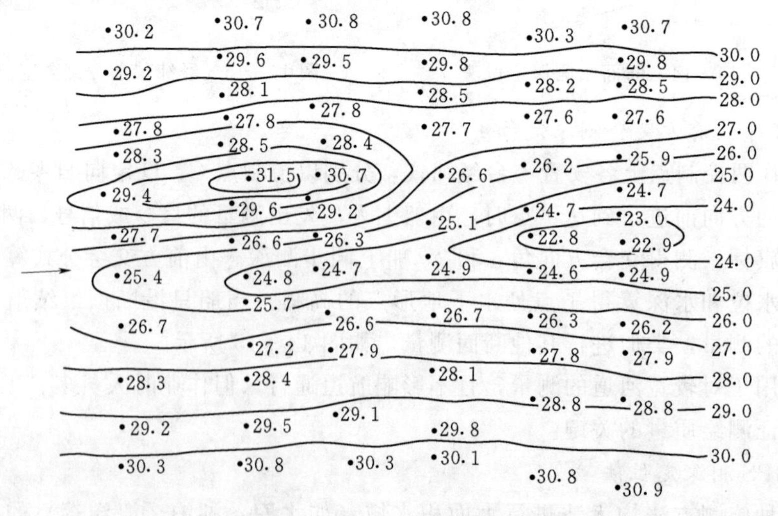

图14-16　水下地形图

复 习 思 考 题

1. 河道测量的任务是什么？河道测量有何特点？
2. 什么叫工作水位和同时水位？同时水位是如何测定的？
3. 洪水调查应注意哪些问题？
4. 回声测深仪的基本构造和测深原理怎样？使用回声测深仪测深时应注意哪些问题？
5. 什么叫断面基点？它的平面位置是如何测定的？
6. 河道横断面图是如何测绘的？图上包括哪些内容？
7. 河道纵断面图是怎样绘制的？图上包括哪些内容？
8. 如何测绘水下地形图？

第十五章　水工建筑物的放样

防洪排涝、灌溉发电等工程需修建水工建筑物，由若干个水工建筑物组成一有机整体，称为水利枢纽，如图 15-1 所示。

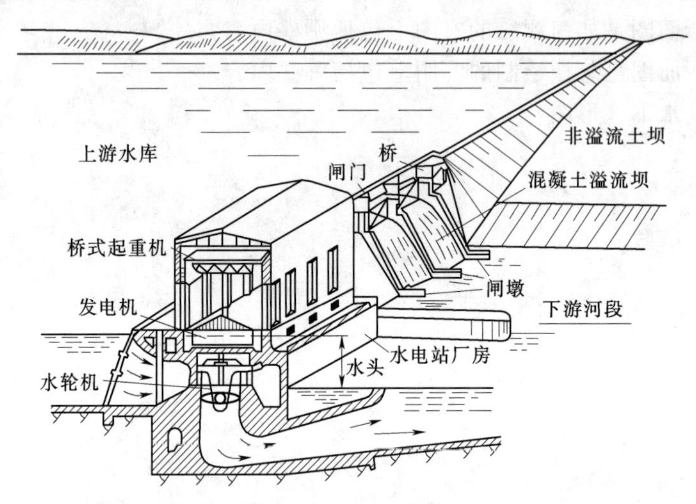

图 15-1　水工建筑物示意图

为了确保水工建筑物施工放样的质量，测量人员必须依据下列图纸资料进行工作：

(1) 水工建筑物总体平面布置图、剖面图、细部结构设计图。

(2) 水工建筑物基础平面图、剖面图。

(3) 水工建筑物金属结构图、设备安装图。

(4) 水工建筑物设计变更图。

(5) 施工区域控制点成果。

要将设计图纸中任一水工建筑物测设到实地，都是通过测设它的主要轴线与一些主要点来实现的。测量人员要把水工建筑物具体转化为一些点、线，就必须熟悉水工建筑物的总体布置图、细部结构设计图等相关图纸，并详细核对相互部位之间的尺寸。在熟悉图纸与建立相关施工区域控制网的基础上，根据现场情况选择放样方法，并在放样过程中有可靠的校核。

在进行各种建筑物放样时，其遵循的原则，精度要求等内容参阅第十二章。

本章以重力坝、拱坝、水闸、隧道为例，介绍水工建筑物施工中的具体放样工作。

第一节　重力坝的放样

如图 15-2 是一般混凝土重力坝的示意图。它的施工放样工作包括：坝轴线的测设，坝体控制测量，清基开挖线的放样和坝体立模放样等项内容。

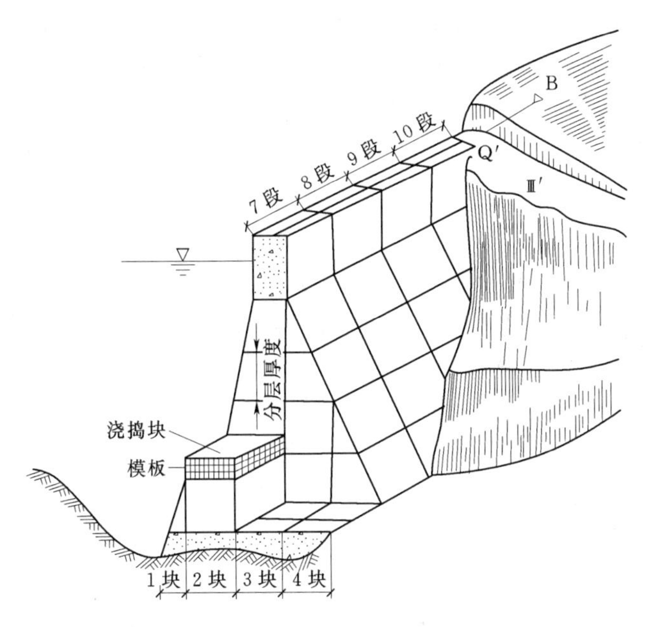

图 15-2 混凝土重力坝的示意图

一、坝轴线的测设

混凝土坝的轴线是坝体与其它附属建筑物放样的依据，它的位置正确与否，直接影响建筑物各部分的位置。一般先在图纸上设计坝轴线的位置，然后计算出两端点的坐标以及和附近三角点之间的关系，在现场用交会法测设坝轴线两端点，如图 15-3 所示的 A 和 B。为了防止施工时受到的破坏，需将坝轴线两端点延长到两岸的山坡上，各定 1～2 点，分别埋桩用以检查端点的位置。

二、坝体控制测量

混凝土坝的施工采取分层分块浇筑的方法，每浇筑一层一块就需要放样一次，因此要建立坝体施工控制网，作为坝体放样的定线网。坝体施工控制网一般有矩形网和三角网两种形式。

（一）矩形网

如图 15-3 所示，是以坝轴线 AB 为基准布设的矩形网，它是由若干条平行和垂直于坝轴线的控制线所组成，格网的尺寸按施工分块的大小而定。

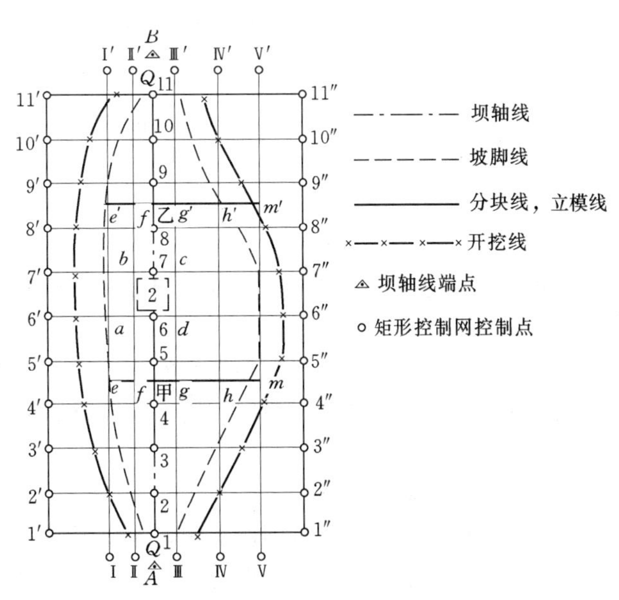

图 15-3 坝轴线测设、坝体矩形网控制测量示意图

测设时，将经纬仪安置在 A 点，照准 B 点，在坝轴线上选甲、乙两点，通过这两点测设与坝轴线

相垂直的方向线。由甲、乙两点开始，分别沿垂线方向按分块的宽度钉出 e、f 和 g、h、m 以及 e'、f' 和 g'、h'、m' 等点。最后将 ee'、ff'、gg'、hh' 及 mm' 等连线延伸到开挖线外，在两侧山坡上设置Ⅰ、Ⅱ、…、Ⅴ和Ⅰ′、Ⅱ′、…、Ⅴ′等放样控制点。

然后在坝轴线方向上，按坝顶的高程，找出坝顶与地面相交的两点 Q 与 Q'（方法可参见第十二章第三节），再沿坝轴线按分块的长度钉出坝基点 2、3、…、10，通过这些点各测设与坝轴线相垂直的方向线，并将方向线延长到上、下游围堰上或两侧山坡上，设置 $1'$、$2'$、…、$11'$ 和 $1''$、$2''$、…、$11''$ 等放样控制点。

在布设矩形网的过程中，测设直角时须用盘左盘右取平均位置，测量距离应认真校核，以免出现差错。

（二）三角网

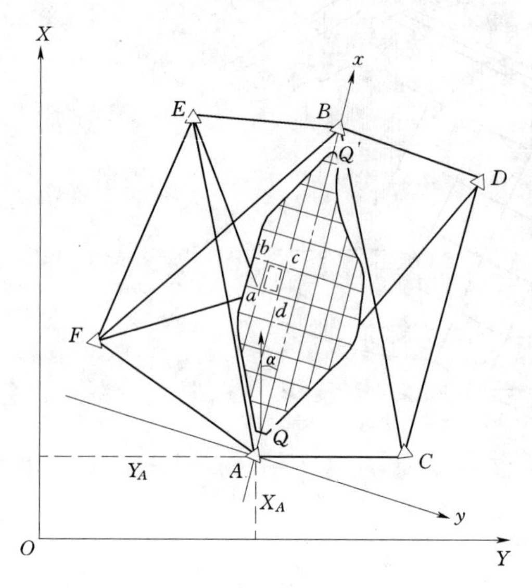

图 15-4　坝体三角网控制测量示意图

如图 15-4 所示，是由基本控制网加密，包括坝轴线 AB 在内的定线网 A、B、C、D、E、F，其测量坐标可测算而得。一般采用施工坐标系放样比较方便，为此必须将控制点的测量坐标换算为施工坐标。

图 15-4 中，以坝轴线一端点 A 为原点，坝轴线 AB 为 x 轴的施工坐标系，原点 A 的测量坐标（X_A，Y_A）及坝轴线 AB 的方位角 α 为已知。设控制点 B、C、…、F 的测量坐标为（X_B，Y_B）、（X_C，Y_C）、…、（X_F，Y_F），则可按公式求各点的施工坐标

$$\left.\begin{aligned}
x_B&=(X_B-X_A)\cos\alpha+(Y_B-Y_A)\sin\alpha\\
y_B&=-(X_B-X_A)\sin\alpha+(Y_B-Y_A)\cos\alpha\\
x_C&=(X_C-X_A)\cos\alpha+(Y_C-Y_A)\sin\alpha\\
y_C&=-(X_C-X_A)\sin\alpha+(Y_C-Y_A)\cos\alpha\\
&\cdots\\
&\cdots
\end{aligned}\right\}\qquad(15-1)$$

为便于计算和使用，可将控制点及细部点的施工坐标改化为正值，给各点 X、Y 值均加一常数即可。

对于有闸门的溢洪道，或在坝端有发电厂房，坝一侧有船闸、渔道等建筑物时，还应增设这些建筑物细部放样的定线网控制点。布设的定线网控制点或三角点，应用混凝土桩作标志，以便长期保存。

三、清基中的放样工作

在清基工作之前，要修筑围堰工程，先将围堰以内的水排尽，再开始清基开挖线的放样。如图 15-3 所示，可在坝身控制点 $1'$、$2'$ 等点上安置经纬仪，瞄准对应的控制点 $1''$、$2''$ 等点，在这些方向线上定出该断面基坑开挖点，图 15-3 中有“×”记号的点，将这些点互相连线即为基坑开挖线。

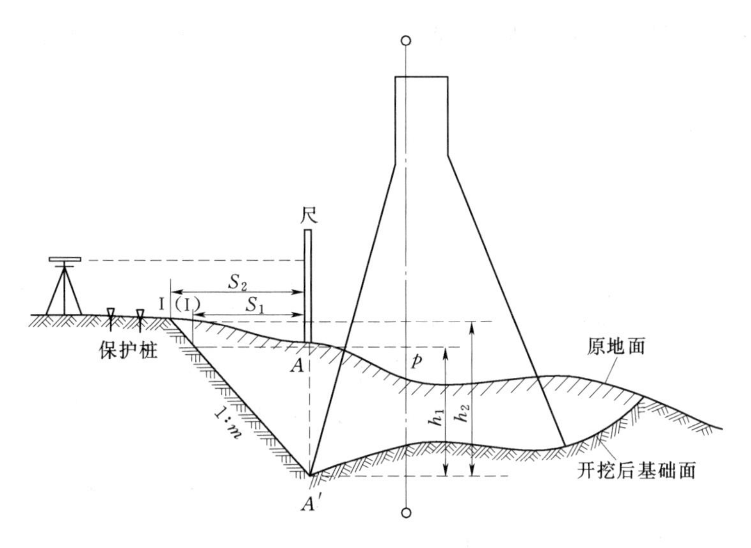

图 15-5　清基中的放样示意图

开挖点的位置是先在图上求得，然后在实地用逐步接近法测定的。如图 15-5 所示是通过某一坝基点的设计断面图，从图上可以查得由坝轴线到坝上游坡脚点 A'的距离，在地面上由坝基点 p 沿断面方向量此距离，得 A 点。用水准仪测得 A 点的高程后，就可求得它与 A'点的设计高程之差 h_1。当设计基坑开挖坡度为 1∶m 时，则距离 $S_1 = mh_1$。从 A 点开始沿横断面方向量出 S_1，得（I）点，然后再实测（I）点与 A'高差 h_2，又可计算出 $S_2 = mh_2$，同样由 A 点量出 S_2 得 I 点；如果量得的距离与算得的 S_2 相等，则该点即为基坑开挖点。否则，应按上法继续进行，到量出的距离与计算的距离相等为止。开挖点定出后，在开挖范围外的该断面方向上，设立两个以上的保护桩，量得保护桩到 I 点的距离，绘出草图，以备查核。用同样的方法可定出各断面上的开挖点，将这些点连接起来即为清基时的开挖边线。

四、坝体立模中的放样工作

（一）坝坡面的立模放样

坝体立模是从基础开始的，因此立模时首先要找出上、下游坝坡面与岩基的接触点。

如图 15-6 所示是一个坝段的横断面图。假定要浇筑混凝土块 A'、B'、E'、F'，首先需要放出坡脚点 A'的位置，可先从设计图上查得块顶 B'点的高程 H_B'及距坝轴线的距离 a，以及上游设计坡度 1∶m。而后取坡面上某一点 C'，设其高程为 H_C'，则 $S_1 = a + (H_B' - H_C')m$，由坝轴线起沿断面量出 S_1 得 C，并用水准仪实测 C 点高程得 H_C，如果它与 A'点

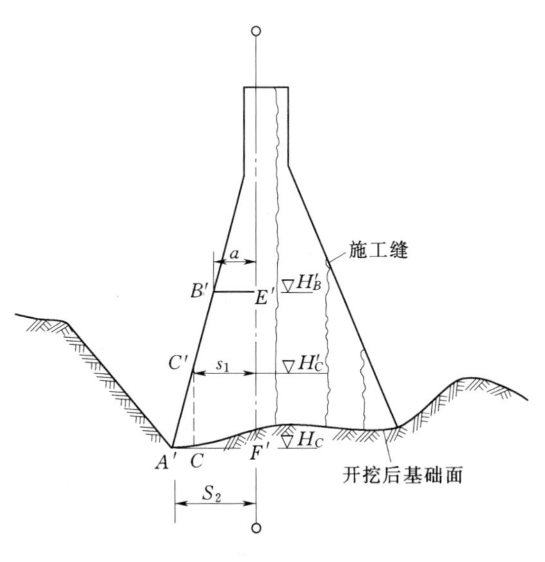

图 15-6　坝段的横断面示意图

的设计高程 H_A' 值相等，C 点即为坡脚点。否则，应根据实测的 C 点高程，再计算 $S_2=a+(H_B'-H_C)\ m$，从坝轴线量出 S_2 得 A' 点，用逐步接近法最后就能获得坡脚点的位置。连接各相邻坡脚点，即为浇筑块上游坡脚线，沿此线就可按 1∶m 的坡度架立坡面模板。

（二）坝体分块的立模放样

在坝体中间部分的分块立模时，可将分块线投影到基础面或已浇好的坝块面上，一般可采用下述两种方法。

1. 方向线法

如图 15-3 所示，要测设分块 2 的顶点 b 的位置，可在 $7'$ 点安置经纬仪，瞄准 $7''$ 点，同时在Ⅱ点安置经纬仪，瞄准Ⅱ′点，两架经纬仪视线的交点即为 b 的位置。在相应的控制点上，用同样的方法可交会出这一分块的其他 3 个顶点的位置。

2. 角度交会法

如图 15-4 所示，测设某分块的顶点 a 时，应根据 a、E、F 点的施工坐标，先计算各方向线的方位角 α_{EF}、α_{Ea}、α_{Fa}，求出放样角 $\angle FEa=\alpha_{EF}-\alpha_{Ea}$ 与 $\angle EFa=\alpha_{Fa}-\alpha_{FE}$，便可用角度交会法测设 a 点的位置，并以第三个方向作校核。按同样方法可交会出该分块上其他 3 个顶点。

模板是架立在分块线上的，立模后分块线被覆盖，所以在分块线确定后，还要在分块线内侧弹出平行线（图 15-3 与图 15-4 中的虚线），用来检查与校正模板的位置，称为立模线，立模线与分块线间的距离一般为 0.2～0.5。

（三）模板检查与层标高线标定

1. 模板垂直度的检查

直立的模板应随时检查其是否垂直。如图 15-7 所示，可用小钢尺在模板顶部垂直量取一段 0.2～0.5m 的长度，并悬挂一垂球，待垂球稳定后，视尖端是否通过立模线，如不通过则应校正模板，直至通过立模线，模板便处于竖直位置。

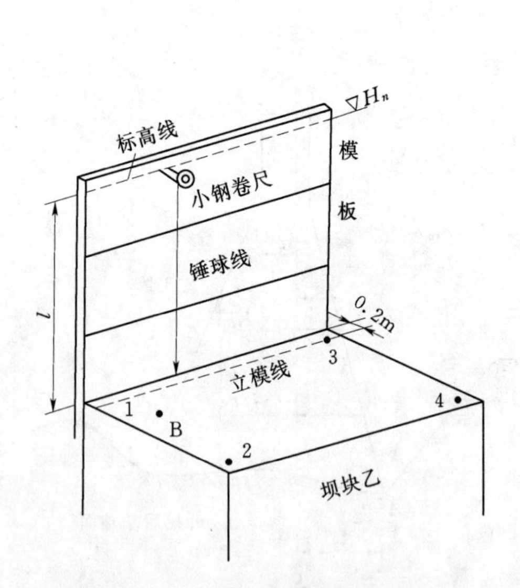

图 15-7　模板垂直度的检查图

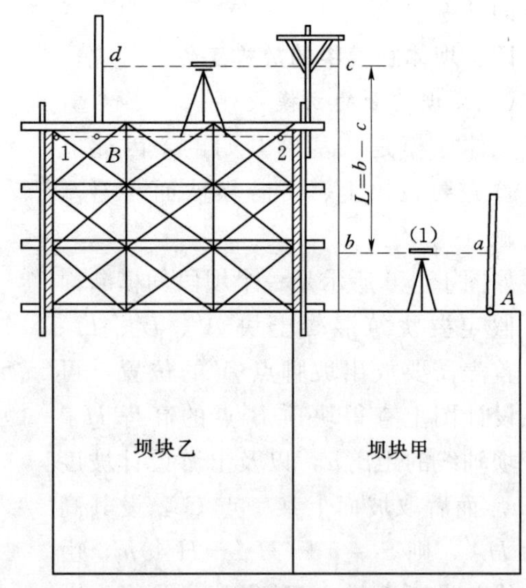

图 15-8　标高线的划定图

2. 新浇混凝土层标高线的划定

为了控制新浇混凝土层的标高，一般要在模板内侧划出标高线。先将高程传递到坝块面上，再根据已知的高程点，利用水准仪在模板上划出标高线。

如图 15-8 所示，A 是坝块甲上的临时水准点，欲将高程传递到坝块乙的模板上，用高程测设所述的方法，测得 B 点的高程，再根据 B 点，在模板上定出新浇混凝土层高程的 1、2 等点，其连线即为测设的标高线。

第二节 拱坝的放样

如图 15-9、图 15-10 所示，为一种浆砌块石拱坝。拱坝的放样任务主要是：将拱的内外圆弧测设到实地上，以便清基施工，以后每层都要进行圆弧放样，才能保证工程质量。常用的放样方法有：直接标定法、圆心角和偏角交会法、角度交会法。

图 15-9 拱坝示意图

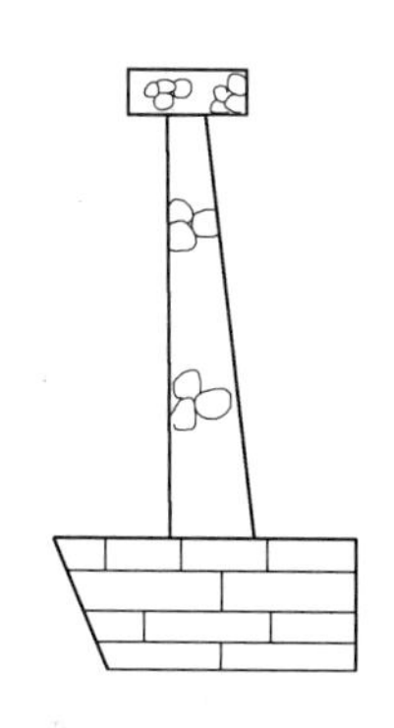

图 15-10 拱坝剖面图

一、直接标定法

图 15-11 是小型的山谷拱坝平面示意图，其半径 R 较小，可以在实地设置圆心 O 的标志和墩台（墩台能随坝的升高而升高）。这样，就可由圆心 O 用伸缩性小的绳尺划出圆弧来。它是小型拱坝放样时常用的一种在实地标定圆弧的简便方法。

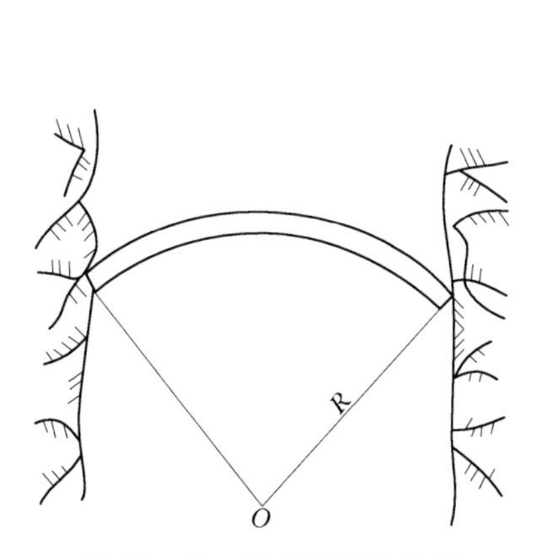

图 15-11 拱坝平面示意图

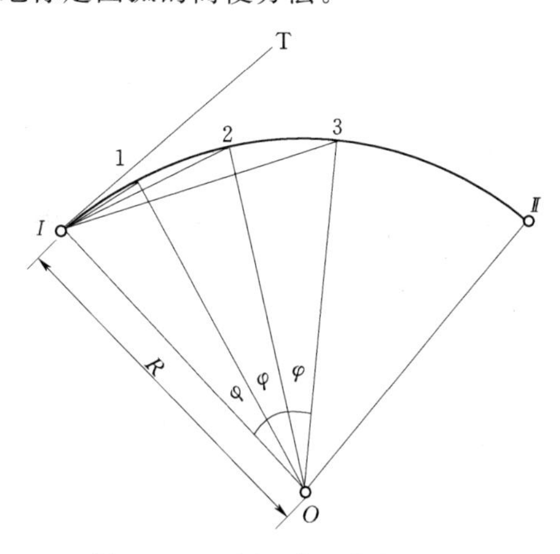

图 15-12 圆心角和偏角交会图

二、圆心角和偏角交会法

如图 15-12 所示，在圆心 O 及坝轴线端点 I 上各安置一架经纬仪，用$\angle IO1$ 及$\angle TI1$ 交会出放样点 1，用$\angle IO2$ 及$\angle TI2$ 交会放样点 2 等等。

设弧线 $\overline{I1}=\overline{12}=\overline{23}=\cdots=l$，则其所对的圆心 $\varphi=\frac{l}{R}\frac{180°}{\pi}$，$IT$ 为切线，$\angle TI1$、$\angle TI2$、$\angle TI3$、…为偏角，其角值等于所对圆心角的一半，分别为$\frac{1}{2}\varphi$、φ、$\frac{3}{2}\varphi$、…。

测设时，将经纬仪安置在端点 I 上，以水平度盘为 90°瞄准 O 点，松开照准部，使度盘读数为$\frac{1}{2}\varphi$。另一架安置在圆心 O 上的经纬仪，以水平度盘为 0°瞄准 I 点，松开照准部，使读数为 φ，此时两台仪器视线的交点即为 1 点。依同样方法定出 2、3、…。

三、角度交会法

角度交会法一般用在大中型拱坝的放样工作中，图 15-13 为一拱坝角度交会示意图。

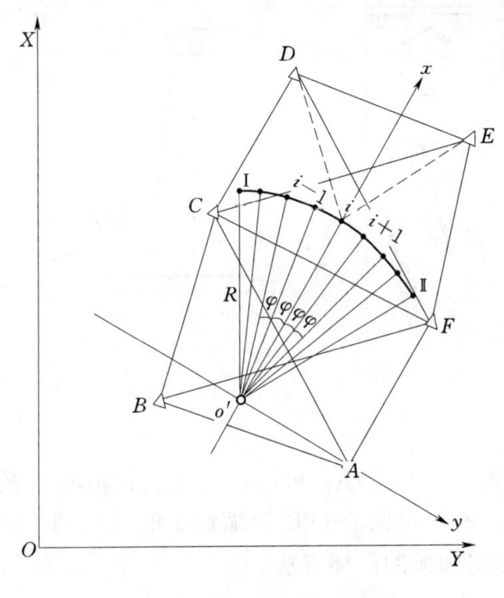

图 15-13　角度交会示意图

O'为拱圈的圆心，R 为半径，A、B、C、D、E、F 为施工控制点，Ⅰ、Ⅱ为坝轴线端点，拱圈上放样点的编号为 1、…、$i-1$、i、$i+1$、…、n。例如用角度交会法测设放样点 i 的位置时，先算出放样角$\angle Edi$ 或$\angle iDC$ 及$\angle iED$ 或$\angle FEi$，然后在控制点 D 及 E 上各安置一架经纬仪，用算出角度进行交会，就可定出 i 点的位置。测算的步骤如下：

1. 将控制点的测量坐标换算为施工坐标

设 $X-O-Y$ 为测量坐标系，$x-o'-y$ 为施工坐标系，若圆心与控制点的测量坐标分别为 $X_{o'}$、$Y_{o'}$与 X_A、Y_A、…、$\alpha_{o'x}$ 为通过 o' 点的施工坐标系纵轴在测量坐标系内的方位角，即坐标转角（可利用设计图上的数据计算出来），则控制点的测量坐标可按公式换算为施工坐标。

2. 拱圈上放样点的施工坐标计算

将拱圈分成若干等分，设每一等分的弧长为 l，其所对的圆心角 $\varphi=\frac{l}{R}\frac{180°}{\pi}$，放样点 i 在 $o'x$ 轴上，其它各放样点对称于 $o'x$ 轴，则各点的施工坐标为

$$\left.\begin{array}{lll} x_i=R & y_i=0 & \\ x_{i-1}=x_{i+1}=R\cos\varphi & y_{i-1}=-R\sin\varphi & y_{i+1}=+R\sin\varphi \\ x_{i-2}=x_{i+2}=R\cos2\varphi & y_{i-2}=-R\sin2\varphi & y_{i+2}=+R\sin2\varphi \\ \cdots & \cdots & \cdots \end{array}\right\} \tag{15-2}$$

3. 放样角计算

以测设图 15-13 中 i 点为例，计算放样角时，先根据控制点与放样点的施工坐标，计算交会线的方向角 α_{Di}、α_{Ei}、…和三角网上各边的方向角 α_{DE}、α_{DC}、α_{ED}、α_{EF}、…，然后再求出放样角

$$\angle EDi=\alpha_{Di}-\alpha_{DE} \qquad \angle iDC=\alpha_{DC}-\alpha_{Di}$$

$$\angle FEi=\alpha_{Ei}-\alpha_{EF} \qquad \angle iED=\alpha_{ED}-\alpha_{Ei}$$

$$\angle DCi=\alpha_{Ci}-\alpha_{CD} \qquad \angle iCF=\alpha_{CF}-\alpha_{Ci}$$

$$\cdots \qquad \cdots$$

4. 测设方法

分别在 D、E 点上安置经纬仪，进行角度交会放样。在 D 点上的经纬仪瞄准 E 点，转$\angle EDi$ 得 Di 方向线；在 E 点上的经纬仪瞄准 F 点，转$\angle FEi$ 得 Ei 方向线，两方向线的交点，即为初步确定的 i 点的位置。再用 C 点上的经纬仪进行校核，如出现示误三角形，取其中点为放样点。

上述拱坝的圆心是固定的，只是半径随高程而变。也有一些拱坝的半径与圆心随高程同时变化，如图 15-14 所示为某砌石拱坝的断面尺寸，图中 o'为施工坐标原点，它是坝高为 69m 时的圆心，$R_{上}$、$R_{下}$ 分别为这一高程时上游面及下游面的半径，φ 为圆心角。o_1、o_2、o_3 分别为高程 63m、57m、51m 时拱坝截面的圆心，它们的半径及圆心角注记在图上。所有这些数据都可在设计施工图纸上查得。这种拱坝放样点的坐标计算，要考虑圆

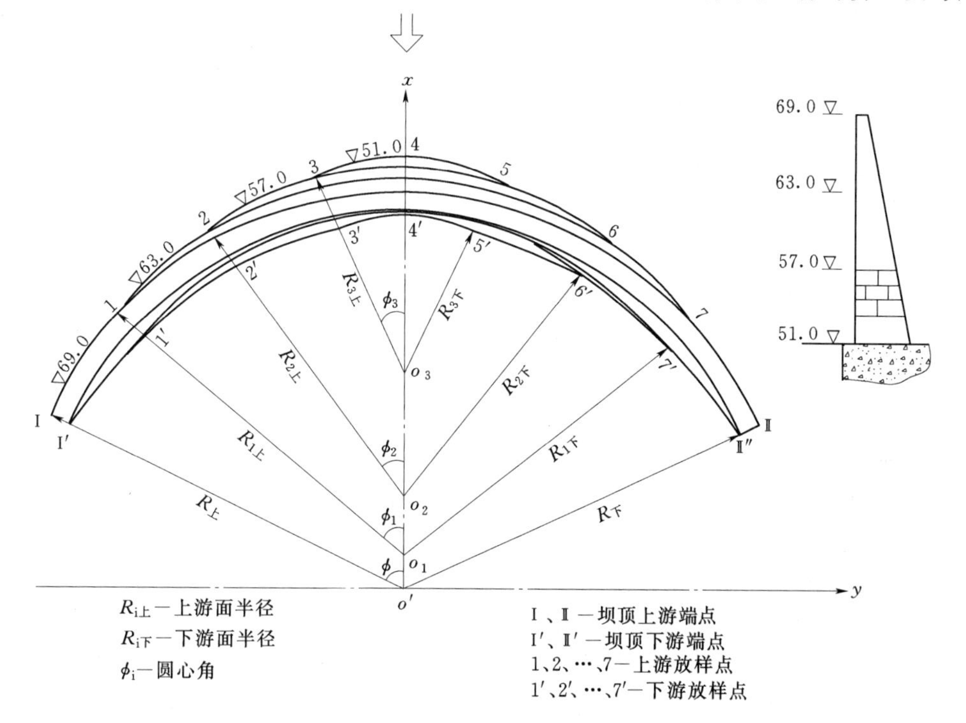

图 15-14　拱坝坝体放线图

心的纵坐标。例如上游放样点的坐标为

$$\left.\begin{array}{ll} x_4 = x_{O3} + R_{3上} & y_4 = 0 \\ x_3 = x_5 = x_{O3} + R_{3上}\cos\phi_3 & -y_3 = y_5 = R_{3上}\sin\phi_3 \\ x_2 = x_6 = x_{O2} + R_{2上}\cos\phi_2 & -y_2 = y_6 = R_{2上}\sin\phi_2 \\ x_1 = x_7 = x_{O1} + R_{1上}\cos\phi_1 & -y_1 = y_7 = R_{1上}\sin\phi_1 \\ x_{\mathrm{I}} = x_{\mathrm{II}} = R_{上}\cos\phi & -y_{\mathrm{I}} = y_{\mathrm{II}} = R_{上}\sin\phi \\ \text{圆心坐标} \quad x_{O3} = R_{下} - R_{3下} \quad x_{O2} = R_{下} - R_{2下} & x_{O1} = R_{下} - R_{1下} \end{array}\right\} \qquad (15-3)$$

第三节 水闸的放样

水闸是具有挡水和泄水双重作用的水工建筑物，一般由闸身和上游、下游连接结构三大部分组成，如图 15-15 所示。闸身是水闸的主体，由闸门、闸底板，闸墩和岸墙等组成，闸身上还有工作桥和公路桥。闸身的进、出口和上、下游河岸及河床连接处均有连接构筑物，以防止水流的冲刷和振动，确保闸身的安全。上游、下游连接结构包括翼墙、护坦、消力塘，护坡及防渗设备等。

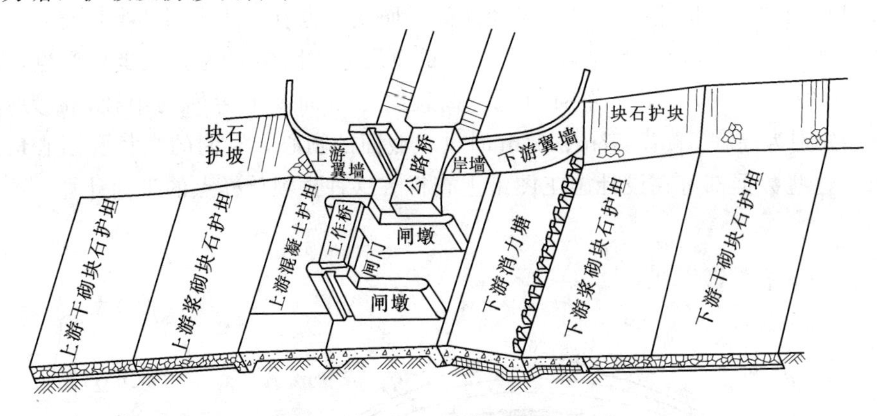

图 15-15 水闸组成布置示意图

水闸的施工放样主要包括：确定中心轴线和建立高程控制；闸塘（基坑）的放样；闸底板的放样；上层建筑物的控制和放样。现以软土地基上的水闸为例，介绍施工放样的方法。

一、中心轴线（主轴线）的确定和高程控制的建立

由引河的中心轴线（纵轴）与闸身的中心轴线（横轴）决定闸的位置，并以此作为施工放样的平面控制线。

根据施工总平面图进行实地查勘，了解原有控制点情况，熟悉地形与周围环境。测设中心轴线时，一般先在图上由控制点计算纵横轴两端点的放样数据，然后到现场测设。由于测量、制图、晒图等误差的影响，还需要根据河流的流向或上、下游引河的情况进行适当调整，初步定出轴线两端点的位置。再用经纬仪安置在两轴线的交点上，测量两轴线的交角是否等于 90°。如不等于 90°，再进行调整，其方法是固定一根轴线，移动另一根轴线，使能满足垂直的条件，最后确定两轴线的端点。

中心轴线的位置确定后，用木桩固定起来，如图 15－16 所示，上、下、东$_{中}$、西$_{中}$即为某闸纵横中心轴线桩。轴线桩必须设在施工开挖区以外，为了防止木桩受施工影响而移动或损坏，须在两轴线两端的延长线上再分别引设一木桩（图 15－16 中的东、西两木桩），用以检查轴线桩的位置。

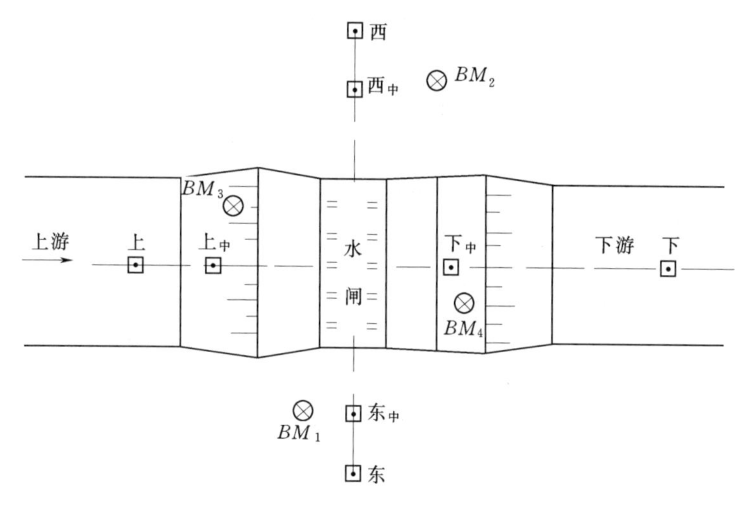

图 15－16　中心轴线测设示意图

图中 BM_1 与 BM_2 为设在东西两岸的水准点，它们与国家水准点联测，作为闸的高程控制，BM_3 与 BM_4 为布设在闸塘内的水准点，用来控制闸的底部高程。

二、闸塘的放样

闸塘的放样包括标定开挖线及确定开挖高程。

（一）开挖线的放样

开挖线的位置，主要是根据闸塘底的周界和边坡与地面的交线来决定的。一般先绘制闸塘开挖图，计算放样数据，再到实地放样。开挖图可绘在毫米方格纸上，选用一定的比例尺，绘出闸塘底的周界，再按闸底高程、地面高程以及采用的边坡画出开挖线。如图 15－17 所示为某闸塘开挖图，1″、2″、…、6″为闸塘底的周界，1、2、…、6 为开挖线。

闸塘开挖线的放样，就是在实地定出开挖线的转折点，如图 15－17 所示的 1、2、…、6 等点，一般可用直角坐标法。在开挖图上以两岸轴线桩东$_{中}$和西$_{中}$为坐标原点，东$_{中}$和西$_{中}$的连线为 y 轴，过原点垂直于 y 轴的垂线为 x 轴，则 1、2、…、6 等转折点的坐标分别为（x_1，y_1）、（x_2，y_2）、… 、（x_6，y_6），其值可从图上量算。而后在实地打桩标定并测出各桩的地面高程，如果测得高程与开挖图上的高程相差过大，则桩的位置需要调整。例如，比开挖图上的地面高程高出 0.5m，则在边坡为 1∶3 的情况下，桩应向外移动 1.5m，若低 0.5m，则应向里移动 1.5m。

（二）确定闸塘的高程

闸塘开挖到接近塘底高程时，一般要预留 30～50cm 的保护层，在闸底板浇筑前再挖，以防止天然地基受扰动而影响工程质量。

开挖闸塘的高程确定分为两步：第一步，控制保护层的高程，需要随时掌握开挖深

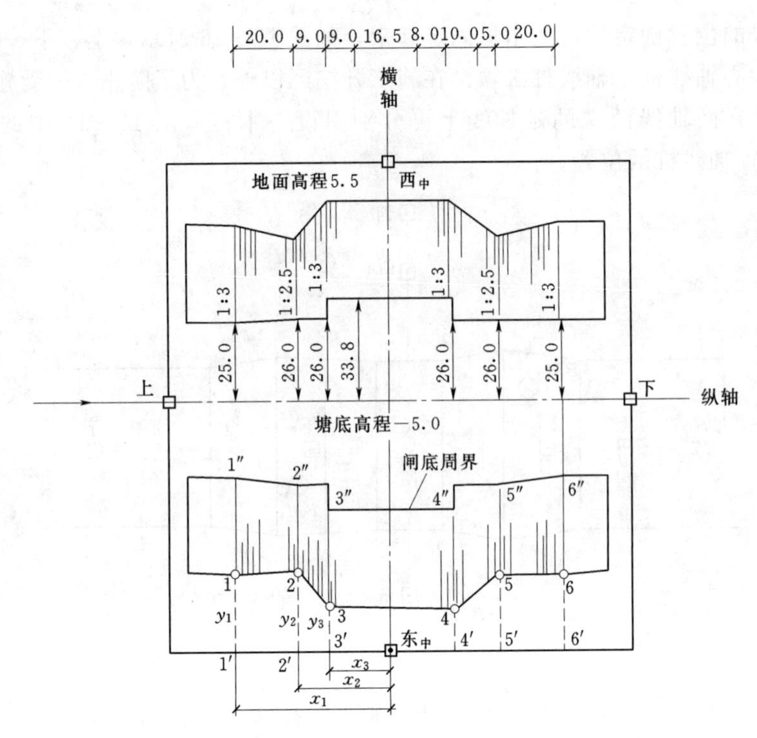

图 15-17　闸塘放样示意图

度。第二步，控制挖去保护层后的高程。高程测设误差不得大于±10mm。

三、闸底板的放样

闸底板是闸身及上、下游翼墙的基础，闸墩及翼墙浇筑或砌筑在闸底板上。闸孔较多的闸身底板，需分块浇筑。如图 15-18 所示为某闸底板施工分块示意图。闸共 7 孔，净

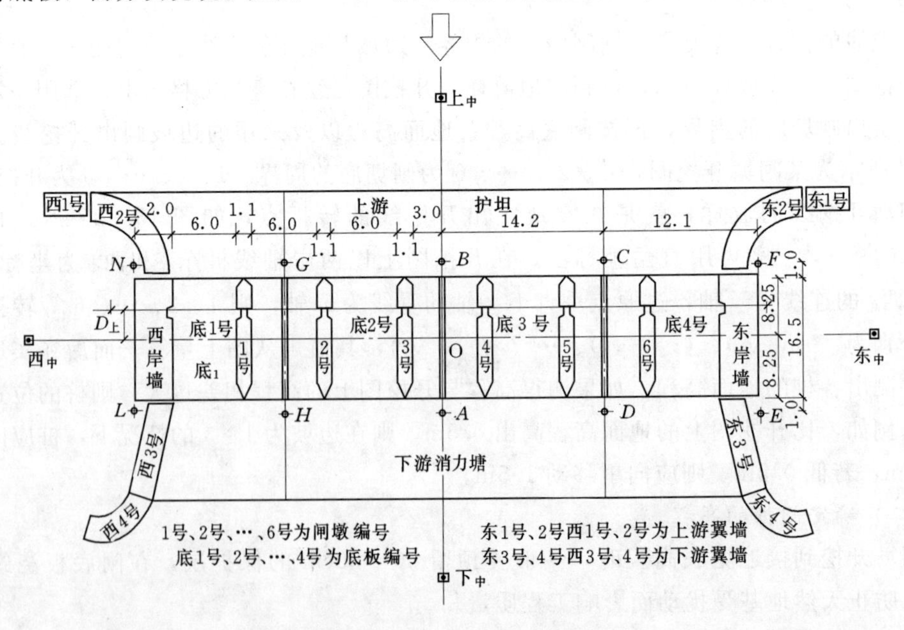

图 15-18　闸底板放样示意图

孔为 6m，闸身底板分四块，上、下游及东西岸翼墙底板共八块。闸身底扳一般为矩形，翼墙底板则有矩形、梯形及圆弧形等几种形式。测设矩形及梯形底板时，需在实地定出四个顶点，所钉木桩称为放样桩，一般钉在离底板边 1～2m 处。

（一）闸身底板的放样

放样前，必须计算放样桩 A、B、C 等点的坐标。如图 15－18 所示，设上$_{中}$-下$_{中}$为 x 轴，西$_{中}$-东$_{中}$为 y 轴，O 为坐标原点，如果放样桩距底板边线为 1m，则各放样桩的坐标为：A（－9.25，0）、B（＋9.25，0）、C（＋9.25，＋14.2）、D（－9.25，＋14.2）、E（－9.25，＋26.3）、F（＋9.25，＋26.3）。图中 G、H、L、M 等点的 x 坐标与 C、D、E、F 等点相同，y 坐标则绝对值相同符号相反。最后按算得的数据绘制放样草图，供实地放样时应用。

放样时，可将经纬仪安置在两轴线的交点 O 上，用盘左、盘右两个位置，分别瞄准下$_{中}$与上$_{中}$，定出 A、B 两点，再安置经纬仪于 A 点，以度盘为零度瞄准上$_{中}$，向左、向右各转 90°，定出 D 、E 及 H、L 等点，安置经纬仪到 B 点，用同法定出 C、F、G、N 等点。各桩确定后，需用其他方法检查其位置是否正确，如量 CD、EF 是否等于 18.5m，或量矩形的两对角线加以校核。

（二）翼墙底板的放样

翼墙底板为矩形和梯形时，也需要先算出各顶点的坐标，再到实地放样。如果为圆弧形时，除算出曲线起点和终点的坐标外，还应算出圆心的坐标。圆弧放样时，如果圆心与圆弧在同一平面上，且半径不大时，则可定出圆心，用半径在实地画圆。如果圆心与圆弧不在同一平面上，而半径较大画圆弧有困难时，可用偏角法测设圆弧。如果曲线上各点高差较大量距困难时，可用两架经纬仪分别安置在曲线起点（或终点）和圆心上，用圆心角和偏角交会得圆弧上各点的位置（测设方法见本章第二节）。

（三）浇筑混凝土时的高程控制

测设浇筑混凝土底板的高程时，一般在模板的内侧，定出若干点，使它们的高程等于底板的设计高程，在模板内侧四周钉上小钉（间距 3～5m），并涂以红漆作为标志。

（四）闸底板弹线

所谓弹线，就是在闸底板上弹出浇筑或砌筑闸墩、翼墙的控制线及位置线，这项工作在底板混凝土开始凝固时，就可进行。在闸底板上弹线，一般必须弹出闸底板中心线和闸孔中心线两根相互垂直的墨线，另外再弹一条与底板中心线平行的控制闸门门槽的墨线。如图 15－19 所示为第三块底板的弹线图，O 为弹线点，每隔 2～3m 定一点，用红漆做标记，然后弹上墨线。并依此为基准，再弹出闸墩的位置线，以便进行施工。

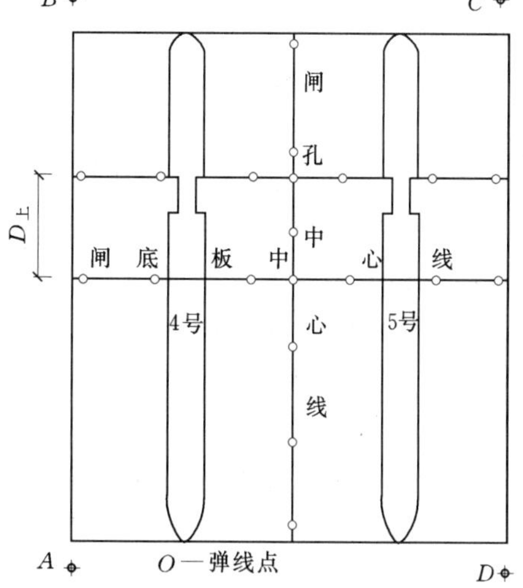

图 15－19　闸底板弹线示意图

四、上层建筑物的平面控制与高程控制

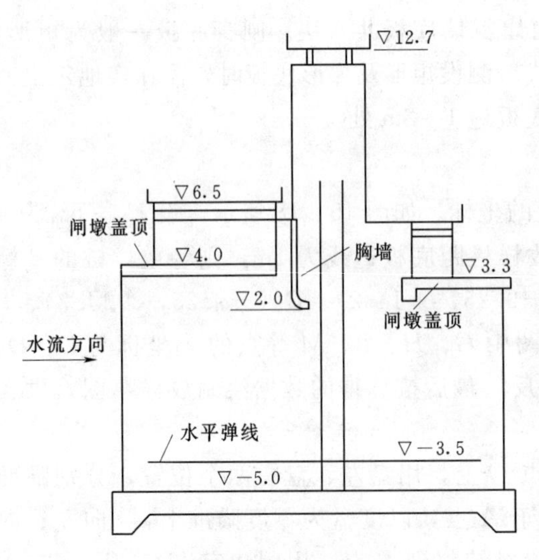

图 15－20　上层建筑物高程控制示意图

当闸墩砌筑到顶部浇筑盖顶时，一般离闸底板的高度在 7～8m 以上（图 15－20），此时需要控制立模位置，但是用经纬仪由下向上放样是有困难的，有的工地采用 1.5kg 的垂球，在无风时通过吊垂把底板上的弹线移向上面，用以定出中心线，此法比较简单易行，只要工作细心，精度可达 ±3mm 以内。

公路桥、工作桥的平面控制，可在闸墩盖顶浇好后，利用塘口的轴线桩，在闸墩盖顶上测设平面控制线。

当闸墩墙的高度砌筑至 1.5m 左右时，就需要进行上层建筑物的高程放样。可在闸墩两侧墙面上定出若干点，使其高程等于某一整数高程，然后沿这些点弹出一根水平弹线（如图 15－20 中，某闸的水平弹线高程为－3.5m）。闸墩向上砌筑时，高程就从此线向上量计。

在控制上层建筑物的高程时应特别注意，建筑物各部分的高程尺寸，都是相对高程。如图 15－20 所示，胸墙底及底板面的设计高程分别为＋2.0m 及－5.0m，则闸孔的高度是 7.0m。因此在控制胸墙底的模板高程时，应保持闸孔高为 7m。

第四节　隧道的放样

在隧道施工中，尤其是山岭隧道，为了加快工程进度，一般由隧道两端洞口进行相向开挖。大型隧道施工时，通常还要在两洞口间增加平洞、斜井或竖井，以增加掘进工作面，加快工程进度，如图 15－21 所示。

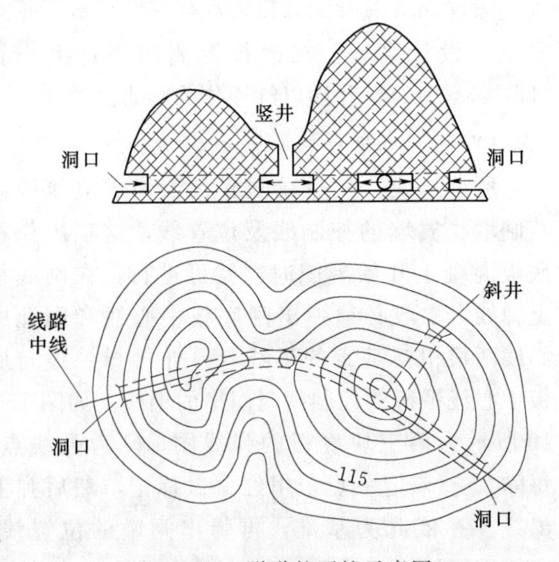

图 15－21　隧道的开挖示意图

隧道测量的任务是：准确测设出洞口、井口、坑口的平面位置和高程；隧道开挖时，测设隧道中线的方向和高程，指示掘进方向，保证隧道按要求的精度正确贯通；放样洞室各细部的平面位置与高程，放样衬砌的位置等。

与地面测量工作不同的是，隧道施工的掘进方向在贯通之前无法通视，只能完全依据沿隧道中线布设的支导线来指导施工。因为支导线无外部检核条件，同时隧

道内光线暗淡，工作环境较差，在测量工作中极易产生疏忽或错误，造成相向开挖隧道的方向偏离设计方向，使隧道不能正确贯通，其后果是必须部分拆除已经做好的衬砌，削帮后重新衬砌，或采取其他补救措施，这样不但产生巨大的经济损失，还会延误工期。所以，在进行隧道测量工作时，除按规范要求严格检验校正仪器外，还应注意采取多种有效措施削弱误差，避免发生错误，使施工放样精度满足要求。具体要求可参考《公路隧道勘测规程》。

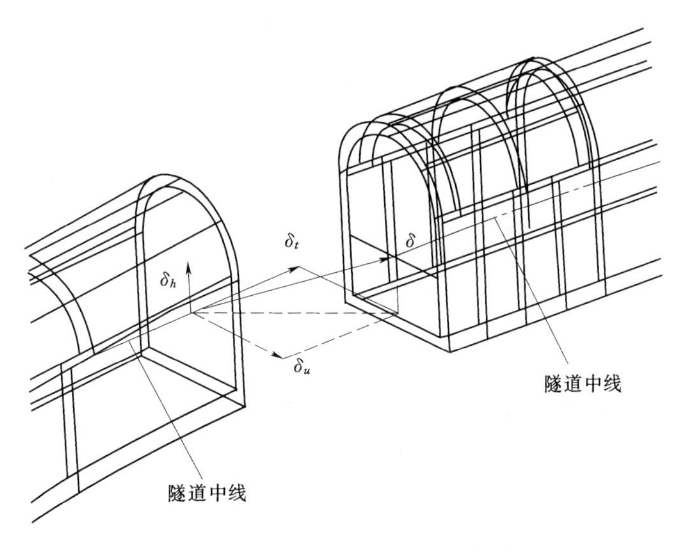

图 15-22　隧道贯通误差示意图

在洞内支导线测量过程中，由于测量误差的积累，使两个相向开挖的隧道中线不能准确衔接，其错位距离 δ 称为贯通误差，如图 15-22 所示。δ 在隧道中线方向上的投影长度 δ_t 称为纵向贯通误差；在垂直于隧道中线方向上的投影长度 δ_u 称为横向贯通误差；在铅垂面内的投影长度 δ_h 称为高程贯通误差。其中 δ_t 只影响隧道的长度，与工程质量的关系不大，施工测量时较容易满足设计要求。当不考虑 δ_t 时，则隧道贯通相遇于一垂直于中线的平面，称为贯通面，规范只规定了贯通面上横向误差 $\delta_u \leqslant \pm 10$cm 和高程误差 $\delta_h \leqslant \pm 5$cm 的限差。

隧道测量按工作的顺序可以分为：洞外控制测量、洞内控制测量、洞内中线测设和洞内构筑物放样等。

一、洞外控制测量

为保证隧道工程在两个或多个开挖面的掘进中，施工中线在贯通面上的 δ_u 及 δ_h 能满足贯通精度要求，符合纵断面的技术条件，必须进行控制测量。控制测量中的误差是指由测量误差引起在贯通面上产生的贯通误差，取上述容许误差的一半。由于贯通误差主要来源于洞外和洞内控制测量两个方面，因此，进行洞外控制测量精度设计时，要将贯通误差按误差传播定律分解为洞外和洞内的横向误差和高程误差，此过程称为贯通误差影响值的分配。

（一）洞外平面控制测量

洞外平面控制测量的主要任务是：测定各洞口控制点的相对位置，作为引测进洞和测设洞内中线的依据。一般要求洞外平面控制网应包括洞口控制点。建立洞外平面控制的方法有：精密导线法、三角锁法和GPS法等。下面分别介绍这三种方法。

1. 精密导线法

在洞外沿隧道线形布设精密光电测距导线来测定各洞口控制点的平面坐标。精密导线一般是采用正、副导线组成的若干个导线环构成控制网，如图15－23所示。主导线应沿两洞口连线方向敷设，每1～3个主导线边应与副导线联系。主导线边长一般不宜短于300m，且相邻边长不宜相差过大。主导线须同时观测水平角和边长，副导线一般只测水平角。水平角观测宜用不低于6″级的经纬仪，以方向观测法为主。

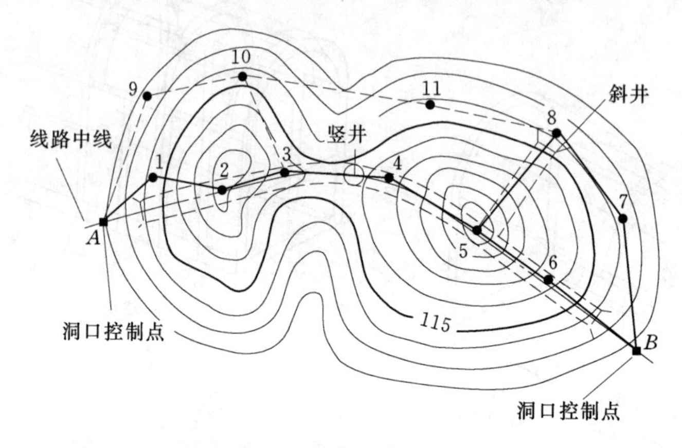

图15－23 精密导线法示意图

2. 三角锁法

在洞外沿隧道线形布设单三角形锁来测定各洞口控制点的平面坐标，如图15－24所示。邻近隧道中线一侧的三角锁各边宜尽量垂直于贯通面，避免较大的曲折；测量三角锁的求距角不宜小于30°，起始边宜设在三角锁的中部（边角锁可以不作此要求）。

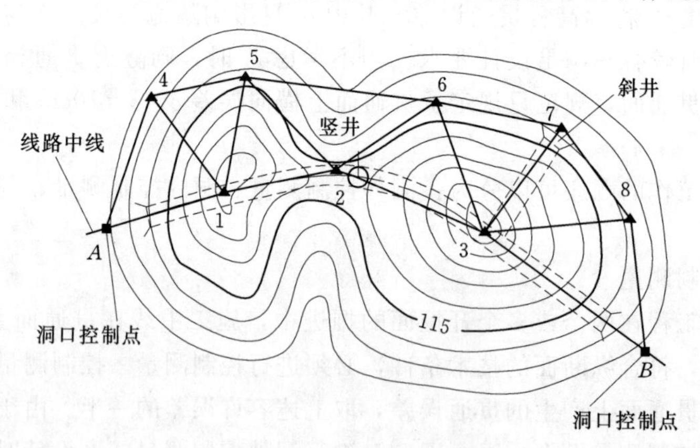

图15－24 三角锁法示意图

3. GPS法

用GPS法测定各洞口控制点的平面坐标，如图15－25所示。由于各控制点之间可以互不通视，没有测量误差积累，因此特别适合于特长隧道及通视条件较差的山岭隧道。使用 GPS 测量方法建立洞外平面控制网的依据是《公路全球定位系统（GPS）测量规范》中的 3.1.1 条款规定：根据公路及特殊桥梁、隧道等构造物的特点及不同要求，GPS 控制网分为一级、二级、三级、四级共四个等级。

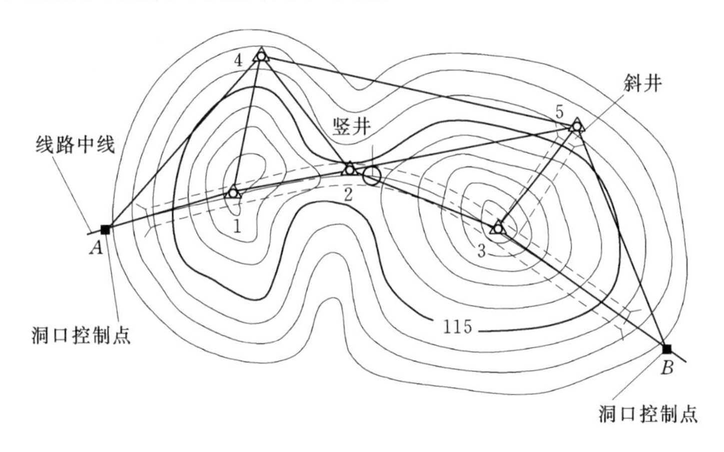

图 15-25　GPS 法示意图

（二）洞外高程控制测量

洞外高程控制测量的任务：是按照测量设计中规定的精度要求，施测隧道洞口（包括隧道的进出口、竖井口、斜井口和坑道口）附近水准点的高程，作为高程引测进洞的依据。高程控制一般采用三、四等水准测量，当两洞口之间的距离大于 1km 时，应在中间增设临时水准点。

如果隧道不长，高程控制测量等级在四等以下时，也可采用光电测距三角高程测量的方法进行观测。三角高程测量中，光电测距的最大边长不应超过 600m，且每条边均应进行对向观测。高差计算时，应加入两差改正。

二、隧道施工测量

隧道施工测量的内容包括：隧道正式开挖之前测设掘进方向；开挖过程中，测设隧道中线和腰线，指示掘进方向；隧道开挖到一定的距离后，进行洞内控制测量；如要在隧道中间开挖竖井，则还需进行竖井联系测量等。

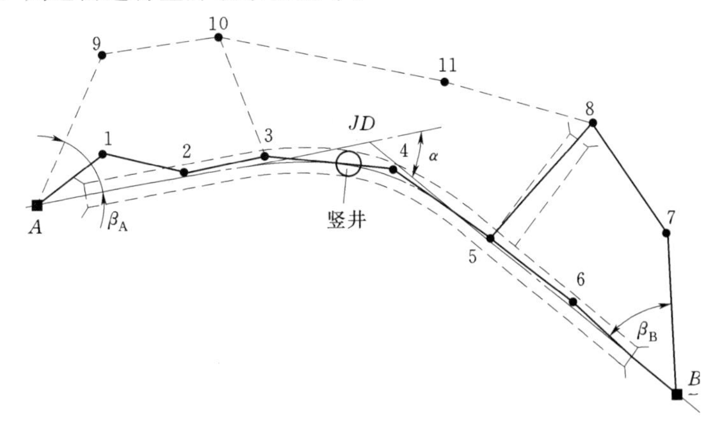

图 15-26　曲线隧道掘进方向示意图

（一）隧道掘进方向的测设与标定

如图 15－26 所示，根据洞外控制点的坐标和路线交点 JD 的设计坐标，可以计算出进洞点 A 处的隧道掘进夹角 β_A，按 β_A 定出 $A-JD$ 方向；计算出进洞点 B 处的隧道掘进夹角 β_B，按 β_B 定出 $B-JD$ 方向。

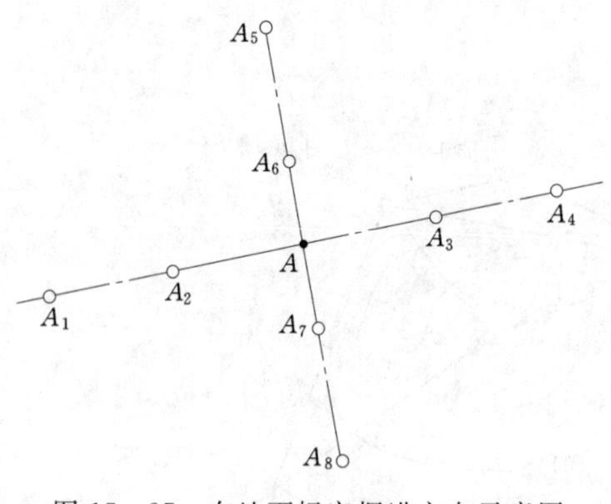

图 15－27　在地面标定掘进方向示意图

将定出的掘进方向标定在地面上的方法是：在掘进方向上埋设并标定出 A_1、A_2、A_3、A_4 桩，在垂直于掘进方向埋设并标定出 A_5、A_6、A_7、A_8 桩，如图 15－27 所示。桩位应埋设为混凝土桩或石桩，点位的选取应注意在施工过程中不被破坏和扰动，还需要测量出进洞点 A 至 A_2、A_3、A_6、A_7 点的距离，以便在施工过程中随时检查和恢复洞口点的位置。

（二）开挖施工测量

1. 隧道中线和腰线测设

洞口开挖后，随着隧道的向前掘进，要逐步往洞内引测隧道中线和腰线。中线控制掘进方向，腰线控制掘进高程和坡度。

（1）中线测设。

一般隧道每掘进 20m 左右时，就要测设一个中线桩，将中线向前延伸。中线桩可同时埋设在顶部和底部，如图 15－28 所示。

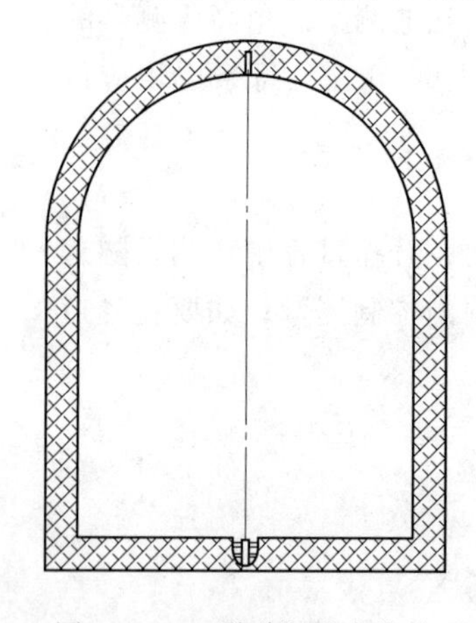
图 15－28　隧道掘进中线桩示意图

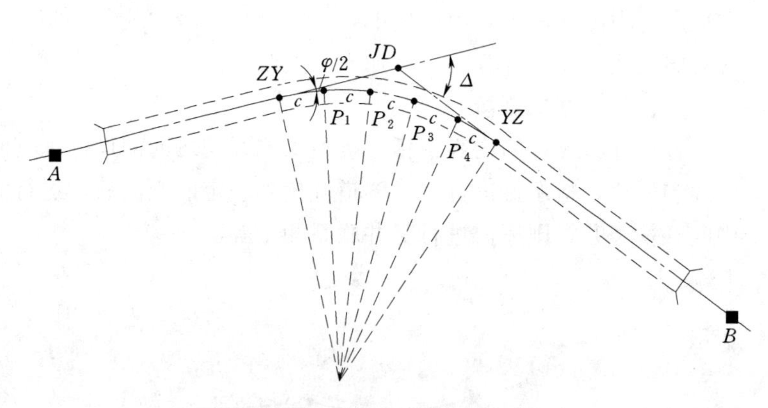

图 15－29　隧道圆曲线段测设图

测设隧道曲线段中线桩时，因为洞内工作面狭小，不可能使用切线支距法或偏角法测设中线桩，一般使用逐点搬移测站的偏角法进行测设。

如图 15－29 所示，将圆曲线长 L 分为 n 等分，每一段曲线长为 $l=L/n$，l 所对圆心角为 $\varphi=\Delta/n$，所对的弦切角为 $\varphi/2$，对应的弦长为 $c=2R\sin\frac{\varphi}{2}$。

测设时，仪器安置于 ZY 点，盘左后视进洞点 A，配置水平度盘读数为 0，倒镜即得曲线的切线方向 $ZY—JD$，转 $\varphi/2$ 角，得 $ZY—P_l$ 方向，沿该方向用测距仪测设出弦长 c，再用盘右重复上述操作，最后取两次测设点位的中点为最后结果。当掘进超过 P_1 点时，将仪器安置于 P_1 点，以 ZY 点为后视方向重复上述操作，测设出 P_2 点。依此法，直至测设到曲线终点或贯通面。

（2）腰线测设。

高程由洞口水准点引入，随着隧道掘进的延伸，每隔 10m 应在岩壁上设置一个临时水准点，每隔 50m 设置一个固定水准点，以保证隧道顶部和底部按设计纵坡开挖和衬砌的正确放样。水准测量均应往返观测。

根据洞内水准点的高程，沿中线方向每隔 5～10m，在洞壁上高出隧道底部设计地坪 1m 的高度标定抄平线，称为腰线。

2. 掘进方向指示

由于洞内工作面狭小，光线暗淡，在隧道施工中，一般使用具有激光指向功能的全站仪、激光经纬仪或激光指向仪来指示掘进方向。

当采用自动顶管工法施工时，可以使用激光指向仪或激光经纬仪配合光电跟踪靶，指示掘进方向。如图 15－30 所示，光电跟踪靶安装在掘进机器上，激光指向仪或激光经纬仪安置在工作点上并调整好视准轴的方向和坡度，其发射的激光束照射在光电跟踪靶上，当掘进方向发生偏差时，安装在掘进机上的光电跟踪靶输出偏差信号给掘进机，掘进机通过液压控制系统自动纠偏，使掘进机沿着激光束指引的方向和坡度正确掘进。

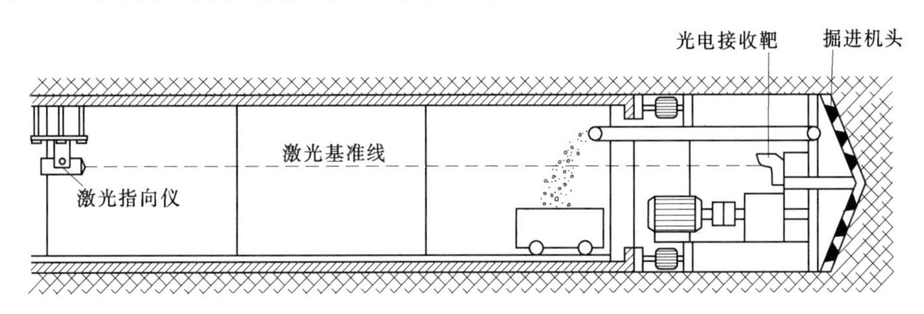

图 15－30　激光指向仪指示自动顶管工法施工示意图

3. 开挖断面放样

如果采用盾构机掘进，因盾构机的钻头架是专门根据隧道断面而设计的，可以保证隧道断面在掘进时一次成形，混凝土预制衬砌块的组装一般与掘进同步或交替进行，所以，不需要测量人员放样断面。

如果是采用凿岩爆破法施工，则每爆破一次后，都必须将设计隧道断面放样到开挖面上，以供施工人员安排炮眼，准备下一次爆破。如图 15－31 所示，开挖断面的放样是在中垂线 VV 和腰线 HH 的基础上进行的，它包括两边倒墙和拱顶两部分的放样工作。在设计图纸上一般都给出断面的宽度、拱脚和拱顶的标高、拱曲线半

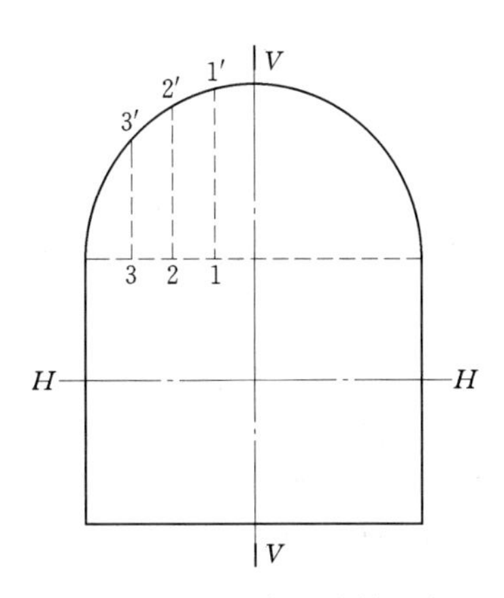

图 15－31　开挖断面放样示意图

径等数据。侧墙的放样是以中垂线 VV 为准，向两边量取开挖宽度的一半，用红漆或白灰标出，即是侧墙线。拱形部分可根据计算上标注的尺寸放出圆周上的 $1'$、$2'$、$3'$等点，然后连成圆弧。

三、洞内控制测量

洞内控制测量包括平面控制和高程控制，平面控制采用导线法，高程控制采用水准测量。洞内控制测量的目的是为隧道施工测量提供依据。

（一）洞内导线测量

洞内导线通常是支导线，而且它不可能一次测完，只有掘进一段距离后才可以增设一个新点。一般每掘进 20～50m 就要增设一个新点。为了防止错误和提高支导线的精度，通常是每埋设一个新点后，都应从支导线的起点开始全面重复测量。复测还可以发现已建成的隧道是否存在变形，点位是否被碰动过。对于直线隧道，一般只复测水平角。

洞内导线的水平角观测，可以采用 DJ2 级经纬仪观测 2 测回或 DJ6 级经纬仪观测 4 测回。观测短边的水平角时，应尽可能减少仪器的对中误差和目标偏心误差。使用全站仪观测时，最好使用三联架法观测。对于长度在 2km 以内的隧道，导线的测角中误差应不大于$\pm 5''$，边长测量相对中误差应小于 1/5000。

（二）洞内水准测量

与洞内导线点一样，每掘进 20～50m 就要增设一个新水准点。洞内水准点可以埋设在洞顶、洞底或洞壁上，但必须稳固和便于观测。可以使用洞内导线点标志作为洞内水准点标志，也可以每隔 200～500m 设置一个较好的专用水准点。每新埋设一个水准点后，都应从洞外水准点开始至新点重复往返观测。重复水准测量还可以监测已建成隧道的沉降情况，这对在软土中修建的隧道特别重要。

四、竖井联系测量

竖井联系测量的目的：是将地面控制点的坐标、方位角和高程，通过竖井传递到地下，以保证新增工作面隧道开挖的正确贯通，如图 15-21 所示。

根据地面上已有的控制点把竖井的设计位置放样到地面上。竖井开挖过程中，其垂直度靠悬挂重锤的铅垂线来控制，开挖深度用长钢尺丈量。当竖井开挖到设计深度，并根据概略掘进的中线方向向左右两翼掘进约 10m 后，就必须通过竖井联系测量将地面控制网的坐标、方位角和高程精确地传递到井下，为隧道施工测量提供依据。下面介绍方位定向中的一井定向，陀螺经纬仪定向及高程传递。

1. 方向线法一井定向

在竖井中自由悬挂两根钢丝线，下端挂上 5～10kg 的重锤，重锤浸在有适当粘度的油桶内，待悬挂钢丝线的摆幅稳定后，即可进行观测。一井定向有多种测量方法，本节只介绍方向线法。

如 15-32 所示，利用 15-26 的洞外控制点 3、4 测设出位于竖井附近的 K、L 两点，使 KL 连线位于隧道中线上；将经纬仪安置在 K 点，在 KL 方向上且距竖井边缘 3～5m 处测设出 a、b 两个桩位；将经纬仪安置在 a 点，照准 b 点，先使较远的一根钢丝通过移动对中板使之严格地位于视线上；用同样的方法，调整较近的一根钢丝，再准确量出两钢丝间的平距 l_1 和 a 点至钢丝的平距 S_l，利用 a、b 点的坐标和 S_l 可以计算出右边悬吊钢丝的坐标。

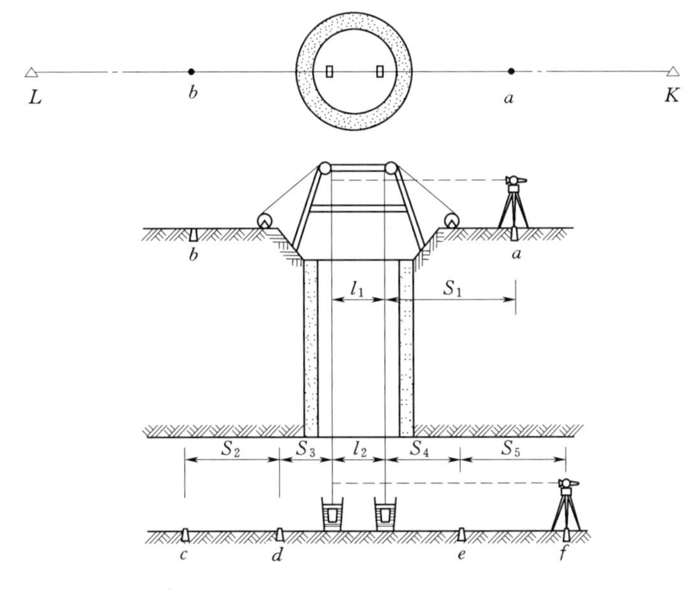

图 15-32　方向线法一井定向示意图

在井下，用拉线的方法在距离钢丝吊锤线 5～10m 的位置粗略确定四点 c、d、e、f 的位置并埋设好点位，在 f 点上安置仪器，用逐渐趋近法移动仪器，使仪器视线与两吊锤线严格位于同一竖直面内，旋紧仪器连接螺旋，将该方向投影并标志到预埋的 c、d、e 点位上，而 f 点的准确位置通过经纬仪的光学对中器将其投影下来确定，则 c、d、e、f 点的连线即为隧道中线。量出井下两根钢丝间的平距 l_2 及图中的平距 S_2、S_3、S_4、S_5，要求 l_1 与 l_2 之差不超过 1mm。利用右边悬吊钢丝的坐标及 a、b 连线的坐标方位角可以计算出 c、d、e、f 点的坐标。

在一井定向测量中，钢丝的稳定对保证定向的精度非常重要。为了提高照准精度，减少吊锤摆动的影响，可在两吊锤线后各横置 1mm 分划的直尺，辅以灯光照明，观测吊锤线摆动的振幅，然后取平均位置作为标定方向。

2. 使用陀螺经纬仪传递方位角

如 15-33 所示，在地面竖井附近的洞外控制点 4 上安置陀螺经纬仪，在竖井中悬吊一根钢丝，测出 4 点至钢丝的真方位角，量取平距 S_m，即可算得悬吊钢丝的坐标；在井下 q 点安置陀螺经纬仪，测出 q 点至钢丝的真方位角，量取平距 S_q，即可推算出 q 点的坐标；再测出 j 点的方位角和距离 S_j，即可推算出 j 点的坐标。

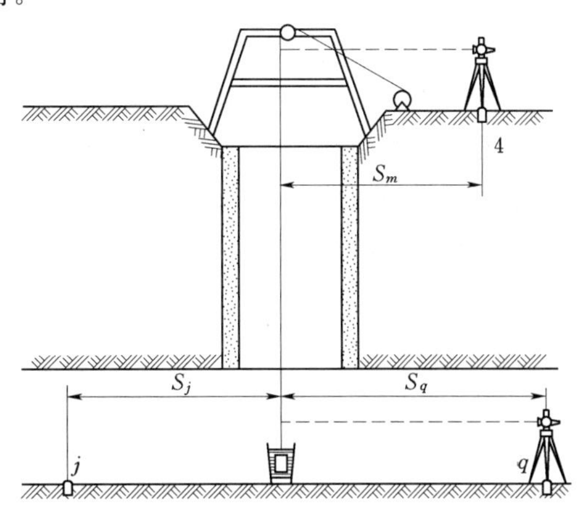

图 15-33　使用陀螺经纬仪传递方位角示意图

采用陀螺经纬仪传递方位时，应先在地面上通过测量两个以上已知方位边的真方位

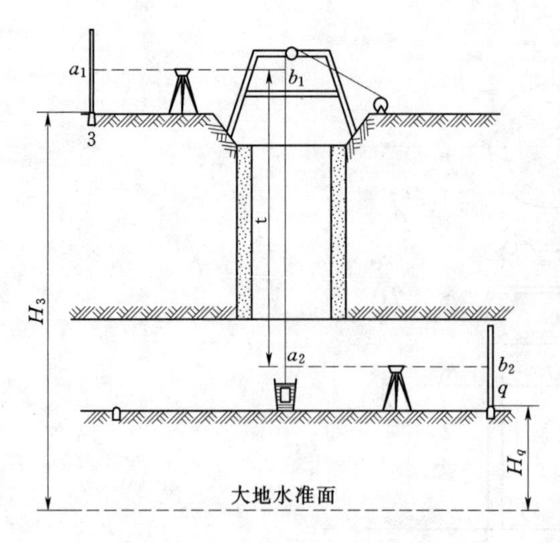

图 15-34　高程的传递示意图

角，求出洞外测量控制网的真方位角与坐标方位角差值的平均值 $r_{前}$。井下传递方位角完成后，还应再测量地面两个以上已知方位边的真方位角，求出洞外测量控制网的真方位角与坐标方位角的差值的平均值 $r_{后}$，取 $r=(r_{前}+r_{后})/2$ 作为最后结果，将陀螺经纬仪测量的真方位角改算为坐标方位角。

3. 高程的传递

如 15-34 所示，高程传递的目的：是根据竖井附近的地面水准点 3 的高程 H_3，求出井下水准点 q 的高程 H_q。

在竖井中悬挂钢丝，在地面安置水准仪，读取水准点 3 上水准尺的读数为 a_1，在钢丝上作记号 b_1；在井下安置水准仪，在钢丝上作记号 a_2，读取 q 点上水准尺的读数为 b_2。钢丝上记号 b_1 至记号 a_2 的长度通过将钢丝拉出后在平坦地面上准确量取获得，设其为 t，则 q 点的高程为

$$
\begin{aligned}
H_q &= H_3+(a_1-b_1)+(a_2-b_2)=H_3+a_1-b_2-(b_1-a_2)\\
&= H_3+a_1-b_2-t
\end{aligned}
$$

当竖井地面距井底高差不大时，也可用悬挂钢尺代替钢丝，要求钢尺刻划的零端处向下并悬吊重锤，此时，b_1、a_2 即为水准仪照准钢尺时的读数。

复 习 思 考 题

1. 水工建筑物放样依据的资料有哪些？
2. 水工建筑物放样的实质是什么？
3. 水工建筑物放样的原则是什么？
4. 重力坝、拱坝、水闸施工放样的内容有哪些？
5. 坝轴线及闸的主轴线是怎样确定和测设的？
6. 闸底板上为什么要弹线？
7. 混凝土重力坝、砌石拱坝及土水闸的放样测量各有哪些特点？
8. 何谓贯通误差？其对隧道的贯通有何影响？
9. 洞外控制测量的作用是什么？

第十六章　水工建筑物的变形观测

第一节　概　　述

水工建筑物在施工及运行过程中，受外荷作用及各种因素影响，其状态不断变化。这种变化常常是隐蔽、缓慢、直观不易察觉的，多数情况下需要埋设一定的观测设备或使用某些观测仪器，运用现代科学技术，对水工建筑物进行科学的检查和观测，并对观测资料进行整理分析，以便了解其工作状态是否正常，有无不利于工程安全的变化，从而对建筑物的质量和安全程度做出正确的判断和评价，便于及时发现问题，采取措施进行养护修理或改善运行方式，确保工程的安全运行，充分发挥工程效益；为保证施工质量及安全运用提供科学依据；同时也为设计、施工和科学研究积累资料。

变形观测按其观测对象可分为地表变形观测和基础变形观测两种。建筑物及其基础是水利枢纽变形观测的主要对象，通过变形观测了解水工建筑物与基岩相互作用的形式和边界、变形的范围和深度、建筑物的外形变化。变形观测一般包括：水平位移、垂直位移、固结和裂缝观测。而混凝土坝除水平位移、垂直位移和裂缝观测外，还有挠度和伸缩缝观测。

建筑物变形观测的任务是对建筑物及其基础进行定期或不定期的观测，得出周期间的变化量。它的观测频率取决于建筑物及其基础变形值大小、变形速度及观测目的，通常要求观测的次数既能反映出变化的过程，又不遗漏变化的时刻。如对基础沉陷的观测频率：在荷载的影响下，基础下土层的逐渐压缩使基础的沉陷逐渐增加。一般施工期观测频率大，有3天、7天、15天三种周期；竣工运行后观测频率可小些，有1个月、2个月、3个月、半年及1年等不同的周期。

变形观测精度要求取决于该工程建筑物预计的允许变形值的大小和变形观测的目的。如果变形观测的目的是为了使变形值不超过某一允许的数值而确保建筑物的安全，则其观测的中误差应小于允许变形值的1/20～1/10；如果变形观测的目的是为了了解变形过程，则其观测的中误差应比这个数值小得多。

建筑物外部变形监测网即变形观测控制网，它是为建筑工程的变形观测布设的测量控制网。监测网中部分控制点应尽可能的埋设在变形影响之外或在比较稳固的基岩上（这种控制点称为基准点，它是测定变形点变形量的依据，每项工程至少建立三个基准点）。还有部分控制点应便于观测建筑物上的变形点（这种控制点是基准点和变形点之间的联系点，称为工作基点）。变形观测控制网一般是小型的、专用的、高精度的，具有较多的多余观测值的监测网。

第二节　水平位移观测

水工建筑物及其地基在荷载作用下将产生水平和竖直位移，建筑物的位移是其工作条件的反映，因此，根据建筑物位移的大小及其变化规律，可以判断建筑物在运用期间的工作状况是否正常和安全，分析建筑物是否有产生裂缝、滑动和倾覆的可能性。

水工建筑物的位移观测是在建筑物上设置固定的标点，然后用仪器测量出它在铅直方向和水平方向的位移。对于水平位移，通常是用经纬仪按视准线法、小角度法、前方交会法和三角网法来进行观测。对于混凝土建筑物（如混凝土坝、浆砌石坝等）还可用正垂线法、倒垂线法和引线法进行水平位移的测量。在一些工程中也采用激光测量及地面摄影测量等方法进行水平位移的测量。

一、观测点的布置

1. 测点的布置

为了全面掌握建筑物的变形状态，应根据建筑物的规模、特点、重要性、施工及地质情况，选择有代表性的断面布设测点。

对于土坝，应选择最大坝高处、合龙段、坝内设有泄水底孔处和坝基地形地质变化较大的坝段布置观测断面，观测断面的间距一般为50～100m，但观测断面一般不少于3个。每个观测横断面上最少布置4个测点，其中上游坝坡正常水位以上至少布置一个测点，下游坝肩上布置一点，下游坝坡上每隔20～30m布置一点，或者是在下游坝坡的马道上各布置一个测点。

对于混凝土坝或浆砌石坝，在坝顶下游坝肩及坝趾处平行坝轴线各布置一个纵向观测断面，每个纵向断面上，应在各坝段的中间或在每个坝段的两端布置一个测点。对于拱坝，可在坝顶布置一个纵向观测断面，纵向观测断面上每隔40～50m设置一个测点，但是在拱冠、四分之一拱段和坝与两岩接头处必须设置一个测点。

水闸可在垂直水流方向的闸墩上布置一个纵向观测断面，并在每个闸墩上设置一个测点，或在闸墩伸缩缝两侧各设一个测点。

2. 工作基点的布置

观测水平位移的工作基点应布置在不受建筑物变形影响，便于观测的岩基上或坚实的土基上。对于采用视准线法观测的工作基点，一般设置在每个纵向观测断面的两端，为了校核工作基点在垂直坝轴方向的位移，在每一纵向观测断面的工作基点延长线上设置1～2个校核点，如图16-1所示。当建筑物长度超过500m或建筑物长度为折线形时，为了提高观测精度，可在每个纵向观测断面中间设置一个或几个等间距的非固定工作基点，如图16-1所示。对于采用三角网按前方交会法观测的工作基点，可选择在建筑物下游两岸，使交会三角形的边长在300～500m左右，最长不超过1000m，并使相邻两点的倾角不致太大。如图16

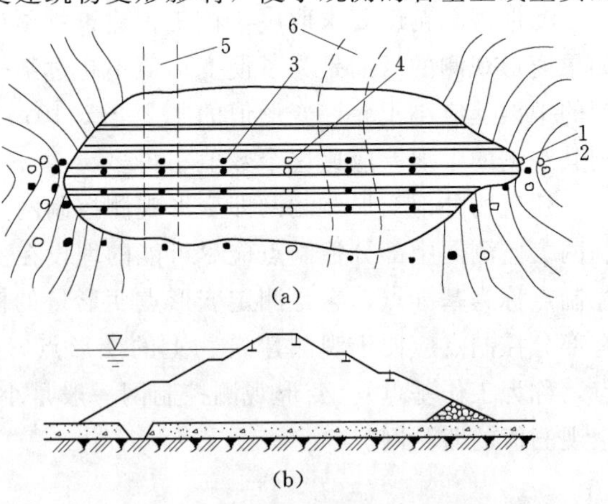

图16-1　用视准线法观测位移时测点和工作基点的布置

1—工作基点；2—校核基点；3—测点（位移标点）；4—非固定基点；5—合龙段；6—原河床

-2 所示为采用前方交会法观测位移时工作基点的布置图。

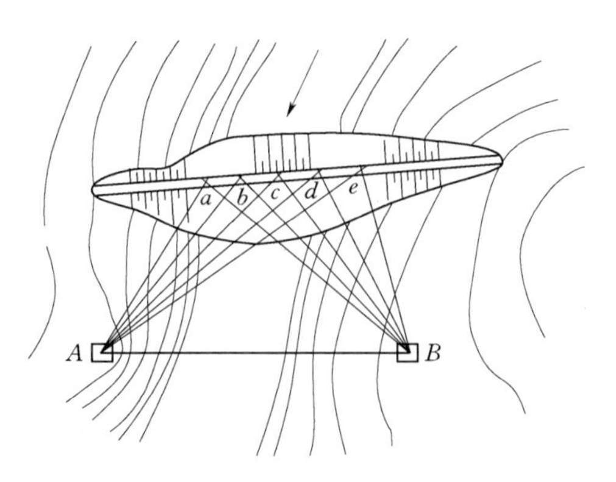

图 16-2 采用三角网按前方交会法观测位移时测点和工作基点的位置

A、B—三角网工作基点；a、b、c、d、e—测点

二、观测设备

1. 位移标点

土工建筑物的位移标点，通常由底板、立柱和标点头 3 部分组成，对于有块石护坡的土工建筑物，可采用图 16-3（a）所示的位移标点，这种标点的立柱由直径为 50mm 的钢管制成，钢管的顶部焊接一块 200mm×200mm×8mm 的铁板，铁板表面刻画十字线或钻一小圆孔，以便观测水平位移，同时在十字线的一侧焊接一个铜的或不锈钢的标点头，用以观测竖直位移。立柱设置在用砖石砌成的井围中间，井内填砂，砂面在标点头以下 10cm。立柱底部浇筑在厚度约 40cm 的混凝土底板内，底板的底部应在护坡层以下的土层内，在冰冻地区，则应设置在最深冰冻线以下，对于无块石护坡的土工建筑物，则可采用图 16-3（b）所示的位移标点，这种标点的结构比较简单，立柱和底板均用混凝土做成，在立柱顶面刻画十字线，在十字线一侧安设一个标点头。底板埋设深度不小于 0.5m，在冰冻地区应埋设在冰冻线以下。

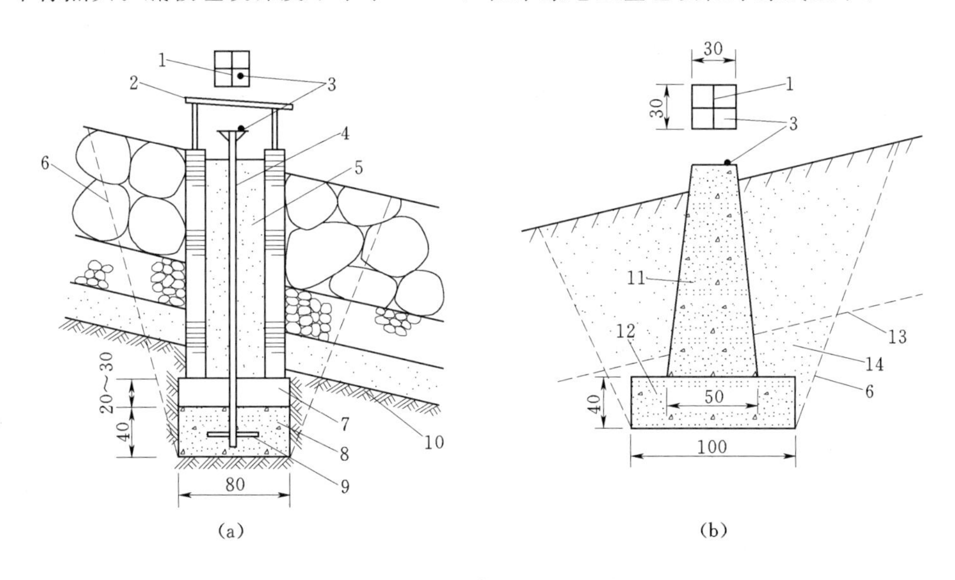

图 16-3 土工建筑物的位移标点

1—十字线；2—保护盖；3—标点头；4—ϕ50mm 铁管；5—填沙；6—开挖线；7—回填土；8—混凝土；9—铁销；10—坝体；11—立柱；12—底板；13—最深冰冻线；14—回填土料

混凝土建筑物的位移标点比较简单，如图 16-4 所示。对于只需观测竖直位移的标点，一般只需用直径 15mm，长 80mm 的螺栓埋入混凝土中，而将螺栓头露出混凝土外面 5～10mm 作为标点头。

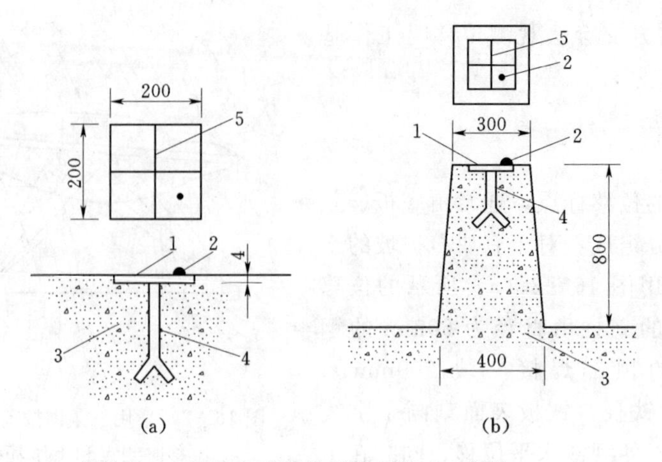

图 16-4　混凝土建筑物的位移标点（单位：mm）

1—铁板；2—铜标头；3—混凝土；4—直径 20mm、长 200mm 的钢筋；5—十字线

2. 观测觇标

观测水平位移的觇标可分为固定觇标和活动觇标。固定觇标通常设于后视工作基点上，用以构成视准线，多用于三角网法和视准线法的观测；活动觇标则设置在位移标点上，供经纬仪瞄准用。

3. 起测基点

起测基点可以设置在坚实的土基上，也可以设在岩基上。设在土基上的起测基点的结构如图 16-5（a）所示，是在砖石井圈内浇筑一个混凝土墩，墩底厚度约 60m，埋设在冰冻线以下 50cm，井内回填细砂。混凝土墩顶埋设一个铜制标点头，标点头露出混凝土表面 0.5～1.0cm，并高出地面 50cm。设置在岩基上的起测基点如图 16-5（b）所示，是在岩基中埋入一个混凝土墩，墩中埋设标点，上部设置保护盖。

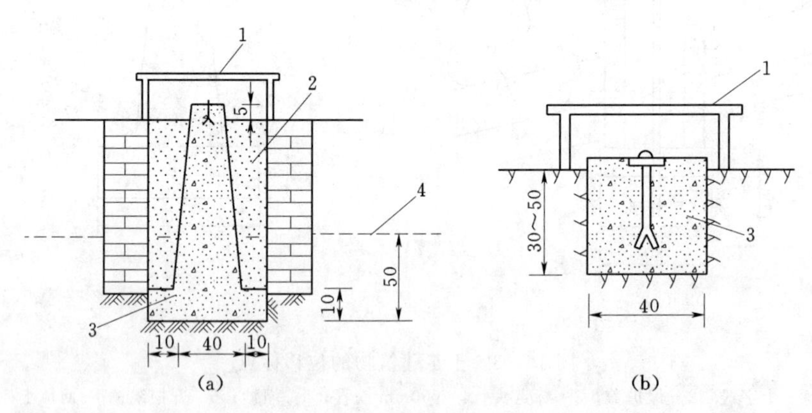

图 16-5　起测基点结构图（单位：cm）

（a）设在土基上的起测基点；（b）设在岩基上的起测基点

1—保护盖；2—回填细砂；3—混凝土；4—冰冻线

4. 工作基点

工作基点是供安置经纬仪和觇标以构成视准线的，埋设在两岸上坡上的工作基点称为

固定工作基点，埋设在建筑物上的工作基点则称为非固定基点。

工作基点一般包括混凝土柱或混凝土墩和上部结构两部分，柱的顶面尺寸一般为0.3m×0.3m，柱的高度约1.0～1.2m，底座部分的尺寸为1.0m×1.0m×0.3m，可直接浇在岩基上（图16－6），也可埋设在土基中（图16－7）或土工建筑物上，对于埋设在土基上的工作基点，基点底座应埋入冰冻线以下。上部结构为柱（墩）身与经纬仪或觇标连接部分，根据其连接形式的不同，可分为支承托架式（图16－6）、中心直插式和中心旋入式（图16－7）等。

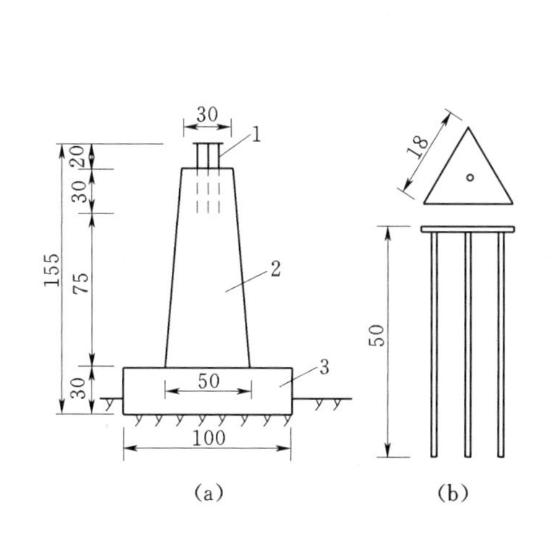

图16－6 设置在岩基上的工作基点（单位：cm）

1—支承托架；2—柱身；3—底座

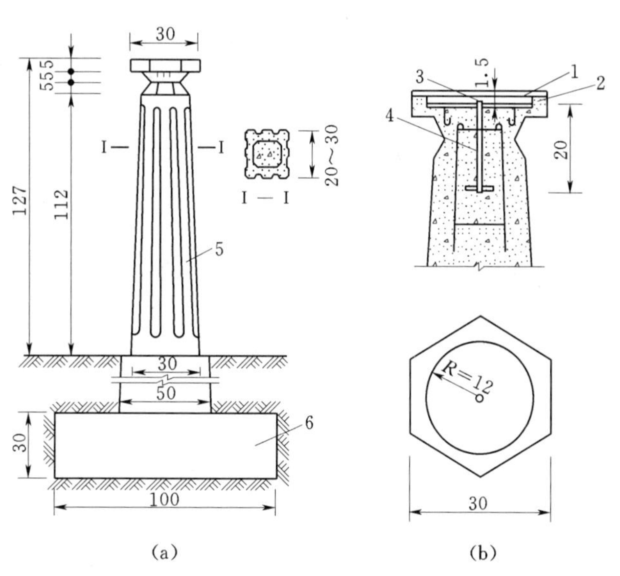

图16－7 设置在土基上的工作基点（单位：cm）

1—保护盖；2—垫板；3—螺丝头；4—直径16mm的金属棒；5—柱身；6—底座

三、水平位移观测方法

1. 视准线法

用视准线法观测水工建筑物的水平位移，首先要在观测断面两端的山坡上设置工作基点A和B（图16－8），然后将经纬仪设在A点（或B点），后视B点（或A点），构成视准线（即观测断面）。由于A、B两点位于两边岸坡上，不受建筑物变形的影响，视准线AB可以认为是固定不变的，因此可用以作为观测坝体变形的基准线。沿视准线按设计每隔一定距离在建筑物上设置水平位移标点a、b、c、d、e、…。随后测出a、b、c、d、e、…各标点中心距离视准线的距离l_{a0}、l_{b0}、l_{c0}、

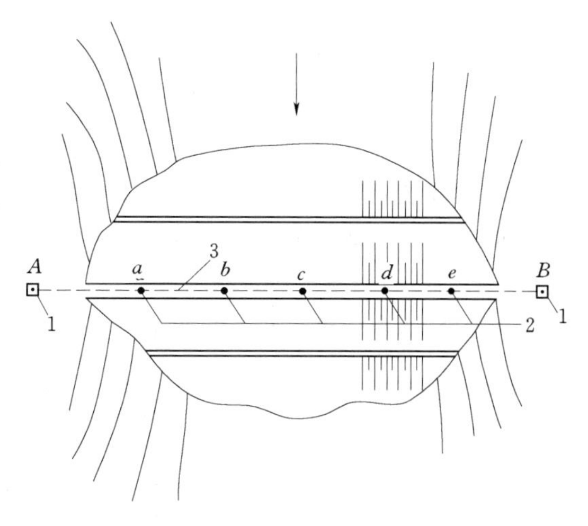

图16－8 视准线法观测水平位移

1—工作基点；2—位移标点；3—视准线

l_{d0}、l_{e0}、…作为观测前的初始距离（初始偏距），并将其记录下来。当建筑物产生变形而进行水平位移观测时，先将经纬仪安置在 A 点，后视工作基点 B 上的觇标，构成视准线，然后固定经纬仪上、下盘，前视离 A 点 1/2 建筑物长度范围内的标点。观测时用旗语或报话机指挥标点处的持标者移动活动觇标，使觇标中心线与经纬仪望远镜的竖丝重合，并由持标者根据位移标点在活动觇标分划尺上所对应的刻度记录读数，读数一般取两次的平均值。然后再按上法用倒镜观测一次，最后取正、倒镜观测读数的平均值作为第一测回的观测结果。随后按同样方法观测第二个测回，两次测回的差值不应大于 4mm，否则应重新测量。按上述方法将工作基点 A 至建筑物长度中点之间的各位移标点测完后，再将经纬仪安置在工作基点 B，后视工作基点 A，按上述方法观测 B 点至建筑物长度中点之间的各位移标点。

用视准线法观测水平位移的记录表格见表 16－1。

表 16－1　　　　水平位移观测记录表

观测 $\underline{A}$ 后视 $\underline{B}$　　观测者×××　　记录者×××　　校核者×××

测点	测回	观测日期			正镜读数			倒镜读数			一次测回读数 /mm	二次测回平均读数 /mm	埋设偏距 /mm	上次位移量 /mm	间隔位移量 /mm	累计位移量 /mm	备注
		年	月	日	次数	读数 /mm	平均值 /mm	次数	读数 /mm	平均值 /mm							
10 (0+150)	1	1986	5	12	1	+35.4	+34.1	1	+34.6	+34.2	+34.2	+33.7	+28.3	+32.5	+1.2	+5.4	—
					2	+32.8		2	+33.8								
	2	1986	5	12	1	+33.2	+33.9	1	+32.6	+32.2	+33.1						
					2	+34.6		2	+31.8								

注　1. 埋设偏距为位移标点的初测成果，即位移标点在位移前与视准线的初始偏差。

2. 位移方向以向下游方向者读数为“＋”，向上游方向者读数为“－”。

上述测量水平位移的方法仅适用在建筑物长度小于 500m 的情况，当建筑物长度超过 500m 时，为了提高观测精度，应在建筑物长度中点附近增设非固定工作基点 M［图 16－9（a）］。由于 M 点位于建筑物上，建筑物变形时 M 点也随之变形至 M'，因此在进行位移观测时，首先应通过工作基点 A 和 B 测定 M' 点的位移量，一般应进行八个测回，每个测回的成果与平均值的偏差不应大于 2mm。测定 M' 点的位移量后，再将经纬仪安置在 M' 点，测定 M' 点附近 250m 范围内各标点的位移量。则各标点（例如 b 点）的实际位移量 δ，等于因 M' 点位移后 b 点与视准线 MM' 的偏差 l'_b（此值可根据测得的 M' 点的位移量按三角形的比例关系求得，即 $l_b'=\frac{\overline{Ab}}{\overline{AM}}\cdot\overline{MM'}$）加上仪器安设在 M' 点时测得的 b' 点的偏移量 l_{b_1}，即

$$\delta_{b1}=l'_b+l_{b1} \tag{16-1}$$

当建筑物轴线为折线形，例如 FGH 时［图 16－9（b）］，则需要在折转处增设非固定基点 M。观测时首先在轴线 FG 的两端设固定工作基点 A 和 B，在轴线 GH 一端的山坡

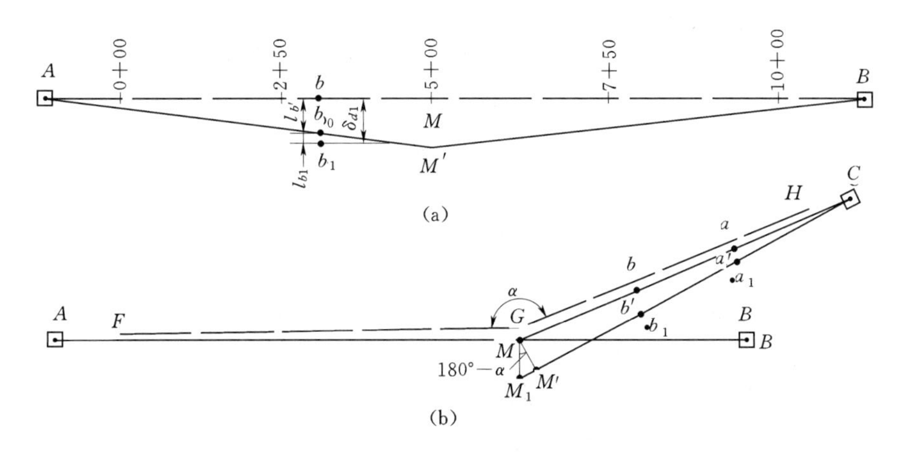

图 16-9　增设非固定基点时的位移观测

(a) 当建筑物长度超过 500m 时；(b) 当建筑物轴线为折线形时

上设固定工作基点 C。在轴线 FG 范围内的位移标点由工作基点 A、B 观测，在轴线 GH 范围内的位移标点，则通过工作基点 C 和非固定工作基点 M 观测。当建筑物变形后，非固定基点由 M 点位移至 M_1 点，故应首先通过视准线 AB 测得 M_1 点的位移量 MM_1（观测八个测回取平均值），然后再根据视准线 M_1C 测定轴线 GH 范围内各标点的偏移值，则各位移标点实际位移量，例如 b 点的位移值为

$$\delta_b=\frac{\overline{Cb}}{\overline{CM}}\cdot\overline{MM_1}\cos(180°-\alpha) \tag{16-2}$$

式中　$\overline{Cb}$——工作基点 C 至位移标点 b 的距离；

$\overline{CM}$——工作基点 C 至非固定基点 M 的距离；

$\overline{MM_1}$——根据视准线 AB 测得的非固定工作基点 M 的位移量；

α——建筑物轴线的折转角。

2. 小角度法

用小角度法观测水平位移时，也需在观测断面两端山坡上设置固定工作基点 A 和 B，然后分别将经纬仪设置在 A、B 两点，观测建筑物一半长度范围内位移标点的位移量。例如先将经纬仪安置在工作基点 A，将水平度盘对准零，并将上盘固定，然后后视 B 点，构成视准线 AB，再将下盘固定，放松上盘，前视位移标点 a_0，读出 Aa_0 方向线与视准线 AB 之间的夹角 α_{a_0}（图 16-10），由于 α_{a_0} 一般均较小，故 a_0 点偏离视准线 AB 的距离 aa_0 可近似地按下式计算

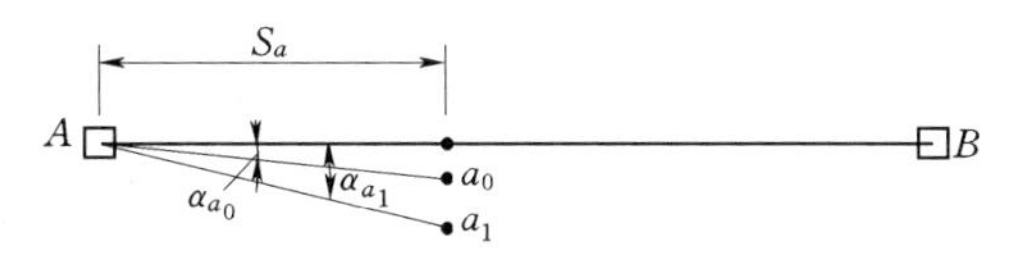

图 16-10　用小角度法观测水平位移

$$\overline{aa_0}=\frac{2\pi S_a}{360°}\alpha_{a_0}\times1000=\frac{1000S_a}{\rho}\alpha_{a_0}$$

式中　aa_0——a_0 点偏离视准线 AB 的距离，mm；

S_a——位移标点 a 距工作基点 A 的距离，m；

α_{a_0}——Aa_0 方向线与视准线 AB 的夹角，(°)；

ρ——ρ 取 206265″。

令

$$K=\frac{1000}{\rho}=0.004848 \tag{16-3}$$

则

$$\overline{aa_0}=KS_a\alpha_{a_0}$$

因此位移标点 a 的位移量（即 a_1 点的偏移值）为

$$\overline{aa_1}=KS_a\alpha_{a_1}-KS_a\alpha_{a_0}=KS_a(\alpha_{a_1}-\alpha_{a_0}) \tag{16-4}$$

式中　α_{a_1}——建筑物变形后 Aa_1 方向线与视准线 AB 的夹角，(°)。

3. 前方交会法

当建筑物长度超过 500m 或建筑物轴线为折线和曲线时，用视准线法来观测位移，其精度将大大降低，此时则应采用前方交会法。

前方交会法是在建筑物下游侧的两岸山坡上，不受建筑物变形影响的地点，设置两个（或三个）工作基点，如［图 16-11 (a)］中的 A 点和 B 点，A、B 两点间的水平距离及其方位角均已测出。如 M 点是位移标点，M_0 为初测时位移标点 M 的位置，则首先应将经纬仪分别安置在 A、B 两点，测出交会角 a_0（AM_0 方向线与基线 AB 的夹角）和 β_0（BM_0 方向线与基线 AB 的夹角）计算出 M_0 点的坐标 x_{M0} 和 y_{M0}。当建筑物变形后，位移标点 M_0 位移到 M_1 点，用同样方法测出位移标点 M_1 的交会角 α_1 和 β_1，并算出 M_1 点的坐标 x_{M1} 和 y_{M1}，则 M_1 点和 M_0 点坐标之差即为位移标点 M_0 在坐标轴方向的位移分量，即

$$\left.\begin{aligned}\delta x_M&=x_{M1}-x_{M0}\\ \delta y_M&=y_{M1}-y_{M0}\end{aligned}\right\} \tag{16-5}$$

M 点的位移量 δ_M 为

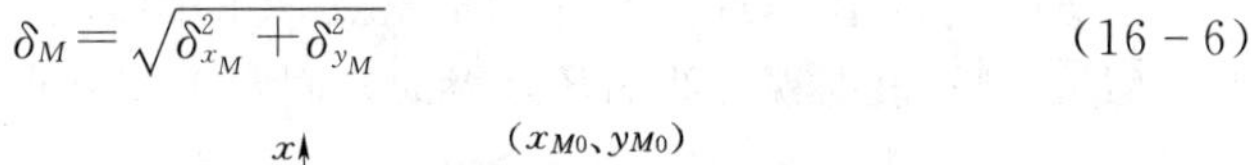

$$\delta_M=\sqrt{\delta_{x_M}^2+\delta_{y_M}^2} \tag{16-6}$$

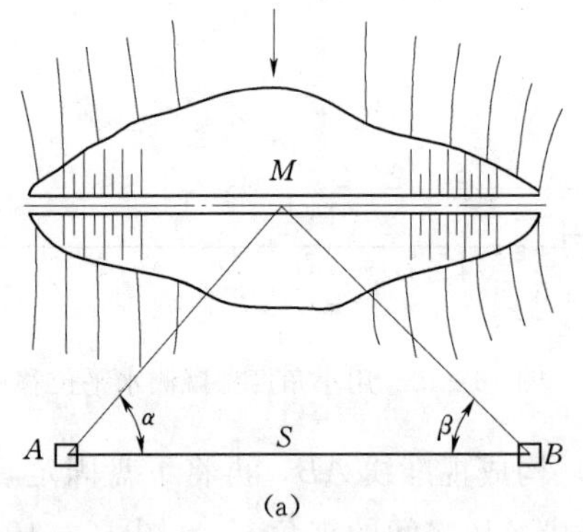

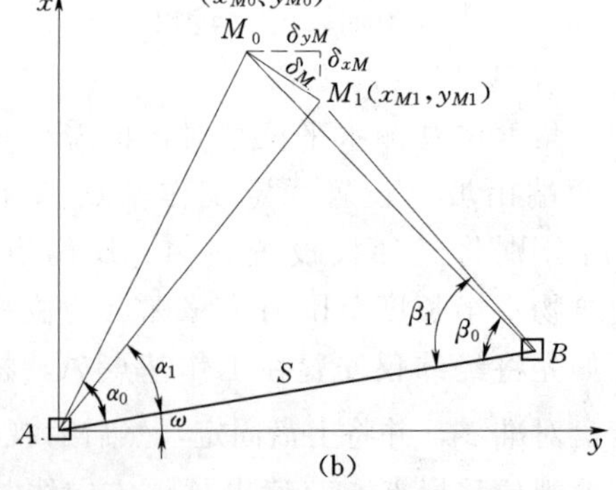

图 16-11　用前方交会法观测建筑物的水平位移

为了使位移计算方便起见，通常采用下列方法来计算位移量。设 α_1、β_1 和 α_n、β_n 分别为第 1 次和第 n 次交会测量时测得的交会角。S 为 A、B 两个工作基点间的距离，ω 为 AB 边与坐标水平轴之间的夹角，$y_1=180°-(\alpha_1+\beta_1)$，$y_n=180°-(\alpha_n+\beta_n)$，$d\alpha$ 和 $d\beta$ 为第 n 次交会测量测得的交会角 α_n 和 β_n 与第一次交会测量测得的交会角 α_1 和 β_1 的差值。根据［图 16-11 (b)］中所示的几何关系，并通过数学运算，可得第 n 次观测与第 1 次观

测相比较，位移标点 M 的累计位移量为

$$\left.\begin{aligned}\delta_x=A_1 d\alpha+A_2 d\beta\\ \delta_y=A_3 d\alpha+A_4 d\beta\end{aligned}\right\} \tag{16-7}$$

式中系数 A_1、A_2、A_3、A_4 可根据第 1 次交会测量所测得的交会角 α_1、β_1 及 y_1 来计算，即

$$\left.\begin{aligned}A_1=\frac{S\sin\beta_1\sin(\beta_1-\omega)}{\rho\sin^2 y_1}\\ A_2=\frac{S\sin\alpha_1\sin(\alpha_1+\omega)}{\rho\sin^2 y_1}\\ A_3=\frac{S\sin\beta_1\cos(\beta_1-\omega)}{\rho\sin^2 y_1}\\ A_4=\frac{S\sin\alpha_1\cos(\alpha_1+\omega)}{\rho\sin^2 y_1}\end{aligned}\right\} \tag{16-8}$$

4. 引张线法

引张线法观测水平位移，多用于混凝土坝、砌石坝等建筑物，这种观测方法所需设备简单，不需精密的测量仪器，可以在建筑物的廊道内进行观测，因此不受气候的影响。

引张线法是在建筑物观测纵断面的两端，不受建筑物变形影响的地方设立 A、B 两个基点，在基点之间拉紧一根钢丝作为基准线（图 16－12），然后在建筑物上设立几个测点，观测各测点相对于基准线的偏差值，即为测点的水平位移。

引张线法所需的基本设备有测线、端点装置和测点 3 部分。

测线一般是采用直径 0.2～1.2mm 不锈钢丝做成，两端固定在端点装置上。为了保证观测精度，保护测线不受外部因素的影响，测线通常都放置在直径 10cm 的钢管或塑料管内。

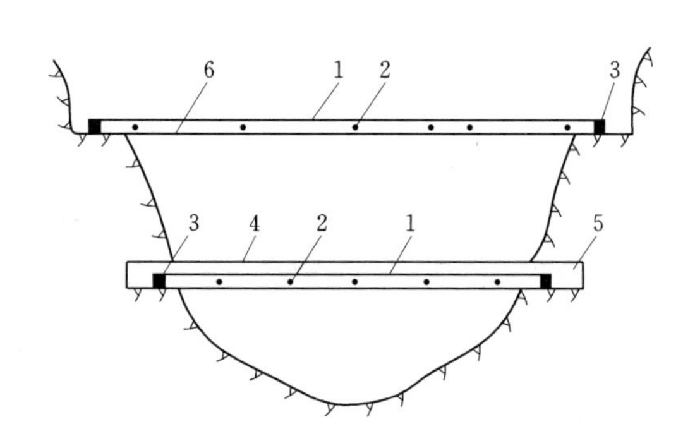

图 16－12　引线示意图

1—引张线；2—测点；3—端点；4—廊道；5—隧洞；6—坝顶

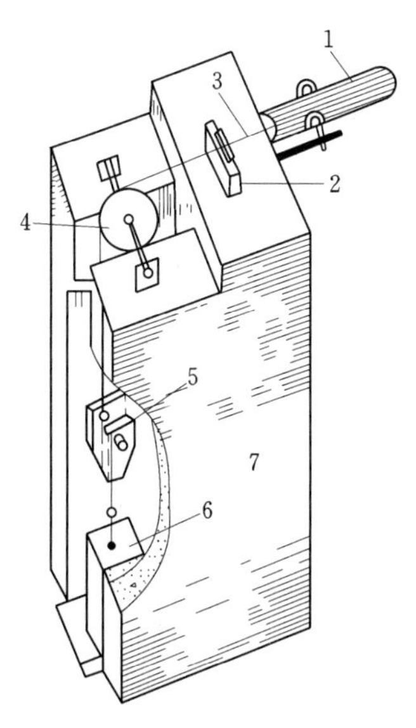

图 16－13　端点装置

1—保护管；2—夹线装置；3—钢丝测线；4—滑轮；5—线锤连接装置；6—重锤；7—钢筋混凝土墩

端点装置由墩座、夹线装置、滑轮、线锤连接装置和重锤所组成，如图 16-13 所示。墩座一般用钢筋混凝土或金属做成，具有一定的刚度，并与地基牢固结合，以便能承受测线传来的张力。夹线装置（图 16-14）是一块具有 V 形槽的混凝土板，槽口镶有铜片，以免损伤测线，槽顶盖有压板，并用螺丝旋紧，测线即被固定在 V 形槽内。在安装夹线装置时，应使测线通过重锤经滑轮拉紧后高出 V 形槽底 2mm，并使 V 形槽中心线与测线一致，与墩座上的滑轮中心剖面在一个平面上。在非观测期间，重锤垫起，测线放松。

测点是一个固定在建筑物上的金属容器，每隔 20～30m 设置一个，其中设有水箱和标尺（图 16-15）。水箱内盛水，水面设有浮船，用以支托测线。

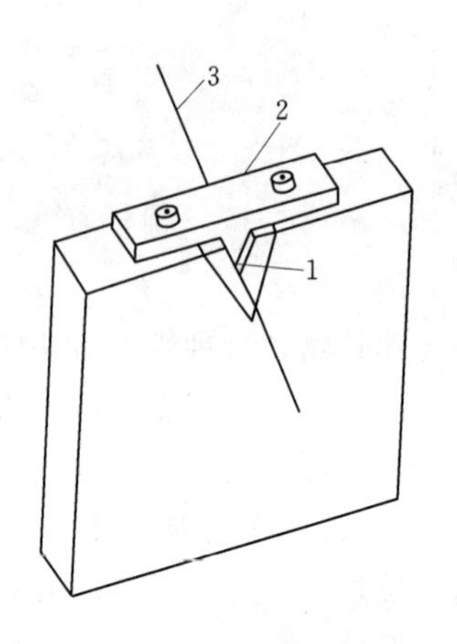

图 16-14　夹线装置

1—V 形槽；2—压板；3—钢丝

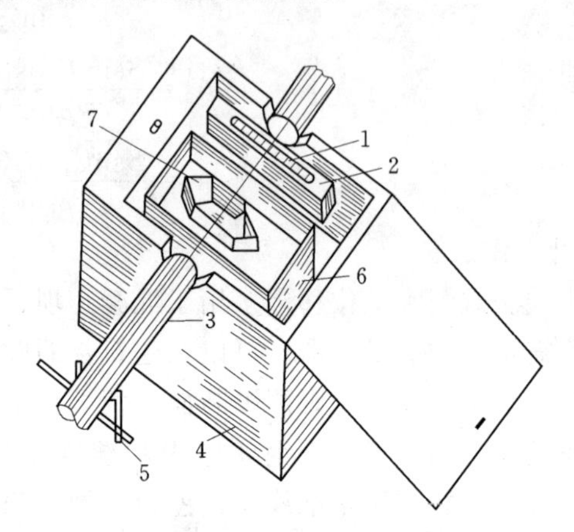

图 16-15　测点结构

1—标尺；2—槽钢；3—测线保护管；4—保护箱；5—保护管支架；6—水箱；7—浮船

标尺是一条长 15cm 的不锈钢尺，刻度至毫米，安置在一段槽钢表面，槽钢则固定在金属容器的内壁上，尺面水平，尺身与测线垂直。各测点的标尺应尽可能安置在同一高程上，误差应控制在±5mm。

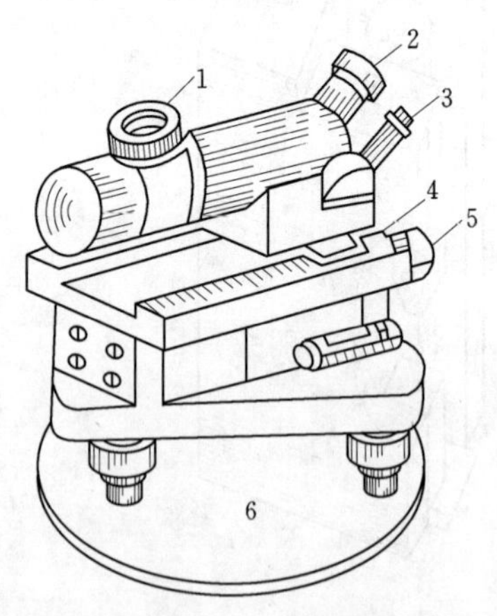

图 16-16　两用仪

1—物镜；2—目镜；3—读数放大镜；4—标尺；5—转动手轮；6—底盘

观测时将重锤放下，使测线张紧，然后将夹线装置旋紧，并在水箱中加水。观测方法有读数显微镜法和两用仪观测法。

（1）读数显微镜法。先用肉眼在标尺上读取毫米以上整数，然后用读数显微镜观测毫米以下小数，即将显微镜的测微分划线对准该整数分划，读取测线左边缘和右边缘至该分划线的距离 a 和 b，则钢丝（测线）中心线的读数为 $l=\text{整数读数}+\frac{a+b}{2}$。一个测点的观测通常进行三个测回，三个测回的误差应不大于 0.2mm。

（2）两用仪观测法。首先将两用仪（图 16-16）安置在测点上，旋转底脚螺旋，使水准气泡居中，然后转动望远镜复合系统，使成上视位置，同时旋转微动螺旋对光螺旋，使望远镜光栏内的两根钢丝成像清晰，并重合，此时即可从读数镜内的游标尺上读出读数。

5. 正垂线法

正垂线法多用于混凝土坝的水平位移观测，其方法是在坝体竖井或宽缝的上部悬挂一条直径 0.8～1.0mm 的不锈钢丝，钢丝下部系有重约 10～15kg 的重锤，重锤悬浮在高 40～45cm，直径 40cm 的油箱内，箱内注入不冻的锭子油或变压器油。在重锤处于稳定状态时，钢丝则呈铅直位置；当坝体变形时，垂线也随着位移，因此若沿重线在不同高度设置观测装置，即可测得顶点相对于不同高程测点的水平位移。坝基测点的读数与各高程测点读数之差，即为各高程测点与坝基测点的相对位移值，这种观测装置称为一点支承多点观测装置［图 16－17（a）］。如若沿垂线在坝体不同高程上埋设夹线装置，当垂线被某一高程的夹线装置夹紧，即可通过坝基观测点测得该点相对于坝基测点的相对位移，这种装置

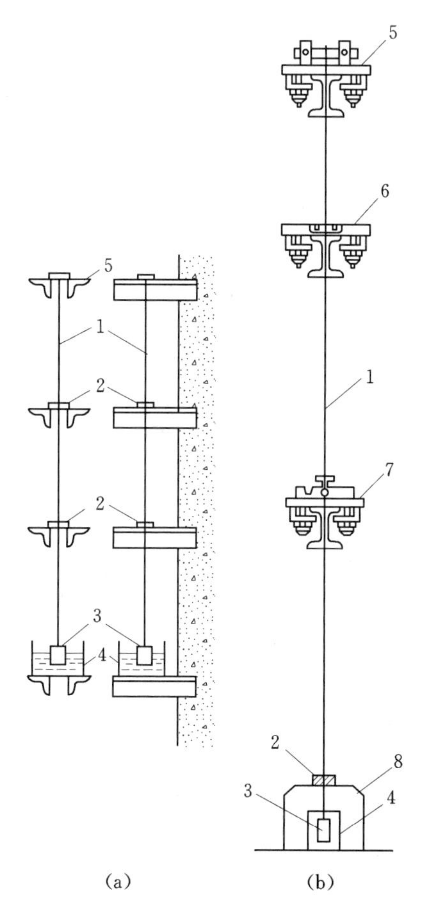

图 16－17　正垂线法观测水平位移

（a）一点支承多点观测装置；（b）多点支承一点观测装置

1—垂线；2—观测仪器；3—垂球；4—油箱；5—支点；6—固定夹装置；7—活动夹；8—观测墩

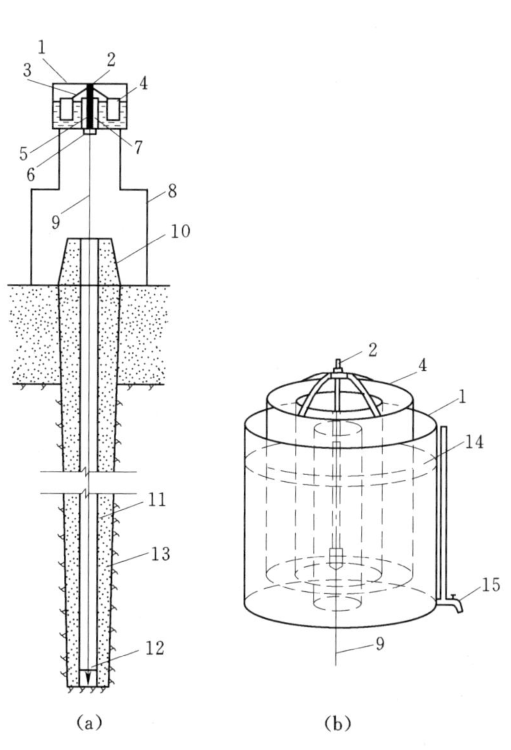

图 16－18　倒垂线法观测装置

（a）倒垂线装置；（b）浮体组

1—油桶；2—浮子连杆连接点；3—连接支架；4—浮子；5—浮子连杆；6—夹头；7—油桶中间空洞部分；8—支承架；9—不锈钢丝；10—观测墩；11—保护管；12—锚夹；13—钻孔；14—液面；15—出油管

称为多点支撑一点观测装置［图 16－17（b）］。

观测时将坐标仪放置在观测墩上，使仪器整平后照准垂线，然后读记纵横尺的观测值，取两次照准读数的平均值作为一次测回，每测点应进行两次测回，其误差应不大于 0.1mm。

6. 倒垂线法

倒垂线法的装置如图 16－18 所示，是将垂线的下端锚固在新鲜基岩内，垂线的上端通过连杆连接一个外径 50cm，内径 25cm，高 33cm 的浮子，浮子悬浮在外径 60cm，内径 15cm，高 45cm 的金属油桶内，在测点处设置混凝土观测墩或金属支架观测平台，墩（或平台）的中间有直径 15cm 的圆孔，垂线从孔中穿过，墩顶（或平台面）装设观测仪器，当坝体变形时观测墩（或平台）随之位移，而垂线则不动，故通过观测仪器即可测出观测点的水平位移。

第三节 垂直位移观测

水工建筑物及其地基在荷载作用下将产生水平和竖直位移，对于水平位移，通常是用经纬仪按视准线法、小角度法、前方交会法和三角网法来进行观测，对于竖直位移，则采用水准仪或连通管测量其高程的变化。为了便于对测量结果进行分析，竖直位移和水平位移的观测应该配合进行，并且在观测位移的同时观测上、下游水位。对于混凝土建筑物，还应同时观测气温和混凝土温度。

由于水工建筑物的位移（特别是竖直位移）在建筑物运用的最初几年最大，随后逐渐减小，经过相当一段时间后才趋于稳定。因此水工建筑物的位移观测在建筑物竣工后的 2～3 年内应每月进行 1 次，汛期应根据水位上升情况增加测次，当水位超过运用以来最高水位和当水位骤降或水库放空时，均应相应地增加测次。

为了全面掌握建筑物的变形状态，应根据建筑物的规模、特点、重要性、施工及地质情况，选择有代表性的断面布设测点，并且常常将观测水平位移的测点和观测竖直位移的测点设置在同一标点上。观测竖直位移的起测基点，一般布置在建筑物两岸便于观测且不受建筑物变形影响的岩基上或坚实的土基上，每一个纵向观测断面两端各布置一个。

建筑物竖直位移的观测方法通常采用水准仪观测法和连通管观测法。

1. 水准仪观测法

水准仪观测法是在建筑物两岸不受建筑物变形影响的地方设置水准基点或起测基点，在建筑物表面的适当部位设置竖直位移标点，然后以水准基点或起测基点的高程为标准，定期用水准仪测量标点高程的变化值，即得该标点处的竖直位移量。每次观测应进行两个测回（往返一次为一个测回），每次测回对测点应测读三次。对于混凝土坝、大型砌石坝和重要土石坝，应采用精密水准测量，其往返闭合差 $\Delta h \leqslant \pm 0.72\sqrt{n}mm$，其中 n 为测站数目；对于中型水库的坝、一般土石坝和一般建筑物，采用普通水准测量，其往返闭合差 $\Delta h \leqslant \pm 1.4\sqrt{n}$。

2. 连通管法

连通管法观测竖直位移是用连通的水管将起测基点和各竖直位移标点相连接，水管内的水面是一条水平线，观测时可先量出水面与起测基点的高差，算出水面线的高程，然后再量出各位移标点与水面线的高差，由此即可算出各位移标点的高程。将前后两次所测得的位移标点的高程相减，即得两次观测间隔时间内的位移量。如将该次测得的位移标点高程与初测的位移标点高程相减，即得该标点的累计位移量。

连通管可做成固定式的（图 16-19）和活动式的（图 16-20）。活动式的连通管是由外径 1.4cm，长 120cm 的玻璃管、内径 1.2cm，长 20m 的胶管和刻有厘米分划的刻划尺所组成，观测时由两人各执一根刻划尺，分别直立在两个相邻的测点上，读出管内水位的高度，两测点读数之差即为两点的高差。

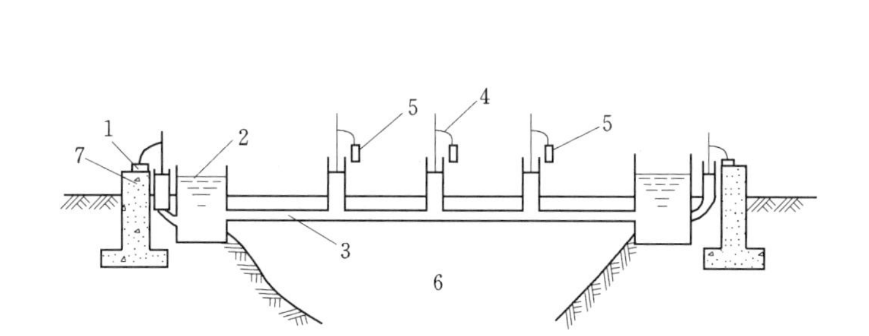

图 16-19　固定式连通管布置示意图

1—起测基点；2—水箱；3—埋设的连通管；4—水位测针；5—竖直位移标点；6—建筑物；7—混凝土基础

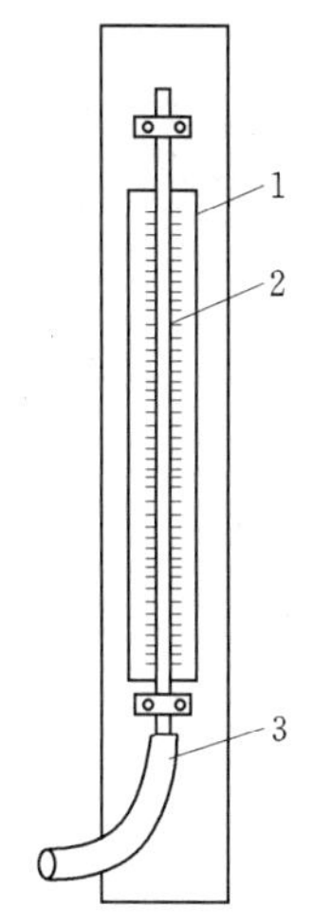

图 16-20　活动式连通管

1—刻划尺；2—玻璃管；3—胶管

第四节　固　结　观　测

为了掌握土坝在施工期和运用期的固结情况及其变化规律，需要进行土坝的固结观测。由于土坝单位厚度土层的固结量是随坝高而变化的，所以除了要观测坝体的总固结量之外，还要观测坝体不同高程处的沉陷量，以推算出坝体分层固结量。

土坝固结的观测，是在坝体中不同高处埋设横梁式固结管或深式标点，观测出各测点的高程变化，用以推算出坝体各分层的固结量。

固结观测的观测断面布置，应根据工程的重要性、地形地质情况、施工情况来决定，一般应选择在原河床断面、最大坝高断面和合龙段。每座坝至少应选择 2 个观测断面，每个断面埋设 2～3 根固结管或深式标点组。每根固结管或深式标点组的测点间距为 3～5m，最小间距不小于 1m，固结管最下一节横梁应该在坝基表面，以兼测坝基沉陷量。

一、横梁式固结管

横梁式固结管由管座、带横梁的细管、中间套管等三部分所组成，如图 16-21 所示。管座是一根直径 50mm、长 1.1m 的铁管，底部用铁板封闭，铅直地埋入深 1.4m、直径

135mm 的钻孔内，如果是岩石地基，管座四周回填水泥砂浆，如果是土基，则回填与周围相同的土料，并加以夯实。带横梁的细管是一根直径 38mm 的铁管，每节长 38mm 的铁管，每节长 1.2m，用 U 形螺栓将一根长 1.2m 两端焊有翼板的角钢与细管正交联接并焊死。细管两端插入套管内，接口处用浸沥青的麻布包裹。套管是直径 50mm 的铁管，其长度比测点间距短 0.6m。观测时先用水准仪测出管口高程，再用测沉器或测沉棒自下而上依次测定各细管下口至管顶的距离，按表 16-2 的格式算出两测点间土层的结量。

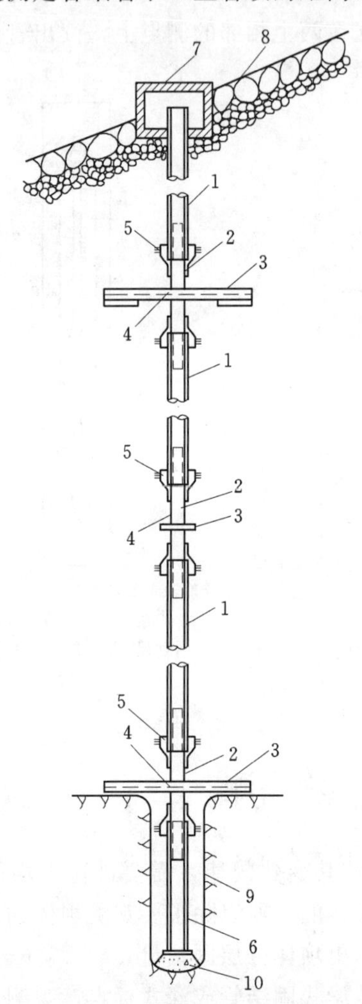

图 16-21 横梁式固结管

1—套管；2—带横梁的细管；3—横梁；4—U 形螺栓；5—浸沥青的麻布；6—管座；7—保护盒；8—块石护坡；9—岩石；10—砂浆

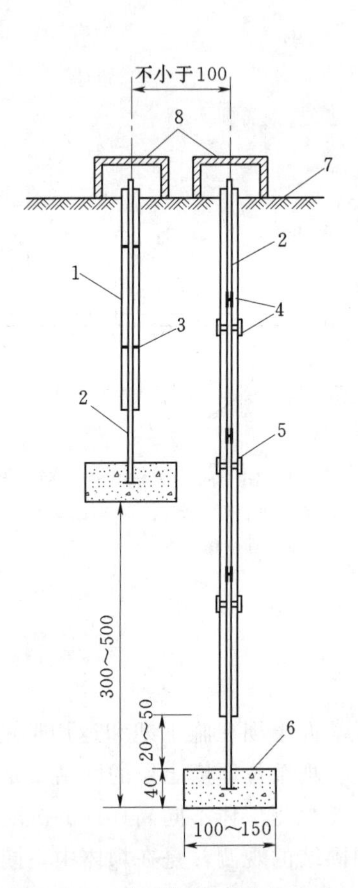

图 16-22 深式标点（单位：cm）

1—套管；2—标杆；3—导环；4—管箍；5—铁垫圈；6—混凝土底板；7—地面；8—保护盖

二、深式标点

深式标点是由底板、与底板相连的标杆和套管三部分组成，如图 16-22 所示。底板是一块边长 1～1.5m，厚 40cm 的混凝土板，或厚 10mm 的铁板。标杆是一根直径 50mm

的铁管，下端固定在底板上，套管是直径100mm的铁管。当填土超过底板预计的埋设高程50cm时，挖一方坑埋设底板及第1节标杆，以及第1节套管，套管底距底板表面为20～50cm，埋设完第1节标杆后，随即测出底板高程及第1节标杆顶部高程，并算得管顶到底板的距离。随着填土高度的增加，再依次埋设上部各节标杆及套管，标杆在套管内用弹性钢片或导环支持。每次安装标杆前应测出原标杆顶的高程，安装完新标杆后，再测出新标杆顶的高程，算出已安装的标杆长度，依次累计，到竣工时即可算得整个标杆的长度。每次用水准测量测出标杆顶高程后，减去标杆长度，即为底板高程，两次测得的底板高程差，即为间隔时间内底板的沉陷量。

表16-2　　固结观测成果计算表

固结管编号__________　　间隔时间__________

上次观测日期____年____月____日　　本次观测时间____年____月____日

测点编号	管顶高程/m	测点至管顶距离/m	本次观测的测点高程/m	测点始测高程/m	测点垂直位移量/mm	测点始测间距/m	本次观测的测点间距/m	本次累计固结量/mm	上次累计固结量/mm	间隔时间内固结量/mm	备注
	(1)	(2)	(3)=(1)－(2)	(4)	(5)=(4)－(3)	(6)	(7)	(8)=(6)－(7)	(9)	(10)=(8)－(9)	
一											上次是指本次的前一次
二											
三											
四											
五											

第五节　裂　缝　观　测

一、土工建筑物的裂缝观测

对于土工建筑物上的裂缝，当缝宽大于5mm，或缝宽虽小于5mm，但缝长和缝深较大，或者是穿过建筑物轴线的裂缝，以及弧形缝、竖直错缝，均须进行观测，掌握裂缝的现状和发展，以便分析裂缝对建筑物的影响和研究裂缝的处理措施。

土工建筑物的裂缝观测，首先应将裂缝编号，然后分别观测裂缝所在的位置、长度、宽度和深度。裂缝长度的观测，可在裂缝两端打入小木桩或用石灰水标明，然后用皮尺沿缝迹测量出缝的长度。裂缝宽度的观测，可选择有代表性的测点，在裂缝两测每隔50m打入小木桩，桩顶钉有铁钉，用尺量出两侧钉头的距离及钉头距缝边的距离，即可算出裂缝的宽度。钉头距离的变化量就是裂缝的变化量。裂缝深度的观测可采用钻孔取土样的方法进行观测，也可采用开挖深坑和竖井的方法观测裂缝的宽度、深度和两侧土体的相对位移。

二、混凝土建筑物的裂缝观测

混凝土建筑物的裂缝观测包括裂缝的分布、裂缝的位置、长度、宽度和深度，对于漏水的裂缝，还应同时观测漏水的情况。裂缝的观测应与混凝土温度、气温、水温和建筑物上游水位等的观测同时进行。在裂缝发生的初期，一般每天观测一次，裂缝发展变慢后可减少观测次数；在气温和上游水位有较大变化时，应增加观测次数。

裂缝的位置和长度的观测，通常是在裂缝两端用油漆做上标志，然后将混凝土表面画上方格来进行量测。裂缝的宽度可用放大镜观测，并可在裂缝的两侧埋设标点，用游标卡尺测定标点的间距，以分析缝宽的变化。裂缝的浓度一般采用金属丝探测，也可采用直声波探伤仪、钻孔取样和孔内电视照相等方法观测。

第六节　建筑物变形观测资料的整理

一、土工建筑物变形资料的整理

土工建筑物，例如土坝，在建成初期水库蓄水后，由于作用在上游坝坡上的水荷重、坝体土料的湿陷等的作用下，会产生向上游方向的水平位移，随后在水压力作用下又将产生向下游方向的位移。同时在自重及荷载作用下，也将产生竖直位移（沉陷）。而土料在固结过程中由于土层厚度的逐渐减小，上下游坝坡也会产生向坝趾方向的水平位移。这些变形都有其一定的规律性，如果变形是在一定的范围内，不会影响建筑物的正常工作和安全。所以将建筑物的变形观测资料加以整理，可以分析变形是否正常，对建筑物会产生什么样的影响，是否会危害建筑物的稳定和安全，以及需要产生什么样的安全保护措施。

1. 水平位移观测资料的整理

土工建筑的水平位移观测资料通常可以按下列方式进行整理。

（1）水平位移过程线。以观测标点的水平位移为纵坐标，以时间为横坐标，绘制水平位移过程线，如图 16－23 所示。在水平位移过程线图上，通常还画上相应的水库水位过程线，以便对照分析。

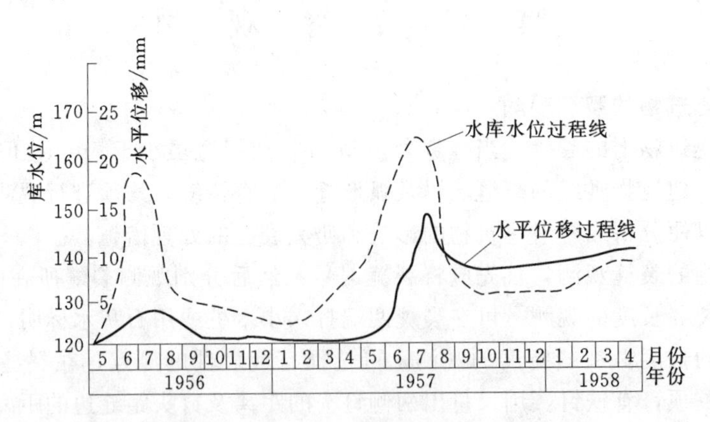

图 16－23　土坝坝顶水平位移过程线

（2）累计水平位移变化曲线。以历年水平位移累计值或相对值（历年水平位移累计值与坝高之比）为纵坐标，以时间为横坐标，绘制累计水平位移变化曲线，如图 16－24 所示。

（3）水平位移分布图。以水平位移观测断面为横坐标，以水平位移为纵坐标，按一定

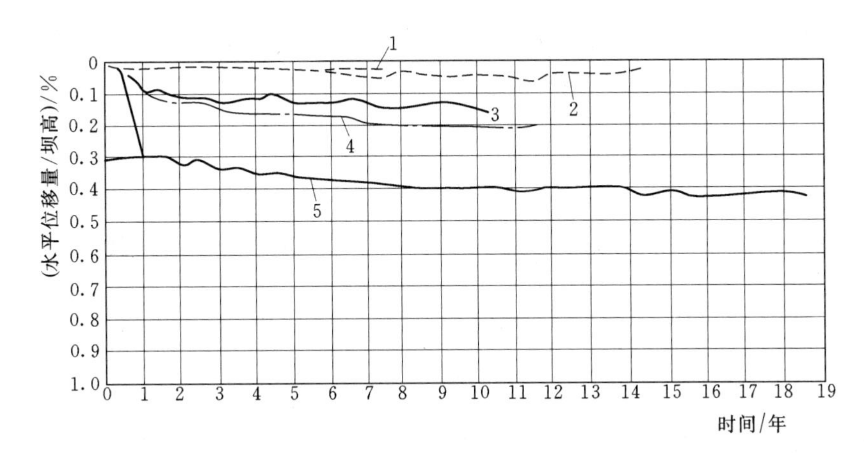

图 16-24 土坝累计水平位移变化曲线

1—大黑谷；2—鱼梁濑；3—水洼；4—九头龙；5—御母衣

比例尺将各测点的水平位移标于建筑物平面上，即可绘制成水平位移分布图，如图 16-25（b）所示。

（4）水平位移沿高程分布图。以同一次观测的断面各高程测点的水平位移为横坐标，测点的高程为纵坐标，即可绘制成土坝水平位移沿高度的分布图。

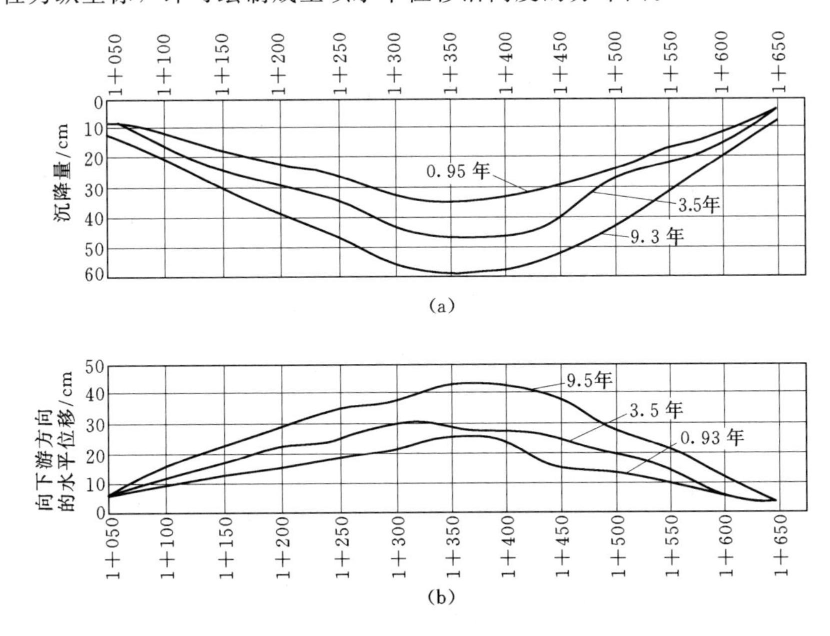

图 16-25 土坝水平位移分布图

(a) 沉降量；(b) 水平位移

2. 竖直位移观测资料的整理

土工建筑物竖直位移观测资料可整理成以下形式：

（1）竖直位移过程线。以某一观测标点的累计竖直位移或相对竖直位移（竖直位移与坝高比值的百分率）为纵坐标，时间为横坐标，绘制成竖直位移过程线。

（2）纵断面竖直位移分布图。以纵向观测断面为横坐标，以断面上各测点竖直位移为纵坐标，绘制纵断面竖直位移分布图，如图 16－25（a）所示。

（3）横断面竖直位移分布图。以横向观测断面为横坐标，以横断面上各测点竖直位移为纵坐标，绘制横断面竖直位移分布图，如图 16－26 所示。

（4）竖直位移等值线图。在建筑物平面图内各测点位置上，标出其相应的竖直位移（沉陷）值，并将竖直位移相等的各点连成曲线，即可绘制成竖直位移等值线图，如图 16－27 所示。

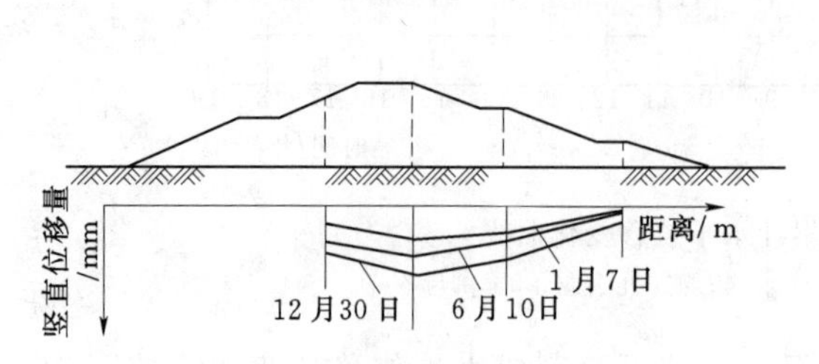

图 16－26　横断面竖直位移分布图

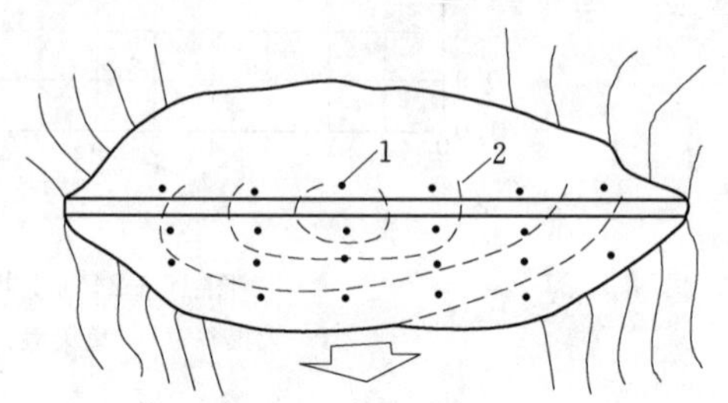

图 16－27　竖直位移等值线图

1—观测标点；2—竖直位移等值线

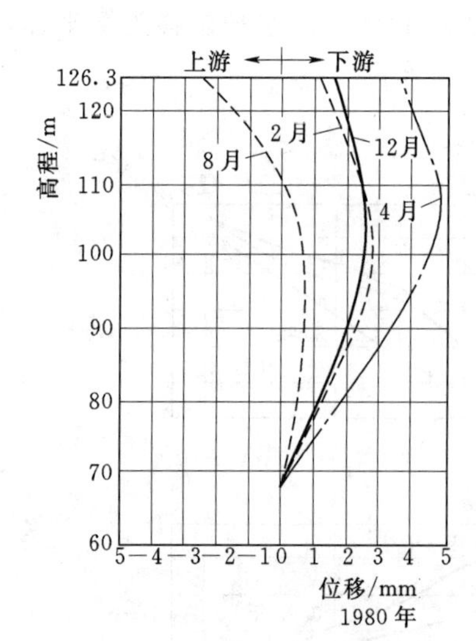

图 16－28　拱坝拱冠断面挠度曲线

二、混凝土建筑物变形观测资料的整理

混凝土建筑物在自重、外荷载和温度变化的作用下将产生水平和竖直位移，特别是在水库水位升降或温度骤然变化时，都会立即产生变形，这些变形具有一定的特点和规律性，如以混凝土坝为例。

（1）水平位移的变化具有一定的周期性，一般是每年夏季坝体向上游方向位移，冬季向下游方向位移，如图 16－28 所示。

（2）水平位移随库水位的升降而变化，一般是同步发生的，如图 16－29 所示。而且水压力所引起的水平位移都是向下游方向的。

（3）温度对坝体水平位移的影响，随坝型、坝体厚度、水库水位的不同而有一定的滞后作用，例如新安江宽缝重力坝滞后 90 天，陈村重力拱坝滞后 30～90 天。

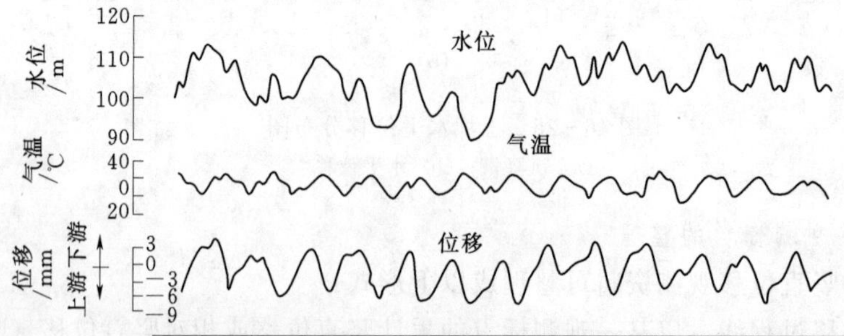

图 16－29　陈村拱坝水平位移过程线

（4）对水平位移而言，在坝体的上部，温度变化的影响较大，水压力的影响较小；在坝体的下部，温度变化的影响减小，水压力的影响增大。

（5）拱坝的切向位移和重力坝的纵向（沿坝轴向）位移远小于径向位移和上、下游方向的位移值，例如陈村拱坝的切向位移为径向位移的20%。里石门拱坝为10%，葠窝重力坝为10%以下。

（6）竖直位移的大小与建筑物的高度、水库的水位、温度的变化和坝基的地质情况有关。对于同一座坝，最高坝段的竖直位移较岸坡坝段大；测点位置越高，竖直位移也越大。温度增高，混凝土膨胀，故坝体升高；温度下降，混凝土收缩，故坝体下降。水库水位的变化将引起坝体温度和应力的变化，因而影响坝体竖直位移的变化。地质条件越好，竖直位移越小，反之则越大。

1. 水平位移资料的整理

（1）水平位移过程线。以时间为横坐标，以测点的水平位移为纵坐标，即可绘制成水平位移过程线，如图16-29所示。

（2）挠度曲线。以横坐标表示水平位移，以纵坐标表示测点高程，即可绘制成表示同一垂线上各测点水平位移的挠度曲线。

（3）水平位移分布图。以纵向观测断面为基线，将各测点的水平位移按一定比例尺标于图上，则可绘制成水平位移分布图，如图16-30所示。

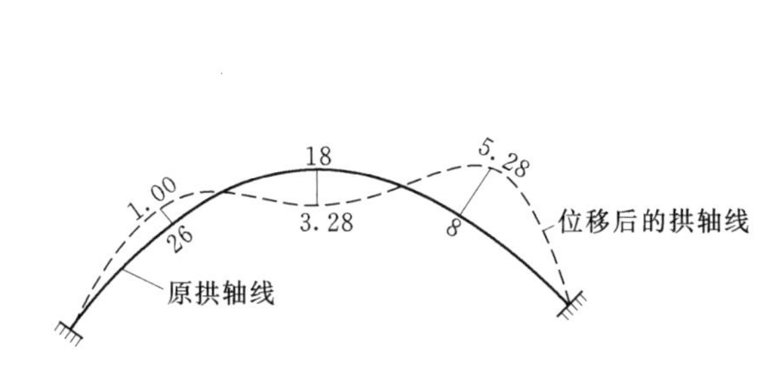

图16-30　某拱坝拱环的水平位移分布图（单位：mm）

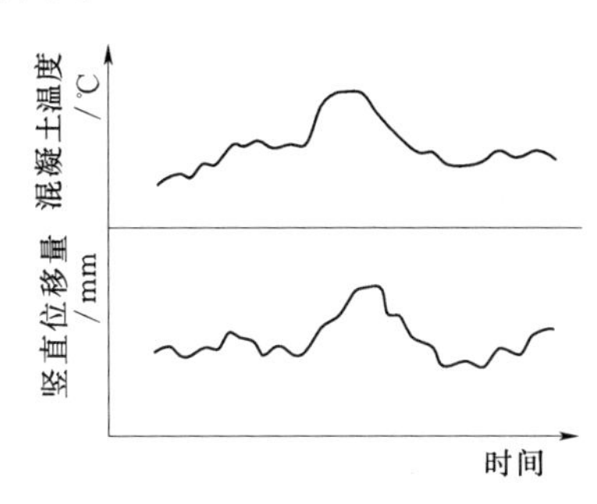

图16-31　竖直位移过程线

2. 竖直位移观测资料的整理

混凝土建筑物竖直位移观测资料可整理成竖直位移过程线（图16-31）、累计竖直位移变化曲线（图16-32）和竖直位移分布曲线（图16-33）。

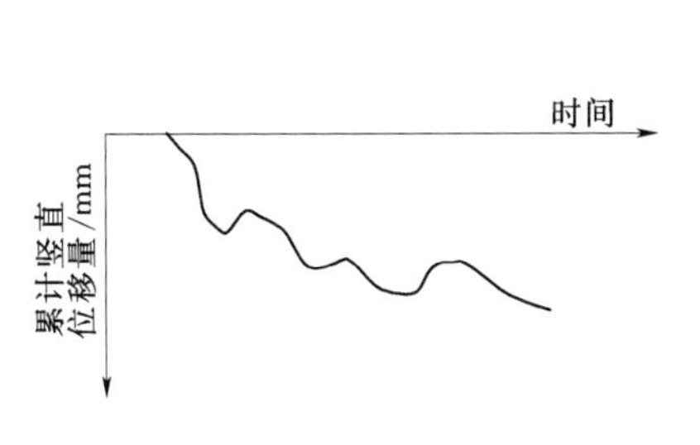

图16-32　累计竖直位移变化曲线

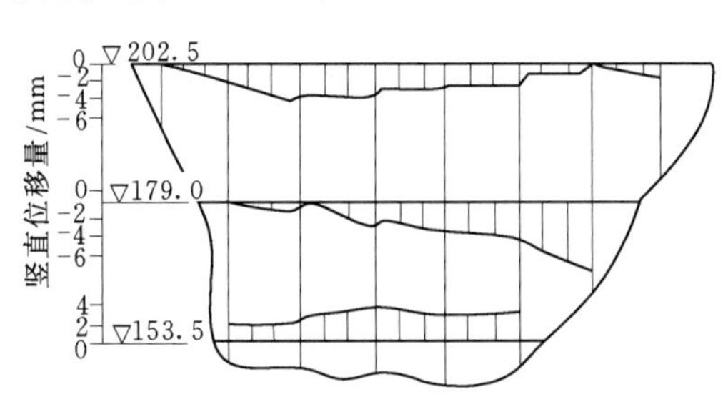

图16-33　竖直位移分布曲线

3. 伸缩缝观测资料的整理

伸缩缝宽度的观测资料通常整理成：

(1) 伸缩缝宽度变化过程线。以横坐标表示时间，纵坐标表示缝宽，即可绘制成伸缩缝宽度过程线，如图 16-34 所示。

(2) 伸缩缝宽度与气温关系曲线。伸缩缝宽度的变化与气温有密切关系，如以横坐标表示伸缩缝宽度，以纵坐标表示气温，即可绘制成伸缩缝宽度与气温的关系曲线，如图 16-35 所示。

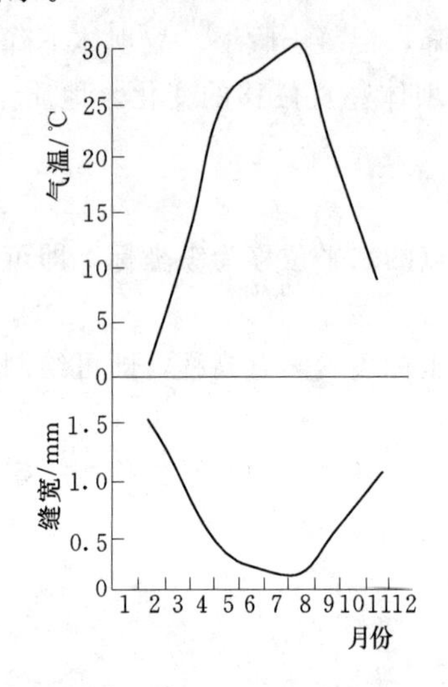

图 16-34　伸缩缝宽度变化过程线

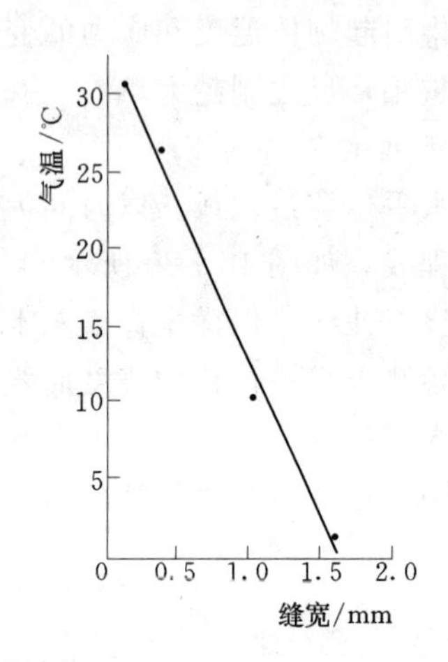

图 16-35　伸缩缝宽度与气温关系曲线

复习思考题

1. 水工建筑物变形观测有哪些方法？
2. 水准基点与工作基点的作用有何不同？应如何布置埋设？
3. 简述视准线法、水平位移观测、小角度法、前方交会法、引张线法的基本原理？
4. 竖直位移观测有哪些方法，其步骤是什么？
5. 如何进行土坝的固结观测？
6. 如何进行水工建筑物的裂缝观测？
7. 如何进行混凝土建筑物的伸缩缝的观测？
8. 变形观测资料整理分析的内容和方法有哪些？

附 录

附录1 水准仪系列技术参数

项 目			等 级			
			$DS_{0.5}$	DS_{1}	DS_{3}	DS_{10}
每公里往返高差中数中误差不超过/(mm/km)			±0.5	±1	±3	±10
望远镜放大倍数不小于/倍			42	38	28	20
望远镜物镜有效孔径不小于/mm			55	47	38	28
水准器分划值不大于	管状水准器/(s/2mm)	符合式	10	10	20	20
		普通式				
	粗水准器/(min/2mm)	十字式	2	2		
		圆水准器			8	8
自动安平补偿性能	补偿范围/(′)		±8	±8	±8	±10
	安平精度/(″)		±0.1	±0.2	±0.5	±2
	安平时间，不长于/s		2	2	2	2
测微器	测量范围/mm		5	5		
	最小分划值/mm		0.05	0.05		
主 要 用 途			国家一等水准测量及精密工程测量	国家二等水准测量及精密工程测量	国家三、四等水准测量及精密工程测量	一般工程测量

附录2 电子水准仪系列技术参数

项 目		NA2000	NA2002	NA3003
望远镜放大倍率		24×	24×	24×
测程（电子测量）		1.8m～100m	1.8m～100m	1.8m～60m
每公里往返测高差中数中误差①		±1.5mm/km	±0.9mm/km	±0.4mm/km
测距精度及其他	D=50m时	±20mm	±10mm	±10mm
	D=100m时	±50mm	±50mm	±50mm
	补偿器安平精度	±0.8″	±0.8″	±0.4″
	仪器重量	2.5kg	2.5kg	2.5kg
	适用水准等级	三等及其以下	二至四等	一、二等

① 指用铟钢尺时的精度。

附录3 经纬仪系列技术参数

项目		等级				
		DJ_{07}	DJ_1	DJ_2	DJ_6	DJ_{15}
水平方向测量一测回方向中误差不超过/s		±0.7	±1.0	±2	±6	±15
物镜有效孔径不小于/mm		65	60	40	35	25
望远镜放大倍率/倍		30	24	28	25	18
		45	30			
		55	45			
管状水准器分划值不大于/(s/2mm)	水平度盘	4	6	20	30	60
	竖直度盘	10	10	20	30	30
主要用途		一等三角测量、大地天文测量	二等三角测量、变形测量及精密工程测量	三等三角测量及精密工程测量	一般工程测量、图根及地形测量、矿井导线测量	一般工程测量及地形测量、矿井次要巷道导线测量

附录4 拓普康ES-600G系列技术参数

项目	型号	
	ES-602G	ES-605G
望远镜		
放大倍率	30X	
分辨率	2.5″	
其他	镜筒长：171mm；物镜孔径：45mm；成像：正像；最短焦距：1.3m	
测角部		
最小显示	1″/5″	
测角精度	2″	5″
双轴补偿器	液体双轴倾斜传感器，补偿范围±6′	
测距部		
测距范精度	无棱镜：(3+2ppm×D)mm 反射片：(3+2ppm×D)mm 棱镜：(2+2ppm×D)mm	
水准器	电子水准器：6″（内圈）；圆水准器：10″/2mm	
工作温度	-20～+60℃	

参 考 文 献

[1] 卞正富．测量学．北京：中国农业出版社，2002.
[2] 过静珺，饶云刚．土木工程测量．武汉：武汉工业大学出版社，2011.
[3] 李秀江．测量学．北京．中国林业出版社，2013.
[4] 张慕良，叶泽荣．水利工程测量．3版．北京：中国水利水电出版社，1994.
[5] 韩熙春．测量学．修订版．北京．中国林业出版社，1998.
[6] 武汉测绘科技大学《测量学》编写组（陆国胜修订）．测量学．北京：测绘出版社，1991.
[7] 顾慰慈．水利水电工程管理．北京：中国水利水电出版社，1994.
[8] 中国有色金属工业协会．GB 50026—2007 工程测量规范．北京：国家计划出版社，2008.
[9] 周忠谟，易杰军，周琪．GPS卫星测量原理与应用（修订版）．北京：测绘出版社，1999.
[10] 刘大杰，施一民，过静珺．全球定位系统（GPS）的原理与数据处理．上海：同济大学出版社，2001.
[11] 向传壁．地形图应用学．北京：高等教育出版社，1992.
[12] 倪涵．主拓普康全站仪的原理与使用．上海：株式会社拓普康上海事务所，1998.
[13] 潘正风，杨得麟，黄全义，等．大比例尺数据测图．北京．测绘出版社，1996.
[14] 杨承根，王积臣．农业工程测量．1版．合肥：安徽教育出版社，1989.
[15] 陈久强，刘文生．土木工程测量．北京：北京大学出版社，2012.
[16] 陈学平．实用工程测量．北京．中国建材工业出版社，2007.
[17] 拓普康（北京）科技发展有限公司．全站型电子速测仪使用说明书（ES－600G系列）.
[18] 1：500　1：1000　1：2000 地形图图式．北京：中国标准出版社，2008.
[19] 王晓明，殷耀国．土木工程测量．武汉：武汉大学出版社，2013.
[20] 宁津生，陈俊勇，李德仁．测绘学概论．武汉：武汉大学出版社，2014.